Die Energiewende und Europa

Die Energiewende und Europa

Severin Fischer

Die Energiewende und Europa

Europäisierungsprozesse in der deutschen Energie- und Klimapolitik

Severin Fischer
Berlin, Deutschland

Überarbeitete und aktualisierte Fassung d. Dissertation, Universität Trier 2015, gefördert durch die Hans-Böckler-Stiftung.

ISBN 978-3-658-14623-8   ISBN 978-3-658-14624-5 (eBook)
DOI 10.1007/978-3-658-14624-5

Die Deutsche Nationalbibliothek verzeichnet diese Publikation in der Deutschen National-bibliografie; detaillierte bibliografische Daten sind im Internet über http://dnb.d-nb.de abrufbar.

Springer VS
© Springer Fachmedien Wiesbaden 2017
Das Werk einschließlich aller seiner Teile ist urheberrechtlich geschützt. Jede Verwertung, die nicht ausdrücklich vom Urheberrechtsgesetz zugelassen ist, bedarf der vorherigen Zustimmung des Verlags. Das gilt insbesondere für Vervielfältigungen, Bearbeitungen, Übersetzungen, Mikroverfilmungen und die Einspeicherung und Verarbeitung in elektronischen Systemen.
Die Wiedergabe von Gebrauchsnamen, Handelsnamen, Warenbezeichnungen usw. in diesem Werk berechtigt auch ohne besondere Kennzeichnung nicht zu der Annahme, dass solche Namen im Sinne der Warenzeichen- und Markenschutz-Gesetzgebung als frei zu betrachten wären und daher von jedermann benutzt werden dürften.
Der Verlag, die Autoren und die Herausgeber gehen davon aus, dass die Angaben und Informationen in diesem Werk zum Zeitpunkt der Veröffentlichung vollständig und korrekt sind. Weder der Verlag noch die Autoren oder die Herausgeber übernehmen, ausdrücklich oder implizit, Gewähr für den Inhalt des Werkes, etwaige Fehler oder Äußerungen.

Gedruckt auf säurefreiem und chlorfrei gebleichtem Papier

Springer VS ist Teil von Springer Nature
Die eingetragene Gesellschaft ist Springer Fachmedien Wiesbaden GmbH

Vorwort

Seit 2011 hat sich die europäische Dimension der deutschen Energiewende zu einem Thema entwickelt, das in den Mittelpunkt vieler Veranstaltungen, Diskussionsforen und Workshops im politischen Berlin und an anderen Orten in Deutschland gerückt ist. Vielen dieser Debatten durfte ich als Zuhörer oder Beteiligter beiwohnen und konnte so die sukzessive Professionalisierung und Ausdifferenzierung eines komplexen Themenfelds im politischen Diskurs miterleben. Obwohl die Anzahl der relevanten Analysen und Policy-Papiere stetig zunimmt, fehlt es bislang an einem systematisierenden Überblicksband. Das vorliegende Werk ist dementsprechend ein erster Ansatzpunkt und gleichzeitig ein Versuch, diese Herausforderung zumindest in Teilen zu bewältigen.

Das Buch stellt eine aktualisierte, überarbeitete und erweiterte Fassung meiner im November 2014 unter dem Titel: „Die Europäisierung der deutschen Energie- und Klimapolitik. Neue Formen der Politikgestaltung und Steuerung im EU-Mehrebenensystem" an der Universität Trier eingereichten Dissertation dar. Diese Gelegenheit möchte ich nutzen, um all denjenigen Personen noch einmal meinen Dank auszusprechen, die einen Anteil am Entstehen der Originalfassung hatten. Hierzu zählen vor allem meine vielen Interviewpartner, die sich dazu bereiterklärt haben, ihr breites Wissen über die Vorgänge in Brüssel, Berlin und zwischen beiden Städten mit mir zu teilen und sich trotz der erforderlichen Anonymisierung hoffentlich in der Analyse wiederfinden. Auch meinem vormaligen und meinem aktuellen Arbeitgeber sowie den dort jeweils tätigen Kolleginnen und Kollegen möchte ich hier einen Dank aussprechen. Die Stiftung Wissenschaft und Politik hat es mir ermöglicht, diese Dissertation unter Zuhilfenahme ihrer Ressourcen und im stetigen Austausch mit erfahrenen und fachkundigen Kolleginnen und Kollegen anzufertigen. Insbesondere der Forschungsgruppe EU/Europa und ihren Mitgliedern soll hier für ihre Gastfreundschaft gedankt werden. Das „Center for Security Studies" der ETH Zürich erlaubte es mir, die notwendige Zeit für Überarbeitungen und Aktualisierungen aufzuwenden. Ohne die materielle und ideelle Förderung der Hans-Böckler-Stiftung wäre die Anfertigung der Dissertation in ihrer Ursprungsfassung kaum möglich gewesen. Sie hat mich nicht nur im Entstehungsprozess der Arbeit begleitet, sondern auch meine Forschungsaufenthalte unterstützt hat. Stellvertretend für alle Mitarbeiterinnen und Mitarbeiter sei hier mit Nachdruck Werner Fiedler gedankt.

Einen besonderen Dank schulde ich meinem Erstgutacher Prof. Dr. Joachim Schild, der durch seine beharrliche aber konstruktive Kritik nicht nur die Qualität dieser Dissertation deutlich erhöht, sondern sie mit seiner Geduld auch erst ermöglicht hat. Ebenso sei Prof. Dr. Hanns W. Maull für seine Zweitbegutachtung gedankt.

Schließlich möchte ich all denen einen herzlichen Dank aussprechen, die mich in diesem doch oft schwierigen Arbeitsprozess begleitet, mich unterstützt und immer wieder motiviert haben. Dazu gehören meine Familie sowie die vielen Freundinnen und Freunde, die, wenn sie diese Zeilen lesen, sicherlich wissen, dass sie gemeint sind. Gewidmet ist die Arbeit in diesem Sinne all denen, die immer wieder nach ihr gefragt haben.

Berlin im April 2016   Severin Fischer

Inhaltsverzeichnis

Abkürzungsverzeichnis

AA	Auswärtiges Amt
ACER	Agentur für die Zusammenarbeit nationaler Energieregulierungsbehörden
ADAC	Allgemeiner Deutscher Automobil Club
AEUV	Vertrag über die Arbeitsweisen der Europäischen Union
AGE	Arbeitsgemeinschaft Emissionshandel
AStV	Ausschuss der Ständigen Vertreter
BDEW	Bundesverband der deutschen Energie- und Wasserwirtschaft
BDI	Bundesverband der deutschen Industrie
BImSchV	Bundesimmissionsschutzverordnung
Biokraft-NachV	Biokraftstoffnachhaltigkeitsverordnung
BMELV	Bundesministerium für Ernährung, Landwirtschaft und Verbraucherschutz
BMF	Bundesministerium der Finanzen
BMU	Bundesministerium für Umwelt, Naturschutz und Reaktorsicherheit
BMUB	Bundesministerium für Umwelt, Naturschutz, Bau und Reaktorsicherheit
BMVBS	Bundesministerium für Verkehr, Bauen und Stadtentwicklung
BMWA	Bundesministerium für Wirtschaft und Arbeit
BMWi	Bundesministerium für Wirtschaft und Technologie (ab 2013: Bundesministerium für Wirtschaft und Energie)
BNetzA	Bundesnetzagentur
BReg	Bundesregierung
CCS	Carbon Capture and Storage
CDM	Clean Development Mechanism
CDU	Christlich-Demokratische Union Deutschland
CO_2	Kohlenstoffdioxid
CSU	Christlich-Soziale Union
DEHSt	Deutsche Emissionshandelsstelle
dena	Deutsche Energie-Agentur

DG ENER	Generaldirektion Energie
DG ENV	Generaldirektion Umwelt
DG CLIM	Generaldirektion Klima
DG COMP	Generaldirektion Wettbewerb
DG TREN	Generaldirektion Verkehr und Energie
EAG EE	Europarechtsanpassungsgesetz Erneuerbare Energien
ECCP	Europäisches Klimaschutzprogramm
EdF	Électricité de France
EEG	Gesetz zur Förderung der Erneuerbaren Energien
EEWärmeG	Erneuerbare-Energien-Wärmegesetz
EGKS	Europäische Gemeinschaft für Kohle und Stahl
EG	Europäische Gemeinschaft
EGV	Vertrag über die Europäische Gemeinschaft
EnBW	Energie Baden-Württemberg AG
EnLAG	Energieleitungsausbaugesetz
ENTSO-E	Europäische Netzbetreiber Strom
EnWG	Energiewirtschaftsgesetz
ERGEG	Gruppe Europäischer Regulierer für Elektrizität und Gas
ESD	Entscheidung zur Lastenteilung außerhalb des EU-Emissionshandels
ETS	Emissionshandelssystem
EU	Europäische Union
EU-ETS	EU-Emissionshandelssystem
EUZBBG	Gesetz über die Zusammenarbeit von Bundesregierung und Deutschem Bundestag in Angelegenheit der Europäischen Union
EUZBLG	Gesetz über die Zusammenarbeit von Bund und Ländern in Angelegenheiten der Europäischen Union
EVU	Energieversorgungsunternehmen
EWI	Energiewirtschaftliches Institut an der Universität zu Köln
FDP	Freie Demokratische Partei Deutschlands
GG	Grundgesetz der Bundesrepublik Deutschland
GoO	Herkunftszertifikate
IEA	Internationale Energieagentur
IEKP	Integriertes Energie- und Klimaprogramm
IPCC	Intergovernmental Panel on Climate Change
ISO	Unabhängiger Systembetreiber
ITO	Unabhängiger Übertragungsnetzbetreiber
JI	Joint Implementation
MAP	Marktanreizprogramm

Mio.	Millionen
Mrd.	Milliarden
NABEG	Netzleitungsausbaubeschleunigungsgesetz
NAP	Nationaler Allokationsplan
NGO	Nichtregierungsorganisation
PIK	Potsdam Institut für Klimafolgenforschung
PKW	Personenkraftwagen
RL	Richtlinie
RTE	Réseau de Transport d'Électricité (staatlicher franz. Stromnetzbetreiber)
RWE	Rheinisch-Westfälische Elektrizitätswerke AG
SPD	Sozialdemokratische Partei Deutschlands
StäV	Ständige Vertretung der Bundesrepublik bei der Europäischen Union
t	Tonne
TEHG	Treibhausgasemissionshandelsgesetz
UN	Vereinte Nationen
UNFCCC	Rahmenkonvention zum Klimawandel der Vereinten Nationen
VO	Verordnung
WTO	Welthandelsorganisation
ZuG	Zuteilungsgesetz

Verzeichnis der Abbildungen und Tabellen

Kapitel I: Einleitung

Die Forderung nach einer „Einbettung" der deutschen Energiewende „in den europäischen Kontext" (vgl. Gawel u. a. 2014) wird auch Jahre nach den Atomausstiegs- und Energiesystemtransformationsbeschlüssen vom Juni 2011 immer wieder mit Nachdruck an die deutsche Politik herangetragen. Die Motive und Argumentationsmuster hinter dieser Forderung sind vielfältig. In den meisten Fällen wird eine vermeintliche Vernachlässigung der europäischen Dimension in der nationalen Politikgestaltung ausgemacht, die es nun zu bearbeiten gelte. Die deutlichste Kritik an der europapolitischen Blindheit der deutschen Energiewende wurde in den vergangenen Jahren von Ökonomen vorgebracht, die mit Hinweis auf die volkswirtschaftlichen Ineffizienzen der deutschen Energiepolitik von einem „nationalen Alleingang" (Sinn 2012) oder einer „Geisterfahrt" (Weimann 2012) sprechen, die teuer und letztlich wirkungslos bleiben werde. Deutlich differenzierter hat hingegen die wissenschaftliche Politikberatung auf das partielle Ausblenden von kausalen Interaktionsmustern zwischen nationaler und europäischer Ebene bei den Themen Energie- und Klimapolitik hingewiesen. Obwohl in den vergangenen Jahren eine Verlagerung von Steuerungsinstrumenten auf die EU-Ebene erfolgt sei, suggeriere die nationale Strategieformulierung über die Formulierung ehrgeiziger Zielsetzungen einen hohen Grad an autonomem Gestaltungsspielraum zu besitzen (vgl. Fischer 2011a; Fischer/Geden 2011; Geden/Tils 2013).[1] Schließlich wird auch aus Sicht von Unternehmen und Verbänden eine stärkere Einbindung und Abstimmung der deutschen Politik mit Entwicklungen in der EU gefordert (vgl. Forum für Zukunftsenergien 2014).

Obwohl der deutsche Umgang mit der EU-Energie- und Klimapolitik im Kontext der Energiewende also aus unterschiedlichen Richtungen kritisch betrachtet und bewertet wird, lassen sich doch übergreifend zwei Gemeinsamkeiten in benannten Beiträgen identifizieren: So wird erstens – zumindest implizit – angenommen, dass eine wie auch immer geartete Form „europäischer Energiepolitik" existiere. Ohne einen solchen Rahmen würde die Forderung nach einer Einbettung schließlich ins Leere führen. Damit lässt sich eine deutliche Ver-

---

1   Für eine umfassende Zusammenstellung der unterschiedlichen Perspektiven im Umgang mit der europäischen Dimension der deutschen Energiewende sei an dieser Stelle auf Gawel/ Strunz/Lehmann (2014) verwiesen.

schiebung gegenüber den Darstellungen aus vergangenen Jahrzehnten wahrnehmen, in denen zunächst einmal die Entwicklung einer europäischen Energiepolitik als solche gefordert wurde. Zweitens konstatiert die Mehrheit der Autoren offenbar eine Ungleichmäßigkeit oder Divergenz der Entwicklung zwischen den Ebenen, die – je nach Perspektive – Veränderungsdruck auf nationaler oder auf EU-Ebene erzeugt. Der „Einbettungsthese" mit ihrer inhärenten Forderung nach einer Anpassung deutscher Politik an europäische Gegebenheiten wird in diesem Zusammenhang gerne die „europäische Energiewende", also die Übertragung deutscher Zielsetzungen auf die EU, als Alternativkonzept entgegengestellt. Unabhängig vom individuellen Standpunkt zeigt sich auch hier, dass die Energie- und Klimapolitik der EU bereits heute als relevantes Politikfeld im EU-Mehrebenensystem wahrgenommen wird und als solches Bedeutung für die Gestaltung nationaler Energiepolitik besitzt. Die eingehendere Betrachtung dieses Verhältnisses beider Ebenen setzt in allen Fällen ein Grundverständnis über die Entwicklungsprozesse innerhalb dieses Politikfelds im EU-Mehrebenensystem voraus.

Blickt man zunächst auf die gesellschaftliche und politische Auseinandersetzung über die Gestaltung der rechtlichen Rahmenbedingungen für die Energieversorgung in Deutschland, so zeigt sich im internationalen Vergleich ein gewisser Sonderstatus (vgl. Becker 2011; Illing 2012; Radkau 2011). Die Energiedebatte in Deutschland besitzt nicht nur einen hohen Stellenwert im Wettbewerb um öffentliche Aufmerksamkeit, sondern weist infolge der mit ihr verbundenen Zielsetzungen und Politikinstrumente einen hohen Grad an Ausdifferenzierung auf. Standen ehemals noch die klassischen Fragen von Versorgungssicherheit und Wirtschaftlichkeit als Leitmotive im Vordergrund, reicht die Bandbreite der zu erfüllenden Maßgaben heute von der „Demokratisierung der Energieversorgung" durch eine zunehmende Eigenversorgung von Kommunen bis hin zum Kampf gegen den Klimawandel, der inzwischen auch in den deutschen Braunkohlerevieren ausgefochten wird. Spätestens seit den 1980er Jahren hatte sich allerdings die „Atomfrage" als der prägende gesellschaftspolitische Konflikt in der deutschen Energiepolitik herauskristallisiert, der gleichzeitig als Identifikations- und Wiedererkennungsmerkmal unter den politischen Parteien und als eine zentrale Ursache für die heute noch immer starke Stellung der Umweltbewegungen in der deutschen Politik wirkte. Gerade letzteres wird deutlich, wenn man sich eingehender mit den energie- und umweltpolitischen Fragestellungen in anderen europäischen Staaten auseinandersetzt. Dennoch wäre es verkürzt, deutsche Energiepolitik auf ein Pro oder Kontra zur Atomkraft zu begrenzen. Die Auseinandersetzung über die Nutzung der Atomkraft diente vielmehr als Vehikel für andere Themen, die heute weit oben auf der Agenda des Politikfelds stehen und führte gleichzeitig zu einer „Verwissenschaftlichung" und Professionalisierung der energiepolitischen Debattenkultur in Deutschland (vgl. Radkau 2011). Ohne diesen Impuls würden der Ausbau der erneuerbaren Energien, die Reduzierung der Treibhausgasemissionen, die generellen Strukturen der Energiewirtschaft und die Rahmenbedingungen für die Erzeugung, den Transport und die Verteilung von Elektrizität in Deutschland heute vermutlich weit weniger kontrovers diskutiert werden.

Seit den Beschlüssen zur „Energiewende" im Jahr 2011 durch die Regierung aus CDU, CSU und FDP unter Bundeskanzlerin Angela Merkel lässt sich eine sukzessive Aufhebung tradierter energiepolitischer Positionen innerhalb des politischen Spektrums beobachten. Die klassische Konfliktlinie rund um die Nutzung der Atomenergie löst sich auf, während die Diskussionen über Geschwindigkeit und Kosten des Ausbaus erneuerbarer Energien, den Infrastrukturausbau und das Marktdesign zunehmend politisiert werden. Vor diesem Hintergrund erscheint bemerkenswert, wie die bislang lautlos verlaufene Verlagerung von Zuständigkeiten an die EU und die Integration nationaler Politikgestaltung in einen europäischen Kontext nun zunehmend an Bedeutung gewinnen. Die Europäische Union tritt als neue einflussreiche Steuerungsebene auf den Plan. Sie stellt einen relevanten Faktor durch ihren umweltpolitischen Einfluss dar, durch den seit Jahren neue Normen und Regelungen in den Nationalstaat hineingetragen werden. Dies betrifft insbesondere die Klimapolitik als Querschnittsthema mit einer starken Wirkung auf die Energiepolitik. Daneben vollzieht sich eine realwirtschaftliche Integration der europäischen Märkte für Strom und Gas, die abseits der öffentlichen Wahrnehmung in den vergangenen Jahren politisch vorangetrieben wurde. Der deutsche Strommarkt steht dabei nicht nur geografisch im Mittelpunkt, sondern gehört als größter nationaler Markt in der EU zu den wichtigsten Taktgebern für gesamteuropäische Entwicklungen.

Im Gegensatz zu den politischen Auseinandersetzungen in anderen Politikfeldern, etwa in Wirtschafts- und Finanzfragen, spielte die „europäische Dimension" der Energie- und Klimapolitik in der öffentlichen Wahrnehmung bislang eine bestenfalls nachgeordnete Rolle. Die Gründe für diesen Mangel an Aufmerksamkeit sind vielfältig. Ein hoher Grad an Komplexität und Abstraktionsvermögen sowie eine geringe „Politisierbarkeit" sind dabei keineswegs auf die Energiepolitik begrenzte Themen, sondern werden auch in anderen Bereichen als Problem für die Wahrnehmung der EU als Steuerungsebene diskutiert. Politikfeldspezifisch besitzt jedoch ein besonderer Faktor erhebliche Bedeutung: Den EU-Verträgen folgend, entscheiden die Mitgliedstaaten der EU bis heute eigenständig über ihren Energiemix. Für den national bedeutsamen Konflikt über die Atomenergie blieb die EU als Verhandlungsarena dementsprechend außen vor und erschien für den Parteienwettbewerb uninteressant. Das Ende der Atompolitik in Deutschland und die Vervielfältigung politischer Zielsetzungen im Zuge der Energiewende lassen die EU nun jedoch zunehmend als Teil der politischen Auseinandersetzung erscheinen. An dieser Stelle setzt die vorliegende Untersuchung an. Der Blick auf den Einfluss Deutschlands in der EU-Energie- und Klimapolitik sowie die Veränderungen, denen sich das Politikfeld auf nationaler Ebene durch die Einbindung in einen europäischen Rahmen ausgesetzt sieht, stellen einen höchst relevanten und bislang unzureichend untersuchten Forschungsgegenstand dar.

1 Problemstellung: Die deutsche Energie- und Klimapolitik zwischen Autonomie und Fremdbestimmung

Innerhalb des europäischen Integrationsprozesses gehörte die Energiepolitik schon immer zu den Politikfeldern mit einer stark verzögerten Kompetenzübertragung und einem bis heute fragmentierten Harmonisierungsgrad. Obwohl am Beginn des politischen Projekts Europa zwei sektorale Verträge mit einer starken energiepolitischen Komponente standen (Euratom und EGKS), dauerte es doch bis in die 1990er Jahre hinein, ehe zumindest das Projekt eines einheitlichen EU-Energiebinnenmarkts an Fahrt gewinnen konnte. Zu stark waren das Selbstbestimmungsverlangen der Mitgliedstaaten und zu heterogen die Energieversorgungsstrukturen, als dass es zu einem früheren Zeitpunkt einen Konsens über eine weitreichende Harmonisierung des Politikfelds hätte geben können.

Erst im Jahr 2007 wurde unter maßgeblicher Beteiligung der deutschen EU-Ratspräsidentschaft ein Konzept entwickelt, das den Startschuss für eine „integrierte EU-Energie- und Klimapolitik" darstellen sollte. Die Staats- und Regierungschefs im Europäischen Rat einigten sich darauf, in Zukunft eine an gemeinsamen Zielen ausgerichtete Energie- und Klimapolitik zu verfolgen. Damit war ein Vorhaben entwickelt worden, das in den Jahrzehnten zuvor selten über Lippenbekenntnisse hinausgegangen war. Seit den Beschlüssen des Europäischen Rates vom März 2007 gilt das in diesem Zusammenhang verabschiedete Programm als Referenzpunkt für die gemeinsame Energie- und Klimapolitik der EU. Unter der Überschrift „20-20-20" wurden drei Zielsetzungen vereinbart, die vor allem innerhalb der Policy-Community als Symbol für einen Integrationsschritt der bislang weitgehend national gesteuerten Energie- und Klimapolitik firmierten. Eine Begrenzung der Treibhausgasemissionen auf 20 Prozent gegenüber dem Basisjahr 1990, ein Ausbau der erneuerbaren Energien auf einen Anteil von 20 Prozent am Gesamtenergieverbrauch bis 2020 und eine Steigerung der Energieeffizienz um 20 Prozent bis 2020 gelten seitdem als gemeinsam vereinbarte Zielsetzungen der EU (Rat der Europäischen Union 2007a). Neben der einprägsamen quantitativen Zielformel verabschiedete der Europäische Rat einen umfangreichen Energieaktionsplan für den Zeitraum 2007 bis 2009, der eine Reihe von Maßnahmen enthielt, die eine neu formulierte EU-Energiepolitik untermauern sollten. Im Ergebnis standen zwei Entwicklungen: Einerseits zeigte sich der Wille zu einer stärker europäisch geprägten Ausrichtung des Politikfelds. Andererseits wurde eine inhaltliche Integration der beiden Themen Klimaschutz und Energiepolitik angestrebt, die fortan gemeinsam behandelt werden sollten. Der daraus resultierende Anspruch einer „integrierten Energie- und Klimapolitik" stellt sich als häufig vernachlässigtes zweites Ergebnis der Schlussfolgerungen des Europäischen Rates vom März 2007 dar.

Aufgrund ihrer substanziellen Reichweite und der vergleichsweise großen öffentlichen Aufmerksamkeit ist davon auszugehen, dass die im März 2007 formulierten Richtungsentscheidungen auch Auswirkungen auf die nationale Energie- und Klimapolitik in den EU-Mitgliedstaaten hatten. Dies geschah zum einen auf einer informellen Ebene, in der die EU-Entscheidung als Bezugspunkt für die Gestaltung des Politikfelds im nationalen Kontext genutzt werden konnte. Zum anderen wirkte sich die Implementierung der Strategieentscheidung in verbindliche EU-Normen und deren Übertragung in nationale Steuerungsziele und – instrumente auf die deutsche Politikformulierung aus. Als maßgebliche Unterstützerin und Antreiberin der Beschlüsse über eine integrierte Energie- und Klimapolitik in der EU kam der deutschen Bundesregierung in diesem Zusammenhang auch eine Vorbildfunktion zu. Es erscheint also naheliegend, dass die Entscheidung des Europäischen Rates vom März 2007 nicht ohne Folgen für Zielsetzungen und Instrumente in der deutschen Energie- und Klimapolitik blieb.

Während es der deutschen Politik über Jahrzehnte hinweg an einer konsistenten energiepolitischen Gesamtstrategie mangelte, begann die Bundesregierung im Jahr 2007 die Themen Klimaschutz und Energiepolitik auch auf nationaler Ebene verstärkt zu bearbeiten. Mit dem „integrierten Energie- und Klimaprogramm" (IEKP), das im Sommer 2007 auf der Kabinettsklausur auf Schloss Meseberg formuliert wurde, entschied sich die Bundesregierung dazu, einem ähnlichen Pfad zu folgen, wie ihn die EU im Frühjahr desselben Jahres beschlossen hatte. Eine stärkere Einbindung klimapolitischer Erwägungen in die Gestaltung der Energiepolitik war die Folge. Durch das hohe Maß an Kompatibilität beider Programme wurden in dieser Phase Konflikte weitgehend vermieden. In den Jahren zwischen 2008 und 2011 entwickelte sich sowohl in Deutschland als auch in der EU eine rege Gesetzgebungstätigkeit in diesem Politikfeld, die zur Annahme verleitet, dass Abstimmungen auch zwischen den Ebenen erfolgten. In diesem Zusammenhang ist also gleichermaßen von neuen Formen der Politikgestaltung in der Energie- und Klimapolitik, als auch von neuen Steuerungsmustern im EU-Mehrebenensystem zu sprechen.

In der vorliegenden Studie wird der Anspruch erhoben, die wesentlichen Wirkungsmechanismen zwischen der EU und der nationalen Energie- und Klimapolitik in Deutschland zu identifizieren. Die zyklische Interaktion der beiden Ebenen mit Deutschland als Akteur in der EU-Politik steht dabei im Mittelpunkt. Spätestens seit dem Jahr 2007 hat sich in Fragen der Energie- und Klimapolitik eine komplexe Konstruktion unterschiedlicher Zuständigkeiten und daraus resultierender Steuerungsfunktionen im EU-Mehrebenensystem entwickelt. Erst durch das Zusammenspiel beider Ebenen haben die aktuellen Forderungen nach einer Einbettung der deutschen Energiewende in den europäischen Kontext überhaupt praktische Relevanz erhalten. Die Entwicklungen innerhalb des Politikfelds erscheinen jedoch äußerst heterogen: Während die EU, wie bereits erwähnt, über den Binnenmarkt für Strom und Gas europaweite Regeln für das Funktionieren von Energiemärkten festlegt, bleibt die Entscheidung über die Nutzung unterschiedlicher Energieträger weiterhin unangetastet. Die EU hat sich zur zentralen Steuerungsebene für den Klimaschutz entwickelt, während die Förderung erneuerbarer Energien – abseits europäischer Zielvorgaben – eine rein nationale Angelegenheit geblieben ist. Die Komplexität der energie- und klimapolitischen *„Governance"* hat entsprechend zugenommen. Ihre Genese soll in dieser Arbeit einer retrospektiven Analyse unterzogen werden, um abschließend empirisch fundierte Annahmen über den zukünftigen Umgang mit dem Politikfeld im EU-Mehrebenensystem formulieren zu können und damit sowohl für die weitere Forschung als auch für die Politik selbst von Interesse zu sein.

Der Untersuchungszeitraum dieser Studie wird durch zwei zentrale Politikentscheidungen eingerahmt, die sich unabhängig voneinander als entscheidende Momente der Entwicklung des Politikfelds darstellen. Mit den Beschlüssen zur integrierten Energie- und Klimapolitik der EU 2007 einerseits, deren Entstehen und Folgewirkung zentrale Untersuchungsgegenstände sind, und der Entscheidung zur Energiewende in Deutschland 2011 andererseits, die wiederum eine nationale Wendung in der Energiepolitik mit sich brachte, sind Beginn und Abschluss des empirisch-analytischen Teils vorliegenden Untersuchung markiert. Beide Entscheidungen haben die Gemeinsamkeit, Ausgangspunkte eines Politikwandels zu sein und beinhalten vergleichbare, aber keineswegs identische Inhalte. In beiden Strategien wird jedoch auf der jeweiligen Ebene ein Steuerungsanspruch erhoben, der rückblickend zumindest als partiell inkompatibel mit der jeweils anderen erscheint. Vor diesem Hintergrund kommt nicht nur inkrementellen Veränderungsprozessen, sondern auch dem Moment des „politischen Entscheidens", seinen Ursachen und seinen Auswirkungen im beschriebenen Kontext von Autonomie und Fremdbestimmung nationalen Handelns in der Energie- und Klimapolitik eine Rolle in der Untersuchung zu. Damit wird auch der politikwissenschaftliche Anspruch erhoben, die noch recht junge Forschungsdisziplin zum Akt des politischen Entscheidens und dem vorgeschalteten Agenda-Setting mit der bereits seit Jahrzehnten etablierten Europäisierungsforschung zu verknüpfen.

Der theoretische Rahmen für diese Untersuchung ergibt sich aus der in den 1990er Jahren entwickelten und seitdem immer weiter ausdifferenzierten Europäisierungsforschung mit ihren unterschiedlichen Ansätzen und Konzepten. Mit der Verwendung des „misfit"-Modells, das sich weitgehend an der Konzeption von Tanja Börzel und Thomas Risse (2003) orientiert, sollen Auswirkungen von EU-Entscheidungen auf nationale Politikprozesse untersucht werden. Dies bildet den Schwerpunkt der Untersuchung. In einem vorgeschalteten Schritt soll jedoch der Agenda-Setting- und Entscheidungsprozess auf EU-Ebene selbst mit einem gesonderten Blick auf den Einfluss deutscher Akteure hin analysiert werden. Der Multiple-Streams-Ansatz nach John W. Kingdon (2003) liefert in diesem Zusammenhang eine vielversprechenden Herangehensweise, durch den insbesondere die Rolle der Bundesregierung als politische Unternehmerin hervorgehoben werden kann. Die so entwickelten und analysierten Entscheidungen auf EU-Ebene werden im weiteren Verlauf der Untersuchung als Variable gefasst, die Veränderungen auf nationaler Ebene mit sich bringen. In einem zweiten Schritt werden die Wirkungsmechanismen und Kausalitäten hinsichtlich der Gestaltung nationaler Steuerungsinstrumente untersucht. Ob, und wenn ja, in welchen Bereichen und auf welche Weise die EU-Entscheidungen Einfluss auf die nationale Politikformulierung hatten, ist zentraler Gegenstand der Analyse. Entsprechend wird die Untersuchung in drei Phasen aufgeteilt: Die EU-Agenda-Setting und Entscheidungsphase (2007-2008) bezieht sich auf den Zeitraum des deutschen Einflusses auf die Entscheidungen des Europäischen Rates 2007. Die Europäisierungsphase (2007-2011) beschreibt die Auswirkungen der EU-Entscheidungen auf nationaler Ebene und verläuft in der Anfangsphase zumindest partiell parallel auf beiden Ebenen. Schließlich soll im Schlusskapitel die Phase der Renationalisierung und der Neugestaltung des europäischen Rahmens bis 2030 in den Jahren zwischen 2011 und 2015 untersucht werden. In dieser Phase kam es zunächst zu einer stärkeren Hinwendung zur nationalen Politikgestaltung in Folge der Energiewende und vermehrt zu Konflikten im EU-Mehrebenensystem, bevor die Bundesregierung sich bemühte, ab 2014 wieder eine aktiv gestaltende Rolle bei der Entwicklung eines neuen 2030-Rahmens in der EU einzunehmen.

Im Mittelpunkt der vorliegenden Untersuchung stehen demnach zwei zentrale Fragen: Welchen Einfluss hatte, erstens, Deutschland auf die richtungsweisenden Beschlüsse des Europäischen Rats vom März 2007 zur Entwicklung einer „integrierten EU-Energie- und Klimapolitik" und den sich daraus ergebenden Policy-Output auf EU-Ebene? Hatten, zweitens, das EU-Agenda-Setting in 2007 und die EU-Entscheidungen der Jahre 2008 und 2009 auch Auswirkungen auf die Steuerungsformen der deutschen Energie- und Klimapolitik und, wenn ja, welche Veränderungen lassen sich identifizieren und wie sind sie zu erklären?

2 Aufbau des Buches

Wie bereits dargestellt, liegt ein zentrales Ziel dieser Untersuchung darin, einen Beitrag zum besseren Verständnis des Zusammenwirkens deutscher und europäischer Energie- und Klimapolitik zu leisten und die Verarbeitung von EU-Entscheidungen auf nationaler Ebene innerhalb des Politikfelds vergleichend zu untersuchen.

In *Kapitel II* werden zunächst die theoretischen Grundannahmen formuliert und ein Rahmen für die Untersuchung gesetzt. Ausgangspunkt ist die in den vergangenen Jahren erheblich angewachsene Anzahl von Forschungsarbeiten zur Europäisierung nationaler politischer Systeme. Dabei wird zunächst eine Differenzierung zwischen Integrations- und Europäisierungsforschung vorgenommen und die doppelte Wirkungsrichtung von Europäisierung – top-down und bottom-up – dargestellt. Dieser so gestaltete Rahmen wird in einem weiteren Schritt mit Konzepten zur Policy-Analyse gefüllt. Dabei soll Kingdons Multiple-Streams-Ansatz die zeitliche Dimension und die Rolle von Kontextfaktoren für die Formulierung politischer Entscheidungen einfangen. Das Kapitel wird durch eine Darstellung eines eigenen Analysemodells und der angewandten Methodik abgeschlossen.

Kapitel III widmet sich dem institutionellen Kontext der Energie- und Klimapolitik im Mehrebenensystem. Dabei werden Entscheidungsregeln, Zuständigkeiten und formal geregelte Prozesse auf nationalstaatlicher und europäischer Ebene thematisiert und erläutert. Die institutionelle Dimension der Europäisierung deutscher Energie- und Klimapolitik und die formale Anpassungsleistung des Systems werden dabei in Augenschein genommen.

In *Kapitel IV* wird das Agenda-Setting im Europäischen Rat 2007 untersucht. Dabei soll insbesondere der Frage nachgegangen werden, wie Deutschland die Formulierung der integrierten EU-Energie- und Klimapolitik beeinflusste. In einem zweiten Schritt werden die informellen Auswirkungen der EU-Strategieformulierung auf die Entwicklung eines nationalen Steuerungskonzepts für das Politikfeld betrachtet.

Kapitel V widmet sich schließlich den zentralen drei Fallstudien der Untersuchung, die Erkenntnisse über Auswirkungen der Europäisierung deutscher Energie- und Klimapolitik in einzelnen Sub-Politikfeldern zu Tage fördern sollen. Dabei wird jeweils zunächst auf die Mehrebenendynamik des Teilbereichs vor dem Jahr 2007 eingegangen, um in einem weiteren Schritt die spezifische

EU-Entscheidung mit Blick auf den Einfluss deutscher Akteure zu erläutern und ihre Auswirkungen auf Veränderungen im nationalen Kontext zu untersuchen. Die erste Fallstudie widmet sich der Entwicklung des EU-Strombinnenmarktes mit einem Schwerpunkt auf dem Dritten Energiebinnenmarktpaket. Im zweiten Fall wird ein Blick auf die erneuerbaren Energien und ihren Rechtsrahmen geworfen. Dabei stehen vor allem die Erneuerbare-Energien-Richtlinie und ihre Verarbeitung in der nationalen Erneuerbare-Energien-Politik im Mittelpunkt. Schließlich wird drittens der Bereich Klimaschutz untersucht. Schwerpunkt ist hier die Reform des Emissionshandelssystems und der Einfluss auf nationale Maßnahmen zur Vermeidung von Treibhausgasemissionen.

In *Kapitel VI* wird die Entscheidung zur Einleitung der deutschen Energiewende unter Einbeziehung der sie beeinflussenden Kontextfaktoren dargestellt und erklärt. Die Zusammenhänge zwischen der Europäisierung nationaler Energie- und Klimapolitik und der Energiewende in den Jahren 2011 bis 2015 werden in diesem Kapitel betrachtet. Ein besonderer Fokus liegt dabei auf den stärker europäisierten Subpolitikfeldern aus Kapitel V und der Frage, inwieweit nationale Politikgestaltung durch eine Übertragung der Steuerungsfunktion auf EU-Ebene be- oder verhindert wird.

In *Kapitel VII* wird ein Fazit gezogen, das die Ergebnisse der Fallstudien in einen Zusammenhang zueinander setzt und miteinander vergleicht. Dabei werden Rückschlüsse auf Strukturmerkmale der Europäisierungsprozesse in der deutschen Energie- und Klimapolitik gezogen. Diese werden wiederum mit den theoretischen Annahmen aus Kapitel II verglichen, um Anknüpfungspunkte für weitere Forschungsarbeiten herauszuarbeiten.

Kapitel II: Theoretischer Rahmen, Analysekonzepte und methodisches Vorgehen

1 Europäische Integration und Europäisierung: Eine Einordnung

Die Dynamiken und Leitmotive des europäischen Einigungsprojekts beschäftigen die Politikwissenschaft seit Beginn des Integrationsprozesses in den 1950er Jahren. Die Entwicklung von Theorien, die Zustand und Fortschritt der Gemeinschaft in Konzepte fassen und erklären sollten, unterlag ebenso einem kontinuierlichen Entwicklungsprozess, wie die Europäische Union selbst. Über die Jahrzehnte veränderten sich die politikwissenschaftlichen Erklärungsmodelle und Begründungszusammenhänge ganz erheblich. Waren in den ersten Jahrzehnten noch die Meta-Theorien der Internationalen Beziehungen schablonenhaft auf Europa angewandt worden, differenzierten sich die Ansätze in den Folgejahren zunehmend aus.

Während ontologische Erklärungsversuche und die Frage nach der Finalität des europäischen Integrationsprozesses bis heute Gegenstand politikwissenschaftlicher Europaforschung sind, wurden gerade infolge der primärrechtlichen Verankerung der Europäischen Union durch den Vertrag von Maastricht 1992 und des politischen wie wirtschaftlichen Zusammenwachsens der Mitgliedstaaten eine Reihe neuer Fragen aufgeworfen, mit denen sich die Integrationstheorien seit den 1990er Jahren auseinandersetzten. Die zunehmende Komplexität und Vielschichtigkeit der Europäischen Union erforderte auch von der Wissenschaft eine Anpassungsleistung, die gleichzeitig das Ende der *grand theories* der europäischen Integration einläutete. Es erfolgte eine Reihe von Veränderungsprozessen in der Forschungslandschaft, die Bieling und Lerch (2006) rückblickend unter den Stichworten „Perspektivenwechsel", „Perspektivenirritation" und „Perspektivenerweiterung" zusammenfassen.

Das Bedürfnis nach einer Auseinandersetzung mit den Einflüssen des europäischen Integrationsprozesses auf die politischen Systeme der Mitgliedstaaten stellt hingegen ein noch relativ junges Forschungsfeld dar und wurde erstmals im Verlauf der 1990er Jahre entwickelt. Der „permissive Konsens" zur Fortsetzung der europäischen Integration, der bis dahin nur selten hinterfragt worden war, wurde zu diesem Zeitpunkt zum ersten Mal durch die Bürgerinnen und Bürger und nicht durch die Regierungen öffentlich in Zweifel gezogen (Ladrech 2010: 9–10).[2] Ein

---

2   Als Ursache wird von Ladrech unter anderem der negative Ausgangs eines Referendums über den Maastrichter Vertrag in Dänemark und der sich daraus ergebenden Zweifel an der grundsätzlichen

Effekt, der sich in den Folgejahren mit Blick auf diverse Erweiterungsrunden und schließlich auch den Vertrag über eine Verfassung für Europa wiederholen sollte. Schon in der Frühphase des europäischen Integrationsprozesses hatte zwar eine Reihe von Wissenschaftlern dazu geraten, sich näher mit den Auswirkungen der supranationaler Politikgestaltung auf nationaler Ebene auseinanderzusetzen (Mendez/Wishlade/Yuill 2008: 279–280).[3] Wissenschaft und Politik wurden jedoch erst durch die Erfahrungen der frühen 1990er Jahre auf die Veränderungen innerhalb der politischen Systeme der Mitgliedstaaten aufmerksam.

Vor dem Hintergrund dieser Entwicklungen bildete sich ab Mitte der 1990er Jahre der Begriff der Europäisierung zum Schlagwort für einen neuen Trend in der Europaforschung (Kohler-Koch 2000: 11). Dies führte unter anderem dazu, dass in der Folgezeit wieder vermehrt Prozesse auf der Ebene des Nationalstaats sowie der subnationalen Ebene und deren Zusammenhang mit EU/EG-Entscheidungen unter die Lupe genommen wurden.[4] Zahlreiche Einzelstudien widmeten sich den Auswirkungen des europäischen Integrationsprozesses auf nationale Institutionen, Politikfelder, Parteiensysteme, Parteien und andere Teilbereiche des politischen Systems der EU-Mitgliedstaaten.

Europäisierung habe bis heute „viele Gesichter" und unterscheide sich daher abhängig vom jeweiligen Standpunkt und Interesse der Forscherin oder des Forschers, schrieb Johann Olsen bereits im Jahr 2002 in einem vielzitierten Aufsatz (Olsen 2002). Sowohl in der umgangssprachlichen Verwendung als auch im wissenschaftlichen Diskurs lässt sich seit Beginn der 1990er Jahre eine inflationäre Nutzung des Begriffs beobachten. Dabei sind allzu oft weder Subjekt noch Objekt klar definiert. Ebenso wenig steht fest, ob es sich bei der Europäisierung um einen Zustand oder einen Prozess handelt.[5] Im Verlauf der Jahre hat sich

---

Unterstützung des Integrationsprojekts durch die Bevölkerungen der Mitgliedstaaten angeführt (Ladrech 2010: 9). Der zunehmende Einfluss politischer Entscheidungen der EU-Ebene und die damit verbundenen Einschränkungen der Gestaltungsmöglichkeiten nationaler Politik waren hier auf offenkundigen Widerstand in einem der Mitgliedstaat gestoßen.

3 Mendez et al. (2008) weisen darauf hin, dass sich bereits Ernst B. Haas in den 1950er Jahren mit den Auswirkungen der EGKS auf die Mitgliedstaaten auseinandergesetzt habe. Auch Lindberg und Scheingold hätten in den 1970er Jahren eine intensivere Auseinandersetzung mit nationaler Politik unter den Bedingungen der europäischen Integration gefordert, um das „neue Europa" erklären zu können.

4 Featherstone weist die Zunahme des Begriffs „Europäisierung" in wissenschaftlichen Fachzeitschriften im Social Sciences Citation Index insbesondere ab dem Jahr 1999 nach (Featherstone 2003: 5).

5 Auf diese Fragen bietet Olsen eine Reihe von Antworten: Erstens kann es sich bei Europäisierungsprozessen um Veränderungen der Außengrenzen und damit die Erweiterung des politischen Raums der Europäischen Union handeln. Zweitens kann unter Europäisierung die Bildung von Institutionen auf europäischer Ebene verstanden werden, die für die Entwicklung neuer Regelungen und ihre Durchsetzung verantwortlich sind. Drittens wird unter Europäisierung der Export von Institutionen, Strukturen und Problemlösungsansätzen über die Grenzen

jedoch der Einfluss der EU-Ebene auf das politische System der Mitgliedstaaten als die in der Politikwissenschaft dominierende und gängigste Erklärungsformel für den Begriff Europäisierung festgesetzt und bildet auch den Rahmen für die vorliegende Forschungsarbeit (Exadaktylos/Radaelli 2012b).

In den 1990ern Jahren erfolgte erstmals eine systematische Auseinandersetzung mit den Auswirkungen des europäischen Integrationsprozesses auf die Mitgliedstaaten unter dem Begriff Europäisierung. Damit bediente man sich bereits früh einer Terminologie, die bis heute in der Politikwissenschaft weder begrifflich eindeutig geklärt erscheint, noch auf einer allgemein anerkannten Definition beruht. Zunächst beschreibt der Begriff Europäisierung sprachetymologisch lediglich den Prozess einer „Europa-Werdung" (Beichelt 2009: 20–21). Eine Annäherung an die unterschiedlichen Begriffsinhalte und Konzepte von Europäisierung sowie eine Operationalisierung für die weitere Verwendung erscheint daher für jede Forschungsarbeit aus diesem Themenbereich geboten.

Die unterschiedliche Ausprägung der Europäisierung des Nationalstaates in Folge seiner Mitgliedschaft in der Europäischen Union hat sich zu einem Forschungsthema von zunehmender Beliebtheit entwickelt. Semantisch korrekt müsste, so formulierte dies explizit Beate Kohler-Koch (2000: 12), von einer „Unionisierung" oder „EU-Europäisierung" in Abgrenzung von den kulturellen, ökonomischen oder gesellschaftspolitischen Entwicklungen gesprochen werden, die in keinem direkten Bezug zum europäischen Integrationsprozesses stehen (Featherstone 2003: 3). Im Bewusstsein um die vielseitige Nutzbarkeit und mehrdimensionale Bedeutung des Europäisierungsbegriffs, wie Olsen und Kohler-Koch durchaus kritisch anmerken, soll im weiteren Verlauf dennoch im Dienste der Verständlichkeit und Operationalisierbarkeit der Begriff „Europäisierung" zunächst als Oberbegriff für die Auswirkungen der Mitgliedschaft eines Nationalstaats in der Europäischen Union in seinen vielen Facetten verwendet werden.

Auch zwischen europäischer Integration und Europäisierung wird im alltäglichen Sprachgebrauch bis heute kaum differenziert. Dennoch soll in dieser Untersuchung eine konsequente Unterscheidung vorgenommen werden. Während

---

der EU hinweg verstanden werden. Viertens kann Europäisierung als Erklärung für das politische Einigungsprojekt selbst genutzt werden (Olsen 2002: 926–943). Alle vier Interpretationen lassen sich sowohl im Alltagsgebrauch als auch in der wissenschaftlichen Verwendung des Begriffs wiederfinden. Besonders deutlich wird dabei, dass sich eine klare Unterscheidung zwischen Integration und Europäisierung in einigen der aufgeführten Konzeptualisierungsversuche kaum mehr treffen lässt. Während im politikwissenschaftlichen Sprachgebrauch alle vier Beschreibungen von Europäisierung(sprozessen) in einem entsprechenden Kontext unbestrittene Relevanz behalten haben, erwies sich im Laufe der vergangenen Jahre jedoch eine fünfte Beobachtung als zentral: So kann unter Europäisierung eine Penetrierung nationaler Regierungssysteme verstanden werden, die wiederum eine Anpassung des nationalen politischen Systems an Entwicklungen auf europäischer Ebene erforderlich macht.

Integration in diesem Zusammenhang die klassischen Themen der Europaforschung, Vertiefung und Erweiterung, behandelt, bezieht sich Europäisierung zunächst explizit auf die Veränderungen innerhalb der Mitgliedstaaten infolge der europäischen Integration und die sich daraus ergebenden Konsequenzen für das Verhalten mitgliedstaatlicher Akteure im europäischen Mehrebenensystem. Damit unterscheidet sich auch der Ausgangspunkt der Analyse. Europäisierungsansätze gehen meist, ähnlich wie Moravcsiks liberaler Intergouvernementalismus, von einer wichtigen Rolle intergouvernemenaler Verhandlungen aus. Die daraus resultierende Institutionenbildung auf EU-Ebene stellt jedoch nicht, wie in der Integrationsforschung, das Ergebnis der Untersuchung, sondern dessen Ausgangspunkt dar, der für Anpassungsleistungen der Mitgliedstaaten mitverantwortlich ist (vgl. Risse/Green Cowles/Caporaso 2001). Für den Moment halten wir also fest: Integration stellt die Voraussetzung für Europäisierung dar. Ohne Integration kann es in diesem Verständnis auch keine Europäisierung geben. Demzufolge ist das Bewusstsein über die Integrationslogik zwar eine Bedingung für die Untersuchung von Europäisierungsprozessen, nicht aber deren Untersuchungsgegenstand. Europäisierung grenzt sich von Integration eben gerade dadurch ab, dass sie den Mitgliedstaat und nicht das politische Projekt Europa in den Mittelpunkt der Untersuchung rückt.

Während die Eingrenzung von Europäisierungsphänomenen im Olsen'schen Sinne noch ein vergleichsweise leichtes Unterfangen darstellt, erweist sich der nächste Schritt zur Bildung eines Forschungsrahmens als erheblich komplexer: Die Identifizierung von Mechanismen und Kausalitäten innerhalb von Europäisierungsprozessen. Wie können diese empirisch erfasst und konzeptionalisiert werden? Und welche intervenierenden Variablen müssen berücksichtigt werden?

2 Europäisierung als Forschungsrahmen

Wie im vorangegangenen Kapitel dargestellt, unterscheidet sich die Europäisierungsforschung hinsichtlich ihres Erkenntnisinteresses von den klassischen Formen der Integrationsforschung. Der Mitgliedstaat rückt dabei in den Mittelpunkt des Interesses: *„At its most basic [...] Europeanization concerns a relationship between a cause located at the EU level and change at the domestic level [...]"* (Radaelli 2012: 3).

Der Begriff des „Mitgliedstaats" impliziert bereits die besondere Beziehung zwischen dem politischen Konstrukt der EU und dem Nationalstaat. Im Gegensatz zu anderen internationalen Organisationen, beinhaltet die EU-Mitgliedschaft einen hohen Grad an Interaktion zwischen den Ebenen und damit auch unter den Mitgliedstaaten. Hinzu kommen die Verpflichtung zur Implementierung von Entscheidungen und die Subordination unter ein neues Rechtssystem. Je weiter die Integration Europas voranschreitet, umso höher wird der Interaktionsgrad der Akteure auf den unterschiedlichen Ebenen (Ladrech 2010: 19–20).

Eine wichtige Unterscheidung muss mit Blick auf die Herangehensweise an den Europäisierungsbegriff getroffen werden. Für viele Forscherinnen und Forscher, insbesondere der frühen Arbeiten zu diesem Thema, wurde Europäisierung in erster Linie als ein Ergebnis und nur selten als ein Prozess aufgefasst. Würde man dieser klassischen Herangehensweise folgen, so erschiene Europäisierung vor allem als *„matter of degree"* (Featherstone 2003: 4), der sich vergleichend in einem Mitgliedstaat stärker und in einem anderen weniger stark auswirkt. Diese Betrachtung von Europäisierung erscheint heute als zu statisch, wenig aussagekräftig und wird vorrangig in vergleichenden Studien mit einer hohen Zahl an Untersuchungsfällen verwendet. In diesem Buch soll der Fokus, wie in den meisten Studien der Europäisierungsforschung, auf die Prozesshaftigkeit des Untersuchungsgegenstands gerichtet werden. Das Erkenntnisinteresse richtet sich entsprechend auf den kausalen Zusammenhang zwischen einer politischen Entscheidung in der EU und ihren Auswirkungen auf die Steuerungsformen im Nationalstaat. Eine Bestandsaufnahme der Steuerungsmuster deutscher Energie- und Klimapolitik ist dabei zwar als abhängige Variable notwendig. Es soll jedoch in erster Linie der Prozess der Veränderung und weniger der Zustand des Politikfelds analysiert und erklärt werden.

Für den weiteren Umgang mit dem Europäisierungsbegriff, orientieren wir uns daher zunächst an einer häufig zitierten Definition von Claudio Radaelli, die ihren Schwerpunkt auf eben diese Prozesshaftigkeit von Europäisierung legt. Europäisierung wird hier verstanden als:

> „Processes of (a) construction (b) diffusion and (c) institutionalisation of formal and informal rules, procedures, policy paradigms, styles, 'ways of doing things', and shared beliefs and norms which are first defined and consolidated in the EU policy process and then incorporated in the logic of domestic (national and subnational) discourse, political structures, and public policies." (Radaelli 2003: 30)

Ausgangspunkt für die Analyse von Europäisierungsprozessen stellt in einer maximalistischen Definition also stets die Herausbildung und Weiterentwicklung von spezifischen Governance-Strukturen auf EU-Ebene dar (Risse/Green Cowles/Caporaso 2001: 3). Entscheidend ist die Tatsache, dass sich etwas in der EU vollzogen haben muss, bevor eine Wirkung auf nationaler Ebene zu erwarten ist (Bache/Bulmer/Gunay 2012: 68). Diese Etablierung einer neuen Steuerungsebene hat in einem nächsten Schritt unmittelbare Folgen für viele Bereiche des politischen Systems: Institutionen, politische Netzwerke sowie die Art und Weise der Problemwahrnehmung und Bearbeitung im Nationalstaat. Damit einher geht auch die Tatsache, dass es bis heute keine umfassende „Europäisierungstheorie", ähnlich der Integrationstheorien, gibt, sondern unterschiedliche Ansätze, meist gespeist aus (neo-)institutionalistischen Überlegungen, dieses Phänomen zu erklären versuchen (Bulmer/Lequesne 2013: 19).

In Ermangelung einer umfassenden Theorie stellt sich eine Reihe von Fragen an die Analyse von Europäisierungsprozessen. Wann wirkt der Einfluss der EU auf den Mitgliedstaat und wann nicht? Welche Kausalitäten lassen sich in diesem Verhältnis identifizieren? Und warum unterscheidet sich die Wirkung von Integrationsschritten auf nationale Strukturen unter den Mitgliedstaaten?

In einem ersten Schritt betrachten wir daher zunächst die Wirkungsrichtungen des Prozesses. Die überwiegende Zahl der Beiträge zur Europäisierungsforschung konzentriert sich auf die klassische Form der „Top-down"-Europäisierung, in der Entscheidungen auf EU-Ebene eine Veränderung auf der nationalen Ebene nach sich ziehen. Dieser Zusammenhang steht auch im Mittelpunkt der vorliegenden Studie. Da wir uns in dieser Arbeit aber zunächst mit einem Agenda-Setting-Prozess und Politikentscheidungen in der EU als Ausgangspunkte beschäftigen, soll auch die „Bottom-up"-Europäisierung berücksichtigt werden, bei der einzelne Akteure oder Mitgliedstaaten ihre Vorstellungen auf EU-Ebene einbringen, um sie entweder EU-weit verbindlich zu machen oder einen Konflikt bei der Umsetzung auf nationaler Ebene frühzeitig zu vermeiden. Mit der Beschreibung dieser doppelten Wirkungsrichtung ist allerdings auch ein zentrales analytisches Problem der Europäisierungsforschung umschrieben, das eine konzeptionelle Verwirrung hinsichtlich der abhängigen und unabhängigen Variablen im Forschungsdesign zur Folge haben kann. Wie von Simon Bulmer und Christian Lequesne vorgeschlagen, soll daher ein pragmatischer Ansatz gewählt werden, in dem die top-down-Untersuchung zwar im Mittelpunkt steht, die bottom-up-Logik aber als wichtiger Kontextfaktor wirkt (ebd.: 21).

2.1 „Top-down"-Europäisierung

Folgt man der klassischen Herangehensweise und betrachtet Europäisierungsprozesse zunächst einseitig als Wirkungsmechanismen oder Kausalitäten, die von einer Entscheidung auf EU-Ebene ausgehen und Veränderungen auf mitgliedstaatlicher Ebene nach sich ziehen, so spricht man von einem „top-down"-Europäisierungsprozess. Die Identifizierung von Bedingungen, unter denen Wirkungszusammenhänge zu beobachten und zu messen sind, gehört zu den komplexesten Herausforderungen der Europäisierungsforschung und bildet den Kern dieser Studie. So erscheint es zwar leicht eine lange Liste mit unterschiedlichen wirkmächtigen Einflussfaktoren aufzustellen. Ihren jeweiligen Einfluss zu bemessen, erfordert jedoch eine eingehende Beschäftigung mit dem Forschungsgegenstand (Radaelli 2012: 2).

Die überwiegende Zahl der mit Europäisierungsprozessen befassten Autorinnen und Autoren, markiert den Ausgangspunkt ihrer Untersuchung anhand einer konkreten Entscheidung auf EU-Ebene (vgl. Börzel/Risse 2003). Hierfür kommt eine Reihe von auslösenden Faktoren in Frage: Vertragsänderungen, Entwicklung neuer informeller und formeller Entscheidungsregeln, die Einführung eines neuen Regulierungsmodells oder die Herausbildung eines neuen themenbezogenen Narrativs. In unserem Fall stellt der zentrale auslösende Faktor eine *landmark-decision* des Europäischen Rates dar. Dieser Ausgangspunkt wird in der Folge als unabhängige Variable im Forschungsdesign betrachtet, auch wenn wir ihr Zustandekommen, wie bereits erwähnt, im weiteren Gang der Untersuchung einer näheren Betrachtung unterziehen werden. Das zentrale Forschungsinteresse richtet sich aber auf die Aufnahmefähigkeit und Verarbeitung innerhalb des nationalen politischen Systems (Risse/Green Cowles/Caporaso 2001: 6–9).

In der Europäisierungsliteratur hat sich in den vergangenen Jahren das „misfit"-Modell zur Erklärung von Anpassungsprozessen in den EU-Mitgliedstaaten etabliert (vgl. Beichelt 2009: 23–27). Die diesem Modell zugrunde liegende Annahme lautet: Besteht eine hohe Passfähigkeit („*fit*") zwischen EU-Entscheidung und nationaler Struktur, gleichen sich institutionelle Strukturen oder Regulierungsmuster beider Ebenen also, so vollzieht sich ein Europäisierungsprozess (wenn überhaupt, dann) im Stillen. Werden jedoch Differenzen zwischen den Ebenen ersichtlich, so ist von einem *„misfit"* zu sprechen. Der Anpassungsdruck innerhalb des politischen Systems ist also der entscheidende Faktor. Dabei wird zwischen einem institutionellen und einem politikfeldspezifischen oder auch regulatorischen *„misfit"* unterschieden (Börzel/Risse 2003: 61–63). Ein institutioneller *„misfit"* liegt vor, wenn das politische System des Mitgliedstaats zunächst nicht mit der institutionellen Struktur auf EU-Ebene kompatibel erscheint. Beispielhaft kann hierfür die im Zuge der Binnenmarktgesetzgebung verlangte Einführung einer Regulierungsbehörde im Energiebereich angeführt werden. Da diese zuvor im institutionellen Gefüge der deutschen Energiepolitik nicht existierte, musste sie gegen erhebliche Widerstände gegründet werden. Die Vorgabe zur Einrichtung einer Regulierungsbehörde stellte also einen institutionellen *„misfit"* dar, der innerhalb des politischen Systems bearbeitet werden musste. Bei einem *„policy misfit"* wiederum handelt es sich meist um die Steuerungsform oder die politische Zielsetzung in einem Politikfeld, die auf EU-Ebene anders formuliert wird als im Nationalstaat. Während Großbritannien zum Zeitpunkt der Durchsetzung des Binnenmarktprogramms im Energiebereich die Liberalisierung staatsnaher Sektoren bereits in den 1980er Jahren vollzogen hatte und somit kaum Veränderungen am nationalen Regulierungsmuster vorgenommen werden mussten, traf dieser Schritt in Deutschland und Frankreich auf Widerstand, was eine entsprechend größere Anpassungsleistung zur Folge hatte.

> „Policy misfit is the condition that produces adaptational pressure or costs for domestic actors. A variable response is based upon the degree of pressure, political choices, and potential barriers of change […]." (Ladrech 2010: 33).

Ein politikfeldspezifischer „misfit" zieht in vielen Fällen auch einen institutionellen Anpassungsprozess im Mitgliedstaat nach sich, wenn etwa Zuständigkeiten neu verteilt werden oder neue Aufgaben erfüllt werden müssen.

Ein *„misfit"* muss auch nicht in allen Fällen auf der Ebene rechtlicher Verpflichtungen gegenüber der EU vorliegen, sondern kann auch durch die Festlegung neuer informeller Normen hervorgerufen werden. Darauf wird in Kapitel II.3 noch näher einzugehen sein.

Der *„misfit"* wirkt dementsprechend als Auslöser für eine Veränderung auf nationalstaatlicher Ebene (ebd.: 31). Er ist die notwendige Voraussetzung für einen Veränderungsprozess, erklärt diesen jedoch noch nicht hinreichend. Aufgabe der Analyse ist es nun, nach der erfolgreichen Identifizierung der *„misfits"* die entstehende Veränderung in den Folgewirkungen zu erklären. Ob, wie und wann ein Nationalstaat seine institutionellen Strukturen oder seine Steuerungsinstrumente letztlich an EU-Entwicklungen angleicht, hängt ganz wesentlich von der Präsenz oder Absenz vermittelnder Faktoren ab (Risse/Green Cowles/Caporaso 2001: 2). Dabei kann in kausale Mechanismen und intervenierende Variable unterschieden werden (Sindbjerg Martinsen 2012: 146–147). Risse et al. (2001: 9-12) benennen fünf dieser Faktoren.

Auf der institutionellen Ebene finden sich:

- Verschiedene Vetopunkte in den nationalen Strukturen, etwa über die subnationale Ebene in föderalen Systemen, die darauf hinwirken, Veränderungsprozesse zu verhindern oder zu verlangsamen;
- vermittelnde nationale Institutionen, die eine Veränderung unterstützen;
- die politische Kultur eines Nationalstaats und die spezifischen Formen der Politikgestaltung, die entweder konfliktbehaftet oder konsensorientiert sein können;

Stärker auf die Ebene der Akteure fokussiert, lassen sich folgende zwei Faktoren ergänzen:

- Veränderungen im Machtgleichgewicht unter den nationalen Akteuren, die sich vor allem – aber nicht nur – innerhalb der Exekutive abspielen;
- politisches Lernen.

Die Benennung und Bewertung dieser vermittelnden Faktoren versucht die unterschiedlichen Auswirkungen von Integrationsschritten und politischen Entscheidungen auf EU-Ebene in den Mitgliedstaaten zu erklären. Sowohl Institutionen als auch Akteure können die Rolle dieser *„mediating factors"* einnehmen und wirken als „Katalysatoren" innerstaatlichen Wandels (Panke/Börzel 2008). Börzel und Risse unterscheiden hierbei zwei unterschiedliche Herangehensweisen, die analog zur der Trennung in rationalistische und soziologische Analysekonzepte des Institutionalismus ihre jeweiligen Schwerpunkte setzen. Aus rationalistischer Perspektive entstehen durch die Europäisierung des Nationalstaates neue Opportunitätsstrukturen für die beteiligten Akteure. Die Neujustierung der Machtbalance auf nationaler Ebene ist die Folge. Vetopunkte und die Rolle formaler Institutionen stehen hier im Mittelpunkt. Vertreter des soziologisch orientierten Insitutionalismus betonen hingegen die Rolle der Wandlungsfähigkeit von Institutionen. Institutionelle Isomorphismen entwickeln sich als Resultat neuer Narrative und einer Sozialisation auf nationaler Ebene. Einzelne *„norm entrepreneurs"* und informelle Institutionen sind hierfür entscheidend (Börzel/Risse 2003: 63–69). Beide Herangehensweisen weisen auf die wichtige Rolle von Institutionen und Akteuren innerhalb eines Europäisierungsprozesses hin. Die Konzepte schließen sich keineswegs aus, sondern sind vielmehr kompatibel miteinander, setzen jedoch andere Schwerpunkte (Woll/Jacquot 2010: 114). Gleichzeitig gehen sie nicht nur von einer bloßen Anpassung aus, sondern implizieren eine Veränderung in den nationalstaatlichen Strukturen selbst, die sich auch auf das Institutionengefüge im Mitgliedstaat auswirken kann.

Neben diesen strukturellen und akteurzentrierten Faktoren haben Mendez et al. (Mendez/Wishlade/Yuill 2008) in ihrer Untersuchung zur Anpassung an neue Leitlinien in der Strukturpolitik eine Reihe weiterer Kriterien identifiziert, die in erster Linie für die Policy-Analyse in Mitgliedstaaten Relevanz besitzen und daher ergänzt um eigene Annahmen auch in dieser Untersuchung Anwendung finden sollen:

- die Bedeutung des Politikfelds im nationalen Kontext;
- die Erwartungen in den Mitgliedstaaten an die Entwicklung eines neuen Politikfelds;
- der Grad des Verständnisses gegenüber den Anforderungen, die von Seiten der EU-Kommission gestellt werden;
- die Klarheit der Politikziele in einem Politikfeld;
- die Passfähigkeit mit übergeordneten nationalen Zielsetzungen.

Ian Bache erweitert das bereits breite Portfolio unterschiedlicher „Katalysatoren" schließlich um die Kriterien: Ist der Gegenstand (partei-)politisch umstritten? Und: Wird die Tatsache, dass es sich um einen Europäisierungsprozess handelt, innerhalb des nationalstaatlichen Systems aufgenommen oder ignoriert? (Bache 2007: 16).

Die Vielzahl der *„mediating factors"*, die bei einem *„misfit"* zwischen nationalstaatlicher und EU-Ebene wirken können, macht deutlich, dass generalisierbare Aussagen über die Wirkung von EU-Politiken in Mitgliedstaaten kaum zu treffen sind (Ladrech 2010: 35). Umso wichtiger erscheint es, diejenigen Faktoren mit der höchsten Plausibilität für den Untersuchungsgegenstand zu identifizieren. Dies soll bei der Darstellung des Forschungsdesigns für die hier verwendete Policy-Analyse in Kapitel II.3 nachgeholt werden.

Nachdem nun die unterschiedlichen Ausprägungen von *„misfits"* sowie einige der möglichen beeinflussenden Faktoren benannt wurden, richtet sich der letzte Blick der Analyse auf das Ergebnis der Verarbeitung von Veränderungen in den Mitgliedstaaten, also der Grad der Implementierung oder der *„outcome"* bzw. die abhängige Variable im Modell der Untersuchung. Auch hier erscheint es geboten, vorab eine Kategorisierung vorzunehmen. Tanja Börzel und Thomas Risse (Börzel/Risse 2003: 69–70) haben die zu beobachtenden Veränderungen in drei Gruppen eingeteilt:

1. *Absorption*: EU-Normen oder neue Ideen werden ohne weitere Veränderungen in das nationale Konzept übernommen.
2. *Accommodation*: Hier passen Mitgliedstaaten ihre Strukturen an, ohne sie jedoch in ihrem Kern zu verändern. Stattdessen werden alte Strukturen oder Normen um neue Aspekte ergänzt.
3. *Transformation*: Mitgliedstaaten verändern ihren jeweiligen Institutionen oder Regulierungsmuster grundlegend, so dass ein hoher Grad an nationalstaatlichem Wandel vorliegt.

Während die Kategorien Absorption und Accommodation die häufigsten Fälle der Europäisierungswirkung im Nationalstaat darstellen, tritt eine grundlegende Transformation meist nur in extremen Krisenmomenten auf.

In den frühen Arbeiten zur Europäisierung ist häufig davon ausgegangen worden, dass aufgrund der Verpflichtung der Mitgliedstaaten, EU-Normen zu übernehmen, eine Nichterfüllung weitgehend ausgeschlossen ist. Dagegen haben sich in jüngeren Arbeiten zwei weitere Kategorien etabliert. Mit „*retrenchment*" (Rückzug) und „*inertia*" (Beharrungsvermögen) werden Formen der Nicht-Umsetzung bezeichnet, die entweder resistentes oder retardierendes Verhalten der nationalstaatlichen Ebene gegenüber EU-Entscheidungen beschreiben (Radaelli 2003: 37–38). Diese treten häufig bei der Entwicklung moderner Governance-Instrumente auf, die auf Koordinierung oder Abstimmung setzen (vgl. Saurugger 2012). Grundsätzlich fällt es jedoch schwer, eine trennscharfe Unterscheidung zwischen den unterschiedlichen Verarbeitungsergebnissen vorzunehmen. Erst durch eine empirische Betrachtung des Untersuchungsgegenstandes über einen längeren Zeitraum lässt sich eine Kategorisierung mit größerer Sicherheit durchführen (Ladrech 2010: 38).

Das dargestellte „misfit"-Modell ist ein in der Europäisierungsforschung häufig genutzter Ansatz, um die Auswirkungen von EU-Policy-Entscheidungen in EU-Mitgliedstaaten zu analysieren. Es lässt sich aber auch auf die Veränderung von staatlichen Strukturen oder andere Bestandteile des politischen Systems anwenden.

Entgegen der von Risse et al. (Risse/Green Cowles/Caporaso 2001) entwickelten und häufig verwendeten Konzeption wird in dieser Arbeit nicht der Europäisierungsprozess an den Anfang des Modells gestellt, sondern, wie in Kapitel II.1 bereits erläutert, soll die Analyse hier mit einer EU-Entscheidung bzw. einem Integrationsschritt auf EU-Ebene begonnen werden, durch die Europäisierungsprozesse eingeläutet werden. Dabei zeigt sich nun jedoch eine Schwäche rein „top-down"-orientierter Ansätze. Diese liegt in der Privilegierung der EU-Ebene gegenüber der nationalen begründet. Folgt man dieser hierarchischen Betrachtungsweise, vermitteln nationale Institutionen und Akteure lediglich weitgehend autonom gefällte Entscheidungen der EU im Mitgliedstaat (Bache/Bulmer/Gunay 2012: 69–70). Dieser eindimensionale Blick aus der „Vogelperspektive" soll nun durch eine zweite Herangehensweise an Europäisierungsprozesse aus der „Froschperspektive" ergänzt werden (vgl. Panke/Börzel 2008).

2.2 „Bottom-up"-Europäisierung

Mit dem einleitend bereits beschriebenen Perspektivenwechsel in der Europaforschung und der zunehmenden Beschäftigung mit der Rolle unterschiedlicher Institutionen und Akteure im europäischen Integrationsprozess hat das Regieren im europäischen Mehrebenensystem als Strukturbedingung in der Europaforschung an Bedeutung gewonnen. *Multi-Level-Governance* steht dabei zunächst für die Permeabilität des Nationalstaats infolge des europäischen Integrationsprozesses und die Schaffung neuer Regelungsstrukturen (Hooghe/Marks 2001). Damit einher ging auch eine Veränderung der Perspektive auf das Regieren selbst (vgl. Benz 2007). So hat sich über mehrere Jahrzehnte hinweg ein komplexes Geflecht gegenseitiger Abhängigkeiten der unterschiedlichen Ebenen europäischer, nationaler und subnationaler Politik ergeben. Mit dem Auftauchen der Governance-Debatte und der sukzessiven Auflösung des Begriffs vom autonomen staatszentrierten Regieren im Nationalstaat entwickelte sich das Bedürfnis, Politikgestaltung im Mehrebenensystem der EU erklären zu können (Tömmel 2007: 15).

Die Tatsache, dass *Multi-Level-Governance* als Steuerungsmodell in der Europaforschung kaum mehr infrage gestellt wird, hatte auch Auswirkungen auf die Europäisierungsforschung. Als eine der ersten Politikwissenschaftlerinnen kritisierte Beate Kohler-Koch im Jahr 2000 den bisherigen Ansatz der Europäisierungsliteratur als zu einseitig (Kohler-Koch 2000). Der von ihr formulierte Vorwurf lautete: Die Reduzierung der Europäisierungsforschung auf die EU-Europäisierung und die damit verbundene Überbetonung der Entwicklung eines politischen Systems auf EU-Ebene, das in der Folge Auswirkungen auf die Mitgliedstaaten habe, sei noch zu stark an der Idee des Neofunktionalismus angelehnt und lasse sich kaum mehr vom Begriff der Integration trennen. Die einseitige Betrachtung der Effekte europäischer Politik auf den Nationalstaat greife zu kurz, um moderne Formen der Politikgestaltung im Mehrebenensystem erfassen zu können:

> „Wirkungsanalysen übersehen [...] leicht, dass Vorgaben der europäischen Ebene von den Mitgliedstaaten selbst formuliert wurden. Schon die formale Betrachtung der politischen Willensbildung im EU-System macht deutlich, dass es jeweils Verhandlungsergebnisse sind, die es umzusetzen gilt und somit viele „Rückwirkungen" antizipiert oder gar gezielt in die Verhandlungen eingebaut wurden. Europäisierung

ist keineswegs eine Einbahnstraße, die in Brüssel beginnt und Veränderungen in die Mitgliedstaaten hineintransportiert." (Kohler-Koch 2000: 15)

Für Beate Kohler-Koch erfordert die Europäisierungsdebatte eine „politische Horizonterweiterung", infolge derer einer gestaltenden Rolle politischer Akteure erhöhte Aufmerksamkeit geschuldet werden muss (ebd.: 23). In diesem Sinne sei Europäisierung nicht,

> „wie die Forschung zur EU-Europäisierung manchmal nahe legt, die Anpassung an Vorgaben, sondern eröffnet Angebote, die eine Auswahl erlauben und deren Aufnahme davon abhängt, ob sie auf Interesse und ‚kaufkräftige' Nachfrage stößt" (ebd.: 24).

> „Auch die Vorstellung, Europa sei lediglich die Arena, in der nationale Interessenpositionen ausgehandelt werden, stößt sich an der Wirklichkeit. Die Vertretung nationaler Interessen wird von Akteuren moderiert, die gleichzeitig einem europäischen Erfolg, nämlich dem Zustandekommen eines tragbaren Kompromisses, verpflichtet sind [...] oder sich keineswegs als Kulturexporteure verstehen, sondern sich einer professionellen Aufgabe verpflichtet fühlen [...]." (Kohler-Koch 2000: 24)

Im Gegensatz zu einem einseitig top-down-orientierten Ansatz ermöglicht die von Beate Kohler-Koch thematisierte Horizonterweiterung auch die Zurückweisung klassischer neofunktionalistischer Argumente, die von einem automatisch voranschreitenden Integrationsprozess ausgehen. Erst aus der Akteursperspektive heraus werden etwa Präferenzen für eine Rückbesinnung auf unabhängige Politikgestaltung und die Zurückweisung eines zunehmenden Einflusses durch EU-Akteure erklärbar. Die bottom-up-Perspektive bringt durch ihren akteurzentrierten Charakter wiederum notwendigerweise die „Dimension von Macht und Interesse" in die Europäisierungsdebatte, „die in der europäischen Implementationsforschung häufig zu kurz kommt" (ebd.: 25).

Aus der Betonung dieser bottom-up-Perspektive von Europäisierung nun allerdings eine Dichotomie zwischen „oben" und „unten" zu entwickeln, erscheint, wie Timm Beichelt bemerkt, wenig überzeugend (Beichelt 2009: 28). In der Realität „sollte das Zusammenspiel nicht als rein linearer Prozess des *top-down* oder des *bottom-up* verstanden werden, sondern als ein kontinuierlicher Interaktionsprozess zwischen den Ebenen mit *feedback loops*, also als Politikkreislauf, bei dem sich nationale und europäische Akteure, Institutionen und Prozesse beständig gegenseitig beeinflussen" (Becker 2010: 49). Becker merkt jedoch mit Recht an, dass es bislang an einer Theorie oder einem theoretischen Rahmen mangelt, der beide Prozesse als Interaktion sieht und als solche behandelt. Gerade für einen stark theoriegeleiteten Forschungsansatz erscheint dieser Zusammenhang als konzeptionelles Problem, das einer Lösung bedarf.

Für die vorliegende Arbeit ist die Betrachtung des *„uploadings"* von der nationalen auf die EU-Ebene insbesondere in der ersten Phase der Analyse, dem Agenda-Setting auf EU-Ebene, entscheidend. Alleine die Tatsache, dass Deutschland im ersten Halbjahr 2007 die EU-Ratspräsidentschaft innehatte, legt die Annahme nahe, dass die Entscheidungen des Europäischen Rates vom März 2007 auch durch deutsche Akteure beeinflusst wurden. Ein Analysekonzept für den Einfluss Deutschlands auf den EU-Entscheidungsprozess wird mit dem Multiple-Streams-Ansatz in Kapitel II. 4 nachgeliefert. Für den Moment halten wir fest: Europäisierungsprozesse müssen als zyklische *upload*- und *download*-Phasen betrachtet werden, die jeweils für sich genommen einer Untersuchung bedürfen.

3 Europäisierungsprozesse in der Politikfeldanalyse

In den bisherigen Ausführungen wurde eine generelle Herangehensweise an das Phänomen der Europäisierung gewählt, das noch keine Eingrenzung auf einen Teilbereich des politischen Systems beinhaltete. Da es sich beim Untersuchungsgegenstand dieser Studie aber um den inhaltlichen Zusammenhang zwischen einer EU-Entscheidung und den Steuerungsformen auf nationaler Ebene handelt und dieser sich innerhalb eines zeitlich und thematisch eingeschränkten Handlungsraums für politische Akteure abspielt, befinden wir uns im Bereich der Politikfeldanalyse, die bei der Entwicklung des Forschungsdesigns nun im Mittelpunkt stehen soll. Im Zentrum des Forschungsinteresses findet sich demnach die politische Bearbeitung gesellschaftlicher Probleme oder zumindest der Gegenstände, die von Akteuren als solche wahrgenommen werden. Dabei folgen wir einer von Thomas R. Dye formulierten grundlegenden Annahme für die Politikfeldanalyse: *„Policy Analysis is what governments do, why they do it, and what difference it makes"* (Dye 1978: 1).

Die hier zu untersuchenden Steuerungsformen sollen dabei als das Zusammenspiel aus den formulierten Steuerungszielen und zu deren Erreichung verwendeten Steuerungsinstrumenten verstanden werden. Ein Instrument kann wiederum, Pierre Lascoumes und Patrick Le Galès folgend, definiert warden als: *„a device that is both technical and social, that organizes specific social relations between the state and those it is addressed to, according to the representations and meanings it carries. It is a particular type of institution, a technical device with the generic purpose of carrying a concrete concept of politics/society relationship and is sustained by a concept of regulation"* (Lascoumes/Le Galès 2007: 4).

In diesem Verständnis sind Instrumente nicht nur dazu geeignet, Probleme zu lösen, sondern erweitern oder begrenzen auch die Handlungsfreiheit von Akteuren bzw. privilegieren die einen gegenüber den anderen (Saurugger 2012: 115).

Innerhalb des in der Politikfeldanalyse häufig verwendeten Policy-Zyklus, der einen Politikgestaltungsprozess vom Agenda-Setting über die Politikformulierung bis zur Implementierung und Evaluierung beschreibt, interessieren uns in dieser Arbeit vornehmlich die Phasen des Agenda-Settings und der Politikformulierung auf EU-Ebene und deren Einfluss auf einen *„policy change"* in der deutschen Energie- und Klimapolitik. Ein Beispiel hierfür wäre die Beobachtung eines Wandels von Regulierung zu Deregulierung oder aber generell eine Verschiebung im Verhältnis zwischen Staat und Wirtschaft, die durch einen Europäisierungsprozess ausgelöst wird (Ladrech 2010: 165). Europäisierungsforschung im Rahmen der Politikfeldanalyse beschäftigt sich ausdrücklich nicht mit der Frage nach der *compliance* eines Mitgliedstaats gegenüber EU-Normen oder mit dem *download* eines bislang im nationalen Kontext nicht existenten Politikfelds. Ebenso wenig geht es um Veränderungen im Parteiensystem, der politischen Kultur oder ähnlichen Bereichen, die ebenfalls europäisiert werden könnten. Ziel ist es vielmehr: *„to demonstrate the varying degree to which the EU impacts or changes national policy or national policy areas, and the exact nature of the changes"* (ebd.: 167).

Wir gehen also davon aus, dass ein kausaler Zusammenhang zwischen den Entscheidungen des Europäischen Rates im März 2007 und deren weiteren Ausformulierungen in der EU auf der einen und den Veränderungen bei Steuerungszielen und -instrumenten deutscher Energie- und Klimapolitik auf der anderen Seite besteht. Wie im vorangegangenen Unterkapitel thematisiert, reicht es für das Verständnis eines Europäisierungsprozesses nicht aus, eine autonome EU-Entscheidung zu modellieren, die in der Folge im Sinne einer *chain-of-command* in die Mitgliedstaaten getragen wird (vgl. Radaelli 2012: 5). Nationale Akteure, allen voran der größte EU-Mitgliedstaat Deutschland, sind sehr wohl in der Lage, eine EU-Entscheidung in ihrem Sinne (mit zu) prägen. Daher erscheint die „bottom-up"-Perspektive notwendig, um Kausalitäten vollständig herausarbeiten zu können. Bevor wir uns diesem Ausgangspunkt der Untersuchung in Kapitel II.4 zuwenden, blicken wir zunächst noch auf analytische Kategorien aus der Politikfeldforschung und prüfen diese mit Blick auf ihre Nutzbarkeit in unserem Analyserahmen.

3.1 Governance-Typen

In einem ersten Schritt soll nun eine Kartierung der unterschiedlichen Formen der politischen Steuerung vorgenommen werden, die von der EU-Ebene auf die nationale Politik wirken können. Dabei unterscheiden wir zunächst die unterschiedlichen Governance-Typen, die in Form von Politikinstrumenten auf EU-Ebene Veränderungen in den Mitgliedstaaten hervorrufen können. Dabei haben sich in den vergangenen Jahren unterschiedliche Typisierungen etabliert, die sich im Kern aber in zwei Gruppen unterteilen lassen.

1. *„Hard Law"*: Die klassische Kategorie der „hard laws" umfasst alle rechtlich verbindlichen Maßnahmen, die entweder in Form von Richtlinie, Verordnungen oder Entscheidungen auf EU-Ebene gefasst werden und entweder direkt oder über den Umweg nationaler Umsetzungsnormen im Mitgliedstaat wirken. Diese werden auch als supranationale „Governance by Hierarchy" bezeichnet und müssen wiederum in zwei Formen unterschieden werden (vgl. Scharpf 2010a; Bulmer/Radaelli 2013).

    a. Positive Integration: Wird neue marktkorrigierende Gesetzgebung auf EU-Ebene entwickelt, die in nationale Strukturen integriert werden muss, so fällt dies unter die Rubrik der positiven Integration. Hierzu gehören Richtlinien oder Verordnungen, die auf EU-Ebene verabschiedet werden und einen Einfluss auf die Steuerungsformen nationaler Politik haben.

    b. Negative Integration: Unter negativer Integration werden marktschaffende Regelungen zum Beispiel im Kontext der Binnenmarktgesetzgebung verstanden, die nationale Regelungen in Frage stellen können. Diese erfolgt ebenfalls auf der Grundlage von EU-Normen, die meist über das Wettbewerbsrecht entweder durch eine Entscheidung der Kommission oder des Europäischen Gerichtshofs initiiert werden, aber auch von Rat und Europäischem Parlament beschlossen werden können.

2. *„Soft Norms"*: Die Reduzierung des Einflusses der EU auf den Nationalstaat auf die rechtliche Integration in Form von Richtlinien oder Verordnungen greift zu kurz und spiegelt nicht mehr die volle Bandbreite heutiger Steuerungsformen der EU wider. Als Folge hat sich in der Policy-Forschung der Begriff der „soft norms" oder „soft laws" etabliert, der als Sammelbecken für unterschiedlichste Formen der Koordinierung und Regelsetzung ohne unmittelbare Rechtsverbindlichkeit dient (vgl. Saurugger 2012: 111–112). Das prominenteste Beispiel in diesem Zusammenhang ist mit Sicherheit die „Offene Methode der Koordinierung", die beispielsweise im Zuge des Lissabon-Prozesses Anwendung findet (Puetter 2012: 162). Auch in dieser Untersuchung sollen „soft norms" berücksichtigt und gleichzeitig weit gefasst werden. Einbezogen werden daher gleichermaßen Kommissionsvorschläge, auf EU-Ebene formulierte Best-Practice-Beispiele oder neue Policy-Ideen, die einen impliziten Veränderungsdruck hervorrufen können. Oftmals geht es dabei um diskursive Elemente oder Narrative, die, hervorgerufen durch eine Entwicklung auf EU-Ebene, im Nationalstaat Verschiebungen in der Problemwahrnehmung und in der weiteren Folge auch bei den Steuerungsinstrumenten hervorrufen (vgl. Lynggaard 2012). Woll/Jacquot (2010) beschreiben beispielhaft, wie Entwicklungen auf EU-Ebene in den nationalen Kontext eingebunden und von nationalen Akteuren als neue Policy-Frames oder Referenzen genutzt werden können.

Hinzu kommen Mischformen, wie etwa das sich zunehmender Beliebtheit erfreuende *„Mandated Participatory Planning"* (MPP), in dessen Kontext die Mitgliedstaaten verpflichtet werden, unter Einbeziehung gesellschaftlicher Akteure Berichte über Entwicklungen im entsprechenden Politikfeld zu verfassen und diese bei der Kommission einzureichen (Newig/Koontz 2014). Dieses Instrument gewinnt gerade in der Energie- und Klimapolitik an Bedeutung.

EU-Entscheidungen aus beiden Kategorien können, sofern ein „misfit" mit nationalen Zielen oder Instrumenten vorliegt, als auslösende Faktoren für eine Veränderung gegenüber einem vorherigen Zustand im Mitgliedstaat wirken. Mit Recht wurde zuletzt von Bulmer und Radaelli kritisiert, dass das „misfit"-Modell zwar für den Bereich der positiven Integration bis heute ein hohes Maß an Plausibilität aufweist, die Europäisierung im Bereich der negativen Integration und noch viel mehr im Bereich der Steuerung durch *„soft norms"* mit diesem Konzept nicht hinreichend erklärt werden könne (Bulmer/Radaelli 2013: 367). Ihr Argument lautet: Sofern keine Verbindlichkeit zur Umsetzung vorliegt, bestehe auch kein Anpassungsdruck im Mitgliedstaat und entsprechend könne auch kein *„misfit"* konstatiert werden. Da in unserem Untersuchungsfeld, dies sei an dieser Stelle vorweggenommen, alle drei benannten Governance-Typen in Erscheinung treten, gleichzeitig aber ein kohärentes Analysemodell für alle Fälle verwendet werden soll, muss eine pragmatische Lösung gefunden werden. Diese besteht darin, das „misfit"-Modell weiter zu fassen als dies ursprünglich von seinen Erfindern erdacht wurde. Entsprechend identifizieren wir auch einen *„misfit"* in solchen Fällen, in denen ein Steuerungsinstrument auf EU-Ebene in einem Bereich entwickelt wurde, der auf nationaler Ebene bis dato politisch nicht behandelt wurde. Auch sehen wir über den Aspekt der Verbindlichkeit hinweg und legen stattdessen die EU-Steuerungsform schablonenhaft über die Formen der Steuerung auf nationaler Ebene. Dies lässt noch immer eine Unterscheidung in einen stärkeren oder weniger starken *misfit* zu und konstatiert nur in solchen Fällen einen *fit*, in denen Steuerungsform und -ziel auf beiden Ebenen (nahezu) identisch ausfallen.

3.2 Der Einfluss von Kontextfaktoren

Bevor wir uns der Identifizierung plausibler vermittelnder Faktoren in unserem Untersuchungsfeld widmen, sollen an dieser Stelle noch drei weitere wichtige Rahmenbedingungen bzw. Kontextfaktoren eingeführt werden, deren Nichtbeachtung dazu verleiten könnte, falsche oder unvollständige Rückschlüsse aus der Untersuchung zu ziehen.

1. Globalisierung: Nationalstaaten sind im 21. Jahrhundert zahlreichen Einflussfaktoren ausgesetzt. Neben den für die EU-Mitgliedstaaten relevanten Einflüssen aus Brüssel, sind hier vor allem Globalisierungs- und Internationalisierungspozesse zu nennen, durch die Staaten mit völlig neuen Problemen konfrontiert werden und Lösungen erarbeiten müssen. Europäisierung kann in vielen Fällen lediglich als Konsequenz von Globalisierungseffekten erscheinen, die politische Akteure durch eine gemeinsame europäische Antwort zu bewältigen versuchen (Ladrech 2010: 5). Dennoch ist auch hier eine analytische Unterscheidung notwendig. So stellt mit Blick auf das hier zu untersuchende Politikfeld der Klimawandel *per se* ein globales Problem dar, das einen globalen Handlungsdruck erwarten lässt und aus Sicht der meisten Beobachter eine besondere historische Verantwortung der Industriestaaten und damit auch der Europäischen Union impliziert. Die Befassung mit dem Thema Klimawandel ist demnach einem Globalisierungsprozess von Umweltfragen geschuldet. Dahingegen muss die Einrichtung des EU-Emissionshandelssystem und dessen Auswirkung auf die Klimapolitik der Mitgliedstaaten vorrangig als Folge eines Europäisierungsprozesses betrachtet werden.

   Der Handlungsdruck auf die EU und ihre Mitgliedstaaten erscheint also zunächst als Konsequenz einer globalen Problemwahrnehmung und der Aufforderung zur Problembearbeitung. Die konkreten Auswirkungen auf nationale Sachpolitik oder Steuerungsmechanismen in Deutschland ist jedoch der weitgehenden Europäisierung des Politikfelds und Bearbeitung auf EU-Ebene geschuldet. Selten lassen sich jedoch beide Prozesse in der notwendigen inhaltlichen Trennschärfe analysieren, sind sie doch stets eng miteinander verknüpft. Häufig wirkt die EU-Ebene lediglich als Katalysator für einen globalen Entwicklungsprozess. Volker Schneider zeigt dies etwa für die Liberalisierung des Telekommunikationssektors in verschiedenen EU-Mitgliedstaaten, die zwar durch die EU-Kommission angestoßen wurde, ihren Ursprung aber ganz wesentlich in einer globalen Entstaatlichungstendenz hatte (Schneider 2001). Eine Unterscheidung kann nur durch eine detaillierte Prozessanalyse erfolgen.

2. Endogene Entwicklungen im Nationalstaat: Auch Entwicklungen innerhalb des Nationalstaats können ursächlich für Veränderungsprozesse sein und wirken damit unabhängig von einem Einfluss der EU-Ebene. Regierungs- oder Ministerwechsel dürften der häufigste Anlass für eine endogene Veränderung sein (vgl. Graziano/Vink 2013: 46).

3. Prioritätenverschiebung auf der Zeitachse: Auch die EU als Auslöserin für einen Veränderungsprozess auf nationaler Ebene ist ebenso wenig statisch zu sehen wie der Mitgliedstaat selbst. Zeit selbst und Veränderungen auf der Zeitachse müssen entsprechend berücksichtigt werden, wenn Veränderungsprozesse im Mittelpunkt der Untersuchung stehen (Bulmer/Radaelli 2013:

360). Je länger der Zeitraum zwischen EU-Entscheidung und Verarbeitung im nationalen System erscheint, desto höher ist die Wahrscheinlichkeit, dass sich die Schwerpunktsetzung auch auf EU-Ebene zwischenzeitlich verschoben hat. Damit verändert sich auch der Europäisierungsdruck auf die Mitgliedstaaten. Wird in einer Untersuchung der von der EU ausgehende Anpassungsdruck als konstant gesehen, können falsche Annahmen über dessen Wirkung auf mitgliedstaatliche Strukturen getroffen werden. Eine Prioritätenverschiebung auf EU-Ebene kann so unter Umständen Akteure auf nationaler Ebene stärken, die sich gegen eine Veränderung zur Wehr setzen. Daher ist auch während der Analyse des „top-down"-Prozesses der Blick auf Veränderungen bei der unabhängigen Variablen notwendig (vgl. Mendez/Wishlade/Yuill 2008). Die Wahrnehmung von Zeit als Faktor ist dementsprechend von großer Bedeutung (Bache/Bulmer/Gunay 2012).

Um die drei genannten Kontextfaktoren angemessen berücksichtigen und ihren Einfluss erkennen zu können, ist eine sorgfältige Prozessanalyse erforderlich. Die Überbestonung des Faktors Europa gegenüber anderen möglichen Erklärungen gehört zu den größten Schwächen vieler Arbeiten aus dem Bereich der Europäisierungsforschung (Graziano/Vink 2013: 46). Hier können insbesondere retrospektive kontrafaktische Erklärungsansätze helfen, die Wirkung von EU-Entscheidungen angemessen einordnen zu können (Bache/Bulmer/Gunay 2012: 77). Dies soll im Rahmen der Untersuchung, soweit dies möglich erscheint, geleistet werden.

Nachdem nun Policy-Kategorien und Kontextfaktoren bestimmt wurden, widmen wir uns der zentralen Frage, welche der vielen möglichen vermittelnden Faktoren zwischen den EU-Entscheidungen und der Veränderung nationaler Strukturen in unserem spezifischen Themengebiet, der Europäisierung der deutschen Energie- und Klimapolitik, relevant und plausibel erscheinen.

3.3 Vermittelnde Faktoren im Forschungsdesign

Die Isolierung der Wirkungsmechanismen, die von unserer unabhängigen Variable („Beschluss des Europäischen Rates im März 2007 und daraus resultierende Politikentscheidungen") ausgehen und die abhängige Variable („Steuerungsformen deutscher Energie- und Klimapolitik") beeinflussen, gehört, wie bereits beschrieben, innerhalb der Europäisierungsforschung zu den kompliziertesten Herausforderungen an ein Forschungsdesign (vgl. Bache/Bulmer/Gunay 2012; Radaelli 2012). Die bloße Verknüpfung einer Veränderung auf EU-Ebene zum Zeitpunkt t_1 mit einer Veränderung auf nationaler Ebene zum Zeitpunkt t_2 würde lediglich eine Korrelation, nicht jedoch einen kausalen Zusammenhang zum Ergebnis haben (ebd.: 5). Aus diesem Grund müssen sowohl die kausalen Wirkungsmechanismen als auch die vermittelnden Faktoren zwischen den Ebenen identifiziert werden.

Bisherige Arbeiten zur Policy-Europäisierung in Deutschland haben dabei insbesondere die Rolle von **institutionellen Vetopunkten** im deutschen System als relevant hervorgehoben (Héritier 2001). Dazu trägt zum einen der deutsche Föderalismus bei, der in vielen Fällen einen längeren Verhandlungsprozess zwischen Bund und Ländern erfordert. Schließlich sind durch die Bildung von Mehrparteienkoalitionen in Deutschland auch die Fraktionen im Deutschen Bundestag in der Lage, als Vetopunkte in Erscheinung zu treten, insbesondere wenn sie den federführenden Minister des Koalitionspartners beschädigen wollen oder wenn es zu einer starken Politisierung der Thematik kommt (Sprungk 2012).[6] Aufgrund der spezifischen Strukturen des politischen Systems der Bundesrepublik Deutschland erscheint die Betrachtung der institutionellen Vetopunkte als vermittelnde Faktoren plausibel.

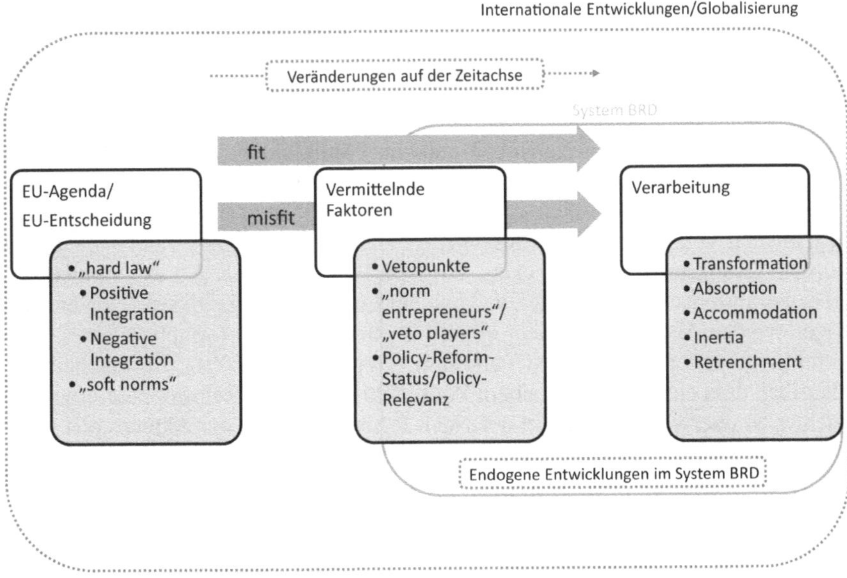

Abbildung 1:   Forschungsdesign zur Europäisierung in der Top-down-Perspektive (eigene Darstellung)

---

6   Obwohl Deutschland im EU-weiten Vergleich einen hohen Grad an Parlamentseinbeziehung bei der Umsetzung von Richtlinien aufweist, legt Carina Sprungk (2012) die Vermutung nahe, dass daraus keineswegs eine generelle Verzögerung von Gesetzgebungsprozessen durch den Bundestag auftritt.

Auf der Akteursebene und mit einem eher an soziologischen Ansätzen orientierten Blickwinkel kann davon ausgegangen werden, dass die Rolle von **„norm entrepreneurs"** und von **„veto players"** in diesem, von vielen unterschiedlichen Interessen durchdrungenen Politikfeld, bedeutsam ist. Wie wird ein Thema beschrieben und welche Akteure können mit ins Boot geholt werden, um eine EU-Entwicklung im nationalen Kontext zu vermitteln? Welche Akteure stemmen sich gegen eine Anpassung nationaler Normen? Die Suche nach diesen Akteuren und ihrem Verhalten soll als zweiter wichtiger vermittelnder Faktor in die Analyse einbezogen werden. Gerade das Bundesumweltministerium hat in der Vergangenheit häufig Themen auf EU-Ebene aufgegriffen und diese in der deutschen Politik verankert, wie sich etwa am Beispiel des Emissionshandels zeigen lässt (vgl. Endress 2010). Im Gegensatz dazu hat das Bundeswirtschaftsministerium in der Vergangenheit oftmals die Rolle eines „veto player" eingenommen und sich darum bemüht, Veränderungen an der Struktur des deutschen Strommarkts zu verhindern (vgl. Becker 2011).

Ein dritter Faktor, der in den Arbeiten von Börzel und Risse kaum Beachtung findet, aber von Mendez et al. (2008) hervorgehoben wird, stellt die **Relevanz des (Sub-)Politikfelds** im Vergleich mit anderen Politikfeldern auf nationaler Ebene dar. Wird dem Thema generell oder aber einem spezifischen *„issue"* in den Medien eine hohe Aufmerksamkeit zuteil und liegt gleichzeitig ein *„misfit"* zwischen den Ebenen vor, so ist davon auszugehen, dass sich häufiger Widerstand gegen Europäisierungsprozesse entwickelt. Wird ein Politikfeld oder ein bestimmter Teil eines Politikfelds kaum beachtet, so kann ein Europäisierungsprozess leichter vollzogen werden. Häufig, aber nicht immer, ist dies mit der Reformphase eines Politikfelds im nationalen Kontext verknüpft (Héritier/Knill 2001). So erscheint es plausibel, dass ein *„misfit"* in einem Politikfeld in der Vor-Reformphase erheblich leichter zu überwinden ist als in der Nach-Reformphase, in der Akteure den mühsamen Prozess einer Policy-Reform bereits hinter sich haben und die Lösungsmöglichkeiten unter Einbeziehung von strukturellen und akteursbezogenen Fragen schon einmal durchgespielt wurden. In den meisten Fällen steigt die Bedeutung des Politikfelds auch mit dem Voranschreiten eines nationalen Reformprozesses. Ist eine Policy-Reform im Gange, so erhöht sich in vielen Fällen auch die Medienberichterstattung über das Thema. Wir ergänzen den Faktor „Relevanz des Politikfelds" im Folgenden um den nationalen „Policy-Reform-Status", wohl wissend, dass beide Entwicklungen oftmals korrelieren.

Durch die Vielzahl potenziell erklärender Faktoren bei nur wenigen Untersuchungsfällen wird die vergleichende Politikfeldanalyse, wie sie hier anhand der unterschiedlichen Sub-Politikfelder in den Fallstudien geleistet werden soll, erheblich erschwert (vgl. Schneider/Janning 2006: 45). Wir konzentrieren uns in der Analyse auf die drei genannten Faktoren, da sie, so legen Studien über die Europäisierung anderer Politikfelder in Deutschland und der Blick auf die Spezifika der Energie- und Klimapolitik nahe, für den vorliegenden Untersuchungsgegenstand eine hohe Plausibilität vorweisen. Gleichzeitig soll nicht ausgeschlossen werden, dass auch andere Faktoren erhebliche Auswirkungen haben können. Diese sollen im Einzelfall in die Analyse einbezogen werden.

Nachdem in der vorangegangenen Darstellung der theoretischen Grundannahmen und des Forschungsdesigns ein deutlicher Schwerpunkt auf der top-down-Betrachtung von Europäisierungsprozessen lag, sollen nun die EU-Entscheidung und Erklärungsansätze für ihr Zustandekommen im Mittelpunkt stehen. Diese ist Voraussetzung für eine konsistente und aussagekräftige Analyse der Wirkungsmechanismen bei der Verarbeitung im Nationalstaat, die auch berücksichtigt, welche Aspekte die Regierung eines Mitgliedstaats in Verhandlungen auf EU-Ebene eingebracht hat (Graziano/Vink 2013: 47).

4 Der „Multiple-Streams-Ansatz" als Erklärungsmodell für politische Entscheidungsprozesse

Politische Entscheidungen bilden den Ausgangspunkt der vorliegenden Arbeit. So nimmt im Aufbau dieser Untersuchung eine Entscheidung auf EU-Ebene die Rolle der unabhängigen Variablen ein. Auch die spezifischen Sub-Policy-Entscheidungen in den Bereichen Binnenmarkt, erneuerbare Energien und Klimaschutz stehen als nachgeordnete Auslöser für nationale Veränderungsprozesse im Zentrum der Untersuchung. Obwohl wir in Kapitel II.2 bereits davon ausgegangen sind, dass die Analyse von Europäisierungsprozessen ohne die Berücksichtigung der Bottom-up-Prozesse oftmals unvollständige oder falsche Ergebnisse liefert, ist deren konzeptionelle Erfassung in dieser Arbeit bislang noch zu kurz gekommen. Daher beschäftigen wir uns in diesem letzten Abschnitt des theoretischen Forschungsrahmens gleichermaßen mit dem Agenda-Setting wie dem politischen Entscheiden selbst. Dabei betrachten wir die Rolle von Akteuren in Entscheidungsprozessen unter Verwendung des Multiple-Streams-Ansatzes, der das Handeln von Akteuren im Rahmen ihrer Kontextbedingungen zu erklären versucht. Dies dient auch dazu, im weiteren Verlauf der Untersuchung den spezifischen Einfluss deutscher Akteure genauer betrachten zu können und so in die Lage versetzt zu werden, Antworten auf *beide* einleitend formulierten Forschungsfragen liefern zu können. Zuvor wenden wir uns jedoch einen Moment lang dem Wesen des politischen Entscheidungsbegriffs in der Politikfeldanalyse zu.

Friedbert Rüb schreibt in einem Beitrag zum Themenkomplex des politischen Entscheidens: „Der Begriff der Entscheidung [...] steht im Zentrum des Politikbegriffs und Politik wird in der Regel definiert als diejenige Aktivität, die der Vorbereitung, Herstellung und Durchführung einer gesamtgesellschaftlich verbindlichen *Entscheidung* dient. Aber der Begriff der Entscheidung bleibt dabei eigentümlich leer. Auch die Policy-Analyse, die sich die Substanz einer politischen Entscheidung zum Gegenstand gemacht hat, hat den Entscheidungsbegriff unerörtert gelassen oder sich freiwillig mit Blindheit geschlagen, indem sie ihn normativ als Problemlösung aufgeladen und nicht weiter hinterfragt hat, ob Entscheidungen tatsächlich das halten, was sie versprechen" (Rüb 2006: 2; Hervorhebung i.O.).

In der Policy-Forschung hat die Bedeutung der Analyse von Agenda-Setting und Entscheidungsprozessen in den vergangenen Jahren und Jahrzehnten an Bedeutung gewonnen (vgl. Peterson/Bomberg 1999; Princen 2009 u.a.). Lange Zeit war die Policy-Analyse jedoch kaum in der Lage, Veränderungen oder fundamentale Verschiebungen innerhalb eines Politikfelds zu erklären. Gerade in der EU-Policy-Analyse richtete der Fokus sich lange Zeit auf den Entscheidungsprozess selbst, ohne erklären zu können oder zu wollen, wie Themen auf die politische Agenda kamen (ebd.: 2).

John W. Kingdon hatte bereits in den 1980er Jahren mit dem Multiple-Streams-Ansatz ein Modell für die Analyse von Politikgestaltungsprozessen erarbeitet, das der Funktion des Agenda-Settings eine zentrale Rolle bei der Entstehung öffentlicher Politik einräumte, die Rationalität politischer Prozesse kritisch hinterfragte und damit eine blinden Fleck der Policy-Forschung beleuchtete (vgl. Kingdon 2003; Herweg 2013). In den 1990er Jahren wurde dieser Ansatz unter anderem von Nikolaos Zahariadis aufgegriffen und erstmals für politische Prozesse in der Europäischen Union anwendbar gemacht (vgl. Zahariadis 2008).

Der Multiple-Streams-Ansatz geht dabei von der Existenz dreier weitgehend unabhängig voneinander fließender Ströme aus, die sich beständig ihren Weg um und durch das politische System bahnen. In Kingdons und Zahariadis Ansatz ist zentral, dass jeder der drei Ströme eigene Antriebskräfte besitzt, die sich zwar gegenseitig beeinflussen, aber keinen systematischen Zusammenhang aufweisen (Rüb 2009). Im Folgenden sollen diese in gekürzter Form dargestellt und für unser Untersuchungsfeld operationalisiert werden:

1. Im *Problemstrom* konkurrieren reale und konstruierte, in jedem Fall aber medial vermittelte Probleme um die Aufmerksamkeit der Akteure. Die Art und Weise wie Problemlagen beschrieben und wie sie von den Beteiligten aufgenommen werden, kann sich erheblich unterscheiden. So können sich beispielsweise Indikatoren verändern, die zu einer Neubewertung der Rahmenbedingungen in einem bestimmten Politikfeld führen. Ein deutlicher Anstieg von Treibhausgasemissionen, mit diesen in Verbindung gesetzte Naturkatastrophen oder aber die Verteuerung von Elektrizität könnten in der Energie- und Klimapolitik als Indikatoren aufgefasst werden. Politische Akteure nehmen diese Probleme meist mit der Unterstützung von wissenschaftlichen Studien auf und versuchen sie in den politischen Prozess einzuspeisen. Häufig treten Indikatoren auch im Zuge der Überprüfung bereits beschlossener Maßnahmen auf. In diesem Fall werden sie als „feedback" bezeichnet. Eine zweite Möglichkeit der Wahrnehmung von Problemen erfolgt durch das Auftreten von „focusing events". Im Bereich der Energie- und Klimapolitik könnte hier etwa ein extremes Wetterereignis den Klimawandel als politisch zu bearbeitendes Problem darstellen. Ein großflächiger

Stromausfall wäre gleichermaßen ein nationales Ereignis, das im Problemstrom Aufmerksamkeit erlangen würde. Allerdings werden nicht alle Sachverhalte unmittelbar zu Problemen. Vielmehr lässt sich beobachten, dass Ereignisse oder Veränderungen dann als Probleme wahrgenommen werden, wenn sie mit „bestimmten normativen Vorstellungen in Konflikt geraten, [...] weil sie diese Werte verletzen und zu Handlungen herausfordern" (ebd.: 353). Probleme und deren Ursachen werden im Allgemeinen von Akteuren so konstruiert, dass sie politisch nutzbar gemacht werden können. Aus diesem Zusammenhang erklärt sich auch, warum einige drängende Probleme nach kurzer Zeit wieder von der Agenda verschwinden, andere Probleme hingegen stetig weiter bearbeitet werden. Sind sie nur schwer oder nur unter hohen politischen oder realen Kosten zu lösen, erscheint eine Befassung mit den Themen häufig unattraktiv.

„Failure to solve or even address a problem as well as success, may result in its demise as a prominent agenda item. It takes time, effort, mobilization of many actors, and the expenditure of political resources to keep an item prominent on the agenda. If it appears, even after a short time, that the subject will not result in legislation or another form of authoritative decision, participants quickly cease to invest in it." (Kingdon 2003: 104)

Es zeigt sich, dass nicht jede problembelastete Situation also auch zum Problem auf der Agenda werden muss. Hierfür ist es erforderlich, dass Akteure politisches Kapital investieren, um die Problematisierung eines Zustands dauerhaft zu betreiben. Medien spielen insbesondere in der Frühphase des Agenda-Settings eine wichtige Rolle, die jedoch keineswegs eindimensional betrachtet werden darf. So kann davon ausgegangen werden, dass auch die Medien instrumentalisiert werden, um ein Problem in der öffentlichen Debatte zu halten (Tresch/Sciarini/Varone 2013). Wichtig erscheint dabei auch die Verknüpfung eines Vorschlags mit einem Problem, das als real und wichtig wahrgenommen wird (Kingdon 2003: 115). Rüb sieht im Problemstrom insbesondere die Kontingenz moderner Gesellschaften widergespiegelt, in der „all das zum Problem gemacht wird, was bisher noch nicht verbindlich entschieden wurde bzw. was neu entschieden werden soll" (Rüb 2009: 354).

2. Im *Policy-Strom*, den Kingdon auch als „Policy-Ursuppe" bezeichnet und der von Friedbert Rüb mit dem Begriff des „Optionsstroms" beschrieben wird, werben Ideen und Problembearbeitungskonzepte um Anerkennung durch politische Akteure. Dabei konkurriert eine Vielzahl von Ideen um Aufmerksamkeit. Als Urheber der Ideen treten Spezialisten aus der Bürokratie, Think Tanks und der Wissenschaft in Erscheinung. Wie Moleküle

schwimmen unzählige Vorschläge und Konzepte in der Ursuppe des Politikgestaltungsprozesses herum, vermengen und vermischen sich, bis aus einzelnen von ihnen irgendwann Leben in Form einer implementierbaren Politik entsteht. Ideen müssen jedoch, so Kingdon, wie im biologischen Evolutionsprozess einige Kriterien erfüllen, um überleben zu können (Kingdon 2003: 116–117).

Für das Überleben von Ideen sind das Policy-System und seine inhärente Struktur von entscheidender Bedeutung. Dabei erscheint die Fragmentierung des Politikfelds als Kriterium für die Durchsetzungsfähigkeit von Vorschlägen. Wird ein Politikfeld von einem einzelnen Netzwerk behandelt und dominiert, erscheint es schwieriger, mit neuen Vorschlägen durchzudringen. Ist ein Politikfeld hingegen in einzelne Sub-Politkfelder und Sub-Policy-Netzwerke fragmentiert, muss eine Idee zwar die Bedingungen dieses Netzwerks erfüllen, kann aber leichter an die Oberfläche treten. „The fragmentation of a policy system affects the stability of the agenda within that system" (ebd.: 121). Innerhalb des Netzwerks bedarf es engagierter politischer Unternehmer (*„policy entrepreneurs"*), die Zeit und Ressourcen investieren, um einen Vorschlag auf die Agenda zu bringen. Diese Akteure müssen keine gesetzgeberische Funktion innehaben, um ihre Vorstellungen in den Prozess einzuspeisen. Je weiter sie jedoch von den Entscheidungszentren entfernt sind, desto mehr müssen sie investieren, um sich Gehör zu verschaffen. Im jeweiligen System muss es ihnen gelingen, die Agenda-Setter von ihrem Lösungsansatz zu überzeugen. Auf der EU-Ebene nimmt die Kommission hier eine zentrale Rolle ein, auf nationaler Ebene sind es in der Energie- und Klimapolitik die beiden federführenden Ministerien BMWi oder BMU. Dies kann jedoch auch über den Umweg der Überzeugung der Öffentlichkeit oder des Netzwerks von der entsprechenden Idee geschehen. Dabei muss nicht notwendigerweise ein konkretes Problem zur Bearbeitung vorliegen. Manche politischen Unternehmer suchen sich ein konkretes Problem für die Anwendung ihrer spezifischen Lösung und bringen dieses Problem dann in die Öffentlichkeit. In unserem Fall wollen wir uns mit der besonderen Situation der deutschen EU-Ratspräsidentschaft im Frühjahr 2007 beschäftigen und hinterfragen, ob Deutschland in diesem Kontext die Rolle eines „policy entrepreneurs" übernommen hat.

Ideen entspringen selten wirklichen Innovationen. Ideen gären stattdessen lange Zeit und warten nach diversen Mutationen auf die Gelegenheit, in den Policy-Zyklus eingespeist zu werden. Sie suchen und jagen Probleme, um implementiert zu werden. Dafür müssen sie jedoch zwei Bedingungen erfüllen: Sie müssen technisch umsetzbar sein und normative Akzeptanz besitzen. Eine Idee muss von den Akteuren im Policy-Netzwerk als umsetzbar wahrgenommen werden, um tatsächlich in Erscheinung treten zu können. Selbst wenn Vorschläge konkrete Lösungen für Probleme anbieten, werden sie nicht in Betracht gezogen, wenn Akteure das Gefühl haben, mit dem sich daraus ergebenden Instrument nicht steuern zu können. Dies kann beispielsweise budgetäre Ursachen haben oder mit dem institutionellen Aufbau des Systems begründet sein. So kann etwa die Einführung eines redistributiven Instruments auf EU-Ebene von der überwiegenden Mehrheit des Netzwerks als sinnvolle Lösung akzeptiert werden, ihre Umsetzung erscheint aufgrund der Steuer- und Budgethoheit der Mitgliedstaaten und dem Einstimmigkeitserfordernis technisch kaum umsetzbar. Die Bewertung der normativen Akzeptanz einer Idee durch ein Netzwerk erscheint erheblich schwieriger. So existiert zwar kein einheitlicher Wertekanon in einem Policy-Netzwerk, Vorschläge müssen jedoch mit dem Mainstream des Politikfelds kompatibel sein. In vielen Fällen existieren dominante Ideologien oder nationale Steuerungsvorstellungen, die mit einem zielgerichteten, aber normativ inakzeptablen Vorschlag kollidieren. Dies trifft insbesondere dann zu, wenn subjektive Gerechtigkeitsgefühle oder die Kosteneffizienz von Maßnahmen kritisch gesehen werden. Insofern lauten die Testkriterien für Vorschläge meist: Welchen Einfluss haben sie auf das Budget? Und können sie der Öffentlichkeit plausibel verkauft werden? Greifen sie in Persönlichkeits- oder Eigentumsrechte ein? Oder bringen sie eine notwendige Umverteilung mit sich?

Im Policy-Strom befinden sich stets unzählige Ideen und Vorschläge, mit denen ein Politikfeld bearbeitet werden könnte. Letztlich gelangen jedoch nur einige wenige dieser Optionen tatsächlich auf die Agenda des Netzwerks. Die Chancen für die Umsetzung einer Policy-Idee steigen jedoch enorm, wenn diese mit einem konkreten Problem verknüpft ist, gleichzeitig aber auch technisch umsetzbar und ideologisch akzeptabel erscheint. Während die Kriterien für die Implementierung auf nationaler und EU-Ebene ähnlich strukturiert sind, unterscheiden sich die Netzwerke selbst ganz erheblich (Zahariadis 2008: 518). Auf dem Markt der Möglichkeiten hat der gleiche Vorschlag auf den beiden Ebenen unterschiedliche Erfolgschancen.

3. Der *Political Stream* oder *Politics-Strom* ist das in späteren Arbeiten am häufigsten umgewandelte und veränderte Konzept aus Kingdons ursprünglichem Ansatz. Unabhängig von Problemen und vorhandenen Lösungsmöglichkeiten beeinflussen hier politische Dynamiken und Entwicklungen innerhalb des politischen Systems das Agenda-Setting. In Kingdons Originalfassung spielt hierfür die nationale Stimmung, verstanden als der „Zeitgeist" (Rüb 2009: 256), die Organisation der politischen Kräfte oder die Stärke einzelner Interessenvertretungen und Veränderungen innerhalb von Regierungen eine entscheidende Rolle. Insbesondere dem dritten Aspekt, den Prozessen innerhalb der Regierung, widmet er besondere Beachtung. Auslöser für eine Veränderung auf der politischen Agenda können hier Personal-

wechsel und Zuständigkeitskonflikte unter den Organen und Organisationseinheiten darstellen. Neue Persönlichkeiten mit ihren jeweiligen Vorstellungen bestimmen die Agenda mit. Ebenso kann der Kampf um Zuständigkeiten, etwa zwischen Ministerien oder Ausschüssen, gleichermaßen Auslöser wie Hemmnis für die Bearbeitung eines Themas sein.

Im Gegensatz zum Policy-Strom versuchen die Akteure im Politics-Strom nicht, ihre Gegenüber zu überzeugen oder Ideen zu streuen. Stattdessen sind Verhandlung und das Herausbilden von Koalitionen die prägenden Merkmale dieses Prozesses. Kingdon betont in diesem Zusammenhang insbesondere die Rolle von Mitläufern, die kein genuines Interesse am Thema haben, sondern in erster Linie ihren Einwirkungsmöglichkeiten auf den Prozess nicht verlieren wollen. Bewegt sich ein Thema, so bewegen sich auch die Akteure, egal ob sie direkt betroffen sind oder nur Sorge um einen Verlust an Einfluss haben (Kingdon 2003: 159–162).

Im Politics-Strom lassen sich erhebliche Unterschiede zwischen dem Agenda-Setting auf nationalstaatlicher und auf EU-Ebene identifizieren. Sie sind vor allem den Besonderheiten des EU-Systems geschuldet. Zaharaiadis sieht die EU-spezifischen Eigenheiten in drei Bereichen: Der Ausgleich im Europäischen Rat und im Ministerrat basiert nicht nur auf parteipolitischen Erwägungen, sondern bezieht ebenso nationale oder regionale Gesichtspunkte in die Programmformulierung mit ein (1). Neue Gesichter im Europäischen Rat können die Machtbalance erheblich verändern (2). Schließlich ist die „Stimmung" in der EU sehr viel weniger als auf nationaler Ebene von Medien und deren Einfluss abhängig. Sie bezieht sich stattdessen stärker auf den Zustand der Integrationsdynamik und politikfeldübergreifende Wahrnehmungen der Rolle der EU (3). Während auf nationaler Ebene ein klarer Gestaltungsauftrag der Politik vorliegt, erscheint die gestaltende Rolle der EU je nach Zustand des Integrationsprojekts mal wünschenswerter und mal weniger akzeptabel (vgl. Zahariadis 2008).

Auf nationaler Ebene behält Kingdons Konstruktion des Politics-Stroms in ihrer ursprünglichen Konzeption weiterhin Gültigkeit. Zwar versuchte sich eine Reihe von Autoren an einer Überarbeitung des Stroms, so etwa Zahariadis, der ihn lediglich mit der Variable „Ideologie der Regierungspartei" beschreibt (vgl. Rüb 2009: 357). Doch greift diese Vereinfachung zu kurz, soll die Regierungspartei nicht ungerechtfertigter Weise als monolithischer Block konstruiert werden. Gerade mit Blick auf das deutsche Regierungssystem müssen in diesem Fall ohnehin stets Koalitionsregierungen analysiert werden, deren interne Dynamik immer auch von Ideologiekonflikten geprägt ist.

Für die Anwendung des Multiple-Streams-Ansatz ist entscheidend, dass die drei dargestellten Ströme als unabhängig voneinander konzipierte Prozesse parallel existieren. Zunächst besteht kein systematischer Zusammenhang zwischen den dreien. Dabei erscheint es wichtig zu berücksichtigen, dass es sich um Prozessen innewohnende Logiken handelt und nicht etwa um separate Gemeinschaften von Akteuren oder Netzwerken. Diese überschneiden oder ergänzen sich immer wieder und können in allen Strömen eine Rolle spielen.

Für das Agenda-Setting ist nun die Frage von Bedeutung, wann diese Ströme aufeinander treffen oder wann die Ströme zusammengebracht werden können. Den Moment eines Zusammentreffens bezeichnet Kingdon als *policy window*, den Prozess der Verknüpfung als *coupling*. Das *policy window* beschreibt einen Zeitpunkt, an dem aus Ideen plötzlich konkrete Vorschläge auf der Agenda werden. Dies gelingt nur dann, wenn mindestens zwei Ströme miteinander verknüpft werden können. Kingdon nutzt zur Erklärung metaphorisch das Bild eines Surfers, der im Meer auf die Welle wartet. Wenn die Welle, etwa ein medienwirksames Problem oder ein Regierungswechsel, den Surfer trifft, muss dieser auch die technischen Fähigkeiten besitzen, die Welle für sich nutzen zu können. Das Bewusstsein über den richtigen Umgang mit der Welle stellt in diesem bildhaften Beispiel den Policy-Strom dar, während die Welle selbst durch einen der beiden (oder beide) anderen Ströme ausgelöst wird. Hat der Surfer nicht rechtzeitig entschieden, welche Technik er verwenden will, so wird er zwar kurz vom Wasser mitgenommen, ebenso schnell aber auch wieder von der Welle ausgespuckt. Während der Politics- und der Problemstrom also Auslöser für einen Policy-Wandel sind, ermöglicht der Policy-Strom die Bearbeitung in einem sich ergebenden Fenster erst.

Sollte sich das *policy window* wieder schließen, so erscheint ungewiss, wann sich die nächste Gelegenheit ergibt, eine Problembearbeitung in Angriff zu nehmen. Auch die Gegner einer Policy-Reform sind sich über diesen Sachverhalt im Klaren und können auf ein Hinauszögern hinarbeiten (Kingdon 2003: 166–172). Schließt sich ein Zeitfenster ohne dass neue Initiativen zustande gekommen sind, so ist zwar die Chance für eine Policy-Reform verpasst. Dennoch kann ein themenspezifischer Narrativ erhalten bleiben, der bei einer anderen Gelegenheit wieder ins Spiel gebracht wird. Dieser kann im nächsten Zeitfenster als Diskussionsgrundlage herangezogen werden (Dudley 2013: 1144).

Diese Betrachtung deckt sich mit der Sichtweise von Bryan Jones und Frank Baumgartner, die das Konzept des Multiple-Streams-Ansatzes dahingehend ergänzten, dass sie von einer hohen Stabilität von Policies ausgehen, die jedoch von disruptiven Momenten in bestimmten Zeitfenstern durchbrochen werden kann. Diese Stabilität, auch als Gleichgewicht bezeichnet, tariert sich in bestimmten Zeitfenstern wieder neu aus, wenn es gelingt, die Ströme wieder miteinander zu verknüpfen. Daher sprechen Jones und Baumgartner von einem

„punctuated equilibrium". Die innerhalb eines Zeitfensters getroffenen Entscheidungen beschreiben ein neues Gleichgewicht, das wiederum von einer gewissen Dauerhaftigkeit geprägt ist (Baumgartner/Jones 2002).

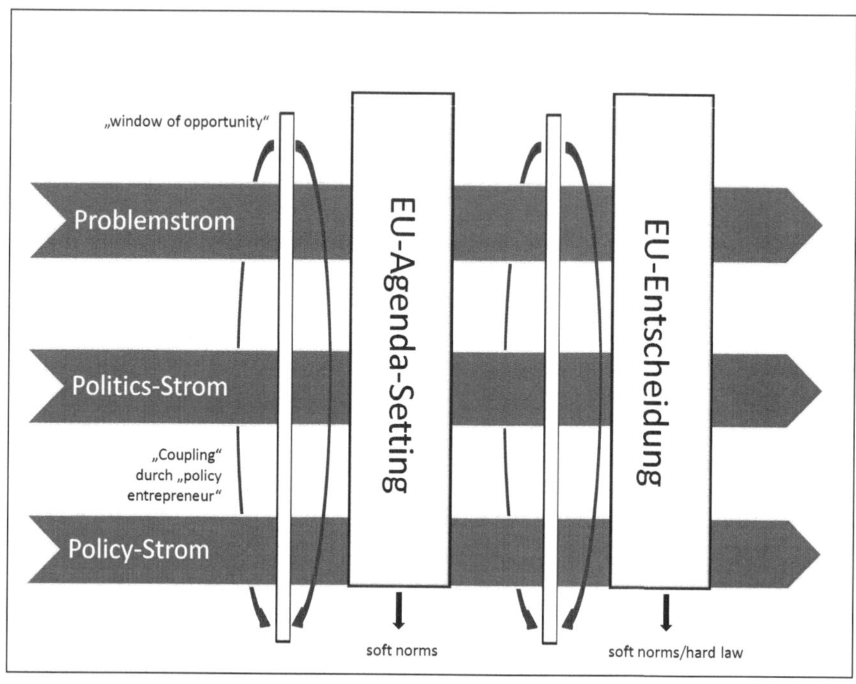

Abbildung 2:   John Kingdons Mulitple-Streams-Ansatz als Modell für die Analyse von Entscheidungsprozessen in der EU (eigene Darstellung)

Entscheidend für das *coupling* der Ströme und die Initiierung des Bearbeitungsprozesses sind die bereits erwähnten politischen Unternehmer („policy entrepreneurs"). Sie warten auf die Gelegenheit, in der sich ein Fenster öffnet, um dann mit ihrer Lösung parat zu stehen. Bietet sich ein Ereignis im Problem- oder Politics-Strom an, so werden sie aktiv und propagieren ihr Konzept. Ohne sie ist eine Verknüpfung der Ströme kaum vorstellbar. *„Coupling consists of entrepreneurs joining together the streams during open policy windows"* (Zahariadis 2008: 520). Gelingt es tatsächlich alle drei Ströme zusammenzubringen, so ist die Wahrscheinlichkeit, dass das Thema nicht nur auf die Regierungs-Agenda, sondern sogar auf die Entscheidungs-Agenda gelangt, relativ hoch.

Für Zahariadis bestimmen vier Faktoren den Erfolg des couplings (vgl. ebd.: 520–525):

1. Die Effektivität der politischen Unternehmer: Je dauerhafter und pertinenter einzelne Akteure „ihre" Vorschläge im Prozess auftauchen lassen, desto wahrscheinlicher ist ihre Annahme am Ende. Dies ist jedoch auch abhängig von der Position und der Präsenz des Unternehmers in den entsprechenden Netzwerken.

2. Das *framing*: Die Art und Weise, wie eine Lösung kommuniziert und in strategische Konzepte eingebaut wird, entscheidet über die Annahme dieses Vorschlags in einem *policy window*. Die Verknüpfung von Teilaspekten mit Werten und Ideologien der anderen Akteure erscheint hilfreich, soll ein Instrument gewählt werden. Je höher der individuelle Gewinn und je geringer das Risiko für die beteiligten Akteure erscheint, desto eher wird ein Vorschlag akzeptiert.

3. Die Verhandlungsarena: Wie das *framing*, so erscheint auch die Wahl der Verhandlungsarena als strategische Frage für politische Unternehmer beim *coupling*. Dabei müssen sich die Unterstützer eines Vorschlags nicht nur die Frage stellen, an welchem Ort sie das Thema am besten anbringen können, sondern auch, an welchem Punkt im darauf folgenden Prozess die Erfolgsaussichten für seine Umsetzung am besten stehen. Insbesondere im Mehrebenensystem stellt sich diese Frage in besonderem Ausmaß, vorausgesetzt, die Ströme treffen auf beiden Ebenen zum gleichen Zeitpunkt aufeinander. Doch auch auf den jeweiligen Ebenen muss nach unterschiedlichen Politikarenen unterschieden werden, die sich ebenfalls mit Blick auf die Erfolgsaussichten beim Agenda-Setting unterscheiden.

4. Der Steuerungs- bzw. Governance-Modus: Setzt man voraus, dass politische Unternehmer auch perspektivisch denken, so spielt der Governance-Modus für sie ebenfalls eine wichtige Rolle beim *coupling*. Welche Steuerungsform – „hard law" oder „soft norms"? Regulativ oder distributiv? – und mit welchem Entscheidungsmodus ist ein Vorschlag verbunden. Insbesondere auf europäischer Ebene bestimmt die Art des Vorschlags bereits über die Dauer des Prozesses und die Durchführbarkeit des Vorhabens. Für einstimmige Entscheidungen im Ministerrat, etwa bei steuerlichen Fragen, besteht kaum eine Chance auf eine Einigung in einer EU der 28. Benötigt der Lösungsansatz hingegen lediglich eine hierarchische Durchsetzung von Seiten der Kommission, etwa bei wettbewerbspolitisch begründeten Maßnahmen, ist eine schnelle Implementierung sehr wahrscheinlich. Die institutionellen Regeln, die über die Behandlung eines Vorschlags im Politikgestaltungsprozess entscheiden, können bereits im Vorfeld entscheidende Fragen beim *coupling* der Ströme sein. Diese Frage wird im weiteren Verlauf

des Politikgestaltungsprozess bedeutsamer, kann jedoch bereits beim Agenda-Setting eine Rolle spielen.

Die Beteiligten sind sich der Tatsache bewusst, dass ein Thema auf der Agenda, ähnlich der Büchse der Pandora, einmal geöffnet, auch mit unsicherem Ausgang bearbeitet wird (Kingdon 2003: 178). Hier endet denn auch die Aussagekraft von Kingdons Multiple-Streams-Ansatz in seiner ursprünglichen Konzeption. Ist die Agenda gesetzt, verändert sich die Akteurkonstellation und es wirken neue und andere Faktoren auf den Ausgang des Verfahrens. Der institutionelle Kontext gewinnt an Bedeutung. Eine Reihe von Autoren hat in jüngster Vergangenheit Kingdons Ansatz jedoch auch auf die Politikentscheidung erweitert (vgl. Bendel 2007; Herweg 2013). Dies soll auch in dieser Untersuchung geschehen, indem nach dem Agenda-Setting-Fenster ein zweites Fenster betrachtet wird: Das Entscheidungsfenster. Bei diesem zweiten Kopplungsprozess sinkt die Bedeutung des Problemstroms, die Rolle der institutionellen Struktur und der Politics-Dimension für die politischen Unternehmer wächst (ebd.: 335–337).

Der erweiterte Multiple-Streams-Ansatz bietet für die vorliegende Forschungsfrage und das Interesse an der deutschen Beteiligung beim Zustandekommen einer EU-Entscheidung einen fruchtbaren Einstieg, da er sich gleichermaßen mit dem Zeitpunkt der Entscheidung und mit deren inhaltlicher Ausgestaltung auseinandersetzt (ebd.: 332). Ein zusätzlicher, für diese Untersuchung wichtiger Aspekt ist die Differenzierung zwischen der nationalen und der EU-Ebene. Auf beiden Ebenen fließen die beschriebenen Ströme unabhängig voneinander dahin und treffen gegebenenfalls aufeinander bzw. werden von Akteuren miteinander gekoppelt. Die Struktur der Ströme sowie die ihnen innewohnenden Dynamiken unterscheiden sich jedoch ganz erheblich. Der Problemstrom mag sich noch stark ähneln, werden Probleme doch vor allem über eine zunehmend globalisierte Medienlandschaft und das Aufkommen sozialer Medien kommuniziert. Dennoch gibt es auch hier Unterschiede in der Problem-Perzeption und -Interpretation, die weiterhin in erster Linie national erfolgt. Das Beispiel der Reaktorkatastrophe von Fukushima stellt dies bildhaft dar. Betrachteten die deutsche Öffentlichkeit und die politischen Akteure in Deutschland dies als *focussing event*, war die Aufnahme des Ereignisses in anderen Staaten der EU sowie in Brüssel doch deutlich verhaltener. Der Problemstrom bot hier nur eine kurze Gelegenheit mit anderen Themen verknüpft zu werden, während er in Deutschland über einen längeren Zeitraum hinweg relevant blieb. Fundamentale Unterschiede lassen sich beim Politics-Strom identifizieren. Hier divergiert die spezielle Konstruktion des EU-Systems doch stark von der des Regierungssystems in Deutschland. Einen Regierungswechsel im eigentlichen Sinne gibt es in der EU nicht. Lediglich die Wahl und Einsetzung einer neuen Kommission mag eine vergleichbare, wenn auch deutlich schwächer ausgeprägte Stellung haben. Auch die parteipolitischen Differenzen sind vielschichtiger und mit anderen Gesichtspunkten kombiniert als dies im deutschen Parteiensystem der Fall ist. Schließlich unterscheidet sich auch der Policy-Strom auf EU-Ebene von dem der nationalen Politik. Spezialisten-Netzwerke und die Vielzahl der sich im Umlauf befindlichen Studien und Policy-Empfehlungen prägen das politische System der EU sehr viel stärker als das deutsche System. Die Europäische Kommission mit ihren Fachbeamten und Expertenausschüssen dominiert den Policy-Strom, während Ministerien und Fraktionen auf nationaler Ebene ihre jeweils eigenen nachgeordneten Behörden bzw. ihren Überzeugungen nahestehende Forschungseinrichtungen beauftragen, mit deren Hilfe sie versuchen, politische Instrumente zu entwickeln.

Kingdons Ansatz stellt auf den ersten Blick eine vergleichsweise pessimistische und wenig an Problemlösung orientierte Perspektive auf politische Prozesse dar. Während in vielen anderen Ansätzen aus dem Bereich der Policy-Analyse Akteure als problemlösungsorientiert dargestellt werden, aber durch die institutionellen Zwänge des Mehrebenensystems zu defizitären Lösungen kommen (vgl. Scharpf 2010b), spricht Kingdon Akteuren generell die Problemlöser-Perspektive ab. Stattdessen bekommt der Faktor Zeit eine neue Bedeutung. Kontingenz ist zum Merkmal von Politik im Multiple-Streams-Ansatz geworden. Friedbert W. Rüb schreibt dazu:

> „Politik trifft in der Regel keine rationalen und problemlösenden Entscheidungen in Form von Policies, weil die Logik des politischen Prozesses nicht in der Logik der Rationalität aufgeht. Rationalität unterstellt, dass man zuerst ein Problem identifiziert und dann nach einer Lösung sucht, die es am zweckmäßigsten bearbeitet. Diese wird aus einem Fundus von möglichen Alternativen gewählt und als Policy verbindlich entschieden. Politik operiert grundsätzlich nach einer anderen Logik und folgerichtig tragen viele von ihr produzierte Entscheidungen in der Regel keinen problemlösenden Charakter. Probleme und Lösungen existieren simultan, immer gibt es einen Überschuss an Problemen und an Optionen, die ohne eine verbindende Logik parallel produziert werden und sowohl Problem als auch Lösung sind immer mehrdeutig." (Rüb 2009: 364)

Der Multiple-Streams-Ansatz tritt somit in Konkurrenz zu vielen klassischen Arbeiten aus dem Bereich der Politikfeldanalyse, die noch immer einer Steuerungs- und Planungseuphorie anhängen, wie sie in den 1970er und 1980er Jahren Gang und Gäbe war, und die Defizite moderner Politik häufig in den unzureichenden institutionellen Strukturen suchen (vgl. ebd.: 368). Kingdons pragmatischer Blick auf Politik besitzt besondere Relevanz, wenn es um das Agenda-Setting geht. Hier wirken zahlreiche Faktoren auf den Prozess ein, die von anderen Ansätzen kaum erfasst werden können. Im weiteren Verlauf der Arbeit, soll der Multiple-Streams-Ansatz in erster Linie für Entscheidungsprozesse auf EU-Ebene Verwendung finden, in denen deutsche Akteure als „policy entrepreneure" auftreten und ihre Anliegen in die EU-Politik einbringen.

5 Analysekonzept und methodisches Vorgehen

In den vorangegangenen Kapiteln wurden die theoretischen Grundannahmen sowie die analytischen Modelle vorgestellt, auf denen die Herangehensweise der vorliegenden Arbeit beruht. In diesem Zusammenhang wurde zunächst eine Unterscheidung zwischen Integrations- und Europäisierungsforschung vorgenommen. So sollen nicht die Politikgestaltungsprozesse auf EU-Ebene, sondern die Rolle des Mitgliedstaats Deutschland innerhalb der Entscheidungsprozesse auf EU-Ebene sowie deren Auswirkungen auf das Politikfeld Energie und Klima in Deutschland im Mittelpunkt der Untersuchung stehen, ohne dabei den erstgenannten als wichtige Kontextfaktoren Bedeutung absprechen zu wollen.

In der Europäisierungsforschung hat sich in den vergangenen Jahren das *„process-tracing"* als gängigstes methodologisches Werkzeug herausgestellt (Bache 2012:76). Insbesondere bei Untersuchungen, die, wie die vorliegende Studie, Europäisierung dezidiert als Prozess wahrnehmen, hat sich die Nachverfolgung von Ereignissen über einen definierten Zeitraum hinweg zu einer beinahe schon unausweichlichen Notwendigkeit entwickelt (Radaelli 2012: 12). Aus dem Instrumentarium der Prozessanalyse bedient sich entsprechend auch diese Studie. In einem ersten Schritt wird daher die Rolle Deutschlands bei der Entwicklung der „integrierten EU-Energie- und Klimapolitik" im Frühjahr 2007 unter Verwendung des Multiple-Streams-Ansatzes untersucht. Dabei sollen die aus dem Modell bekannten Ströme identifiziert werden und die Strategie deutscher Akteure beim Zustandekommen des wegweisenden Beschlusses analysiert werden. Bereits in diesem Zusammenhang wollen wir uns auch dem „top-down-Einfluss" der Entscheidung auf die deutsche Energie- und Klimapolitik widmen. Da es sich hierbei nur um strategische Beschlüsse, nicht jedoch um verbindlich zu implementierende Politik handelt, betrachten wir eine „soft norm", die keinen unmittelbaren Zwang zur Rechtsetzung in Deutschland ausgelöst hat, nichtsdestotrotz aber von „norm entrepreneurs" aufgenommen und so Einfluss auf die deutsche Strategiedebatte gehabt haben könnte.

Im zweiten Abschnitt des empirischen Teils der Arbeit sollen anhand von Fallstudien Europäisierungsprozesse in einzelnen Sub-Politikfeldern nachgezeichnet werden. Durch die kleine Fallauswahl von drei Untersuchungsgegenständen aus dem gleichen Politikfeld sollen politikfeldspezifische Vergleiche gezogen werden können, ohne dabei unzulässige Verkürzungen bei der Untersuchung hinnehmen zu müssen, wie dies bei Vergleichen mit einem hohen Fallzahl wahrscheinlich wäre. So ist davon auszugehen, dass in den Bereichen Strombinnenmarkt/Netzentwicklung, erneuerbare Energien und Klimaschutz/Emissionshandel wesentliche Impulse von der EU-Ebene ausgingen und auf die nationalen Strukturen der Mitgliedstaaten wirken. Die Fallauswahl lässt sich mit der hohen Bedeutung aller drei Themen innerhalb der EU-Strategie 2007 auf der einen und dem nationalen Energiewende-Konzept 2011 auf der anderen Seite begründen. Für jede Fallstudie soll daher zunächst eine Status-Quo-Analyse zu Beginn des Jahres 2007 geleistet werden. Anschließend werden die wesentlichen EU-Entscheidungen in der Folge des EU-Gipfels 2007 unter Berücksichtigung des Einflusses deutscher Akteure identifiziert und analysiert. In den meisten Fällen stellen diese Entscheidungen Instrumente aus dem Bereich der „positiven Integration" dar. Lediglich für den Abschnitt Binnenmarkt ist auch von marktschaffenden Regelungen im Sinne einer „negativen Integration" auszugehen. Daraufhin soll die Frage nach dem Vorliegen eines „misfit" beantwortet werden, um schließlich anhand der drei vermittelnden Faktoren (Vetopunkte, „norm entrepreneurs" / „veto players", Rolle bzw. Relevanz des Themas in der nationalen Debatte) den Verlauf des Europäisierungsprozesses und der kausalen Wirkungszusammenhänge nachzuvollziehen. Hier wird durch eine vergleichende Fallstudie nach identifizierbaren Mustern in unterschiedlichen Sub-Politikfeldern gesucht. Auch sollen die Ergebnisse der Veränderungsprozesse (*absorption, accomodation, transformation, retrenchment, inertia*) betrachtet werden. Ein Vergleich hinsichtlich der Europäisierungswirkung in unterschiedlichen Teilbereichen der Energie- und Klimapolitik beschließt diesen Abschnitt.

Im abschließenden dritten Teil der Untersuchung widmen wir uns der deutschen „Energiewende" und der daraus resultierenden Veränderungen für die Mehrebenensteuerung in der Energie- und Klimapolitik und gehen ansatzweise auf die in der Forschung zunehmend diskutierte Frage ein, welcher Spielraum nationaler Politik in einem zunehmend europäisierten Politikfeld verbleibt (Bulmer/Radaelli 2013: 359). Die Ergebnisse aus den ersten beiden Abschnitten sollen dazu dienen, das Verhalten deutscher Akteure in der EU und die Folgen für das Politikfeld im nationalen Kontext im Zeitraum 2011 bis 2015 zu verstehen und erklären zu können. An dieser Stelle soll der theoretische Rahmen nicht nur zur Deutung vergangener Prozesse dienen, sondern folgt dem häufig formulierten Anspruch an die Politikfeldanalyse, auch Vorhersagen über die weitere Entwicklung des Politikfelds zu treffen (vgl. Zahariadis 2013: 808).

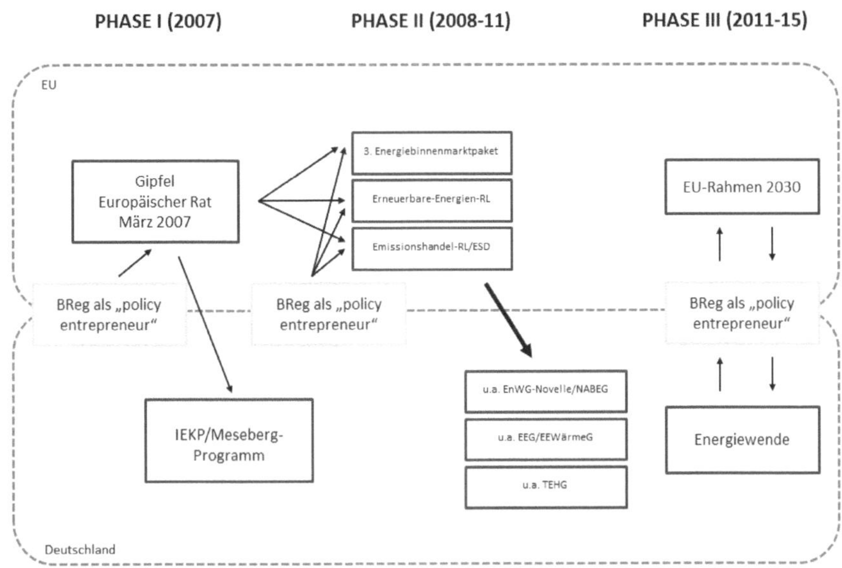

Abbildung 3: Analysekonzept für die Europäisierung der deutschen Energie- und Klimapolitik zwischen 2007 und 2013 (eigene Darstellung)

Zur Erhebung der für die Untersuchung notwendigen Daten werden gemischte qualitative Methoden verwendet. Neben der Analyse von Primärdokumenten wie Positionspapieren, Pressemitteilungen und Berichten aus der Ständigen Vertretung in Brüssel, den Ministerien und dem Deutschen Bundestag, sollen auch die Medienberichterstattung sowie die überschaubare Anzahl von Policy-Analysen zur Energie- und Klimapolitik im Verhältnis EU-Deutschland herangezogen werden. Einen wesentlichen und wichtigen Bestandteil des empirischen Materials bilden rund 25 semistrukturierte Experteninterviews mit Beteiligten, die insbesondere für die Analyse der Verhandlungsstrategie deutscher Akteure in Brüssel und die Verarbeitung von EU-Normen innerhalb des politischen System der Bundesrepublik herangezogen werden. Die Interviews wurden mit Entscheidungsträgern oder hochrangigen Experten unter Zusicherung von Anonymität und Vertraulichkeit im Umgang mit den persönlichen Daten geführt. Eine Übersicht über den institutionellen Hintergrund der Gesprächspartner findet sich im Anhang.

Die Methode der Einbindung von Experteninterviews erfreut sich gerade in jüngerer Vergangenheit aufgrund ihres explorativen Charakters einer zunehmenden Beliebtheit und ist bei vergleichenden Studien mit geringer Fallzahl ein vielversprechendes Hilfsmittel (vgl. Meuser/Nagel 2009). Daneben fließen zahlreiche Hintergrundgespräche sowie die eigene Erfahrung des Autors im Rahmen der Politikberatung in die empirischen Beobachtungen mit ein.

Kapitel III: Institutionelle und prozedurale Rahmenbedingungen

1 Institutionelle Rahmenbedingungen für die Analyse von Europäisierungsprozessen im EU-Mehrebenensystem

Eine notwendige Voraussetzung für die Analyse der Europäisierungsprozesse in den Folgekapiteln stellt die Identifizierung und Benennung der institutionellen Rahmenbedingungen dar, innerhalb derer sich die Entscheidungs- und Veränderungsprozesse im EU-Mehrebenensystem vollziehen. Das Handeln von Akteuren wird durch das institutionelle Regelwerk zwar nicht determiniert, es lässt sich aber auch nicht losgelöst von der Polity-Dimension erklären. Institutionen wirken in diesem Zusammenhang als eine Form von gemeinsam beschlossenen Spielregeln innerhalb eines Politikfelds. Durch sie wird festgelegt, wann und in welcher Form die Organe eines politischen Systems Einfluss auf den Verlauf eines Politikgestaltungsverfahrens auf EU-Ebene, im Nationalstaat und zwischen den Ebenen nehmen können. Diese formellen und informellen Regeln signalisieren auch den nicht explizit in den Prozess eingebundenen Akteuren innerhalb des Systems, an welchem Zeitpunkt des Policy-Zyklus sie möglichst effektiv in das Verfahren einwirken können. Durch Institutionen werden auch die Modi der Politikgestaltung innerhalb eines begrenzten politischen Raums definiert.

Folgt man einem Europäisierungsmodell, in dem Prozesse sowohl im Sinne einer Top-down- als auch einer Bottom-up-Logik analysiert werden, so müssen drei unterschiedliche, inhaltlich jedoch miteinander verknüpfte und in der Wirklichkeit teilweise parallel verlaufende Verfahren betrachtet werden, die jeweils wiederum von eigenen institutionellen Spielregeln bestimmt werden (vgl. Beichelt 2009). Dazu gehört erstens der Policy-Zyklus auf EU-Ebene, innerhalb dessen die deutschen Akteure lediglich einige unter vielen sind. Hier steht der formale Entscheidungs- und Rechtsetzungsprozess auf EU-Ebene im Vordergrund, aus dem sich wiederum die unterschiedlichen Modi der Steuerung ergeben. Die EU-Organe nehmen dabei eine herausgehobene Stellung ein. Inhaltlich direkt verbunden, aber analytisch getrennt, muss zweitens die europapolitische Koordinierung der deutschen Akteure innerhalb dieses Prozesses betrachtet werden. Durch die exekutive Dominanz im politischen System der EU kommt der Bundesregierung hierbei die wichtigste Rolle zu. Die Frage, welche Position Deutschland innerhalb eines Politikgestaltungsprozesses auf EU-Ebene einnimmt und wie diese Position zustande kommt, steht dabei im Fokus. In einem dritten Schritt muss der institutionell geregelte Ablauf der Implementierung einer EU-Entscheidung auf nationalstaatlicher Ebene betrachtet werden. Dabei kommen Bundesregierung sowie Bundestag und Bundesrat zentrale Funktionen zu. Entsprechend betrachten die ersten beiden Schritte den Bottom-up-Prozess, während der letzte die Top-down-Untersuchung in den Mittelpunkt stellt.

Vor dem Hintergrund der in dieser Arbeit aufgeworfenen Fragestellungen nach dem Einfluss Deutschlands im EU-Policy-Making und den daraus resultierenden Veränderungen in der deutschen Energie- und Klimapolitik erscheint insbesondere auch die Frage nach der Kohärenz des Handelns der beteiligten Akteure von Interesse. So sind zwar die gleichen Akteure in unterschiedlichen Phasen und auf unterschiedlichen Ebenen des Policy-Zyklus aktiv. Die Annahme, dass sie dort auch kohärent agieren, darf vor dem Hintergrund von Untersuchungen in anderen Politikfeldern bezweifelt werden. Wir wollen in den folgenden Abschnitten entsprechend das Scheinwerferlicht für die Analyse der empirisch zu beobachtenden Sachverhalte justieren, die in den daran anschließenden drei Kapiteln geleistet wird.

2 Entscheidungsprozesse in der EU-Energie- und Klimapolitik: Kompetenzaufteilung und Einflussmöglichkeiten deutscher Akteure

Für die Betrachtung von Politikgestaltungs- und Gesetzgebungsprozessen in der EU ist zunächst die Beschäftigung mit den primärrechtlichen Voraussetzungen notwendig, um Aussagen über die Akteurkonstellationen und den Entscheidungsprozess treffen zu können. Sowohl Energiepolitik als auch Klimapolitik sind vergleichsweise junge Politikfelder in der EU (vgl. Geden/Fischer 2008; Pollak/Schubert/Slominski 2010; Fischer 2011b). Fragen der Energiepolitik wurden erst durch das Inkrafttreten des Vertrags von Lissabon im Jahr 2009 auch formal in den Bereich der geteilten Zuständigkeit zwischen der EU und den Mitgliedstaaten überführt (vgl. Schneider 2009).[7] Dies ist jedoch keineswegs mit einer EU-seitigen Handlungsunfähigkeit gleichzusetzen. Die EU-Kommission bediente sich bis zum Inkrafttreten des Vertrags von Lissabon im Dezember 2009 der bestehenden Vertragsgrundlagen in den Bereichen Wettbewerb, Binnenmarkt und Umwelt, um energiepolitische Initiativen auf den Weg zu bringen.[8] Insofern ist mit dem Vertrag von Lissabon vor allem nachgeholt und konsolidiert worden, was in einigen Bereichen ohnehin bereits gängige Praxis darstellte (ebd.: 301–313). Es handelte sich also in erster Linie um eine Stärkung der Legitimationsgrundlage für das EU-seitige Handeln in diesem Politikfeld (vgl. Fischer 2009a). Insofern erklärt sich, warum rein formal im Verlauf des Untersuchungszeitraums 2007-2013 zwar zwischen Vor- und Nach-Lissabon-Phasen unterschieden werden müsste, dies aber für die Analyse von vergleichsweise geringer Bedeutung ist. Wesentliche Veränderungen hinsichtlich der Beteiligungsmöglichkeiten einzelner Akteure ergaben sich dadurch nicht. Schließlich bestand bereits mit der Unterzeichnung des Verfassungsvertrags im Jahr 2002 eine grundsätzliche Einigkeit unter den Mitgliedstaaten in der Energiepolitik stärker zu kooperieren, wenn auch mit den noch zu erwäh-

---

7   An dieser Stelle soll nicht unerwähnt bleiben, dass die beiden Sektorverträge zur Europäischen Gemeinschaft für Kohle und Stahl (EGKS) sowie zur Gründung der Europäischen Atomgemeinschaft (Euratom) bereits in den 1950er Jahren gemeinsame Gesetzgebungsgrundlagen zur Energiepolitik enthielten. Ihre Wirkung auf die EU-Energiepolitik für die vorliegende Untersuchung erscheint jedoch nachrangig.

8   Hier vor allem Art. 95 und Art. 174 EGV (Nizza).

nenden Einschränkungen. Die entsprechenden Abschnitte wurden ohne größere Veränderungen im Jahr 2007 in den Vertrag von Lissabon übernommen, der allerdings erst im Dezember 2009 nach der Ratifikation in allen 27 EU-Mitgliedstaaten in Kraft treten konnte.[9]

Die grundsätzliche Ausrichtung der EU-Energiepolitik wird in Art. 194 des Vertrags über die Arbeitsweise der Europäischen Union (AEUV) mit drei Leitprinzipien beschrieben, nach denen die EU ihre Energiepolitik „im Geiste der Solidarität zwischen den Mitgliedstaaten", unter Berücksichtigung der Verwirklichung oder des Funktionierens des Binnenmarktes sowie „unter Berücksichtigung der Erhaltung und Verbesserung der Umwelt" anhand von vier Zielsetzungen verfolgt. Diese umfassen:

a.   Sicherstellung des Funktionierens des Energiemarkts;
b.   Gewährleistung der Energieversorgungssicherheit;
c.   Förderung der Energieeffizienz und Energieeinsparungen sowie die Entwicklung neuer und erneuerbarer Energietechnologien;
d.   Förderung und Interkonnektion der Energienetze.

In allen Bereichen gilt das Mitentscheidungsverfahren, das seit der Vertragsreform von Lissabon als „ordentliches Gesetzgebungsverfahren" bezeichnet wird. Zwei Sonderbestimmungen müssen dabei jedoch berücksichtig werden. Zum einen gilt ein besonderes Verfahren mit Einstimmigkeitsgebot im Ministerrat für die Verabschiedung von Maßnahmen steuerlicher Art (Art. 194 Abs. 3 AEUV). Zum anderen gilt das Gebot nationaler Souveränität über den Energiemix, nach dem die gemeinsame Energiepolitik „nicht das Recht eines Mitgliedstaats, die Bedingungen für die Nutzung seiner Energieressourcen, seine Wahl zwischen verschiedenen Energiequellen und die allgemeine Struktur seiner Energieversorgung zu bestimmen", eingeschränkt werden darf (Art. 194 Abs. 2 AEUV). Die EU-Energiepolitik endet demnach primärrechtlich an der Stelle, an der die Struktur der Energieversorgung des Mitgliedstaats direkt betroffen ist.[10]

Auch im Bereich der bereits seit der Einheitlichen Europäischen Akte aus den 1980er Jahren etablierten EG/EU-Umweltpolitik, die den primärrechtlichen Überbau für die Klimapolitik der EU darstellt, finden sich in den Artikeln 191-193 AEUV seit Lissabon einige geringfügige Änderungen. Die Bekämpfung des

---

9   Lediglich die „Förderung und Interkonnektion der Energienetze" wurde im Gegensatz zum Verfassungsvertrag als neues Ziel in den Vertrag von Lissabon übernommen.

10   Dass diese Trennung allerdings nicht unproblematisch ist, zeigt das Beispiel der Erneuerbare-Energien-Richtlinie 2009/28/EG, in der quantitative Zielfestlegungen für den Anteil erneuerbarer Energien am Primärenergieverbrauch der Mitgliedstaaten definiert werden (siehe dazu auch Schneider [2009]; Calliess/Hey [2013])

Klimawandels wird dabei erstmals explizit im Vertragswerk erwähnt und erfährt somit eine deutliche Aufwertung (Art. 191 Abs. 1). Allerdings gelten analog zur Energiepolitik ähnliche Regelungen für steuerliche Maßnahmen und den Einfluss auf den Energiemix (Art. 192 Abs. 2).[11] Explizit erwähnt der Vertrag zudem die Möglichkeit für einzelne Mitgliedstaaten, „verstärkte Schutzmaßnahmen beizubehalten oder zu ergreifen" (Art. 193), sofern diese mit den Verträgen kompatibel erscheinen.

Obwohl Energie- und Klimapolitik in zwei unterschiedlichen Vertragsabschnitten geregelt sind, weisen die gleichlautenden Verfahrensregelungen und Einschränkungen doch auf die inhaltliche Nähe beider Politikfelder hin und ermöglichen nicht nur aus politischer, sondern auch aus institutioneller Perspektive die Betrachtung einer „integrierten Energie- und Klimapolitik". Ob also auf Art. 194 oder Art. 191-193 AEUV zurückgegriffen wird, spielt für den Modus der Politikgestaltungsprozesse lediglich eine untergeordnete Rolle.

Nicht unerwähnt bleiben soll an dieser Stelle auch die primärrechtliche Verankerung des Wettbewerbs- und Kartellrechts im Rahmen des EU-Binnenmarktes, über das die EU-Kommission in den vergangenen Jahren immer häufiger Einfluss auf nationalstaatliche Energie-, Klima- und Umweltpolitik genommen hat. Auf der Grundlage der Art. 34-37, Art. 101-109 AEUV kann die Kommission die Mitgliedstaaten oder Unternehmen zu wettbewerbskonformem Verhalten oder zur Änderung nationaler Vorschriften verpflichten (Schneider 2009: 217–268).

Nach diesem kurzen Exkurs in die primärrechtlichen Kompetenzverteilungen, wenden wir uns nun den Verfahren und den Beteiligungsmöglichkeiten unterschiedlicher Akteure zu.

Das vertraglich verankerte Initiativmonopol im EU-Politikgestaltungsprozess liegt (mit wenigen Ausnahmen) bei der EU-Kommission. In der politischen Praxis ergeben sich Kommissionsinitiativen jedoch oftmals aus den Schlussfolgerungen des Europäischen Rates oder der zuständigen Ministerräte. Diese informelle, deswegen aber keineswegs weniger bedeutsame Agenda-Setting-Funktion des Europäischen Rates über sein Recht zur Festlegung von strategischen Leitlinien, ist immer häufiger Gegenstand politikwissenschaftlicher Analysen. Das Verhältnis der beiden Organe kann dabei treffend als „kompetitive Kooperation" beschrieben werden, wobei dem Europäischen Rat deutlich mehr Handlungsspielraum bei der Wahl von Themen und Maßnahmen zur Verfügung steht (Bocquillon/Dobbels 2014). Theoretisch kann auch das Europäische Parlament mit seiner Mehrheit die Kommission dazu auffordern, einen Gesetzgebungsvorschlag zu unterbreiten.

---

11   Das Umweltkapitel erlaubt mit Blick auf Maßnahmen, die die Wahl zwischen verschiedenen Energiequellen und die allgemeine Struktur der Energieversorgung betreffen immerhin einstimmige Entscheidungen (vgl. Calliess/Hey 2013).

Für die Regierung eines einzelnen Mitgliedstaates erscheint die Möglichkeit des Agenda-Settings an dieser Stelle also begrenzt – insbesondere, wenn man berücksichtigt, dass für die politisch wichtigen Schlussfolgerungen im Europäischen Rat und in den Fachministerräten das Konsensprinzip gilt, das einem Einstimmigkeitsgebot gleichkommt. Eine einzelne Regierung kann lediglich über das aktive Werben für einen einstimmigen Ratsbeschluss auf eine konkrete Vorlage hinwirken, ohne aber bereits Einfluss auf deren inhaltliche Gestaltung durch die Kommission zu nehmen (Beichelt 2009: 51). Eine besondere Rolle nimmt jedoch die halbjährliche rotierende Ratspräsidentschaft beim Agenda-Setting ein. Hier übernimmt die jeweilige Präsidentschaft den Vorsitz in den Fachministerräten und kann so zumindest die Struktur der Tagesordnung mitgestalten (vgl. Kietz 2007; Tallberg 2006). Der Einfluss der Ratspräsidentschaft hat jedoch durch die Schaffung des ständigen Präsidenten des Europäischen Rates infolge der Vertragsreform von Lissabon zumindest mit Blick auf die Ebene der Staats- und Regierungschefs an Bedeutung verloren.

Wenden wir den Blick jedoch wieder dem ordentlichen Verfahren der Gesetzgebung in der EU in der Energie- und Klimapolitik zu. Innerhalb der Europäischen Kommission ist das Politikfeld auf zwei Ressorts aufgeteilt, zum einen die Generaldirektion für Energie (DG ENER), zum anderen die Generaldirektion Klimapolitik (*„Climate Action"* – DG CLIM). Die heutige Konstruktion der Ressorts beruht auf der kommissionsinternen Neuzuteilung infolge der Barroso II-Reform im Frühjahr 2010 und ist Ergebnis des Bedeutungszuwachses der Klimapolitik in den letzten Jahren der Amtszeit Barroso I. In den ersten drei Jahren des Untersuchungszeitraums wurde die Klimapolitik noch von der erheblich größeren Generaldirektion Umwelt (DG ENV) abgedeckt. Energiepolitik war hingegen gemeinsam mit dem Bereich Verkehr in der DG TREN untergebracht. Der lettische Kommissar Andris Piebalgs war für Energie, sein griechischer Kollege Stavros Dimas für den Bereich Umwelt zuständig. Zwischen 2010 und 2014 leitete die dänische Kommissarin Connie Hedegaard das eigenständige Ressort Klima. Für die vorliegende Untersuchung ist ein nicht unwichtiger Faktor, dass der deutsche Kommissar Günther Oettinger zwischen 2010 und 2014 für den Themenbereich Energiepolitik zuständig war. Kommissare dürfen laut EU-Verträgen keine Weisungen aus ihren Herkunftsländern annehmen, womit der Einfluss der Personalie Oettinger für diese Untersuchung rein formal zu negieren wäre. In der Wissenschaft ist jedoch umstritten, wie sich Kommissare gegenüber den Positionen der Regierung aus ihrem jeweiligen Mitgliedstaat verhalten. Auf der Ebene der politischen Sozialisation liegt zumindest nahe, dass ihr Blick auf ein bestimmtes Thema durch die politische Kultur ihres Herkunftslandes geprägt wird. Ohne sich vorab auf eine der beiden Seiten festzulegen, lässt sich zumindest festhalten, dass durch die Nominierung von Günther Oettinger dem Politikbereich Energie auf EU-Ebene eine höhere Aufmerksamkeit in der deutschen Debatte zu Teil wurde, die Oettinger selbst vielfach für eine persönliche Einschätzung genutzt hat (Interview K 2014). Seit 2015 verantwortet der slowakische Kommissoins-Vizepräsident Maroš Šefčovič in koordinierender Funktion das Themengebiet „Energieunion". Sein spanischer Amtskollege Manuel Arias Cañete hat hingegen die operative Arbeit in den Bereichen Klima und Energie übernommen. Auch diese quasi-hierarchische Neuaufteilung innerhalb des Kommissionskollegiums muss seine Funktionsfähigkeit in den kommenden Jahren noch unter Beweis stellen.

Während die Kommissare die politische Ebene der EU-Kommission repräsentieren, arbeiten die Generaldirektionen im Alltagsgeschäft zunächst weitgehend unabhängig von den Kabinetten der Kommissare an einzelnen Dossiers. Dabei kommen entsprechend oft auch eigene Interessen oder historische Pfadabhängigkeiten in der kommissionsinternen Bürokratie zum Tragen. Viele Beamte innerhalb der Kommission beschäftigen sich seit mehreren Jahren mit einem Themenbereich und haben in diesem Zeitraum eigene Vorstellungen hinsichtlich der anzuwenden Problemlösungen entwickelt. Ein Interviewpartner thematisierte beispielsweise, dass die kritische Haltung gegenüber nationalen Einspeisevergütungssystemen im Bereich der erneuerbaren Energien eines federführend für den Bereich „Erneuerbare Energien" zuständigen Beamten einerseits aus seiner Tätigkeit in der Generaldirektion Wettbewerb und andererseits aus seiner Vergangenheit in der britischen Administration resultiere (Interview F 2014). Herkunft und Sozialisation einzelner zentraler Akteure spielen entsprechend eine wichtige Rolle bei der Betrachtung von Politikgestaltungsprozessen. Zwar läuft man schnell Gefahr, bei der Berücksichtigung dieser kommissionsinternen Pfadabhängigkeiten einen übermäßigen Einfluss von Individuen zu identifizieren. Dennoch muss berücksichtigt werden, dass sich auch innerhalb der Kommission mit ihrer herausgehobenen Agenda-Setting-Funktion ein eigener Policy-Zyklus abspielt, innerhalb dessen die Kategorien von Problematisierung, Instrumentierung und Legitimation eine Rolle spielen (Smith 2014).

Sowohl die Generaldirektionen als auch die Kommissare mit ihren Kabinetten sind dazu gezwungen, sich im Rahmen der Gestaltung einer Vorlage in einem Konsultationsprozess untereinander abzustimmen, der mit der deutschen Ressortabstimmung vergleichbar ist, jedoch nur in seltenen Fällen zu offenen Konflikten führt. Eine Kommissionpublikation muss vor ihrer Veröffentlichung zunächst von den thematisch beteiligten Generaldirektionen einer Analyse unterzogen werden, die häufig in der Formulierung von Änderungswünschen resultiert. Schließlich werden alle Kommissionsdokumente vom Kollegium der Kommissare verabschiedet, so dass bereits frühzeitig um Zustimmung unter den Kolleginnen und Kollegen geworben werden muss.

Der inhaltliche Ressortzuschnitt der Kommission unterscheidet sich von dem der zuständigen Ministerien in Deutschland an einigen zentralen Punkten.

Während das deutsche BMU im Untersuchungszeitraum ein vergleichsweise breites Portfolio besaß, das etwa auch den Bereich der erneuerbaren Energien umfasste, erweist sich die Generaldirektion Klima hinsichtlich ihres thematischen Zuständigkeitsbereichs deutlich beschränkter. Von den später zu untersuchenden Fallstudien fällt lediglich das Thema Klimaschutz/Emissionshandel klar in den Zuständigkeitsradius von Kommissarin Hedegaard. Die erneuerbaren Energien werden innerhalb der EU-Kommission ausschließlich von der Generaldirektion Energie bearbeitet. Hinzu kommt, dass seit 2010 umweltpolitische Themen in zwei Generaldirektionen, der DG CLIM und der DG ENVI, aufgeteilt sind. Ein Zuschnitt, der erwartungsgemäß eher zu einer Schwächung beider Kommissare im Vergleich zur ehemals beide Bereiche umfassenden und daher großen DG ENV unter Kommissar Stavros Dimas führte.[12]

Neben den beiden fachlich direkt zuständigen Generaldirektionen hat sich in der Vergangenheit die Generaldirektion Wettbewerb (DG COMP) zunächst unter Führung der niederländischen Kommissarin Neelie Kroes und seit 2010 unter dem spanischen Kommissar Joaquim Almunia als wichtiger Akteur in der Energie- und Klimapolitik herauskristallisiert. Die DG COMP tritt nicht im Rahmen des ordentlichen Gesetzgebungsverfahrens in Erscheinung, sondern nimmt als „Querschnitts-DG" vor allem die Vertragshütungsfunktion der Kommission in Fragen des Wettbewerbs- und Kartellrechts wahr. Somit verfolgt sie häufig andere Zielsetzungen als die an spezifischen Politikfeldern orientierten Generaldirektionen und arbeitet unabhängiger von mitgliedstaatlichen Einflüssen, was der Kommission gelegentlich den Vorwurf eines inkohärenten Handelns einbringt (vgl. Hommels/Egyedi/Cleophas 2013). Die DG COMP muss im Gegensatz zu anderen Generaldirektionen nicht um Unterstützung für ihren Vorschlag in einem oftmals langwierigen Gesetzgebungsprozess werben und tritt daher auch konfliktbereiter auf, als dies anderen Kommissaren oder Generaldirektionen möglich ist. Wie bei jeder anderen größeren politischen Organisation, ist auch bei der Europäischen Kommission die Betrachtung der internen Interessenausgleichs- und Abstimmungsprozesse erforderlich, um ihr Handeln als kollektiver Akteur zu verstehen (vgl. Hartlapp/Metz/Rauh 2013).

Der Kommission kommt innerhalb des politischen Systems der EU neben der Wahrung des Vertragsrechts in den Mitgliedstaaten auch die Aufgabe zu, Gesetzgebungsvorschläge und andere Steuerungsinstrumente zu erarbeiten und vorzuschlagen. Über dieses Initiativrecht wirkt sie in den meisten Fällen als *„policy*

---

12   Auch die Arbeitsweise und die Interaktion der beiden zentralen Generaldirektionen mit ihrem Umfeld unterscheiden sich deutlich, wie aus einer Untersuchung von David Coen und Alexander Katsaitis (Coen/Katsiatis 2013) hervorgeht. So ist innerhalb der Kommission der Umweltbereich wie kein anderes Politikfeld von einer hohen Zahl an Lobbyaktivitäten betroffen. Die Anzahl der registrierten Interessengruppen, von Verbänden, Unternehmen bis zu Nichtregierungsorganisationen ist höher als in allen anderen Generaldirektionen.

entrepreneur" für EU-Politiken. Gerade in den vergangenen Jahren hat sich jedoch ein Trend manifestiert, der den Europäischen Rat immer häufiger in der Rolle des Taktgebers europäischer Politik erscheinen lässt. In erster Linie hervorgerufen durch die Wirtschafts- und Finanzkrise treten die 28 Staats- und Regierungschefs zunehmend in den Mittelpunkt des Geschehens und erarbeiten politische Problemlösungsansätze in strategisch wichtigen Bereichen. Diese Entwicklung, die Uwe Pütter als „deliberativen Intergouvernenmentalismus" beschreibt, wird zunehmend Alltagsgeschäft in der Union und verändert das institutionelle Gleichgewicht merklich (Puetter 2012). Die Detailtiefe von Kompromissen, die der Europäische Rat formuliert, bestimmt im weiteren Verlauf auch die Gestaltungsmöglichkeiten der Kommission innerhalb eines Politikfelds, da sie sich vor allem aus Eigeninteresse an der Verabschiedung einer Norm dazu gezwungen sieht, von den Leitlinien des Europäischen Rates nur geringfügig abzuweichen.

Ist ein Thema hingegen auf einer niedrigeren Prioritätsstufe angesiedelt oder handelt es lediglich um einen technischen Regelungsinhalt, so werden die Vorschläge der Kommission weiterhin autonom entwickelt. Der Vorbereitung einer solchen Gesetzgebungsinitiative der Kommission ist in der Regel allerdings ein längerer Prozess vorgeschaltet, zu dem sowohl die Einbeziehung der Öffentlichkeit als auch die Verständigung mit einer Reihe von Sachverständigen(gruppen) gehört. Hier besteht die Möglichkeit für eine Vielzahl von Akteuren, darunter auch die Regierungen der Mitgliedstaaten, ihre Positionen bereits frühzeitig in das Verfahren einzuspeisen und die Kommission zu einer ihren Interessen entsprechenden Vorlage zu drängen (Beichelt 2013: 92–93).

Wird ein Gesetzgebungsvorschlag im Rahmen des ordentlichen Gesetzgebungsverfahrens nach Art. 294 AEUV von der Kommission verabschiedet, so leitet diese ihn an das Generalsekretariat des Rates[13] und an das Europäische Parlament weiter. Formal endet damit auch die Gestaltungsrolle der Kommission innerhalb des Prozesses bis zum Abschluss des Verfahrens. Von nun an steht die Kommission den beiden anderen Gesetzgebungsorganen EP und Rat mit ihrer Expertise noch beratend zur Seite, kann den Verlauf jedoch rechtlich kaum noch beeinflussen.

Auf der Ebene der Entscheidungsprozesse im Rat kommen für die Energie- und Klimapolitik zwei der insgesamt neun Fachministerräte in Frage. Zum einen der Umweltministerrat, in dem alle Fragen der Klimapolitik behandelt werden. Zum anderen der Rat für Verkehr, Telekommunikation und Energie, in dem die nunmehr 28 Ministerinnen und Minister oder deren Vertreter über eine Vorlage verhandeln. Entscheidend für die Zuteilung ist die Rechtsgrundlage der Gesetzgebungsinitiative. Dem Rat selbst sind Fachgremien vorgeschalten, so etwa die Ar-

---

13   Im weiteren Verlauf der Studie wird im Dienste der Lesbarkeit lediglich vom „Rat" gesprochen. Gemeint ist der Rat der Europäischen Union in seinen unterschiedlichen Formationen.

beitsgruppen „Energie" und „Umwelt", in denen Vertreterinnen und Vertreter der nationalen Ministerien die Vorlagen bearbeiten. Erst in den beiden Ausschüssen der Ständigen Vertreter (AStV I und II) fallen schließlich Entscheidungen bzw. werden die wenigen ungeklärten Fragen eine Ebene weiter nach oben an den Ministerrat geleitet. Für die Annahme von Schlussfolgerungen gilt ein informelles Einstimmigkeitsgebot. Beschlüsse und Standpunkte im Gesetzgebungsverfahren werden hingegen mit einer qualifizierten Mehrheit der gewichteten Stimmen im Ministerrat verabschiedet, wobei auch hier von allen Beteiligten stets auf ein einstimmiges Ergebnis hingewirkt wird. Sollte es innerhalb des Rates zu keiner Einigung kommen, so wird, je nach Bedeutung des Gesetzgebungsaktes oder des Themas, der Europäische Rat in Form der Staats- und Regierungschefs mit dem Dossier befasst. Zwar hat der Europäische Rat keine formale Gesetzgebungsbefugnis, doch sind seine Entscheidungen doch zumindest politisch bindend. Die Kompromissfindung im Verhandlungsprozess zum Klima-Energie-Pakets im Dezember 2009 kann als ein Beispiel für Übertragung von Detailfragen an den Europäischen Rat als Quasi-Gesetzgeber angesehen werden.

Das Verfahren im Europäischen Parlament gleicht dem Gesetzgebungsprozess im deutschen Bundestag. Ist eine Vorlage von der Kommission an das EP weitergeleitet worden, so wird sie dort vom Ausschuss der Präsidenten an die jeweils zuständigen Fachausschüsse verwiesen, wobei einem Ausschuss die Federführung übertragen wird. Der Umweltausschuss (ENVI) und der Industrie- und Energieausschuss (ITRE) sind für energie- und klimapolitische Fragen zuständig. Zwar werden in allen Ausschüssen mit einem thematischen Bezug Stellungnahmen erarbeitet, entscheidend ist jedoch das Votum des federführenden Ausschusses. Das hier veränderte Dokument gilt für die Abstimmung im Plenum als richtungsweisend. Im Gegensatz zum politischen System in Deutschland gibt es in der EU keine parlamentarische Regierungsmehrheit im klassischen Sinne. Entsprechend ist die Fraktionsdisziplin eher schwach ausgeprägt. Für das Abstimmungsverhalten der Parlamentarier im jeweiligen Ausschuss sind ihre politische Sozialisation und ihre Herkunft meist wichtiger, als die Position ihrer Parlamentsfraktion. Auch gibt es keine fixierten Mehrheiten mit festem Abstimmungsverhalten. Parlamentarier werden daher häufig auch von den Fachministerien ihrer Heimatländer kontaktiert und um ein „den Interessen des Landes" entsprechendes Votum gebeten. Gerade deutsche Abgeordnete im Europäischen Parlament haben sich in der Vergangenheit allerdings als zunehmend unabhängig von nationalen Debatten gezeigt (Beichelt 2013: 93). Eine besondere Rolle im parlamentarischen Prozess nehmen die jeweiligen Berichterstatterinnen oder Berichterstatter im federführenden Ausschuss ein. Sie werden in einem Verfahren von den Fraktionskoordinatoren im Ausschuss benannt und sind für die Bearbeitung der ersten Stellungnahme verantwortlich, die häufig die weitere Debatte im Parlament prägt. Zudem vertreten die Berichterstatter das Parlament im

Trilog-Verfahren mit Kommission und Rat. Ihre Expertise und Verhandlungsführung sind daher für den finalen Kompromiss und den Einfluss des Europäischen Parlaments von großer Bedeutung.

Formal steht dem EP innerhalb des EU-Legislativverfahrens im Rahmen der ordentlichen Gesetzgebung die Formulierung des ersten Standpunktes zu, bevor der Rat seine Position artikuliert. Nimmt der Rat die Position des EP nicht an, wird das Verfahren in eine zweite und bei weiterhin bestehenden Differenzen nach einem Vermittlungsverfahren in eine dritte Lesung geschoben. Zu beobachten ist jedoch in der jüngeren Vergangenheit eine Zunahme der Kompromisse in sogenannten informellen Einigungen in erster Lesung. Die jeweils halbjährlich wechselnde Ratspräsidentschaft lädt dabei zu einem Trilog zwischen Vertretern des Rates, der Kommission und des Parlaments ein, so dass bereits vor der Beschlussfassung durch den Rat ein Kompromiss ausgearbeitet werden kann, der in der Folge den Organen zur Abstimmung vorgelegt wird. Dies dient der Beschleunigung des Verfahrens, ist jedoch aus demokratietheoretischer Perspektive mit Skepsis zu betrachten.

Betrachtet man den Entscheidungsprozess im ordentlichen Gesetzgebungsverfahren in der EU, so wird deutlich, dass die entscheidenden Hebel auch im siebten Jahrzehnt europäischer Integration noch immer bei den Mitgliedstaaten zu finden sind. Eine herausgehobene Stellung kommt dem Europäischen Rat zu, der zwar nicht formal in das Verfahren eingebunden ist, jedoch mit allen strategischen Entscheidungen befasst wird. Durch das Einstimmigkeitsgebot herrscht hier ein Veto-Recht jeder einzelnen Regierung. Die Kommission besitzt innerhalb des Agenda-Settings eine wichtige Rolle, die jedoch im weiteren Verlauf des Politikgestaltungsprozesses erheblich kleiner wird. Die Vertreter der Regierungen in den Ministerräten wiederum können die Geschehnisse während des Verfahrens stark beeinflussen. Die Bedeutung des Europäischen Parlaments bleibt beschränkt und konzentriert sich vor allem auf den federführenden Ausschuss sowie den Berichterstatter des Dossiers. Diese Tendenz wird durch die Zunahme von informellen Einigungen in erster Lesung noch verstärkt.

Formal besteht für die deutsche Bundesregierung also die Option, auf Prozesse innerhalb des Europäischen Rates und der Ministerräte einzuwirken, wobei sie bei letzteren auch in Abstimmungen mit qualifizierter Mehrheit unterliegen kann. Informelle Einflussmöglichkeiten bestehen gegenüber der Kommission im Vorfeld der Veröffentlichung einer Vorlage sowie durch die gezielte Beeinflussung von EP-Abgeordneten.

Während der Großteil der EU-Gesetzgebung über den dargestellten Weg des ordentlichen Gesetzgebungsverfahrens gestaltet wird, existieren in der EU auch andere Modi der Steuerung. An dieser Stelle soll kurz auf zwei Formen eingegangen werden, die für diese Studie relevant erscheinen.

Zum einen findet die hierarchische Steuerung über negative Integrationsprozesse insbesondere im Bereich des Binnenmarkts und des Wettbewerbsrechts Anwendung und wird häufig durch die Kommission oder den Europäischen Gerichtshof vollzogen (siehe auch Kapitel II.3). Beide Organe können, die Kommission initiativ und der Gerichtshof reaktiv, erheblichen Einfluss auf die Politikgestaltung gerade in den Bereichen des Energiebinnenmarktes und der Umweltpolitik nehmen, indem sie ein bestimmtes Verhalten oder einzelne Maßnahmen der Mitgliedstaaten untersagen, wenn dieses nicht mit den Regeln des Binnenmarkts im Einklang steht und/oder gegen das Wettbewerbsrecht verstößt. Auch die Einleitung eines Verfahrens gegen Unternehmen kann politischen Druck aufbauen. Die Kommission kann dies zudem als Druckmittel einsetzen, um ein Verfahren in der Mehrheitsentscheidung im Rat in ihrem Sinne zu beeinflussen (Schmidt 2008). Blauberger und Weiss beschreiben etwa, wie die Kommission gezielt auf die Unsicherheit eines EuGH-Urteils hinweist, um Mitgliedstaaten zu einem Kompromiss im Rahmen des ordentlichen Gesetzgebungsverfahrens zu drängen, bei dem ihnen immerhin ein eigener gestalterischer Einfluss zukommt. Diese Strategie der Werbung mit dem „kleineren Übel" für die Mitgliedstaaten kann jedoch nur in binnenmarktnahen Bereichen wirkungsvoll sein (Blauberger/Weiss 2013).[14] Prozesse der „negativen Integration" können jedoch auch durch Gesetzgebung unter Beteiligung von Europäischem Parlament und Rat entwickelt werden, die zur Folge haben, dass nationale Regelungen in einem Politikbereich aufgelöst werden müssen. In jedem Fall erfolgen Prozesse der „negativen Integration" auf supranationaler Ebene und haben Auswirkungen auf die Steuerungsmöglichkeiten im Nationalstaat.

Ein zweiter Strang politischer Steuerung, der von der Wissenschaft lange Zeit vernachlässigt wurde, findet sich im Komitologie-System der EU, das gerade bei technischen Sachverhalten, wie in der Energie- und Klimapolitik häufig der Fall, zur Anwendung kommt (vgl. Blom-Hansen 2011). Innerhalb dieses Systems arbeiten nationale Experten in rund 200-300 unterschiedlichen Formationen an der Umsetzung oder Weiterentwicklung von Detailregelungen, die aufgrund ihrer Komplexität nicht im regulären Gesetzgebungsverfahren beschlossen und daher an die jeweiligen Ausschüsse delegiert wurden (ebd.: 607). Die Entscheidungsprozesse verlaufen in den meisten Fällen ähnlich der Beschlussfassung im ordentlichen Gesetzgebungsverfahren. Gleichzeitig ist festzuhalten, dass die Kommission durch den Vorsitz in den Ausschüssen eine stärkere Stellung bei der Erarbeitung der delegierten Rechtsakte erhält, dass Mitgliedstaaten aufgrund der technischen Materie oftmals ein Interesse am Regelungsinhalt verlieren, dass

---

14   Doch auch für die Kommission ist der Weg über die judikative Gesetzgebung keineswegs gefahrlos, schließlich kann der EuGH auch ein unerwartetes Urteil entgegen der Zielsetzung der Kommission fällen und somit die Grundstrukturen in einem Politikfeld wesentlich verändern.

Lobby-Interessen durch den Mangel an Öffentlichkeit der Verfahren stärker zum Tragen kommen können und dass der Einfluss des Europäischen Parlaments auf eine Kontrollinstanz am Ende des Verfahrens beschränkt wird (vgl. Wetendorf Norgaard/Nedergaard/Blom-Hansen 2014; Böhling 2014). Oftmals wird diese Form der „tertiären Rechtsetzung" genutzt, um ungelöste Konflikte eines Gesetzgebungsverfahrens in eine nachgelagerte Arena zu verschieben und dennoch zu einem Ergebnis zu gelangen (vgl. Müller/Slominski 2013).

Betrachtet man die aufgeführten Modi der Politikgestaltung in der EU-Energie- und Klimapolitik, so lassen sich vier unterschiedliche Formen identifizieren, die ähnlich der Kategorien von Policy-Typen in Kapitel II.3 einzuordnen sind (vgl. Scharpf 2010c): Die *intergouvernementale Methode* gilt laut den EU-Verträgen generell bei steuerlichen Fragen sowie allen Maßnahmen, die den Energiemix der Mitgliedstaaten beeinflussen. Auch die strategischen Leitlinien im Politikfeld werden anhand dieser Methode festgelegt, da im Europäischen Rat unter den Staats- und Regierungschefs bis heute ein Einstimmigkeitsgebot gilt. Auch Schlussfolgerungen in den Ministerräten werden einstimmig beschlossen. Ohne Zustimmung der Bundesregierung kann in diesem Bereich also kein Beschluss herbeigeführt werden. Die *Gemeinschaftsmethode* (bzw. der Politikverflechtungsmodus) wird in allen Fällen der ordentlichen Gesetzgebung angewendet. Durch die hohe Anzahl der beteiligten Akteure und durch die Einbeziehung des Europäischen Parlaments unterscheidet sie sich nach diversen Erweiterungsrunden faktisch nur in Nuancen von einem Einstimmigkeitsgebot. Auch das Komitologieverfahren fällt unter diese Kategorie, wenn auch mit den zuvor benannten Einschränkungen. Auch hier nimmt die Bundesregierung durch die Stimmgewichtung im Rat eine hervorgehobene Stellung ein. Nur selten können Beschlüsse gegen deutsche Positionen gefällt werden. Der Modus der *hierarchischen Steuerung* durch Kommission oder EuGH findet sich in Fragen der Binnenmarktpolitik und des Wettbewerbsrechts. Hier kann die Kommission auch nur selektiv ein Vertragsverletzungsverfahren gegen einen Mitgliedstaat einleiten, um auf eine Lösung im Rahmen der Gemeinschaftsmethode zu kommen. Kein deutscher Akteur ist entsprechend beteiligt. Die *gegenseitige Anpassung* von Normen ist vertraglich nicht geregelt und wurde in diesem Kapitel nicht separat aufgeführt, stellt sich aber stets als eine denkbare und real praktizierte Option dar. Die Bundesregierung kann die Gestaltung einerseits aktiv beeinflussen und ist andererseits nicht zu einer Übertragung auf nationaler Ebene verpflichtet.

Wie ausführlich beschrieben, unterscheiden sich die Einflussmöglichkeiten deutscher Akteure, allen voran der Bundesregierung, je nach Phase des Entscheidungsprozesses und Form des Politikgestaltungsmodus. Im nächsten Schritt wenden wir uns nun der innerdeutschen Positionsfindung und Strategieformulierung in der Europapolitik zu.

3 Europapolitische Koordinierung: Positionsfindung und Strategieformulierung im deutschen Regierungssystem

Die Bundesregierung gilt als „einer der zentralen kollektiven Akteure der deutschen Europapolitik" (Beichelt 2009: 207). Die Art und Weise, wie die Bundesregierung ihre Positionen erarbeitet und formuliert, ist für die Rolle Deutschlands in Europa demnach entscheidend. Die Positionierung der Bundesregierung erfolgt in einem eigenen Abstimmungsprozess, der zeitlich weitgehend parallel mit dem EU-Policy-Zyklus verläuft. Die Vielzahl der Einflüsse, der die Bundesregierung ausgesetzt ist, muss, wie Timm Beichelt schreibt, „deutliche Zweifel an der Homogenitätsannahme des deutschen Regierungshandelns aufkommen lassen" (ebd.). Die Frage, durch welche Verfahren eine Positionierung überhaupt zustande kommt, wie Akteure Einfluss auf diese Positionsfindung nehmen können und welche Folgen das für den Einfluss Deutschlands auf die Energie- und Klimapolitik der EU hat, steht im Mittelpunkt dieses Unterkapitels.

Zunächst gilt es zu berücksichtigen, dass die Bundesregierung gleichermaßen als „binnenpolitischer" wie als „transnationaler Akteur" (ebd.: 209) in Erscheinung tritt und somit als einziger Akteur der deutschen Regierungssystems in den folgenden Analysen dauerhaft und zeitgleich auf mehreren Ebenen vertreten ist. Die Arbeit der Bundesregierung wird generell durch zwei Prinzipien charakterisiert: Dazu gehört neben der Richtlinienkompetenz des Bundeskanzlers allem voran das Ressortprinzip (Art. 65 Grundgesetz). Demnach ist für die inhaltliche Arbeit in einem Politikfeld das zuständige Ministerium hauptverantwortlich. Auch wenn dies bei der europapolitischen Koordinierung zur Anwendung kommt, wäre es verfehlt, dieses als rein „verwaltungstechnische Aufgabe anzusehen" (ebd.: 225). Vielmehr besteht die Herausforderung darin, binnenpolitische Positionen zusammenzubringen, auf EU-Ebene zu verhandeln und die jeweiligen Verhandlungsschritte wieder innerstaatlich rückzukoppeln. Europapolitik erscheint in diesem Kontext erheblich komplexer als klassische Formen der Außenpolitik, ohne dabei gleichzeitig ein hohes Maß an öffentlicher Aufmerksamkeit zu erhalten (Beichelt 2013).

Strukturell ist das Bundeswirtschaftsministerium (BMWi) zunächst die zuständige Koordinationsstelle für sämtliche Dossiers, die im AStV-I anhängig sind. Darunter fällt auch die Energie- und Klimapolitik. Der AStV-I arbeitet wiederum den beiden Räten Umwelt und Energie zu. Auch wenn dem BMWi die beschriebene Koordinierungsfunktion zukommt, so spielt doch aufgrund des Ressortprinzips zunächst der zuständige Fachbeamte im jeweils federführenden Referat von Bundesumweltministeriums (BMU) oder BMWi eine wichtige Rolle: innerhalb des BMU bei Fragen des Klimaschutzes und bis 2013 bei den erneuerbaren Energien[15], innerhalb des BMWi beim Energiebinnenmarkt, der Infrastrukturentwicklung und der Energieeffizienz. Die Fachbeamten oder Entsandte der Ministerien in der Ständigen Vertretung (StäV) verhandeln individuell in den Fachgremien der Räte.

Insgesamt ist das deutsche Koordinierungsverfahren von einer starken Dezentralisierung gekennzeichnet, in „das die koordinierenden Einheiten so spät wie möglich aktiv eingreifen" (Beichelt 2009: 227). Die Koordinierung muss erst dann erfolgen, wenn es einen Konflikt zwischen den unterschiedlichen Ressorts zu lösen gilt. Da bei den hier vorliegenden Themenfeldern das jeweils nicht federführende Ministerium dennoch durch ein Mitspracherecht beteiligt ist, das häufig und gerade bei europapolitischen Fragen gerne genutzt wird, gehören diese Abstimmungsprozesse zum täglichen Geschäft. Konflikte zwischen den Ministerien können nun auf drei Ebenen bearbeitet werden: Zunächst wird das Dossier bei einer Sitzung der für EU-Angelegenheiten zuständigen Unterabteilungs- und Abteilungsleiter (EU-AL) besprochen. In der nächsten Phase treten die jeweils verantwortlichen „Europa-Staatssekretäre" der jeweiligen Ministerien zusammen (EU-StS). Schließlich ist das Bundeskabinett formal zuständig, wird aber nur in seltenen Fällen mit Themen auf der Policy-Ebene befasst (vgl. ebd.).

Während die entsprechenden Dossiers auf nationaler Ebene in die Ressortabstimmung gehen, beginnt parallel bereits der Verhandlungsprozess auf EU-Ebene. Hier spielt die StäV der Bundesrepublik eine wichtige Rolle. Auch wenn sie selbst keine eigenen Positionen vertritt, ist sie doch die Übermittlerin der Position der Bundesregierung (Interview Q 2014). Die StäV ist ab der Ebene EU-AL direkt an der Koordinierung beteiligt, ihre Vertreter verhandeln für die Bundesregierung in den Ratsarbeitsgruppen Energie und Umwelt und senden schließlich Drahtberichte an das federführende Ressort, an die Koordinierungsstelle, das Referat EA-1 im BMWi, sowie an die Europabüros von Bundestag und Bundesrat. Den meist aus den Ministerien entsandten Fachbeamten in der StäV kommt damit eine wichtige Rolle zu, da sie unter Zeitdruck gleichzeitig verhandeln und informieren müssen. Dennoch liegt hier bereits eine der Ursachen für das häufig in sich wenig geschlossen erscheinende Auftreten der Bun-

---

15 Zwischen 2002 und 2013 war das BMU federführend für den Themenbereich erneuerbare Energien zuständig (Hirschl 2008: 155). Diese Zuständigkeit wurde mit dem Regierungswechsel 2013 an das BMWi übertragen.

desregierung: Jedes Ministerium verfügt heute bereits über eine eigene „EU-Diplomatie" (Sturm/Pehle 2005: 47).

Generell lässt sich für die Koordinierung deutscher Europapolitik die vergleichsweise große Bedeutung des Ressortprinzips festhalten, mit der zunächst eine recht weitreichende Autonomie in der Vorfertigung der nationalen Positionierung zu erkennen ist. Danach werden konfliktbehaftete Teile eines Dossiers zwischen Ministerien von Ebene zu Ebene höher getragen. Für die Ministerialbeamten gilt es jeweils abzuwägen, ob es nicht besser sein könnte, an einer Stelle nachzugeben, wenn dem eigenen Minister auf der nächsthöheren Ebene ein Gesichtsverlust droht (Beichelt 2009: 229–231). Im speziellen Fall der Energie- und Klimapolitik befindet sich das BMWi gegenüber anderen Ministerien, vor allem aber gegenüber dem BMU, durch seine europapolitische Koordinierungsfunktion in einer privilegierten Stellung, die zumindest einen Informationsvorsprung sichern kann. Hinzu kommt die traditionell wenig kooperative Haltung beider Häuser sowie die parteipolitische Zuordnung zu zwei unterschiedlichen Koalitionspartnern während des gesamten Untersuchungszeitraums 2007-2013.

Im Vergleich der europapolitischen Koordinierung unterschiedlicher Mitgliedstaaten fällt die deutsche Exekutive durch ihren gesteigerten Abstimmungsbedarf und ihre langwierigen Prozesse auf. Die Redewendung von der „German Vote", die eine häufige Enthaltung deutscher Akteure im Ministerrat bezeichnet, hat hier ihren Ursprung. Ohne eine abgestimmte Weisung mit dem Briefkopf des BMWi darf der deutsche Vertreter im AStV oder im Ministerrat keine deutsche Position vertreten (Interview G 2014). Eine Kompromissfindung mit anderen Regierungen erscheint aufgrund dieses Mangels an Flexibilität nahezu ausgeschlossen, sofern nicht frühzeitig eine Einigung unter den deutschen Ministerien hergestellt wurde (ebd.).

Die auch von anderen Mitgliedstaaten wahrgenommene Vielstimmigkeit der deutschen Regierung lässt sich primär auf die starke Position der Ressorts und die vielen Eskalationsstufen des Prozesses zurückführen. Die jeweiligen Minister vollziehen oftmals bis zum Ende des Verhandlungsprozesses noch interne Tauschgeschäfte oder blockieren die Haltung der Bundesregierung im AStV-I, für den das BMWi auch in Umweltfragen die Koordinierungsfunktion besitzt (Beichelt 2009: 232–234). Dies kann soweit führen, dass Deutschland, wie beim informellen Treffen der EU-Umwelt- und Energieminister im Frühjahr 2013 geschehen, als einziger Mitgliedstaat durch zwei Wortbeiträge mit unterschiedlichen Inhalten auf sich aufmerksam machte, da ein Abstimmungsprozess im Vorfeld gescheitert war.[16] Von einem einheitlichen Auftreten der deutschen Bundesregierung kann in diesem Fall nicht mehr gesprochen werden.

---

16 In einer internen Dokumentation des Ratstreffens wird dargestellt, dass sowohl BMU als auch BMWi einen eigenen Redebeitrag eingefordert hatten.

Für die Europapolitik der einzelnen Ministerien kann es zum Problem werden, wenn ein Dossier innerhalb des EU-Policy-Zyklus auf die Ebene des Europäischen Rates, also der Staats- und Regierungschefs, gerät. Hier kann die Bundeskanzlerin unter Rückgriff auf ihre Richtlinienkompetenz über das Verhandlungsergebnis entscheiden, ohne dass die beteiligten Ministerien intervenieren könnten. Allerdings wurde die Richtlinienkompetenz deutscher Bundeskanzler in der Vergangenheit nur spärlich eingesetzt (Sturm/Pehle 2005: 43–61).

Zuletzt soll nicht unterschlagen werden, dass auch den beiden parlamentarischen Kammern des deutschen Regierungssystems – dem Bundestag und dem Bundesrat – eine Rolle in der europapolitischen Koordinierung zukommt, das sie mit unterschiedlichem Nachdruck wahrnehmen. In Art. 23 GG wird die Mitwirkung beider Organe in Angelegenheiten der Europäischen Union festgehalten. Gleichzeitig gilt der Grundsatz: „Die Bundesregierung hat den Bundestag und den Bundesrat umfassend und zum frühestmöglichen Zeitpunkt zu unterrichten". Die Zusammenarbeit zwischen Bundestag und Bundesregierung ist über das „Gesetz zur Zusammenarbeit von Bundesregierung und Deutschem Bundestag in Angelegenheiten der Europäischen Union" (EUZBBG 2013) und eine seit 2006 gültige interinstitutionelle Vereinbarung geregelt. Der weiter oben dargestellte, bereits regierungsintern äußerst komplexe Abstimmungsprozess zur europapolitischen Willensbildung sowie die Vielschichtigkeit des EU-Policy-Zyklus ermöglichen es dem Bundestag nur in wenigen Fällen, tatsächlich von seinem Mitwirkungsrecht Gebrauch zu machen. Hinzu kommt, dass die Regierung im deutschen System von den Parlamentsmehrheitsfraktionen getragen wird und somit ein gewisses Vertrauensverhältnis zwischen diesen besteht (Beichelt 2009: 252). Der Bundestag hat in den vergangenen Jahren zwar auf sein Informationsrecht gepocht und dieses auch durchgesetzt, etwa über die Einrichtung eines Europabüros in Brüssel und die Befassung des EU-Ausschusses mit den Themen der EU-Tagespolitik, doch hat dies selten zu einer konkreten Einflussnahme auf EU-Entscheidungsprozesse geführt. Dies liegt unter anderem auch daran, dass einerseits im EU-Ausschuss nicht die fachliche Kompetenz für den jeweiligen Politikbereich vertreten ist und sich andererseits die Fachpolitiker kaum mit der Arbeit des EU-Ausschusses auseinandersetzen. Ob die mit dem Vertrag von Lissabon eingeführte Subsidiaritätsprüfung durch die nationalen Parlamente einen direkten Einfluss des Bundestags auf den EU-Policy-Zyklus haben könnte, lässt sich derzeit noch nicht beantworten. Doch auch weiterhin ist davon auszugehen, dass die Defizite bei der Mitwirkung eher in der Beschäftigung deutscher Parlamentarier mit anderen Themen und einem generellen Desinteresse, als mit nicht vorhandenen Zugangsmöglichkeiten zusammenhängen. Tendenziell ist also eher von einem Machtverlust des Deutschen Bundestages im Verlauf des europäischen Integrationsprozesses auszugehen, der bislang nicht aufgeholt wurde (vgl. Sturm/Pehle 2005).

Anders verhält es sich bei der Beteiligung der Länder an der europapolitischen Koordinierung. Zwar ist auch der Bundesrat insgesamt mit einem Machtverlust aus dem insgesamt exekutivlastigen Integrationsprozess hervorgegangen, doch haben sich die Landesregierungen zu einem früheren Zeitpunkt darum bemüht, Schadensbegrenzung zu betreiben. Mit dem „Gesetz über die Zusammenarbeit von Bund und Ländern in Angelegenheiten der Europäischen Union" (EUZBLG 2009) hatte der Bundesrat bereits 1993 eine gesetzliche Grundlage für die Kooperation in der Europapolitik geschaffen. Den Ländern kommt demnach im Bereich ihrer ausschließlichen Zuständigkeit ein Vertretungsanspruch auf EU-Ebene zu. Erweiterte Rechte werden ihnen im Bereich der konkurrierenden Gesetzgebung zwischen Bund und Ländern zugestanden; ebenso bei Regelungen, die „die Einrichtung ihrer Behörden oder ihre Verwaltungsverfahren" (Art. 23.5 GG) betreffen. Der EU-Ausschuss des Bundesrates koordiniert in diesem Kontext die Arbeit der Fachausschüsse und formuliert entsprechend Positionen der Länder. In der Umweltpolitik und damit in den Bereichen Klimaschutz und erneuerbaren Energien ist davon auszugehen, dass die Bundesregierung auch Stellungnahmen der Länder in ihrer Verhandlungsführung und Positionierung berücksichtigen muss. Die Rolle der Länder unterscheidet sich von der des Bundestages auch durch ihr spezifisches Verhältnis zur Bundesregierung. Während die Bundesregierung in der Vergangenheit stets von einer Mehrheit des Bundestages getragen wurde und somit das bereits beschriebene Vertrauensverhältnis zwischen der Regierung und den die Regierung stützenden parlamentarischen Mehrheitsfraktionen besteht, gilt dies für den Bundesrat nicht immer. Ganz im Gegenteil besitzt häufig die parlamentarische Opposition im Bundestag eine Mehrheit im Bundesrat, die auch politisch genutzt wird. Insbesondere in denjenigen europapolitischen Bereichen, in denen Länderzuständigkeiten betroffen sind, lässt sich dies beobachten. Dennoch gilt auch für die Beteiligung des Bundesrates: Die europapolitische Koordinierung der Bundesregierung und der Willensbildungsprozess auf EU-Ebene besitzen bereits einen hohen Grad an Komplexität, so dass es den mit vielen anderen Angelegenheiten beschäftigten Landesregierungen oftmals an Kapazitäten mangelt, rechtzeitig inhaltlich umsetzbare Stellungnahmen zu formulieren und diese in die Verhandlungen einzubringen (Interview E 2014). Im Gegensatz zum Bundestag nehmen die Länder jedoch zunehmend über ihre Landesvertretungen in Brüssel indirekt Einfluss auf den Prozess, ohne dies vorher im Bundesrat koordinieren zu müssen. Der direkte Kontakt zu Kommissionsbeamten und EU-Parlamentariern sowie die Organisation von Veranstaltungen ermöglichen die informelle Einflussnahme auf den Prozess, die ebenfalls häufig von Erfolg gekrönt ist (ebd.).

Betrachtet man die europapolitische Koordinierung in Deutschland im Vergleich mit anderen Mitgliedstaaten, so kann die Existenz einer starken Exekutive mit ausgeprägtem Ressortprinzip festgehalten werden. Lange Zeit galten Verhandlungen im Rat als Formen deutscher Außenpolitik, in denen eine exekutive Dominanz respektiert wurde. Durch die Zunahme der innenpolitischen Relevanz von EU-Entscheidungen hat sich diese Perspektive in den vergangenen Jahren zunehmend gewandelt, was unter anderem zu einer Politisierung der Europapolitik in einigen Bereichen geführt hat (Beichelt 2013: 91).

Zusammenfassend lässt sich festhalten, dass in der Energie- und Klimapolitik insbesondere die beiden federführenden Ministerien BMU und BMWi in hervorgehobener Stellung auftreten. Das BMWi besitzt durch seine Koordinierungsfunktion in der Bundesregierung zudem einen Informationsvorsprung. Bundestag und Bundesrat sind zwar formal in die europapolitische Koordinierung eingebunden, können und wollen diese Rolle jedoch nur selten wahrnehmen. Die Bundesländer haben ihre Mitwirkungsfunktion zumindest in den Bereichen, die ihre eigenen Zuständigkeiten auf nationaler Ebene betreffen, über den EU-Ausschuss des Bundesrates und die Länderbeamte in Brüssel aufrechterhalten. Zudem sind sie über ihre Landesvertretungen im Dienste ihrer spezifischen Landesinteressen in Brüssel aktiv.

4 Die Verarbeitung von EU-Entscheidungen auf nationaler Ebene

Im Mittelpunkt dieser Untersuchung steht die Verarbeitung energie- und klimapolitischer Entscheidungen im Rahmen des politischen Systems der Bundesrepublik Deutschland. Entsprechend soll nun als dritter Schritt auch der institutionellen Rahmen auf nationaler Ebene betrachtet werden, innerhalb dessen sich Europäisierungsprozesse abspielen. Hierbei gilt es, zwei Verfahren zu unterscheiden, die für sich genommen jeweils wieder einen eigenen nationalen Policy-Zyklus mit allen Phasen darstellen: Zum einen existiert die vertraglich geregelte Pflicht des nationalen Gesetzgebers zur Umsetzung von EU-Richtlinien, die dem Nationalstaat allerdings ein zuvor definiertes Maß an Flexibilität bei der Gestaltung von Normen geben. Zum anderen muss der Nationalstaat oftmals auch auf neues, direkt geltendes EU-Recht reagieren. Erlässt die EU-Ebene neue Verordnungen, Entscheidungen oder Beschlüsse, entweder durch das ordentliche Gesetzgebungsverfahren oder durch andere Formen der hierarchischen Steuerung durch die Kommission oder den EuGH, so ist der nationale Gesetzgeber gefordert, indem er neues Recht schafft oder geltendes Recht ändern, anpassen oder streichen muss.

Betrachtet man die Entwicklung der deutschen Energiepolitik, so war dies innerhalb des Regierungssystems über viele Jahrzehnte hinweg eine Domäne des Bundeswirtschaftsministeriums bzw. der Wirtschaftsministerien der Bundesländer (vgl. Illing 2012). Mit der Gründung des Bundesumweltministeriums infolge des Reaktorunfalls von Tschernobyl im Jahr 1986 trat ein neuer Akteur auf der administrativ-exekutiven Ebene der deutschen Energiepolitik in Erscheinung. Durch die wachsende Bedeutung der Umweltpolitik und die sukzessive Übertragung von Zuständigkeiten an das inzwischen umbenannte und mit immer mehr Aufgaben versehene Bundesministerium für Umwelt, Naturschutz und Reaktorsicherheit (BMU), etablierte sich ein zweiter Verwaltungsapparat neben dem Bundesministerium für Wirtschaft und Technologie (BMWi).[17] Bis November

---

17 Beide Ministerien wurden innerhalb der vergangenen Jahrzehnte häufig umbenannt. So existierte unter der Regierung Schröder II (2002-2005) ein „Superministerium" mit dem Titel Bundesministerium für Wirtschaft und Arbeit (BMWA). Innerhalb des Untersuchungszeitraums (2007-2013) ist bezüglich der Namensgebung und des Ressortzuschnitts Konstanz zu verzeichnen Nach der Bundestagswahl 2013 erfolgte wiederum einen Umbenennung mit neuem Aufgabenzuschnitt. Das neue Bundesministerium für Wirtschaft und Energie (BMWi) unter Wirtschaftsminister Gabriel

2013 erfolgte die Ressortaufteilung unter Berücksichtigung der Geschäftsordnung der Bundesregierung (GOBreg) und dem entsprechenden Organisationerlass der Bundeskanzlerin (BKOErl; vgl. Bundeskanzlerin 2005) wie folgt:

- Das Bundesministerium für Wirtschaft und Technologie (BMWi) ist für alle Fragen der Energiepolitik, insbesondere die Sicherung der Energieversorgung und die Funktionsfähigkeit der Energiemärkte zuständig.
- Das Bundesministerium für Umwelt, Naturschutz und Reaktorsicherheit (BMU) bearbeitet den Bereich der erneuerbaren Energien und damit auch das EEG. Darüber hinaus wird das Thema Klimaschutz durch das BMU vertreten.

Die so gestaltete Aufgabenzuweisung der deutschen Energie- und Klimapolitik an zwei federführenden Ministerien erschien seit längerem konfliktbeladen. Hinzu kam, dass auch das Bundeministerium für Verkehr, Bauen und Stadtentwicklung (BMVBS) in den Bereichen Gebäude und Verkehr eine relevante Rolle bei der Gestaltung neuer Normen spielte, die für die Themen Klimaschutz, Energieeffizienz und erneuerbare Energien von Bedeutung sind. Auch dem Bundesministerium für Ernährung, Landwirtschaft und Verbraucherschutz (BMELV) und dem Auswärtigen Amt (AA) kommt eine Funktion in diesem Politikfeld zu, etwa in den Themenbereichen Biokraftstoffe oder bei der internationalen Kooperation in Energie- und Klimafragen. Innerhalb der Bundesregierung sind die energie- und klimapolitischen Zuständigkeiten demnach, wie bereits weiter oben ausgeführt, breit gefächert.

Die Verarbeitung von EU-Richtlinien in Deutschland unterscheidet sich nur unwesentlich von selbstständig initiierten Legislativverfahren. Innerhalb der institutionellen Strukturen werden Gesetzgebungsverfahren in der Regel von der Ministerialverwaltung vorbereitet und über die Ebene der Staatssekretäre bzw. der Minister in die Ressortabstimmung weitergeleitet. Von dort kommen Änderungsvorschläge an das federführende Ministerium zurück. Erst wenn die Konflikte zwischen den Ministerien auf dieser Ebene gelöst sind, wird aus dem Dokument eine Kabinettsvorlage, die von der Bundesregierung beschlossen wird. In seltenen Fällen gelingt die Abstimmung zwischen den Ressorts nicht, so dass Konflikte bis an den Kabinettstisch getragen werden und dort gelöst werden müssen. Gerade im Politikfeld Energie und Klima war dies im Untersuchungszeitraum jedoch häufiger der Fall. Auch den Spiegelreferaten im Bundeskanzleramt und dem Chef des Bundeskanzleramts kommt eine ausgleichende Rolle als Vermittler bei der Bearbei-

---

erhielt die Zuständigkeiten für alle Fragen rund um die Energiewende und damit auch die Politik der erneuerbaren Energien. Das neue Bundesministerium für Umwelt, Naturschutz, Bau und Reaktorsicherheit (BMUB) musste entsprechend seine Zuständigkeiten im Bereich der Energiepolitik abtreten, erhielt aber dafür die Kompetenz für das Politikfeld Bauen.

tung der Konflikte zu. Dabei werden häufig auch die Vorsitzenden der Regierungs-fraktionen hinzugezogen, um einen möglicherweise entstehenden Konflikt im Bundestag bereits im Vorfeld zu entschärfen. Generell gilt jedoch auch hier das Ressortprinzip nach Art. 65 GG, das den Ministern weitreichende Eigenständigkeit bei der Bearbeitung ihrer Themenfelder zugesteht. Die Ministerien untermauern ihre Gesetzgebungsvorlagen häufig mit wissenschaftlicher Expertise, die sie bei nachgeordneten Bundesbehörden, etwa dem Umweltbundesamt, oder externen Beratungs- und/oder Forschungseinrichtungen in Auftrag geben. Theoretisch kann auch der Bundestag selbst im Rahmen der Gesetzgebung initiativ tätig werden, dies ist allerdings die Ausnahme und wird hin und wieder als Verfahren zur Beschleunigung von Rechtsetzungsprozessen genutzt.

Bei der Umsetzung von EU-Recht lässt sich generell eine 1:1-Transposition von einer integrierten Gesetzgebung mit anderen Neuregelungen unterscheiden. In diesem Kontext darf nicht vergessen werden, dass die Bundesregierung, die eine Gesetzesvorlage zur Umsetzung einbringt, der Richtlinienfassung meist auch in Brüssel zugestimmt hat und daher eine Fundamentalopposition eher unwahrscheinlich ist. Konfliktbehafteter wird der Prozess hingegen, wenn die Vorgängerregierung das Verfahren in der EU begleitet hat und eine neue Regierung vor die Aufgabe der Umsetzung gestellt wird. Dann ist eine integrierte Umsetzung mit einer Reihe anderer Neuregelungen wahrscheinlicher. Generell gilt jedoch die europarechtliche Verpflichtung des nationalen Gesetzgebers, EU-Richtlinien auch umzusetzen. Dabei darf der Nationalstaat Normen ergänzen, also „aufsatteln", oder verschärfen, etwa im Bereich des Umweltschutzes, keinesfalls aber unterhalb der Vorgaben der EU-Ebene bleiben (Beichelt 2009: 80–82; 2013).

Ist ein Gesetzgebungsvorschlag vom Kabinett verabschiedet, wird er zunächst an den Bundesrat und sechs Wochen später mit einer Stellungnahme der Länder an den Bundestag übermittelt. Die Länder haben mit wenigen Ausnahmen in allen Bereichen der Energie- und Klimapolitik ein Mitspracherecht, das im Grundgesetz durch die konkurrierende Gesetzgebung definiert wird. Bundesrat und Bundestag müssen im Weiteren das Gesetzgebungsverfahren in Form eines Zustimmungs- oder Einspruchsgesetzes bestreiten. Während bei Zustimmungsgesetzen, etwa dem Netzausbaubeschleunigungsgesetz (NABEG), eine Einigung zwischen Bundesrat und Bundestag gefunden werden muss, können Einspruchsgesetze, etwa das Erneuerbare-Energien-Gesetz, nach dem Vermittlungsverfahren dennoch gegen den Beschluss des Bundesrats verabschiedet werden. Hierfür ist im Bundestag eine absolute bzw. eine 2/3-Mehrheit nötig, je nachdem, ob der Bundesrat zuvor einen Beschluss mit absoluter oder 2/3-Mehrheit gefällt hatte.[18] Die Einberufung des

---

18 In seltenen Fällen gelingt es einer Bundesratsmehrheit über diesen Weg ein Verfahren zu stoppen. Ein prominentes Beispiel findet sich jedoch aktuell im Energiebereich. Die von Bundesumweltminister Norbert Röttgen vorgeschlagenen Kürzungen bei der Solarförderung im

Vermittlungsausschusses hat bei Einspruchsgesetzen meist nur den Zweck einer Verzögerung des Verfahrens. Es ist allerdings zu berücksichtigen, dass die Länder gerade in der Energiepolitik zunehmend eigene Zielsetzungen verfolgen, die selbst dann konfliktiv mit der Bundesebene ausgetragen werden, wenn die jeweiligen Minister in Bund und Land der gleichen Partei angehören. Wie der Bundestag ist auch der Bundesrat durch intensive Ausschussarbeit geprägt. Im Gegensatz zum Bundestag treffen sich hier die Fachminister der Länder oder ihre Vertreter. Bei Abstimmungen in den Ausschüssen des Bundesrats gilt entsprechend das Ressortprinzip, so dass ihre Vorarbeit für die Beschlussfassung im Bundesratsplenum nicht immer richtungsweisend ist, da hier zuvor innerhalb der Landesregierungen ein Konsens hergestellt werden muss (Interview E 2014).

Im Bundestag wird das Verfahren nach einer ersten Lesung an die zuständigen Ausschüsse übertragen, die eine Vorlage für das Plenum erarbeiten. Der Umweltausschuss und der Wirtschaftsausschuss sind im Bereich der Energie- und Klimapolitik die zuständigen parlamentarischen Gremien. Während die Abgeordneten zwar häufig Änderungen an der Ministervorlage vornehmen, wird ein Gesetzentwurf in den seltensten Fällen grundsätzlich blockiert, da die Ressortleitung im Ministerium sich auf die Kanzlermehrheit im Plenum und in den Ausschüssen des Bundestags verlässt. Im Bundestag wird der Gesetzgebungsvorschlag mit den Änderungswünschen des federführenden Ausschusses in die zweite und dritte Lesung gegeben, wo er mit einer absoluten Mehrheit abgestimmt wird.

Im Vergleich zu „normalen" Gesetzgebungsverfahren unterscheidet sich die Umsetzung von EU-Richtlinien in einem wesentlichen Punkt: dem Verhältnis zwischen Bundesregierung und Bundestag. „Die Infragestellung einer auf EU-Ebene einmal getroffenen Entscheidung ist […] mit einer ungleich höheren Illoyalität gegenüber der eigenen Regierung verbunden, als dies bei einem normalen Gesetzesentwurf je der Fall sein könnte" (Beichelt 2009: 89). Ein Nachverhandeln auf der EU-Ebene ist für die Bundesregierung so gut wie unmöglich. Gleichzeitig droht die Kommission mit einem Vertragsverletzungsverfahren, gegenüber dem sich die Bundesregierung rechtfertigen muss. Eine besondere Problematik kann dann entstehen, wenn sich zwischen dem EU-Policy-Zyklus und dem nationalen Gesetzgebungsprozess eine zeitliche Verzögerung mit einer Veränderung des Wissensstandes ergibt. Gerade unter dem Brennglas der nationalen Öffentlichkeit werden häufig erst die Implikationen „technischer Lösungen" der EU-Ebene offensichtlich (ebd.: 89–90). Hier steckt insbesondere der Bundestag in einem Dilemma zwischen Regierungsloyalität und souveräner Gesetzgebungskompetenz.

Betrachtet man den deutschen Gesetzgebungsprozess zur Verarbeitung von EU-Normen in voller Länge, so wird deutlich, dass den Ministerien durch ihre

---

EEG wurden durch eine 2/3-Mehrheit im Bundesrat abgelehnt. Da im Bundestag keine 2/3-Mehrheit zustande kam, war das Verfahren gescheitert (Interview E 2014).

Agenda-Setting-Funktion innerhalb des deutschen Regierungssystems eine wichtige Rolle zukommt, die sie bereits zuvor durch ihre Beteiligung an den entsprechenden Verhandlungen des Ministerrates wahrgenommen haben. Verglichen mit den beiden anderen Phasen ist die Rolle des Bundestags hier zumindest theoretisch relativ stark, auch wenn er in der Vergangenheit selten für lange Verzögerungen bei der Richtlinienumsetzung verantwortlich war (Sprungk 2012). Insbesondere die Abgeordneten des Regierungslagers haben die Möglichkeit, die Umsetzung von Richtlinien innerhalb des vorab durch die Richtlinie definierten Gestaltungsspielraums zu verändern. Die Länder wiederum können im Bundesrat eine wichtige Rolle spielen, wenn es um Inhalte geht, die, wie in der Energie- und Klimapolitik in nahezu allen Fällen, ihre Zuständigkeiten, etwa in der Verwaltung, mit betreffen. Gerade für die Oppositionsparteien bietet sich der Bundesrat als Einflussinstrument für die Gesetzgebung an. Es können jedoch auch Länder aus dem Regierungslager sein, die ihre spezifischen Interessen gegen die Bundesebene durchsetzen möchten.

An den Beschluss des Gesetzes in Bundestag und Bundesrat sowie die Unterzeichnung des Bundespräsidenten schließt sich mit der Durchführung und Implementierung in den Länderbehörden noch ein dritter Policy-Zyklus an, der Gegenstand einer Reihe von Untersuchungen aus der Europäisierungsforschung ist, in dieser Studie aber nicht betrachtet werden soll (vgl. Beichelt 2013: 95–96).

Die überwiegend aus anderen Untersuchungen zur Europäisierung des politischen Systems der Bundesrepublik abgeleiteten Überlegungen aus Kapitel II.3.3 hinsichtlich der vermittelnden Faktoren bei der Verarbeitung von EU-Entscheidungen wurden in diesem Abschnitt nun auf ihre institutionelle Verankerung hin überprüft. Deutlich wurde dabei die Vielzahl möglicher institutioneller Vetopunkte (Fraktionen, Bundesrat), aber auch die vergleichsweise starke Stellung des federführenden Ministeriums, das als *„norm entrepreneur"* für eine EU-Entscheidung im nationalen System wirken kann.

5 Zusammenfassung

Die Darstellung der institutionellen Rahmenbedingungen für die Entscheidungsprozesse rund um Europäisierungswirkungen in der Energie- und Klimapolitik haben das Augenmerk auf drei zentrale Abläufe gelenkt. Im Rahmen der „Bottom-up"-Europäisierung muss zum einen auf den Entscheidungsprozess innerhalb der EU geachtet werden, auf den die Bundesregierung formal über den Rat und in einigen Fällen auch den Europäischen Rat Einfluss nehmen kann. Zeitlich parallel verläuft der Abstimmungsprozess zur deutschen Positionierung unter den Ministerien, der, wie gezeigt, von einer hohen Zahl an Vetospielern geprägt sein kann. Für die „Top-down"-Europäisierungsprozesse, die den Schwerpunkt der vorliegenden Studie bilden, fällt die zentrale Rolle der Bundesregierung als Initiativorgan zu. Auch hier spielt die Abstimmung unter den zuständigen Ministerien eine wichtige Rolle. Während die Regierungsfraktionen im Bundestag aufgrund ihrer Loyalität gegenüber der Bundesregierung nur selten als Vetopunkte in Erscheinung treten, ist der Bundesrat, sofern seine Beteiligungsrechte betroffen sind, ein wichtiger Akteur im Politikgestaltungsprozess auf nationaler Ebene.

Die bis hierhin angestellten theoretischen Erwägungen und die Betrachtung der institutionellen und prozeduralen Strukturen haben gezeigt, an welcher Stelle und zu welchem Zeitpunkt innerhalb der Policy-Zyklen auf welche Akteure und Einflüsse verstärkt zu achten ist. Damit ist jedoch noch keine Aussage darüber getroffen, wie, durch wen und zu welchem Zweck die unterschiedlichen Kanäle zwischen den Ebenen in der Praxis genutzt werden: Bemüht sich die deutsche Bundesregierung darum, eine Energie- und Klimapolitik für Europa zu gestalten? Werden innenpolitische Konflikte in der Energiepolitik nach Europa getragen? Oder werden Entwicklungen in der EU für innenpolitische Auseinandersetzungen verwendet?[19] Diesen Fragen soll nun im empirischen Teil der Untersuchung nachgegangen werden.

---

19   Ähnliche Fragestellungen mit Blick auf die die Interaktion bei der strategischen Steuerung zwischen beiden Ebenen finden sich bei Woll/Jacquot (2010) und Beichelt (2013).

Kapitel IV: Der Gipfel des Europäischen Rates im März 2007: Einfluss deutscher Akteure und Auswirkungen auf die deutsche Energie- und Klimapolitik

Der Frühjahrsgipfel der 27 Staats- und Regierungschefs vom 8./9. März 2007 gilt bis heute als entscheidende Wegmarke für die Entwicklung einer integrierten EU-Energie- und Klimapolitik. Die Beschlüsse des Europäischen Rates prägen seitdem die Gestaltung des Politikfelds und wirken als Referenzpunkte für die umfangreichen Gesetzgebungsaktivitäten in den Folgejahren (vgl. Sauter/Grashof 2007; Geden/Fischer 2008; Buchan 2009; Fischer 2011b).[20] Unter dem Titel „Eine integrierte Klima- und Energiepolitik" wurden die Zielsetzungen und ein Rahmen für das politische Handeln der EU bis zum Jahr 2020 vorgezeichnet.

In diesem ersten empirischen Kapitel der Untersuchung von Europäisierungsprozessen in der EU-Energie- und Klimapolitik wird das Zustandekommen dieser zentralen Strategieentscheidung analysiert und ihre unmittelbaren Folgewirkungen in Deutschland untersucht. Ausgangspunkt ist ein Blick auf die Kontextbedingungen der Jahre 2006 und 2007, die unter Verwendung des Multiple-Streams-Modells betrachtet werden. Der Rolle der deutschen Bundesregierung als *„policy entrepreneur"* während ihrer EU-Ratspräsidentschaft im ersten Halbjahr 2007 wird dabei ein besonderes Augenmerk geschenkt. In diesem Zusammenhang steht die Frage im Mittelpunkt, wie und mit welchen Zielsetzungen die deutschen Akteure, allen voran die Bundesregierung, den Entscheidungsprozess beeinflussten. In einem zweiten Schritt blicken wir unter Verwendung des „misfit"-Modells auf die direkten Auswirkungen der EU-Beschlüsse hinsichtlich der Formulierung einer deutschen Klima- und Energiestrategie, die bereits im Sommer 2007 ihren Anfang nahm.

Da es sich weder bei den Schlussfolgerungen des Europäischen Rates noch bei der Entwicklung des „Integrierten Energie- und Klimaprogramms" (IEKP) der Bundesregierung bereits um gesetzgeberische Maßnahmen im Sinne von

---

20   Die Relevanz der Beschlüsse zeigt sich auch mit Blick auf die Perzeption in der Wissenschaft. Hier wird unter anderem diskutiert, ob die EU mit diesem Programm ein adaptierbares globales Energie- und Klimapolitik-Modell formuliert hat (Calvin u. a. 2014).

policy outcomes handelte, sondern vielmehr um ein Agenda-Setting mit einer expliziten Strategieentscheidung, aus der sich Arbeitsaufträge für die Entwicklung oder Reform von Instrumenten ergaben, richtet sich das Schlaglicht der Untersuchung vor allem auf die Übertragung von *„soft norms"* zwischen beiden Ebenen. Die folgenden Betrachtungen speisen sich in erster Linie aus der Analyse von Dokumenten der beteiligten Institutionen sowie einer breiten Medienberichterstattung. Diese werden durch eine Reihe von Experteninterviews ergänzt.

1 Die Auseinandersetzung über die EU-Energie- und Klimapolitik im Vorfeld des Gipfels 2007

Nachdem die Energiepolitik über Jahrzehnte hinweg ein kaum bearbeitetes Thema auf EU-Ebene darstellte, gewann die Beschäftigung mit diesem Politikfeld im Verlauf der Jahre 2005 und 2006 erheblich an Fahrt. War die Energiepolitik anfangs noch als einer von vier Teilbereichen der Lissabon-Strategie für Wachstum und Arbeit betrachtet worden, rückte sie zu Beginn des Jahres 2006 auf der Agenda der europäischen Politik nach oben und wurde als eigenständiger Bereich behandelt. Zunächst losgelöst von energiepolitischen Themen, erfuhr auch die Klimapolitik infolge der Implementierung des Kyoto-Protokolls und der Einführung des EU-Emissionshandelssystems im Jahr 2005 eine Aufwertung, was ebenfalls zu einem Bedeutungsgewinn der EU-Ebene im Vergleich zu vormals überwiegend nationalen Strategien führte.

Mit Blick auf die Interaktion der EU-Organe erscheint in diesem Zusammenhang bemerkenswert, dass sich der Europäische Rat im Frühjahr 2006 für eine Bearbeitung des Themas Energiepolitik entschieden hatte, noch bevor die EU-Kommission mit einem schon länger angekündigten Grünbuch an die Öffentlichkeit getreten war. Selbst auf der Agenda des Europäischen Rates tauchte der Abschnitt zur Energiepolitik erst kurzfristig auf. Noch am 20. Februar 2006 erschien ein erster Entwurf der Schlussfolgerungen des Europäischen Rates für den 23./24. März, der Energiepolitik lediglich unter dem Kapitel „Lissabon-Strategie" abhandelte. Erst am 13. März deutete die österreichische Ratspräsidentschaft zur Überraschung vieler Beobachter an, dass Energiepolitik nun doch zu einem eigenständigen Punkt auf der Tagesordnung erhoben werden sollte (Ludlow 2006: 14). Der Europäische Rat vom 23./24. März 2006 endete schließlich mit einem umfangreichen Auftrag zur weiteren Bearbeitung des Themas und läutete damit eine Phase ein, in der Energiepolitik zum zentralen Gegenstand der EU-Politik werden sollte.

In den folgenden Kapiteln soll nun nachvollzogen werden, welche Prozesse diesen Wandel beeinflussten und wie es zu den strategieprägenden Entscheidungen des Europäischen Rates im Folgejahr 2007 kommen konnte. Im Besonderen soll dabei auf die Verhandlungstaktik der deutschen Bundesregierung eingegangen werden, die vom 1. Januar 2007 an die Debatten im Europäischen Rat steuern sollte.

1.1 Rahmenbedingungen und Einflussfaktoren

1.1.1 Klimawandel, Energiepreise und Energieversorgungssicherheit als Themen im Problemstrom

In einem ersten Schritt widmen wir uns zunächst den politischen und gesellschaftlichen Problemen, mit denen sich die Akteure in den Jahren 2006 und 2007 konfrontiert sahen. Dabei lassen sich im Vorfeld der Entscheidung vom März 2007 drei zentrale Themen identifizieren, die in der öffentlichen Debatte Aufmerksamkeit erregten: Dazu gehörten der Klimawandel, rasant steigende Energiepreise und die zunehmende Besorgnis über die Sicherheit der Energieversorgung infolge der absehbaren Zunahme von Importen fossiler Rohstoffe aus Nicht-EU-Staaten.

Die Forschung über Ursachen und Folgen von Klimaveränderungen hat seit Beginn der 1990er Jahre zunehmend Einfluss auf umweltpolitische Diskussionen genommen. Erst mit der Unterzeichnung des Kyoto-Protokolls 1997 trat die Klimapolitik jedoch aus dem Schatten anderer umweltpolitischer Fragestellungen heraus. Seit dem Jahrtausendwechsel gewann die Perzeption des Klimawandels als politisches Problem innerhalb der EU an Bedeutung. Die Jahre 2005 bis 2010 können rückblickend als bisheriger Höhepunkt der öffentlichen Aufmerksamkeit für das Thema betrachtet werden, wie sich unter anderem an der vermehrten Medienberichterstattung zeigt (Schäfer/Ivanova/Schmidt 2012). Eine Reihe von Faktoren trug erheblich dazu bei, den Klimawandel auch als politisches Problem greifbar zu machen: Die Institutionalisierung der internationalen Klimapolitik und der jährlichen Klimakonferenzen boten einen geeigneten Anlasse für die Medien, den Kampf gegen die globale Erwärmung bildlich darzustellen. Hinzu kamen Schlaglichtereignisse wie extreme Wetterphänomene, etwa der Hurrikan Katrina im Südosten der USA, die zunehmend auch eine „Versicherheitlichung" der Klimathematik ermöglichten (vgl. Oels/Carvalho 2012).[21] Auch die Vermittlung des Problembewusstseins über neue Formate, etwa den oskarprämierten Dokumentarfilm *„Eine unbequeme Wahrheit"* des US-amerikanischen Politikers Al Gore, führte zu einer Steigerung des öffentlichen Aufmerksamkeit.[22] Schließlich boten sich auch für die Klimawissenschaft selbst deutlich mehr Foren zur Wissensvermittlung und Artikulation von Handlungsempfehlungen an, wie sich an der Berichterstattung über den

---

21 In der deutschen Debatte hatte die Klimawissenschaft bereits Ende der 1980er Jahre durch die Thematisierung der „drohenden Klimakatastrophe" und die damit verbundenen Assoziationen Zugang zu den Medien gefunden (Rhomberg 2012: 32).

22 Die politische Bedeutung des Films wird auch dadurch deutlich, dass das deutsche Bundesumweltministerium zum Filmstart eine Pressemitteilung veröffentlichte, in der Bundesumweltminister Gabriel die Bedeutung dieser Dokumentation hervorhob (BMU 2006).

im Verlauf des Jahres 2007 in mehreren Einzelberichten veröffentlichten und für die Politik maßgeblichen Vierten Sachstandbericht des „Intergovernmental Panel on Climate Change" (IPCC) zeigte. Mitverantwortlich für die Konstruktion der globalen Erwärmung als ein zentrales, von der Politik zu bearbeitendes Thema, war auch die wahrnehmbare aktive Einmischung von Klimawissenschaftlern in politische Prozesse. Nicht nur Umweltbewegungen, sondern auch Wissenschaftler artikulierten immer häufiger politische Forderungen, die den Handlungsdruck erhöhen sollten.[23] Eine besondere Bedeutung kam in diesem Kontext auch dem vielzitierten, aber keineswegs unumstrittenen Bericht des britischen Ökonomen Sir Nicholas Stern zu, der im Oktober 2006 im Auftrag der britischen Regierung erstmals die volkswirtschaftlichen Folgen eines ungebremsten Klimawandels quantifiziert hatte (Stern 2006).[24] Durch die sich daraus ergebende Betrachtung der Vermeidung von Klimaveränderungen unter einer Kosten-Nutzen-Perspektive war ein Zugang zur Klimapolitik für Akteure aus anderen Politikfeldern geschaffen worden (Endress 2010: 185). Dieses neue „framing" sollte die Diskussion über klimapolitische Maßnahmen nachhaltig verändern, indem die Vermeidung von Klimaveränderungen von einem moralisch-ethischen Problem hin zu einer Frage wirtschaftlichen Nutzens transformiert wurde. Schließlich begannen auch internationale Organisationen, wie etwa die Internationale Energieagentur (IEA), die in der Vergangenheit vor allem mit Forderungen nach Steigerungen bei der Produktion fossiler Rohstoffe Schlagzeilen machte, sich mit der Nachhaltigkeitsdimension der Energieversorgung und speziell den Auswirkungen von Treibhausgasemissionen zu beschäftigen. Im World Energy Outlook der IEA aus dem Jahr 2006 wurde dies erstmals augenfällig (IEA 2006). In Deutschland und weiten Teilen der Europäischen Union zählte eine Bearbeitung des Klimaproblems plötzlich zu einer der vorrangigen politischen Aufgaben, die im Jahr 2007 einen ihrer Höhepunkte fand und erst nach der Klimakonferenz von Kopenhagen 2009 und mit dem Aufkommen der Wirtschaftskrise wieder an Aufmerksamkeit einbüßte.

Ein zweites Thema auf dem Problemstrom stellte die Entwicklung der Energiepreise in der Europäischen Union dar. In erster Linie richtete sich dabei der Blick auf die Rohstoffpreise, insbesondere im Erdölsektor. Hier ließ sich seit Anfang des vergangenen Jahrzehnts eine kontinuierliche Preissteigerung beobachten. Während der Ölpreis in den 1990er Jahren beständig unterhalb der Marke von 25 US-Dollar pro Barrel lag, wurden im Jahr 2004 bereits 40 US-Dollar, im Jahr 2005 schon 60 US-Dollar und schließlich zu Beginn des Jahres 2007 immerhin 70 US-

---

23   So wurde etwa der Direktor des Potsdam Instituts für Klimafolgenforschung (PIK) zum klimapolitischen Berater der Bundeskanzlerin ernannt (vgl. Hierl 2011).

24   Kritik wurde abseits der vielfach als fragwürdig bezeichneten Berechnungsgrundlage des Stern-Reports insbesondere an der ethisch fragwürdigen Ökonomisierung von Klimafolgeschäden geübt (vgl. Brunnengräber 2009; Ekhardt 2009).

Dollar erreicht. Eine steigende globale Nachfrage vor allem in den wirtschaftlich prosperierenden Schwellenländern und ein konstant hoher Verbrauch in den Industrieländern wurden hierfür verantwortlich gemacht (IEA 2009). Insbesondere die stark importabhängigen europäischen Volkswirtschaften sahen sich einem wachsenden Druck und negativen konjunkturellen Auswirkungen ausgesetzt. Doch nicht nur auf dem Ölmarkt, sondern auch bei dem überwiegend durch langfristige ölpreisindexierte Verträge geprägten Gasmarkt ließen sich erhebliche Preissteigerungen beobachten. Letztlich galt dies auch für den Strommarkt, wo nach einem kurzen Einbruch infolge der Liberalisierung wieder eine deutliche Preissteigerung eingesetzt hatte. Auch wenn sich die Erklärungsansätze hinsichtlich der Ursachen auf einer Bandbreite zwischen ungerechtfertigten Monopol-/Oligopol-Renditen und Entwicklungen auf den Rohstoffmärkten unterschieden, so war doch das Problembewusstsein bei nahezu allen Akteuren vorhanden. Die im jeweiligen Jahresmittel kontinuierlich steigenden Energiepreise führten also zu erhöhtem Handlungsdruck auf Seiten der Regierungen.

Direkt verbunden mit der Frage der Preisentwicklung war auch eine wachsende Besorgnis über die Sicherheit der Energieversorgung in der EU. Als problematisch wurde in diesem Kontext vor allem die Abhängigkeitsstruktur der EU von einer geringen Anzahl wichtiger Lieferanten betrachtet. Insbesondere der Import von Erdöl und Erdgas aus Russland wurde aus politischen Gründen mit zunehmender Skepsis gesehen. In der EU-25 waren nach der Erweiterungsrunde 2004 zudem die Importzahlen im Gassektor weiter zu Ungunsten der EU verschoben worden. Gleichzeitig hatte sich speziell der Anteil der russischen Lieferungen an den Gesamtenergieträgerimporten der EU durch die Integration der neuen Mitgliedstaaten in Mittel- und Osteuropa deutlich erhöht. Prognosen über den sinkenden Anteil eigener Förderung in den Bereichen Erdöl und Erdgas bei gleichzeitig steigendem Verbrauch befeuerten die Sorge um die Sicherheit der Energieversorgung weiter. In der Berichterstattung wurden zudem der erste russisch-ukrainische Gasstreit im Jahr 2005 und seine Fortsetzung im Jahr 2006 als sicherheitspolitische Probleme thematisiert, die schließlich auch von einer Reihe von Akteuren aufgegriffen wurden (vgl. Westphal 2009). Doch nicht nur im Bereich von Erdgas und Erdöl waren Probleme auszumachen: Der breitflächige Stromausfall im Jahr 2006, der, verursacht durch einen Unfall an der Ems, bis in Italien zu Blackouts führte, machte deutlich, dass auch im Strombinnenmarkt eine stärkere Koordinierung zur Prävention solcher Ereignisse notwendig erschien (Interview N 2014). Auch wenn sich zunächst der Blick auf die Lösungsansätze für das Thema innerhalb der EU erheblich unterschied, so konnte doch zumindest im Grundsatz von einer ähnlichen Problemwahrnehmung unter den Mitgliedstaaten gesprochen werden.

1.1.2 „Europäische Lösungen" werden zunehmend attraktiv

Die Energiepolitik gehörte im Verlauf der europäischen Integrationsgeschichte zu den primärrechtlich schwach ausgestalteten Politikfeldern, was unweigerlich zu einem Ausbleiben von Steuerungsmöglichkeiten führte. In Ermangelung einer kompetenzrechtlichen Zuständigkeit und vor dem Hintergrund der großen Heterogenität energiewirtschaftlicher Strukturen unter den Mitgliedstaaten war es bisher nur selten gelungen, eine gemeinsame Antwort auf energiepolitische Herausforderungen auf EU-Ebene zu finden. Erst mit Beginn der Liberalisierung der Märkte für Strom und Gas in den Jahren 1996 und 1998 konnte ein europäisches Vorgehen in einem wichtigen Teilbereich der Energiepolitik durchgesetzt werden (vgl. Schmidt 1998). Im Gegensatz dazu war eine politische Integration und die Entwicklung von Steuerungsinstrumenten in der Klimapolitik als Bestandteil einer zunehmend harmonisierten Umweltpolitik erheblich einfacher zu leisten. Die Einrichtung des EU-Emissionshandelssystem und dessen Inkrafttreten im Jahr 2005 kann als ein Beispiel angeführt werden (vgl. Knill 2008; Oberthür/Pallemaerts 2010; Wurzel/Zito/Jordan 2013). Der Energiebinnenmarkt und das Emissionshandelssystem waren dementsprechend bis zum Jahr 2007 die entscheidenden Ansatzpunkte europäischer Steuerung in der Energie- und Klimapolitik.

Neben der Ebene politischer Steuerungsinstrumente hatte sich über die Jahre in der EU ein Politikformulierungsmodus etabliert, nach dem gemeinsame quantitative, zeitlich befristete und überwiegend indikativ ausgestaltete Ziele in der Umweltpolitik festgelegt wurden. Ein Beispiel hierfür findet sich im Bereich der erneuerbaren Energien, wo sowohl im Bereich der Stromerzeugung als auch im Verkehrssektor bereits in den Jahren 2001 und 2003 prozentuale Ziele für den Anteil erneuerbarer Energien vereinbart worden waren. Ähnliches ließ sich auch im Bereich der Emissionsminderung durch die Verpflichtungen im Rahmen des Kyoto-Protokolls beobachten. So hatten sich auch hier die Regierungen dazu bekannt, einen gemeinsamen Weg der Veränderung zu beschreiten. Selbst im Bereich des Strombinnenmarktes war beim Europäischen Rat in Barcelona 2002 ein 10 Prozent-Interkonnektionsziel für die Netzinfrastruktur festgelegt worden. Deutlich wurde im Verlauf der Jahre aber auch, dass die mangelnde Rechtsverbindlichkeit der Zielsetzungen und die damit ausbleibenden Überwachungs- und Sanktionsmöglichkeiten nur eine geringe Lenkungswirkung in den Mitgliedstaaten zur Folge hatte. So muss rückblickend konstatiert werden, dass nur eine geringe Zahl der genannten quantitativen Ziele auf EU-Ebene auch tatsächlich erfüllt wurde.[25]

---

25   Eine Ausnahme stellt hier die Erfüllung der Verpflichtungen im Rahmen der ersten Verpflichtungsperiode im Kyoto-Protokoll dar, die allerdings auch mit einem verbindlichen Instrument, dem Emissionshandelssystem, unterlegt war.

Über ihr Initiativmonopol für die Entwicklung neuer Politikansätze in der EU bemühte sich die Europäische Kommission mit Beginn des Jahres 2006 darum, die zahlreichen neuen und sich verschärfenden energiepolitischen Problemlagen mit europäischen Lösungsansätzen zu verknüpfen. Einen ersten Aufschlag machte sie mit der Vorlage des bereits erwähnten Grünbuchs unter dem Titel „Eine europäische Strategie für nachhaltige, wettbewerbsfähige und sichere Energie" im März 2006 (Europäische Kommission 2006a). Diesem Diskussionsvorschlag war bereits ein Meinungsaustausch über ein europäisches Vorgehen in der Energie- und Klimapolitik beim informellen Gipfel der Staats- und Regierungschefs unter britischer EU-Präsidentschaft im Jahr 2005 vorausgegangen. Dieser Gipfel von Hampton Court wird bis heute in der Literatur (de Jong 2008: 99; Bocquillon/Dobbels 2014: 29) und in der Darstellung von beteiligten Akteuren (Interview F 2014) als der eigentliche Startpunkt für das Projekt EU-Energie- und Klimapolitik wahrgenommen. Seine Ergebnisse wurden vom Europäischen Rat im Frühjahr 2006 aufgegriffen wurde. Das Grünbuch der EU-Kommission als Kondensat dieser Überlegungen umfasste schließlich eine Reihe von Themen und konkreten Vorschlägen, mit denen der folgende Konsultationsprozess unter Mitgliedstaaten und gesellschaftlichen Akteuren strukturiert werden sollte (Europäische Kommission 2006a).

Ausgangspunkt für die Erarbeitung einer energiepolitischen Strategie war aus Sicht der Kommission die Vollendung des Energiebinnenmarkts, dessen weitere Umsetzung vor allem in den Bereichen Preisentwicklung, Wettbewerbsfähigkeit und Versorgungssicherheit einen Mehrwert schaffen sollte. Als Instrumente wurden darin die Einrichtung eines europäischen Regulierers, eine wirksame Entflechtung von Produktion und Netzbetrieb sowie eine Ausweitung der gemeinschaftlichen Befugnisse in Bereich der Sicherheit von Netz und Versorgung vorgeschlagen. Ein zweiter Schwerpunkt wurde mit dem Thema Nachhaltigkeit gesetzt, bei dem insbesondere auf die Potentiale im Bereich der Energieeffizienz und der erneuerbaren Energien aufmerksam gemacht wurde. Erstmals findet sich hier der Vorschlag, „der Energieeffizienz Vorrang einzuräumen" und „ein klares Ziel" zu formulieren, „mit der Vorgabe, 20 % der Energie einzusparen, die die EU sonst bis 2020 verbrauchen würde" (ebd.: 22). Ein Instrument hierfür könnte die Einrichtung eines europaweiten Systems für den Handel mit „weißen Zertifikaten", also Energieeinsparungszertifikaten, sein, so die Kommission.

Im Bereich der erneuerbaren Energien wurde hingegen zunächst kein neues quantitatives Ziel in Aussicht gestellt. Stattdessen gehörten die Ausweitung der bestehenden Politik auf den Wärme- und Kältesektor und die Erhöhung der „Marktnähe" sauberer und erneuerbarer Energien zu den konkreten Vorschlägen. Als politisch besonders interessant darf die Initiative der Kommission betrachtet werden, eine „gemeinschaftsweite Debatte über unterschiedliche Energiequellen [zu] führen, auch über die Kosten und die klimarelevanten Beiträge, damit wir sicher sein können, dass der Energieträgermix der EU den Zielen der Versorgungssicherheit, Wettbewerbsfähigkeit und nachhaltigen Entwicklung dient" (ebd.). Noch konkreter wurde die Kommission an einer anderen Stelle, an der sie vorschlägt, „dass sichere und CO_2-arme Energiequellen einen bestimmten Mindestanteil am gesamten Energieträgermix in der EU ausmachen. Dies würde die Freiheit der Mitgliedstaaten, zwischen verschiedenen Energiequellen zu wählen, mit dem Erfordernis der EU insgesamt, über einen Energieträgermix zu verfügen, der ihren drei zentralen Zielen im Energiebereich gerecht wird, verbinden" (ebd.: 11). Mit diesem Vorschlag versuchte die Kommission die seit Jahrzehnten bestehende und primärrechtlich festgeschriebene nationale Souveränität der Mitgliedstaaten über den Energiemix zumindest aufzuweichen.

Mit einer breit angelegten Initiative zur stärkeren Vergemeinschaftung der Energiepolitik hatte die Kommission die Vorlage des Grünbuchs vorbereitet und auf diesem Weg versucht, Druck auf die Regierungen auszuüben, einer weiteren Integration des Politikfelds zuzustimmen. Dazu gehörte unter anderem eine von der Kommission in Auftrag gegebene Eurobarometerumfrage, der zufolge einer Mehrheit der Europäer (47%) Entscheidungen auf EU-Ebene zur Bearbeitung der energiepolitischen Problemlagen bevorzugen würden (European Commission 2006a). Dass der Europäische Rat im Frühjahr 2006 das Thema noch vor der Veröffentlichung des Grünbuchs aufgegriffen hatte und eine kurzfristig zusammengestellte Stichpunkteliste der Kommission als Konzept für sich in Anspruch nahm, bestärkte die Kommission schließlich in ihrem Vorhaben.

An die Veröffentlichung des Grünbuchs schloss sich ein umfangreicher Konsultationsprozess mit über 1.600 Reaktionen aus der Zivilgesellschaft, von Unternehmen und NGOs, anderen EU-Institutionen sowie von Regierungen und Institutionen aus den Mitgliedstaaten an. Immerhin rund ein Viertel der Reaktionen kamen aus Deutschland, darunter auch je eine Stellungnahme der Bundesregierung und des Bunderats (Bundesrat 2006; Bundesregierung 2006a). Die Kommission präsentierte die Ergebnisse des Konsultationsprozesses schließlich im November 2006 (European Commission 2006b). Das Grünbuch wurde auch im Rahmen der Sitzungen der Ministerräte für Umwelt und Energie im Verlauf des Jahres 2006 intensiv debattiert. Deutlich wurden dabei allerdings die weiterhin bestehenden, teils erheblichen Meinungsunterschiede unter den Mitgliedstaaten hinsichtlich der Schwerpunktsetzung und der Instrumente auf EU-Ebene. Lediglich verstärkte Maßnahmen im Bereich einer zu entwickelnden kohärenten Energieaußenpolitik sowie mehr Aktivitäten im Bereich der Energietechnologieforschung schienen weitgehend konsensfähig. Auch das Thema Energieeffizienz nahm durch die Vorlage eines Aktionsplans der Kommission in den Diskussionen zunehmend Raum ein. Was fehlte, war an dieser Stelle jedoch ein Konsens hinsichtlich der einzuleitenden Maßnahmen auf EU-Ebene.

Die entscheidende Vorarbeit zur Frühjahrssitzung des Europäischen Rates vom März 2007 leistete die Kommission durch die Veröffentlichung ihrer Mitteilung „Eine Energiepolitik für Europa" im Januar 2007 (Europäische Kommission 2007). Die Kommission verknüpfte darin die Vorarbeiten zum Grünbuch mit dem Konsultationsprozess und den Diskussionen im Europäischen Rat und den Fachministerräten. Die Formulierung eines „Energiektionsplans" diente der Vorlage für die Beschlussfassung durch den Europäischen Rat.

Ein Vergleich der Mitteilung mit dem nur zehn Monate zuvor veröffentlichten Grünbuch zeigt eine Reihe wesentlicher Akzentverschiebungen, die sich infolge des Konsultationsprozesses und der Auseinandersetzung mit den Mitgliedstaaten ergeben hatten:

- Der Klimapolitik wurde im Rahmen der Mitteilung wesentlich mehr Bedeutung beigemessen als noch im Grünbuch. So wird die „Bekämpfung des Klimawandels" als erster Aspekt einer dreifachen Herausforderung für die Energiepolitik benannt. Erstmals findet sich im Rahmen eines energiepolitischen Strategiedokuments die Forderung, ein Ziel für die Reduzierung der Treibhausgasemissionen in Höhe von mindestens 20 Prozent zu setzen. Daneben sollten internationale Anstrengungen unternommen werden, so dass alle Industrieländer ihre Emissionen um 30 Prozent bis 2020 verringern würden. Zudem verknüpfte die Kommission die klimapolitische Debatte eng mit dem Thema Wettbewerbsfähigkeit, indem sie in der Einleitung des Aktionsplans erstmals von der „neue[n] industriellen Revolution" spricht, die durch einen Umwandlung in eine energieeffiziente und CO_2-arme Energiewirtschaft erreicht werden sollte (ebd.: 5–6). Die Übernahme eines Narrativs, der die „Ökonomisierung" der Klimapolitik in den Mittelpunkt stellte, wurde auch in diesem Kontext immer deutlicher.
- Kernbestandteil der Mitteilung blieb weiterhin die Fortsetzung der Binnenmarktpolitik, die allen drei energiepolitischen Zielsetzungen (Wettbewerbsfähigkeit, Versorgungssicherheit, Nachhaltigkeit) dienen sollte. Während insbesondere die Zielsetzung einer Entflechtung der Energiekonzerne aufrechterhalten wurde, wandelte die Kommission ihre Forderung hinsichtlich der Gründung eines europäischen Regulierers in den Vorschlag zur „Einrichtung einer einzigen, neuen Stelle auf Gemeinschaftsebene" um, deren Aufgabe vor allem darin bestehen sollte, „Einzelfallentscheidungen zu regulierungsbezogenen und technischen Fragen" zu bearbeiten (ebd.: 9–10).
- Obwohl das Thema Energieeffizienz weiterhin Beachtung fand, wurden keine neuen Instrumente zur Implementierung der Zielsetzung auf EU-Ebene benannt. Der Vorschlag zur Einführung von „weißen Zertifikaten" fand sich nicht mehr in der Mitteilung.[26]

---

26 Neben dem im Jahr 2006 vorgelegten ausführlichen „Aktionsplan Energieeffizienz" wurde im gleichen Jahr auch eine neue Richtlinie zur Endenergieeffizienz verabschiedet, so dass die Be-

- Deutlich mehr Bedeutung erhielt das Kapitel zu den erneuerbaren Energien. Hier wurden erstmals auch konkrete Zahlen für das Jahr 2020 benannt. Demnach sollte die EU bis 2020 einen Anteil von 20 Prozent erneuerbarer Energien am Gesamtenergiemix erreichen. Biokraftstoffe sollten 10 Prozent am Gesamtkraftstoffverbrauch ausmachen. Diese Entwicklung müsste nach Vorstellung der Kommission jedoch mit der Weiterentwicklung des Energiebinnenmarkts verknüpft werden: „Ziel wird es sein, einen echten EU-Energiebinnenmarkt für erneuerbare Energien zu schaffen" (ebd.: 18).
- Die Forderungen hinsichtlich neuer EU-weiter Mechanismen zur Gewährleistung von Energieversorgungssicherheit im Bereich Erdöl und Erdgas wurden abgeschwächt.
- Der Verweis auf die Entwicklung eines europäischen Energiemixes und stärkere Eingriffsmöglichkeiten der EU-Ebene wurden ersatzlos gestrichen.
- Das Thema Energieaußenpolitik nahm erheblich mehr Raum ein, als in den vorbereitenden Dokumenten.

Auf der Ebene der potentiellen Maßnahmen und Lösungsansätze sondierte die Kommission im Verlauf des Jahres eine Reihe von Alternativen und kompromissfähigen Ansätzen mit den beteiligten Akteuren. Auch wenn die Kommission deutliche Abstriche an der Bandbreite der noch im Grünbuch vorgeschlagenen Ziele und Instrumente vornehmen musste, vermittelte sie insbesondere durch die Betonung der Rolle des Binnenmarkts und der Notwendigkeit zu dessen Weiterentwicklung sowie durch die Fokussierung auf die EU als der zentraler Ebene für die Umsetzung einer effektiven Klimapolitik, dass eine Bearbeitung der im Problemstrom skizzierten Defizite energiepolitischer Steuerung in erster Linie im Rahmen der EU nötig und möglich sei. Die Nutzung der vorhandenen Instrumente Emissionshandel und Binnenmarktregulierung sollte zur Problembearbeitung herangezogen und durch neue Mechanismen ergänzt werden. Die Kommission präsentiert somit einen Bauchladen mit europäischen Lösungen, die vor allem auf Effizienzgewinne durch Handeln im Binnenmarkt und die Integration der Themen Klima und Energie auf EU-Ebene abzielten.

Obwohl nun bereits eine breite Palette an Problemen und möglichen Lösungsansätzen dargestellt wurde, kann die Beschlussfassung beim Frühjahrsgipfel nicht ohne einen Blick auf die politische Dynamik der Zeit sowie die Interaktion zwischen der Kommission und der im Januar 2007 angetretenen deutschen EU-Ratspräsidentschaft erklärt werden.

arbeitung des Themas bereits im Vorjahr Raum eingenommen hatte und von den beteiligten Akteuren mit entsprechend weniger starkem Interesse verfolgt wurde (Interview F 2014).

1.1.3 Die politische Dynamik und veränderte Positionierungen zentraler Akteure in den Jahren 2006 und 2007

Wie bereits einleitend beschrieben, unterscheidet sich der Agenda-Setting-Prozess der EU von dem der Mitgliedstaaten vor allem auf der Ebene des Politics-Stroms (Zahariadis 2008). Während Regierungswechsel, parteipolitische Erwägungen und Massenmobilisierung wesentlich für Veränderungen in der politischen Dynamik eines Politikfelds auf nationalstaatlicher Ebene mitverantwortlich sind, spielen auf EU-Ebene vor allem der aktuelle Zustand des Integrationsprojekts und damit verbunden die „europäische Stimmung" mit Blick auf die Kooperationsbereitschaft der Akteure eine entscheidende Rolle. Die beiden historischen Bezugspunkte des Integrationsprozesses, Vertiefung und Erweiterung, waren, wie so oft in der Geschichte des politischen Gemeinschaftsprojekts, gerade auch im Vorfeld des Frühjahrsgipfels 2007 von ganz erheblicher Bedeutung.

Nach dem Scheitern des Verfassungsvertrags bei den Abstimmungen in Frankreich und den Niederlanden 2005 und der darauf verordneten „Denkpause", wagten die maßgeblichen Akteure im Europäischen Rat und den EU-Organen im Jahr 2007 wieder einen Anlauf, dem europäischen Integrationsprozess neuen Schub zu verleihen. Neben der Überarbeitung des Verfassungsvertrags sollten vor allem substanzielle inhaltliche Fortschritte bei der Gestaltung europäischer Politik den Bürgerinnen und Bürgern den Mehrwert der EU vermitteln. Die Entscheidung des informellen Gipfels der Staats- und Regierungschefs in Hampton Court 2005, sich stärker mit energie- und klimapolitischen Themen auseinanderzusetzen, war auch der Suche nach einem konkreten Projekt geschuldet, das die Handlungsfähigkeit der EU unter Beweis stellen sollte. Integrationspolitische Motive spielten für den Beschluss eines Gesamtkonzepts für die Energie- und Klimapolitik dementsprechend eine nicht unwesentliche Rolle. Gerade dieses spezielle Politikfeld hatte aber auch eine symbolische Bedeutung, hätte der Verfassungsvertrag doch erstmals die Energiepolitik als Gemeinschaftskompetenz auf EU-Ebene gehoben und als geteilte Zuständigkeit zwischen der EU und den Mitgliedstaaten verankert. So konnte in doppelter Hinsicht Handlungsfähigkeit bewiesen werden: Auch ohne neuen Vertrag sollte es möglich sein, europäische Lösungen in diesem Politikfeld anzubieten. Gleichzeitig würde verdeutlicht werden, warum eine klare primärrechtliche Grundlage für die Energiepolitik von Bedeutung für eine effektive Problembearbeitung geboten schien.

Ein zweiter Faktor wirkte sich ganz erheblich auf die Entwicklung der EU-Energiepolitik aus: Die Erweiterung der Europäischen Union um zehn neue Mitgliedstaaten im Jahr 2004 hatte auch neue Erwartungen an das politische Handeln in der Union mit sich gebracht. Insbesondere von Seiten der acht neuen mittel- und osteuropäischen Mitgliedstaaten wurde, häufig unter Bezugnahme auf historische

Verpflichtungen der europäischen Partner, die Forderung nach mehr Solidarität innerhalb der EU artikuliert, die sich insbesondere im politisch sensiblen Energiebereich zeigen sollte. Das bis dahin auf EU-Ebene implementierungsseitig kaum konsensfähige Thema „Maßnahmen zur Steigerung der Energieversorgungssicherheit" wurde von den Neumitgliedern mit Nachdruck auf die Tagesordnung gesetzt. Diese Forderung erhielt mit den ersten Gasversorgungskrisen in den Jahren 2005 und 2006 zusätzliche Relevanz. Insbesondere die polnischen und baltischen Vertreter in den Ratsgremien sahen sich darin bestätigt, dass Energiesolidarität künftig als fester Bestandteil der europäischen Energiepolitik verankert werden müsse. Nach der Entscheidung des deutsch-russischen Konsortiums zum Bau der North-Stream-Pipeline und dessen Unterstützung durch die deutsche Politik war auch die Bundesregierung auf EU-Ebene in die Verantwortung gezogen worden, eine europapolitische Antwort auf dieses vorrangig bilateral ausgerichtete energiepolitische Projekt geben zu müssen.

Neben der Notwendigkeit, die integrationspolitische Denkpause mit Inhalten zu füllen und die Erweiterung nicht nur institutionell, sondern auch auf der Policy-Ebene zu verarbeiten, hatte sich im Verlauf der vergangenen Jahre zudem die energiepolitische Positionierung einiger zentraler Akteure verändert. Insbesondere das Vereinigte Königreich, bis dahin als Blockierer energiepolitischer Initiativen abseits der Liberalisierung des europäischen Strom- und Gasmarktes bekannt, hatte sich gerade für die Energie- und Klimapolitik der Entwicklung eines europäischen Konzepts geöffnet. Hintergrund hierfür waren nicht zuletzt die zunehmenden sicherheitspolitischen Bedenken, die durch ein absehbares Ende der Öl- und Gasförderung in der Nordsee hervorgerufen wurden. Zudem hatte die Regierung von Premierminister Tony Blair im Vergleich zu den Vorgängerregierungen nicht nur einen deutlich positiveren Kurs gegenüber der EU eingeschlagen, sondern forderte insbesondere klimapolitisch mehr europäisches Handeln ein. Eine Position, die auch spätere britische Regierungen einnahmen und die konträr zur britischen Positionierung in vielen europapolitischen Fragen ausfiel. Die Entscheidungen in Hampton Court 2005 waren insofern auch einer veränderten britischen Haltung zur EU-Energie- und Klimapolitik geschuldet, die bis dahin Fortschritte ausgebremst hatte. Deutschland und Frankreich sahen sich durch ihre jeweilige EU-Ratspräsidentschaft im ersten Halbjahr 2007 und im zweiten Halbjahr 2008 ohnehin einer Weiterentwicklung des Politikfelds auf EU-Ebene verpflichtet.

Der politische Kontext der Jahre 2006 und 2007 erwies sich als demnach als vorteilhaft für die Beschäftigung mit einem vielversprechenden Politikfeld, wie der Energie- und Klimapolitik. Sowohl aus der Integrationsdynamik auf EU-Ebene heraus, als auch mit Blick auf die zentralen Akteure unter den Mitgliedstaaten, waren die Bedingungen für einen wichtigen Integrationsschritt selten so gut, wie im Zeitfenster der Jahre 2006 bis 2009.

1.2 Die Phase der deutschen EU-Ratspräsidentschaft als „window of opportunity" und die Rolle der Bundesregierung als „policy entrepreneur"

Deutschland übernahm am 1. Januar 2007 die halbjährlich rotierende EU-Ratspräsidentschaft von Finnland. Die Bundesregierung hatte sich in ihrem Arbeitsprogramm zum Ziel gesetzt, die integrationspolitische Denkpause zu beenden und mit neuen Vorschlägen die Verarbeitung der gescheiterten Referenden über den Verfassungsvertrag voranzutreiben (Bundesregierung 2006b). Daneben sollte eine Reihe inhaltlicher Projekte angestoßen oder zu einer Entscheidung gebracht werden. Dazu zählte auch die Verabschiedung einer energiepolitischen Strategie auf dem Gipfel des Europäischen Rates im März 2007, die sich bereits über den Verlauf des Jahres 2006 hinweg abgezeichnet hatte.[27]

Die Aufgabe von EU-Ratspräsidentschaften kann (bzw. konnte bis zum Inkrafttreten des Vertrags von Lissabon und der Übertragung einer Reihe von Zuständigkeiten an den ständigen Präsidenten des Europäischen Rates) in vier Funktionsbereiche aufgeteilt werden: Die Managementfunktion, die Vermittlerfunktion, die strategische Steuerung und die Initiativ- bzw. Impulsgeberfunktion (Kietz 2007). Eine der Herausforderungen für die deutsche Ratspräsidentschaft bestand also darin, den Spagat zwischen der Formulierung legitimer nationaler Interessen auf EU-Ebene und der Entwicklung eines tragfähigen europäischen Kompromisses zu meistern. Ziel war es, die Rolle des neutralen Maklers einzunehmen, ohne dabei die eigene Agenda aus den Augen zu verlieren.

Die Entwicklung einer Konsensformel unter den 27 EU-Mitgliedstaaten und die Vertretung einer „europäischen Position" gehörten demnach zu den größten Herausforderungen für die Bundesregierung. Insbesondere von einem großen EU-Mitgliedstaat wie Deutschland wurde in der Vergangenheit stets erwartet, dass im Rahmen seiner Präsidentschaft wesentliche Fortschritte im Integrationsprozess vollzogen werden. Es war entsprechend kein Zufall, dass der Zeitplan von Kommission und Europäischem Rat für das energiepolitische Agenda-Setting darauf ausgelegt war, unter deutscher Ratspräsidentschaft zu einem Beschluss zu kommen.

Vor diesem Hintergrund erscheint es nun zunächst wichtig, die deutsche Position im Vorfeld der Ratspräsidentschaft und ihre Zielsetzungen mit Blick auf den Frühjahrsgipfel zu verstehen, um im nächsten Schritt den Kompromiss und

---

27 Die Frage welches Thema sich zum Schwerpunkt der Ratspräsidentschaft entwickeln würde, war auch innerhalb des Bundeskanzleramt längere Zeit umstritten, wie ein Interviewpartner erklärte (Interview A 2013). Neben der Energie- und Klimapolitik war lange Zeit auch das Freihandelsabkommen mit den Vereinigten Staaten favorisiert worden. Schließlich entschied man sich für das erfolgversprechendere Projekt Energie und Klima.

dessen Management zu analysieren. Trat die deutsche Bundesregierung als „politische Unternehmerin" auf oder gelang es anderen Akteuren, eine dem Kompromiss verpflichtete Präsidentschaft für ihre Zwecke zu instrumentalisieren?

1.2.1 Die deutsche Position im Vorfeld des Frühjahrsgipfels 2007

In Fragen der Energie- und Klimapolitik waren mit dem Amtsantritt der großen Koalition aus CDU, CSU und SPD unter Führung von Bundeskanzlerin Angela Merkel im Jahr 2005 keine großen Hoffnungen auf strukturelle Reformen verbunden, vertraten die Koalitionspartner doch in der für die innerdeutsche Auseinandersetzung zentralen Frage nach der Nutzung der Atomenergie diametral entgegengesetzte Positionen. Im Koalitionsvertrag konzentrierte man sich daher auf die Fortsetzung des eingeschlagenen Weges beim Klimaschutz, in der Erneuerbare-Energien-Politik und bei der Steigerung der Energieeffizienz und blendete das Atom-Thema bewusst aus (vgl. CDU/CSU/SPD 2005). Die Entwicklung eines „energiepolitischen Gesamtkonzepts" wurde in Aussicht gestellt und die enge Verzahnung mit Wirtschafts-, Struktur- und Klimapolitik betont. Mit Blick auf die Europapolitik ist von besonderem Interesse, dass bereits in der Koalitionsvereinbarung aus dem Jahr 2005 angeregt wurde, sich für eine Minderung der Treibhausgasemissionen in Höhe von 30 Prozent bis 2020 als Zielsetzung in der EU stark zu machen. Sollte sich die EU dazu entschließen, würde Deutschland wiederum sein nationales Ziel in Höhe von 30 Prozent entsprechend anpassen. Hier findet sich auch der einzige politikfeldspezifische Bezugspunkt zwischen Koalitionsvertrag und deutscher EU-Ratspräsidentschaft zu diesem frühen Zeitpunkt (ebd.: 50–53, 65).

Gerade durch die gezielte Entkopplung der Atomdebatte von anderen energiepolitischen Fragen öffnete sich in den Folgejahren in der deutschen Energie- und Klimapolitik ein Gelegenheitsfenster, um auf der Fachebene eine sachliche Auseinandersetzung über Inhalte und Maßnahmen zu führen, ohne dabei in ideologischen Grabenkämpfen über eine einzelne Technologie zu verharren. Die im EU-Vertragswerk festgeschriebene nationale Souveränität über den Energiemix erlaubte es zudem, energiepolitische Fragen in der EU zu diskutieren, ohne sich dabei in einer Auseinandersetzung über Pro und Kontra der Atomenergie zu verlieren. Hinzu kam, dass die zunehmende Medienberichterstattung über den Klimawandel gerade in Deutschland mit seiner vergleichsweise starken Umweltbewegung auf fruchtbaren Boden fiel. Auf parlamentarischer Ebene spiegelte sich dies in einem gemeinsamen Antrag der Fraktionen von CDU/CSU und SPD zum Schutz des Klimas im November 2006 wider (Deutscher Bundestag 2006). Aus dem Parlament heraus wurde so auch die Forderung nach einem nationalen Treibhausgasreduktionsziel in Höhe von 40 Prozent bis 2020 entwickelt, das jedoch erst sehr viel später in das Regierungsprogramm einer anderen Regierungskoalition überführt wurde.[28] Mit der Ernennung von Hans-Joachim Schellnhuber, dem Direktor des renommierten Potsdam-Institut für Klimafolgenforschung (PIK), zum wissenschaftlichen Berater der Bundeskanzlerin in Klimafragen im Jahr 2007 wurde ein weiterer Schritt im Zuge der Aufwertung der Thematik vollzogen (Hierl 2011). Die Klimapolitik gewann in Deutschland zwischen den Jahren 2005 und 2007 in den Regierungserklärungen der Bundeskanzlerin und anderer Mitglieder der Bundesregierung erheblich an Bedeutung, ohne dass jedoch zu diesem Zeitpunkt bereits unmittelbar Maßnahmen ergriffen worden wären. Die Bekämpfung der globalen Erwärmung wandelte sich zu einem Mainstream-Thema, das eine grundsätzliche Zustimmung bei allen politischen Parteien im Bundestag gewinnen konnte. Ein sicherlich nicht unbedeutender Nebeneffekt für die Koalitionsfraktionen bestand in der Einhegung der klimapolitischen Deutungshoheit auf Seiten der ehemaligen Regierungspartei Bündnis 90/Die Grünen.

Schließlich darf an dieser Stelle auch ein Hinweis auf die Rolle von Bundeskanzlerin Angela Merkel selbst nicht fehlen. Außenpolitische Profilierung war bereits in der Vergangenheit meist mit einem Prestigegewinn für den jeweiligen Regierungschef verbunden, so dass die Verabschiedung einer europäischen Energie- und Klimastrategie abseits aller Detailregelungen für die Bundeskanzlerin durchaus auch ein höheres Ansehen auf dem heimischen Wählermarkt versprach und gleichzeitig ihre Person in innerparteilichen Auseinandersetzungen stärkte. Der hohe Autonomiegrad der Bundeskanzlerin in der Außenpolitik gegenüber den anderen Verfassungsorganen ließ zudem niedrige politische Transaktionskosten erwarten. Hinzu kam, dass sie die konfliktbehaftete Vorbereitung der Strategieentwicklung den beiden zuständigen Bundesministern Glos und Gabriel überlassen konnte und sich schließlich nur mit den letzten Details beim Gipfel des Europäischen Rates auseinandersetzen musste. Eine (teils auch institutionell bedingte) Taktik, die als symbolhaft für die Führung der Regierungsgeschäfte unter der Großen Koalition 2005-2009 zu betrachten und als ein Grund für die erfolgreiche Kanzlerschaft zu werten ist (vgl. Clemens 2011). Die Betonung der Nachhaltigkeitsdimension in der Energiepolitik, wie sie von der Bundesregierung in den Verhandlungen auf EU-Ebene forciert wurde, wäre zudem vor dem Hintergrund der Auseinandersetzung in ihrer eigenen Partei innerhalb Deutschlands erheblich schwerer gewesen, als dies in der Außenpolitik der Fall war.

Bundeskanzlerin und Bundesregierung versprachen sich durch die Befassung mit der Klimapolitik jedoch nicht nur innenpolitische Erfolge. Erklärtes Ziel war es auch, eine außenpolitische Signalwirkung zu erreichen, stand für das

---

28   Der Beschluss über ein unilaterales Treibhausgasminderungsziel Deutschlands findet sich erstmals im Koalitionsvertrag von CDU, CSU und FDP im Jahr 2009 (CDU/CSU/FDP 2009).

Jahr 2007 doch nicht nur die EU-Ratspräsidentschaft, sondern auch die G8-Präsidentschaft Deutschlands an.

Betrachtet man die inhaltlichen Forderungen der Bundesregierung an die energiepolitische Strategieformulierung der EU, die unter anderem in ihrer Stellungnahme zum Grünbuch der Kommission formuliert wurden, so ergibt sich zunächst ein durchaus gemischtes Bild mit Blick auf die gewünschten Zielsetzungen und Steuerungsinstrumente auf EU-Ebene. Im Mittelpunkt der Strategiefestlegung sollte eine Verknüpfung der wirtschaftlichen Entwicklung der EU (Lissabon-Prozess) mit den Herausforderungen des Klimawandels stehen. Mit Blick auf den Binnenmarkt forderte die Bundesregierung zwar weiterhin eine „Vollendung" als „höchste Priorität". Bevor neue Maßnahmen ergriffen werden, sollte jedoch die Umsetzung des zweiten Binnenmarktpakets aus dem Jahr 2003 sorgfältig analysiert werden. Es ging der Bundesregierung vor allem darum, über die Binnenmarktgesetzgebung Zugangsmöglichkeiten für deutsche Unternehmen in andere Märkte zu schaffen, ohne jedoch das nationale Energierecht ein weiteres Mal grundsätzlich anpassen zu müssen (Interview B 2013). Mit Sorge wurde in diesem Zusammenhang die Entwicklung in Frankreich beobachtet, wo die politisch forcierte Fusion von Suez und Gaz de France zu einer weiteren Marktabschottung führte und eine Liberalisierung aus der Perspektive vieler deutscher Akteure nie tatsächlich vollzogen worden war, während man sich selbst einem konstanten Anpassungsdruck und fortwährender Kritik der EU-Kommission am nationalen Regulierungsmodell ausgesetzt sah (Interview B 2013; Interview D 2014; Interview R 2014). Noch drastischer wurde den Deutschen jedoch vor Augen geführt, wie Mitgliedstaaten ihre nationalen Märkte abzuschotten versuchen, als die spanische Regierung eine Übernahme des Versorger Endesa durch die deutsche E.ON verhinderte (Colli/Mariotti/Piscitello 2014).[29] Der aufkommende „ökonomische Nationalismus" bestärkte die Bundesregierung darin, auch im Dienste der deutschen Energiewirtschaft für eine Fortsetzung des Binnenmarktprojekts zu werben, ohne dabei neue Regelungen auf nationaler Ebene zulassen zu müssen (vgl. Ludlow 2006: 22–23).

Der Gründung einer europäischen Regulierungsbehörde – einer Art Testballon der EU-Kommission hinsichtlich neuer Strukturen auf EU-Ebene – wurde eine klare Absage erteilt (ebd.: 37). Stattdessen sollte die Zusammenarbeit der nationalen Regulierungsbehörden gestärkt werden und die Rolle der Netzbetrei-

---

29 Insbesondere in den Jahren 2002 bis 2006 gab es auf dem europäischen Strom- und Gasmarkt eine Reihe von Übernahmen und gescheiterten Versuchen von Unternehmensübernahmen. Dabei trat deutlich zum Vorschein, dass die Regierungen der EU-Mitgliedstaaten teils sehr unterschiedliche Modelle für die Strukturierung ihrer Märkte und die Internationalisierung der auf ihnen tätigen Unternehmen vorsahen, die zum Teil Konflikte unter den Regierungen hervorriefen (vgl. Colli/Mariotti/Piscitello 2014).

ber als „neutrale Marktmittler" hervorgehoben werden. Eine Option für weitere gesetzgeberische Maßnahmen ließ die Bundesregierung jedoch offen: „Wenn die gewünschten Ergebnisse allerdings ausbleiben, müssen neue legislative Maßnahmen auf europäischer Ebene mit Entschlossenheit angegangen werden" (Bundesregierung 2006a: 2). Ziel hier war es also vor allem, auf Zeit zu spielen und die von Seiten der Kommission thematisierte Verknüpfung von Binnenmarktentwicklung mit reformierten Energiemarktstrukturen auf der einen und dem drängenden Thema Energiepreise auf der anderen Seite aufzulösen.

Eine klare Absage wurde weiterhin zusätzlichen Instrumenten im Bereich der Versorgungssicherheit erteilt. Konträr zu den klimapolitischen Zielsetzungen wird in der Stellungnahme darauf hingewiesen, dass „[d]ie Nutzung einheimischer und aus stabilen Regionen importierter Kohle vor allem in der Verstromung [...] auch in Zukunft einen wichtigen Beitrag zur Energieversorgungssicherheit in Europa leisten [muss]" (ebd.: 3). Vorrangig sollten jedoch Maßnahmen in den Bereichen Energieeffizienz, erneuerbare Energien und der Dialog mit wichtigen Rohstoffexporteuren zur Bewältigung der Herausforderungen ergriffen werden. Die Betonung der „unternehmerischen Entscheidungen" zur Verbesserung der Versorgungssicherheit stehe, so die Stellungnahme, für die Bundesregierung im Vordergrund. Vorhaben wie ein Infrastrukturplan sollten lediglich empfehlenden Charakter haben.

Der Energieeffizienz wurde von Seiten der Bundesregierung formal eine wichtige Rolle eingeräumt und auch die Nennung eines Einsparpotenzials in Höhe von 20 Prozent findet sich in der Stellungnahme. Der Blick sollte dabei vor allem auf die Bereiche Verkehr und Gebäude gerichtet werden. Neben der Überarbeitung bestehender Instrumente (Energieverbrauchskennzeichnung, Ökodesign-Richtlinie) werden jedoch keine weiteren Maßnahmen oder gar neue Instrumente auf EU-Ebene benannt.

Deutlich mehr Engagement fordert die Bundesregierung in ihrer Stellungnahme im Bereich der erneuerbaren Energien, ohne dabei jedoch auf ein EU-weites Fördersystem oder einen Binnenmarkt für erneuerbare Energien einzugehen, wie ihn die Kommission in Betracht gezogen hatte. Stattdessen sollte „in Erwägung gezogen werden", verbindliche statt indikativer Ziele zu formulieren und somit mehr Durchsetzungsfähigkeit eines EU-Beschlusses zu erreichen. Auch Mindestanforderungen an nationale Fördersysteme sollten geprüft werden. Zielwerte müssten für alle Anwendungsbereiche, also nicht nur wie bisher den Stromsektor, entwickelt werden. Die Wahl der Mittel müsse dabei aber den Mitgliedstaaten überlassen bleiben. Deutliche Fortschritte mahnte die Bundesregierung im Bereich der Biokraftstoffpolitik an. Hier sollte ein Ziel in Höhe von 12,5 Prozent bis 2020 geprüft werden.

Neben diesen Themen nahmen Ausführungen zu den Bereichen Energietechnologie- und Energieforschungspolitik sowie den internationalen Energiebeziehungen einen großen Teil der Stellungnahme ein. Interessant ist in diesem Zusammenhang noch zu vermerken, dass keine Thematisierung der klimapolitischen Forderungen im Rahmen der Stellungnahme erfolgte. Wie bereits im Grünbuch der Kommission, wurde die Klimapolitik noch als separates Themenfeld betrachtet.

Bereits drei Monate zuvor hatte auch der Bundesrat in seiner Stellungnahme zum Grünbuch einige der von der Bundesregierung vertretenen Ansätze noch deutlicher artikuliert. Die Rolle von Energieeffizienz und erneuerbaren Energien stand im Mittelpunkt der Positionierung durch die Länderregierungen. Insbesondere die herausragende Bedeutung einer erweiterten Nutzung von Biomasse und Biokraftstoffen wird darin betont. Sehr deutlich wird der Bundesrat mit Blick auf die Eingriffsmöglichkeiten der EU-Ebene in den nationalen Energiemix: Dieser sei ausschließlich Zuständigkeit der Mitgliedstaaten, der Subsidiaritätsgrundsatz müsse ebenso wie die Verantwortung der Unternehmen für das Funktionieren des Energiemarktes beachtet werden (vgl. Bundesrat 2006).

Die Stellungnahme der Bundesregierung beeinflusste auch die Entwicklung des eigenen Arbeitsprogramms für die Ratspräsidentschaft. Darin findet sich die erklärte Zielsetzung, einen energiepolitischen Beschluss auf dem Frühjahrsgipfel des Europäischen Rates herbeizuführen. Die Themen Binnenmarkt, Energieeffizienz, erneuerbare Energien, Energieaußenpolitik und Klimaschutz wurden als Prioritäten angeführt. Auch die inhaltlichen Schwerpunkte gleichen den Forderungen im Positionspapier. So wird statt neuer Regelungen für den Binnenmarkt eine volle Umsetzung der geltenden Bestimmungen gefordert. Im Bereich der Energieeffizienz wurde vor allem der Gebäudesektor in den Vordergrund gerückt. Mittel- und langfristige Zielsetzungen für die erneuerbaren Energien werden thematisiert, wobei der Biomasse und den Biokraftstoffen eine besondere Rolle zukommen soll. Ohne konkrete Ziele zu nennen, wird dem Klimaschutz ebenfalls eine wichtige Rolle zuerkannt. Die Umsetzung und Fortentwicklung des Emissionshandels sollte dabei im Mittelpunkt stehen (Bundesregierung 2006b: 9, 15–16).

Die politische Leitungsebene der beiden federführend zuständigen Ministerien entwickelte und präsentierte im Vorfeld der Präsidentschaft ihre jeweils eigenen Vorstellungen hinsichtlich der Zielsetzungen der deutschen EU-Ratspräsidentschaft und der Beschlussfassung auf dem Frühjahrsgipfel, die sich anhand von zwei im Frühjahr 2007 erschienenen persönlichen Meinungsbeiträgen der Minister zur Zukunft der Energiepolitik in Europa gut vergleichen lassen (vgl. Gabriel 2007; Glos 2007). In der Problembeschreibung ähnelt sich die Analyse beider Minister weitgehend: Energieversorgungssicherheit, knappe Ressourcen und der Klimawandel stellen sich als Problemfelder dar. Bundeswirtschaftsminister Glos schreibt in diesem Zusammenhang:

„Dabei gilt: Klimaschutzpolitik, die nur von wenigen Ländern getragen wird, ist ökologisch wirkungslos und für die handelnden Staaten ökonomisch verhängnisvoll. [...] Wir müssen uns unserer klimapolitischen Verantwortung stellen. Ganz oben auf der Agenda stehen dabei die Maßnahmen, die erfolgreich sind, ohne dabei die wirtschaftliche Leistungsfähigkeit zu gefährden. [...] Auf Deutschland bezogen heißt das, dass der Beitrag der Kernenergie auf absehbare Zeit nicht verzichtbar ist." (Glos 2007: 50)

Im Gegensatz dazu lautete für Bundesumweltminister Gabriel die Formel jedoch:

„Wir brauchen eine ökologische Industriepolitik als übergreifende und koordinierte Modernisierungsstrategie. [...] Deutschland will mit der EU-Ratspräsidentschaft im ersten Halbjahr 2007 die Chance nutzen, Ökoinnovationen zu fördern und die Weichen für eine moderne und nachhaltige klimaverträgliche europäische Energieversorgung zu stellen. Wesentliche Kompetenzen in der Energiepolitik, wie z.B. die für den Energiemix, müssen zwar bei den Mitgliedstaaten verbleiben, in einigen Bereichen kommt der europäischen Ebene inzwischen jedoch eine zentrale Rolle bei der Umsetzung der Strategie zu, die auf drastische Steigerung der Ressourcen- und Energieeffizienz setzt, erneuerbare Energien ausbaut und dies von vornherein mit dem Klimaschutz verbindet." (Gabriel 2007: 32–34)

Im Weiteren forderte Gabriel die Festlegung eines EU-Treibhausgasminderungsziel von 30 Prozent gegenüber 1990 und eine Weiterentwicklung des Emissionshandels.

Während also der Wirtschaftsminister die Verpflichtungen aus der internationalen Politik ableitete und die eigenen Maßnahmen an deren Entwicklung anknüpfte, erklärte der Umweltminister die ökologische Modernisierung zum intrinsischen Interesse deutscher Politik. Einigkeit bestand jedoch hinsichtlich der Einrichtung kosteneffizienter Maßnahmen auf EU-Ebene. Die Weiterentwicklung des EU-Emissionshandels gehörte zweifelsfrei zu diesen.

Schon institutionell bedingt unterschieden sich auch die Schwerpunktsetzungen der beiden Minister mit Blick auf das Ratspräsidentschaftsarbeitsprogramm voneinander. Glos führte die Bedeutung des Binnenmarkts aus, forderte allerdings kaum mehr als „eine konsequente Umsetzung des bestehenden Regelungsrahmens". Gabriels Beitrag setzte sich dahingegen mit der Rolle von Umwelttechnologien, Energieeffizienz und erneuerbaren Energien in der EU-Energiepolitik auseinander. Diese Themen wurden zwar auch von Glos angesprochen, hier jedoch stets unter Bezugnahme auf die Begriffe „marktfähig" und „kosteneffizient". Als weitere Gemeinsamkeit beider Beiträge erscheint die wichtige Rolle der EU in den internationalen Beziehungen, die sowohl für Versorgungssicherheit, Energieeffizienz als auch den Klimaschutz eine wichtige Funktion einnehmen sollte.

Der weitgehende Konsens unter den deutschen Akteuren mit Blick auf die Notwendigkeit der Weiterentwicklung einer EU-Energiepolitik während der deutschen Ratspräsidentschaft wird auch durch die Haltung der Fraktionen im Bundestag deutlich. Während der Aussprache über die Erwartungen an den Gipfel auf der Plenarsitzung am 1. März 2007 herrschte weitgehende Einigkeit. Die Notwendigkeit verbindlicher EU-Klimaschutzziele und die Bedeutung von Zielsetzungen im Bereich der erneuerbaren Energien wurden von nahezu allen Rednerinnen und Rednern bekräftigt. Lediglich die Fraktion von Bündnis 90/Die Grünen sowie der stellvertretende Fraktionsvorsitzende der SPD Ulrich Kelber forderten stärkeres Engagement für ein unkonditioniertes Klimaziel in Höhe von 30 Prozent, wie es auch von Bundesumweltminister Sigmar Gabriel im Arbeitsprogramm zu Präsidentschaft angekündigt worden war. Traditionell kontrovers wurde lediglich die Rolle der Kernenergie diskutiert, bei der die Koalitionsfraktionen einmal mehr ihre unterschiedlichen Positionen bekräftigten (Deutscher Bundestag 2007a).

Zusammenfassend lässt sich festhalten, dass zu den zentralen Zielsetzungen der deutschen Bundesregierung im Vorfeld ihrer Ratspräsidentschaft die Konsensbildung zwischen den Mitgliedstaaten hinsichtlich eines energie- und klimapolitischen Gesamtprogramms gehörte. Dieses übergeordnete Ziel war eine Folge der Erwartungshaltung an Deutschland, das auch aus der Rede von Bundeskanzlerin Angela Merkel vor dem Europäischen Parlament am 17. Januar 2007 hervorgeht (Bundesregierung 2007a). Eine nicht offen ausgetragene, aber existente Kontroverse stellten die deutschen Forderungen hinsichtlich eines EU-Treibhausgasminderungsziels dar. Dies war im Koalitionsvertrag noch mit 30 Prozent bis 2020 in der EU beschrieben worden.[30] Auch Bundesumweltminister Gabriel setzte sich im Verlauf des Jahres 2006 wiederholt für ein Ziel dieser Größenordnung ein (vgl. Bundesregierung 2006c). Keine explizite Thematisierung erfolgte hingegen im Arbeitsprogramm zur Ratspräsidentschaft und der energiepolitischen Stellungnahme der Bundesregierung zum Grünbuch. Die Verschiebung der eigenen Zielsetzung wurde erstmals in der Rede von Bundeskanzlerin Merkel vor dem Europäischen Parlament am 13. Februar 2007 deutlich: „Ich teile das Ziel der EU-Kommission, die CO2-Emissionen bis zum Jahr 2020 um 30% zu senken, vorausgesetzt wir finden internationale Partner" (Bundesregierung 2007b). Die Übernahme des von der Kommission vorgeschlagenen „konditionierten Ansatzes", der auch im Koalitionsvertrag zwischen CDU, CSU und SPD aus dem Jahr 2005 auf nationaler Ebene vage umschrieben worden war, und die stille Abkehr von einem unilateralen 30-Prozent-Ziel als eigene Verhandlungsposition waren die Folge.

---

30   Im Wortlaut heißt es im Koalitionsvertrag: „Wir werden daher: [...] vorschlagen, dass sich die EU im Rahmen der internationalen Klimaschutzverhandlungen verpflichtet, ihre Treibhausgasemissionen bis 2020 insgesamt um 30% gegenüber 1990 zu reduzieren. Unter dieser Voraussetzung wird Deutschland eine darüber hinaus gehende Reduktion seiner Emissionen anstreben" (CDU/CSU/SPD 2005: 65).

1.2.2 Die deutsche Bundesregierung als „policy entrepreneur" im Vorfeld des Gipfels 2007

Neben der inhaltlichen Schwerpunktsetzung war im Vorfeld der EU-Ratspräsidentschaft insbesondere die Managementfähigkeit der Bundesregierung gefragt. Dabei wurde den Akteuren aus den Bundesministerien, dem Bundeskanzleramt und der Ständigen Vertretung, wie bereits weiter oben angeführt, jeweils eine vielschichtige Rolle zuteil. So sollten sich zwar eigene Positionen in den Schlussfolgerungen des Europäischen Rates wiederfinden, gleichzeitig musste aber auch ein Kompromiss entwickelt werden, der alle Seiten zufrieden stellen würde. Somit war eine enge Koordinierung mit der Kommission und den anderen mitgliedstaatlichen Regierungen notwendig.

Bereits der Gipfel des Europäischen Rates im März 2006 konnte als Signal an die Bundesregierung verstanden werden, nun mit der Aufstellung einer konsensfähigen EU-Energiepolitik zu beginnen. So lud der amtierende Ratspräsident und österreichische Bundeskanzler Wolfgang Schüssel seine deutsche Amtskollegin dazu ein, die thematische Sitzung zur EU-Energiepolitik inhaltlich zu eröffnen (Ludlow 2006: 26). Ein ungewöhnlicher Vorgang unter den auf Prestige fixierten Staats- und Regierungschefs. Angela Merkels Dank galt entsprechend Wolfgang Schüssel, Kommissionspräsident Barroso und dem britischen Premier Blair für ihre Vorarbeiten zu dieser Sitzung. Aus unterschiedlichen Gründen kam diesen drei Akteure auch eine tragende Rolle in der weiteren Entwicklung des Jahres 2006 zu: Schüssel, weil er sich trotz der strikt atomkritischen Haltung seines Landes auf diesen innenpolitisch gefährlichen Austausch einließ. Blair, weil er die Klimapolitik auf die Agenda gesetzt hatte und von der über Jahrzehnte tradierten Strategie seines Landes zurücktrat, der EU in Fragen der Energiepolitik eine gestaltende Rolle zuzusprechen. Und schließlich Barroso, dessen Institution wesentlich für das Voranschreiten der Debatte verantwortlich zeichnete.

Gleichzeitig versuchte die Bundeskanzlerin ihre neu gewonnenen Partner für das Anliegen der Bundesregierung zu gewinnen, was sich an den Inhalten ihrer Rede und schließlich auch in den Schlussfolgerungen des Europäischen Rates widerspiegelte. So wurden die Stichpunkte der Kommission aus dem erst später zu veröffentlichenden Grünbuch aufgenommen und in die Schlussfolgerungen integriert. Neue Initiativen, wie etwa ein Papier der Benelux-Staaten zur Energieaußenpolitik, wurden ebenfalls verarbeitet (vgl. Ludlow 2006). Merkel machte aber auch die Grenzen des europäischen Engagements deutlich. So führte sie einen argumentativen Feldzug gegen die Vorhaben der Kommission zur Zentralisierung von Aufgabenbereichen rund um den Energiebinnenmarkt. Dies war vor allem der innenpolitischen Bedeutung des Themas in Deutschland geschuldet. Peter Ludlow gibt in diesem Kontext einige Punkte aus der Rede der Bundeskanzlerin wider:

„We undoubtedly need to improve cooperation between our regulatory authorities... Whether in addition we need any EU level regulatory structure must however be looked into very carefully.

What is however for me of decisive importance as far as the further development of the regulatory framework is concerned is that energy suppliers must remain responsible for their investment decisions.

Better connections between national grids are a very important political goal. This should not however be seen as a task for state planners. And the same holds true of the construction of gas pipelines." (Angela Merkel zitiert nach Ludlow 2006: 37)

Zwei Motive kommen in diesem kurzen Abschnitt klar zur Geltung: Einerseits die Weigerung, weitere Zuständigkeiten im Bereich des Binnenmarktes auf die EU-Ebene zu übertragen. Dies betraf insbesondere die Frage der Regulierungsstruktur bei Strom und Gas. Andererseits die unternehmerische Verantwortung für Investitionen in die Infrastruktur. Hier sah die Kanzlerin die Gefahr, zukünftig Energieinfrastrukturprojekte aus EU-Geldern und somit unter überproportional starker Beteiligung des deutschen Steuerzahlers zu finanzieren, während die Verantwortung hier eigentlich bei den Unternehmen läge.

Ein letzter Punkt, den Merkel in ihrem Beitrag klar machte, war eine weitere Einschränkung europäischen Handelns: Die EU sollte keinesfalls einen Zugriff auf den Energiemix der Mitgliedstaaten erhalten. Neben der innenpolitischen Bedeutung dieses Punktes, war er auch ganz entscheidend für die atomkritische österreichische Präsidentschaft und die souveränitätsfixierte britische Regierung, die sich ja bereits mit ihrer Zustimmung zu einem inhaltlichen Dialog weit aus dem Fenster gelehnt hatte.

Der Europäische Rat vom März 2006 endete zunächst mit einem klaren Auftrag an die Kommission, weitere energiepolitische Maßnahmen vorzuschlagen. Bereits hier hatten die deutsche Bundesregierung und insbesondere die Bundeskanzlerin einen wesentlichen Beitrag geleistet, der als Handlungsanleitung zu verstehen war. Die inhaltlichen Vorbereitungen des Frühjahrsgipfels 2007 begannen bereits im März 2006 mit der Veröffentlichung des Grünbuchs der Kommission und damit einer ersten Strukturierung der energiepolitischen Debatte. Neu waren nun die beiden zentralen Themen Energieeffizienz und erneuerbare Energien, die erstmals auf dem Energieministerrat im November 2006 diskutiert wurden. Für den Bereich Energieeffizienz hatte EU-Energiekommissar Andris Piebalgs einige Monate zuvor bereits einen „Aktionsplan Energieeffizienz" mit der Auflistung von 75 prioritären Maßnahmen vorgelegt (Europäische Kommission 2006b), der von den Energieministern nun lediglich durch eine Auflistung möglicher, allerdings unverbindlicher Schritte in den Schlussfolgerungen gewürdigt wurde. Auf weitere rechtlich verbindliche Maßnahmen konnte man sich nicht einigen, nachdem bereits kurz zuvor eine Richtlinie über die Endenergieeffizienz und Energiedienstleistungen (Richtlinie 2006/32/EG) beschlossen worden war und dieser Themenbereich für viele Regierungen auf EU-Ebene zunächst als bearbeitet erschien. Lediglich die dänische Delegation forderte hier weitere Diskussionen auf EU-Ebene (ENDS Europe Daily 2006).

Im Gegensatz dazu wurde die Debatte über eine Fortsetzung der Erneuerbare-Energien-Politik kontroverser geführt. Die deutsche Delegation, vertreten durch Staatssekretär Peter Hintze, argumentierte im Energieministerrat, dass eine rechtsverbindliche Zielsetzung von 20 Prozent erneuerbare Energien als Anteil am Gesamtenergieverbrauch für die EU eine zentrale Rolle spielen würde. Eine Position, die auch von Kommissar Piebalgs unterstützt wurde. Mit dieser Zielsetzung stießen die deutsche Bundesregierung und die Kommission jedoch auf erheblichen Widerstand von Seiten Frankreichs, Großbritanniens und einer Reihe mittel- und osteuropäischer Staaten, die sich bestenfalls für einen Anteil CO_2-freier Energieversorgung bzw. die Beibehaltung indikativer Ziele für erneuerbare Energien erwärmen konnten (ebd.).

Wie ein Interviewpartner aus dem Bundeskanzleramt bestätigte, hatte sich die Bundesregierung im Vorfeld ihrer Präsidentschaft intern darauf geeinigt, dass die Festlegung verbindlicher Ziele für die Bereiche Klimaschutz und erneuerbare Energien neben der Festlegung einer Gesamtstrategie zu den Schwerpunkten der deutschen Ratspräsidentschaft gehören sollte. Die Bundeskanzlerin hatte dabei klargestellt, dass es sich nicht lohne, für Ziele zu kämpfen, wenn diese nicht rechtsverbindlich ausgestaltet seien (Interview A 2013). Entsprechend musste das Thema Erneuerbare-Energien-Politik auf die Ebene der Staats- und Regierungschefs gehoben werden.

Eine Einigung über Zielsetzungen konnte auch beim Umweltministerrat im Dezember 2006 nicht erreicht werden. Hier ging es vor allem um die zukünftige Klimapolitik der EU, bei der insbesondere das BMU frühzeitig auf die Festlegung eines Richtwerts von minus 30 Prozent bis 2020 gegenüber 1990 gesetzt hatte und sich dabei auch durch den Koalitionsvertrag und die Beschlüsse des Bundestags bestätigt sah. Letztlich wurde jedoch lediglich die Forderung nach einer Überarbeitung der Emissionshandelsrichtlinie im zweiten Halbjahr 2007 in den Schlussfolgerungen vermerkt, ein Klimaziel aber noch nicht fixiert. Interessant erscheint, dass sogar hier ein Verweis auf die Berechnungen von Nicholas Stern zu den Kosten eines vermeidbaren Klimawandels zu finden ist, der somit also für die Argumentation des Umweltministerrats eine wichtige Funktion einzunehmen schien. Wie sich zeigen lässt, sollte die Klimapolitik im weiteren Diskurs auch als wirtschaftspolitisches Thema anschlussfähig sein, das nicht nur Kosten sondern auch einen langfristigen Nutzen mit sich brächte.

Während sich die Bundesregierung auf EU-Ebene für eine stärkere Betonung klimapolitischen Handelns in der Energiepolitik einsetzte, drohte zeitgleich mit der

Strategiediskussion in einer anderen inhaltlich verbundenen Arena ein Konflikt zu eskalieren, der die Glaubwürdigkeit Deutschlands in diesem Politikfeld in Zweifel gezogen hätte. Das Bundesumweltministerium hatte im Jahr 2006 bereits zum dritten Mal einen aus Sicht der Kommission zu großzügig bemessenen „Nationalen Allokationsplan" (NAP) für die zweite Handelsperiode des EU-Emissionshandels eingereicht, der das Reduktionsziel der EU für diesen Zeitraum infrage stellte. Der NAP wurde von der Kommission abgelehnt und mit der nachdrücklichen Forderung zur Nachbesserung zurückverwiesen.[31] Deutliche Kritik äußerte EU-Umweltkommissar Stavros Dimas in der BILD-Zeitung, indem er erklärte, Deutschland könne keine Vorreiterrolle bei den Verhandlungen einnehmen und gleichzeitig beschlossene Klimaschutzmaßnahmen unterwandern (ENDS Europe Daily 2007a). Der Konflikt ließ sich schließlich durch die Einreichung eines neuen, abermals angepassten Allokationsplans beheben, hätte die Verhandlungsposition der Bundesregierung jedoch erheblich schwächen können und stärkte die Kommission in ihrer klimapolitischen Zielsetzung, eine schnelle Harmonisierung und Zentralisierung des Emissionshandelssystems herbeizuführen.

Mit der Veröffentlichung der Kommissionsmitteilung „Eine Energiepolitik für Europa" im Januar 2007 wurde die Debatte unter den Mitgliedstaaten schließlich auf eine gemeinsame Verhandlungsgrundlage gestellt (Europäische Kommission 2007). Mit Blick auf die Erläuterungen im Bereich der Nachhaltigkeitsdimension der Energiepolitik entsprach die Vorlage den Vorstellungen der Bundesregierung und war auch in Teilen zwischen der Kommission und den zuständigen Bundesministerien abgestimmt worden (Interview J 2014). Auch wenn die Kommission eine unilaterale Minderung der Treibhausgasemissionen in der EU in Höhe von lediglich 20 Prozent vorgeschlagen hatte, die im Falle vergleichbarer Maßnahmen anderer Industriestaaten auf 30 Prozent erhöht werden sollte, unterstützte Umweltminister Gabriel aus pragmatischen Gründen diese Zielmarke (ENDS Europe Daily 2007b). Einerseits, weil sich unter den Mitgliedstaaten keine Mehrheit für ein unilaterales 30-Prozent-Ziel fand. Zum anderen, weil die innenpolitische Auseinandersetzung über die Folgen für das nationale Klimaziel sich keineswegs so problemlos gestaltet hätten, wie die Beschlusslage des Bundestags suggerierte (Interview V 2014). Mit der Kommissionvorlage fand auch erstmals die Konditionierung des Klimaziels unter Bezugnahme auf den UN-Prozess Eingang in die Verhandlungen. Das öffentliche Interesse an diesem Strategiedokument der Kommission erwies sich als so groß, dass die Server der Kommission am Tag der Publikation der großen Anzahl an Abrufen zeitweise nicht bewältigen konnten (ENDS Europe Daily 2007c). Dies spiegelt auch den enormen Bedeutungszuwachs des Themas in der Öffentlichkeit der Mitgliedstaaten wider.

---

31   Eine ausführlichere Darstellung zu diesem Vorgang findet sich in Kapitel V Fallstudie 3.

Ein entscheidender Moment im Prozess der Vorbereitung des Frühjahrsgipfels des Europäischen Rates kam dem Energieministertreffen am 15. Februar 2007 zu. Hier bot sich die letzte Gelegenheit, zentrale Elemente der energiepolitischen Strategie auf ministerieller Ebene festzulegen. Für die Bundesregierung waren energiepolitisch zwei Themen zentral: Ein Konsens über ein rechtsverbindliches 20-Prozent-Ziel im Bereich der erneuerbaren Energien, mit dem das deutsche Modell der „ökologischen Industriepolitik" nach Brüssel getragen und neue Absatzmärkte in der EU geschaffen werden sollten, und eine klare Zielsetzung für eine europaweite Quote an Biokraftstoffen im Verkehrssektor, die sich möglichst nahe an der Größenordnung von 12,5 Prozent bis 2020 einfinden sollte. Während die Durchsetzung beider Ziele in den Ratstreffen der vergangenen Monate noch als realistisch eingestuft wurde und sich eine Einigung abzeichnete, hatte sich die Anzahl der Unterstützer im Vorfeld des Energieministerrates kurz vor der Entscheidungsfindung doch unvermittelt wieder erheblich reduziert. Lediglich die EU-Kommission, Dänemark und Schweden unterstützten die Bundesregierung öffentlich in ihrer Forderung nach einem rechtsverbindlichen, auf nationale Werte zu übertragenden 20-Prozent-Ziel für den Ausbau der erneuerbaren Energien in der EU.[32] Noch im November 2006 schien dieser Vorschlag mehr Zustimmung zu finden. Auch verbindliche Ziele bei den Biokraftstoffen gerieten plötzlich in weitere Entfernung (ENDS Europe Daily 2007d). Ursächlich für diese Haltung war insbesondere das Werben der französischen und britischen Regierung, die sich für eine technologieneutrale Klimapolitik einsetzten, die gleichermaßen Energieeffizienz, erneuerbare Energien und die Atomkraft unterstützen sollte (Interview F 2014).

Der Energieministerrat wurde durch zwei kurze Präsentationen von Energiekommissar Piebalgs und Wettbewerbskommissarin Kroes eröffnet. Piebalgs erläuterte den von der Kommission vorgeschlagenen Energieaktionsplan, während Kroes die Ergebnisse einer Sektoruntersuchung im Strom- und Erdgasbinnenmarkt vorstellte. Mit dieser Studie sollte insbesondere Druck auf eine Weiterentwicklung der Binnenmarktgesetzgebung ausgeübt werden, die bislang von der deutschen Ratspräsidentschaft eher am Rande behandelt wurde und entsprechend auch keine zentrale Rolle auf der von der Ratspräsidentschaft gestalteten Tagesordnung einnahm. In den Schlussfolgerungen des Energieministerrates finden sich die wesentlichen Bestandteile der Kommissionmitteilung wieder, wenn auch hier mit vielen noch offenen Punkte (vgl. Council 2007). Die Energieminister unterstützten formal ein ehrgeiziges Emissionsminderungsziel für die EU bis 2020, ohne sich dabei auf Zahlen festzulegen. Eine Aufgabe, die dem in

---

32   Ein Interviewpartner sprach sogar davon, dass nur zwei Regierungen die Vorgabe eines rechtsverbindlichen Ziels unterstützten: „You had 25 member states who did not want a renewables target and two that wanted a binding one, Germany and Denmark" (Interview J 2014).

der darauffolgenden Woche tagenden Umweltministerrat vorbehalten bleiben sollte. Interessant erscheint vielmehr die Tatsache, dass sich der „Integrationsansatz" der Themen Energie und Klima im Abschlussdokument wiederfindet. Auch das Thema Energiebinnenmarkt wurde schließlich behandelt, wobei der Fokus der Energieminister hier weiterhin auf die Umsetzung der geltenden Vorschriften und nicht auf neue Maßnahmen gerichtet wurde. Die politisch umstrittensten Bestandteile umfassten vor allem die Themen Energieeffizienz und erneuerbare Energien. Der Bundesregierung war es gelungen, die Zahl der Unterstützer für ein verbindliches Erneuerbare-Energien-Ziel wieder etwas zu vergrößern. Rund zehn Mitgliedstaaten sprachen sich für ein solches aus (ENDS Europe Daily 2007e). So konnte immerhin das Ziel in Höhe von 20 Prozent Eingang in die Schlussfolgerungen finden (Council 2007: 9). Die Entscheidung, ob es verbindlich ausgestaltet werden sollte, blieb jedoch den Staats- und Regierungschefs vorbehalten. Einen Teilerfolg konnte die deutsche Präsidentschaft auch bei den Biokraftstoffen erzielen: Ein verbindliches Minimalziel von 10 Prozent bei allen Diesel- und Petroleumprodukten im Verkehrssektor wurde vereinbart, allerdings unter der Voraussetzung nachgewiesener Nachhaltigkeitskriterien und der wirtschaftlichen Verfügbarkeit von Biokraftstoffen der zweiten Generation (ebd.). Damit wurden zwar nicht die angestrebten 12,5 Prozent erreicht. Immerhin konnte aber ein verbindliches Ziel als Erfolg gefeiert werden.

Dass der Elan der Präsidentschaft und vieler Mitgliedstaaten im Bereich der Energieeffizienz nachgelassen hatte, spiegelte sich auch in den Schlussfolgerungen des Energieministerrates wider. Der im Jahr zuvor verabschiedeten Richtlinie über Endenergieeffizienz war ein Verhandlungsmarathon vorausgegangen, so dass sich die Regierungen nun zunächst mit der Implementierung auseinandersetzen wollten. Der von der Kommission präsentierte Aktionsplan für Energieeffizienz wurde zwar mit dem anzustrebenden Einsparpotenzial erwähnt, die Schlussfolgerungen lauten jedoch:

> „[The Council] urges Member States to achieve the EU's energy consumption saving potential of 20% compared to projections for 2020, as estimated by the Commission in its Green Paper on Energy Efficiency, and to make good use of their National Energy Efficiency Action Plans for this purpose [...]." (Council 2007: 5)

Die zentrale Handlungsebene sollte also weiterhin bei den Mitgliedstaaten liegen. Eine neuerliche verbindliche Regelung auf EU-Ebene wurde nicht vorgesehen. Auch mit Blick auf das *„framing"* wird deutlich, dass die Mitgliedstaaten kein Interesse an einer verbindlichen Regelung zeigten. So wird nicht etwa von einem „Ziel" gesprochen, sondern vielmehr auf ein „Potential" im Bereich der Energieeffizienz in Höhe von 20 Prozent verwiesen.

Vor dem Europäischen Rat am 8./9. März 2007 stand schließlich noch eine letzte Sitzung des Umweltministerrates am 20. Februar 2007 auf der Agenda der Ratspräsidentschaft. Hier sollte vor allem der klimapolitische Bestandteil der Schlussfolgerungen des Europäischen Rates vorbereitet werden. Unklar blieb bis kurz vor dem Treffen, ob die Mitgliedstaaten bereits hier zu einer Einigung über die quantitativen Zielsetzungen im Bereich der Emissionsminderungen kommen würden. Insbesondere aus Polen und Ungarn wurde Unmut über jegliche unilateralen Verpflichtungen laut. Andere Staaten wie Schweden oder Dänemark zeigten sich unzufrieden mit der aus ihrer Sicht nicht ausreichenden, zwischenzeitlich von einer Mehrheit der Regierungen übernommenen unilateralen Verpflichtung auf 20 Prozent bis 2020. Sie favorisierten eine unkonditionierte Festlegung der EU auf 30 Prozent. Auch die deutsche Bundesregierung hatte sich auf den von der Kommission vorgeschlagenen konditionierten 20/30-Ansatz eingelassen und gehörte nicht mehr zu der Allianz der unilateralen 30 Prozent-Verfechter. Unklar war zudem, wie die Aufteilung der EU-weiten Ziele erfolgen sollte und mit welchen Instrumenten vorzugehen sei. Erst nach intensiven Gesprächen zwischen Bundesumweltminister Gabriel und den Delegationen aus den neuen mittel- und osteuropäischen Mitgliedstaaten konnte das konditionierte 20/30-Prozent-Ziel einstimmig in die Schlussfolgerungen übernommen werden (vgl. Rat der Europäischen Union 2007b; Interview G 2014).

Wichtig waren in diesem Kontext jedoch die Referenz auf das Kyoto-Basisjahr 1990 sowie einen Reihe von Einschränkungen:

„Der Rat [...] 14. BESCHLIESST, dass hinsichtlich der Beiträge der Mitgliedstaaten ein differenzierter Ansatz verfolgt werden muss, der von Fairness und Transparenz geprägt ist und den nationalen Gegebenheiten sowie den relevanten Basisjahren des ersten Verpflichtungszeitraums des Kyoto-Protokolls Rechnung trägt; ERKLÄRT, dass die Umsetzung dieser Ziele auf Gemeinschaftsmaßnahmen und auf einer internen Lastenverteilung beruhen wird; FORDERT die Kommission AUF, als Grundlage für weitere eingehende Beratungen in enger Zusammenarbeit mit den Mitgliedstaaten unverzüglich mit einer fachlichen Analyse der Kriterien zu beginnen, in der auch sozioökonomische Parameter und andere relevante und vergleichbare Parameter berücksichtigt werden; [...]." (Rat der Europäischen Union 2007b: 5)

Somit konnte zwar eine grundsätzliche Einigung auf die Zielrichtung vereinbart werden – immerhin eines der zentralen Ziele der deutschen Präsidentschaft. Die Entscheidung stand jedoch unter dem Umsetzungsvorbehalt eine Gleichung mit vielen Unbekannten, die nun von der Kommission in Detailarbeit aufgelöst werden musste. Ein zusätzlicher Passus wurde in die Schlussfolgerungen eingefügt, der zwischen den beteiligten deutschen Ministerien keineswegs unumstritten war, aber ebenfalls das Wohlwollen der Delegationen aus Polen und andere mittel- und osteuropäischen Staaten fand. Demnach wurde die Kommission aufgefordert, zu untersuchen, inwieweit eine Ausweitung des EU-Emissionshandels-systems auf landbezogenen Verkehr und Landnutzungsänderungen möglich sei (ebd.: 6). Dieser – auch vom deutschen EU-Industriekommissar Günther Verheugen offensiv vertretene – Prüfauftrag erschien als Alternative zu den von deutscher Seite stark umstrittenen Emissionsgrenzwerten für neue PKW. Ein solcher Vorschlag war von der EU-Kommission in Form einer Verordnung kurz zuvor veröffentlicht worden, um eine rechtsverbindliche Nachfolgeregelung zur nicht erfüllten freiwilligen Selbstverpflichtung der europäischen Autoindustrie zu entwickeln. Würde eine Einbeziehung in den Emissionshandel gelingen, so das Argument vieler deutscher Akteure, könnte dies Emissionsobergrenzen für Neuwagen überflüssig machen.

Für die Vorbereitungsphase des Gipfels am 8./9. März 2007 lässt sich festhalten, dass aus Sicht der deutschen Bundesregierung zunächst die Verabschiedung einer wie auch immer ausgestalteten Strategie für eine europäische Energiepolitik im Vordergrund stand. Ohne Ergebnis aus dem Gipfel herauszukommen, wäre einem Gesichtsverlust gleichzusetzen gewesen. Der Ansatz der Kommission, sich mit einem „integrierten Konzept" hinsichtlich energie- und klimapolitischer Themen auseinanderzusetzen, fand die volle Unterstützung deutscher Akteure und wurde als eigene Zielsetzung übernommen. Wesentliches Verhandlungsziel war zudem die Festlegung belastbarer Richtwerte für die Bereiche Klimaschutz und erneuerbare Energien. Die Vorarbeiten zum Klimaschutz waren schon sehr weit gediehen. Hier ging es eher um letzte Abstimmungen mit den noch skeptischen mittel- und osteuropäischen Mitgliedstaaten. Ein Kraftakt stand jedoch beim Thema erneuerbare Energien bevor. Es genügte im Europäischen Rat schließlich nicht, eine Mehrheit für das Thema zu erlangen, sondern es musste ein „Konsens" erreicht werden. Hinzu kam das separate Ziel für Biokraftstoffe, das ebenfalls noch nicht in trockenen Tüchern zu sein schien. In allen Themenbereichen erschien die Rechtsverbindlichkeit der Zielwerte als ein Mantra der deutschen Bundesregierung (Interview A 2013). Ein positiver Nebeneffekt der herausgehobenen Stellung von „Nachhaltigkeitsthemen" auf der Agenda für den Märzgipfel war die Tatsache, dass der Wunsch der Kommission, sich stärker mit Wettbewerbs- und Binnenmarktfragen auseinanderzusetzen zunehmend in den Hintergrund gedrängt werden konnte. Dies entsprach den Präferenzen der Bundesregierung, die zumindest verhindern wollte, dass in diesem Bereich ein neuer Gesetzgebungsauftrag an die Kommission erteilt werden würde.

2 „Eine Energiepolitik für Europa": Die Beschlüsse des Europäischen Rates vom März 2007 unter deutscher EU-Ratspräsidentschaft

Erstmals in der Geschichte des europäischen Integrationsprozesses fand sich am 8./9. März 2007 das Thema Energiepolitik im Mittelpunkt der Agenda einer regulären Sitzung des Europäischen Rates (de Jong 2008: 101). Neben diesem für sich genommen bereits bemerkenswerten Bedeutungszuwachs für das Politikfeld erschienen zwei Ergebnisse der Verhandlungen von übergeordneter Bedeutung: Zum einen die thematische Integration der beiden bis dahin weitgehend getrennten Politikfelder Energie/Klima, zum anderen die umfassende Strategieformulierung, die der Europäische Rat in diesem Bereich vorgenommen hatte und die sich im Nachhaltigkeitsbereich über quantifizierte Zielsetzungen („20-20-20 bis 2020") manifestierte. Wie bereits dargestellt, wurden wesentliche Aspekte der neuen EU-Strategie schon im Vorfeld des Gipfels verhandelt und den Staats- und Regierungschefs als Beschlusslage präsentiert. Dennoch musste der Europäische Rat einige noch offene Punkte abschließend beraten. Dieser Verhandlungsprozess sowie eine Gesamtbetrachtung der Ergebnisse sind Gegenstand dieses Kapitels.

2.1 Die Verhandlungen während des Gipfels am 8./9. März 2007

Die deutsche EU-Ratspräsidentschaft hatte bis zum ersten Gipfel des Europäischen Rates ein überaus koordiniertes Vorgehen an den Tag gelegt (Ludlow 2007). Peter Ludlow sah hierfür insbesondere eine Gruppe von fünf deutschen Akteuren als zentral an: Wilhelm Schönfelder und Peter Witt in der Ständigen Vertretung in Brüssel, Peter Tempel im Auswärtigen Amt, Claudia Dörr im BMWi und allen voran Uwe Corsepius, der spätere Generalsekretär des Europäischen Rates, damals im Bundeskanzleramt für EU-Fragen zuständig.[33] Ihnen und ihrer engen Zusammenarbeit mit der Kommission war es zu verdanken, dass

---

33 Eine nahezu deckungsgleiche Namensliste wurde auch von einem Interviewpartner genannt, die aus seiner Sicht als Koordinierungsgruppe für die Vorbereitung des Gipfels agierte (Interview A 2013).

viele der strittigen Themen bereits in den Fachministerräten Energie und Umwelt im Februar 2007 ausgeräumt worden waren. Angela Merkel musste bis zu diesem Zeitpunkt nicht selbst in die Verhandlungen eingreifen. Ein zentrales Thema konnte jedoch von keinem der beiden zuständigen Minister gelöst werden: Das verbindliche Ziel für den Anteil erneuerbarer Energien in der EU bis 2020. Die Verhandlungen über diese Frage bargen die Gefahr, dass im Zuge einer intensiveren Auseinandersetzung weitere bereits abgeschlossene Dossiers wieder geöffnet würden. Dies zeigte sich sehr deutlich, als sowohl am 21. als auch am 28. Februar im AStV-II über dieses Thema verhandelt werden sollte. Plötzlich brachten einzelne Delegationen auch ihre nationalen Präferenzen wieder auf die Agenda, was in einer konfusen Debatte endete. Es gelang also auch an dieser Stelle nicht, eine Entscheidung zu treffen (Ludlow 2007: 11).

Als sich schließlich Angela Merkel und José Barroso am Vorabend des Europäischen Rates zusammensetzten und über die offenen Fragen in den Schlussfolgerungen zur Energie- und Klimapolitik diskutierten, kamen neben dem zentralen Thema des verbindlichen Erneuerbare-Energien-Ziels lediglich die Rolle der Kernenergie als Beitrag einzelner Mitgliedstaaten zu ihrer CO_2-Minderung sowie das Thema der von der Kommission angestrebten Entflechtungsregelung auf dem Binnenmarkt auf die Agenda (ebd.: 12). Das Erneuerbare-Energien-Ziel musste zwischen der Kommission und Deutschland auf der einen, gegen Frankreich, Finnland und die mittel- und osteuropäischen Staaten auf der anderen Seite ausgefochten werden. Der britische Premier Blair, der ebenfalls lange Zeit zur Opposition gegen eine solche Zielfestlegung gehörte, hatte kurz zuvor noch sein Placet gegeben, um das Gesamtergebnis der deutschen Präsidentschaft im Bereich Klimaschutz nicht zu gefährden. Schwieriger noch war die Auseinandersetzung über die Kernenergie. Hier drohte heftiger Widerstand Österreichs gegen eine positive Erwähnung.[34] Und auch im nationalen Kontext fiel es der Kanzlerin selbst schwer, gegenüber dem Koalitionspartner SPD zu erklären, warum die Atomenergie in den Schlussfolgerungen des Europäischen Rates eine Erwähnung als „wichtige Technologie" erhalten sollte. Gleichzeitig erwarteten Frankreich und die Mittel- und Osteuropäer dies als wichtige Botschaft für ihren Beitrag zu den europäischen Klimaschutzzielen und als Ausgleich für die Erneuerbare-Energien-Ziele. Schließlich blieb als letztes offenes Thema die Frage nach der Umsetzung von Entflechtungsregelungen im Energiebinnenmarkt, der im Wesentlichen einen Disput zwischen der Kommission auf der einen und Merkel/Chirac auf der anderen Seite darstellte.

---

34 Wie bereits mehrfach erwähnt, ging es nie um eine Festlegung für Atomenergiequoten oder vergleichbare Maßnahmen, sondern lediglich um den symbolischen Konflikt einer positiven Würdigung der Kernenergie als Beitrag zum Klimaschutz.

Der Kommissionspräsident und die Bundeskanzlerin einigten sich darauf, dass Barroso noch vor Beginn der Verhandlungen ein Treffen mit den vier Visegrád-Staaten Polen, Tschechien, Slowakei und Ungarn arrangieren sollte, um die Frage des Erneuerbare-Energien-Ziels zu besprechen, während sich Angela Merkel bilateral mit Jacques Chirac über das Thema unterhalten würde. Wie es ihr letztlich gelang, den französischen Staatspräsidenten zu überzeugen, bleibt bis heute unklar. Seine letzten Monate im Amt könnten einen Ausschlag gegeben haben. Chirac stimmte schließlich einem verbindlichen Ziel zu. Allerdings nicht ohne einen Querverweis auf die Rolle der Kernenergie in den dem Kapitel über erneuerbare Energien untergebracht zu haben. Dieser sollte für die österreichische Delegation über die Betonung von Sicherheitsstandards wiederum etwas entschärft werden (Ludlow 2007).

Bemerkenswert war in diesem Zusammenhang auch der geringe thematische Einblick in den Verhandlungsgegenstand, mit dem die Regierungschefs vieler mittel- und osteuropäischer Staaten in die Debatte gingen. Diese äußerten in ihren Wortbeiträgen noch Sorge, dass jeder einzelne Staat einen Anteil von 20 Prozent erneuerbaren Energien am Energiemix bis 2020 vorweisen sollte, während in den Fachministerräten vorher schon klargestellt worden war, dass es sich um differenzierte nationale Zielwerte je nach Ausgangslage des Mitgliedsstaats handeln würde. Mit einer diesbezüglichen Zusicherung konnte auch der letzte Widerstand an dieser Verhandlungsfront gebrochen werden (ebd.). Gleichzeitig macht diese kurze Episode deutlich, mit welch hohem Grad an Unsicherheit und Ambiguität in diesem Kontext verhandelt wurde.

Bis zum Morgen des 9. März 2007 blieben nur noch einige Detailfragen rund um die exakte Formulierung der Querverweise hinsichtlich der Kernenergie und die Rechtsgrundlage für eine Richtlinie über die Förderung erneuerbarer Energien offen, die aber von den Staats- und Regierungschefs in kurzen Diskussionen geklärt werden konnten. Peter Ludlow, ein langjähriger Beobachter und Kenner der Arbeit des Europäischen Rates, beschreibt den Gipfel zusammenfassend folgendermaßen:

> „The discussion of energy policy and climate change [...] was arguably the best plenary debate that the European Council has had for several years. It benefited a great deal from Angela Merkel's stage management and more particularly her selection of the order in which her colleagues spoke, which ensured that the momentum that she herself created with her opening remarks was maintained." (Ludlow 2007: 17)

Angela Merkels Managementfähigkeiten während der Verhandlungen sollten beim Gesamtblick auf das Ergebnis nicht zu niedrig eingestuft werden. Entsprechend einhellig wurde die Leistung der deutschen Verhandlungsführung gewürdigt. Der britische Premier Blair würdigte das Ergebnis als „true triumph" für die deutsche Ratspräsidentschaft (ENDS Europe Daily 2007f). Auch für Merkel persönlich war dieser wegweisende Beschluss auf EU-Ebene von besonderer Bedeutung. Nach dem erfolgreichen Beschluss über den mehrjährigen Finanzrahmen im Jahr 2005 war dies der zweite Verhandlungserfolg, den die Kanzlerin auf europäischem Parkett einfahren durfte. Damit war ihre Rolle als politische Führungsfigur unter den Staats- und Regierungschefs zementiert, was sich in den kommenden Jahren im Zuge der Wirtschafts- und Finanzkrise noch als entscheidend herausstellen sollte (vgl. Winter 2007a).

Zuletzt spricht auch die Ausführlichkeit der Schlussfolgerungen für ein gutes Ergebnis der Verhandlungsführer. Denn, wie Peter Ludlow zutreffend erklärt, verursacht ein guter Europäischer Rat Arbeit, ein schlechter hingegen Lethargie (Ludlow 2007: 3). Dies soll nun im letzten Abschnitt diese Kapitel gezeigt werden.

2.2 Die Schlussfolgerungen des Europäischen Rates und der Energieaktionsplan 2007-2009

Drei Besonderheiten zeichnen das Abschlussdokument des März-Gipfels der Staats- und Regierungschefs aus heutiger Perspektive aus: Die hervorgehobene Stellung, die dem Klimaschutz innerhalb des Gesamtprogramms zugestanden wurde, der „Integrationsansatz" der beiden Politikfelder Energie/Klima und die Benennung der im historischen Kontext der Jahre 2006/2007 doch vergleichsweise ehrgeizigen und klar benannten quantitativen Zielsetzungen in den unterschiedlichen Bereichen.[35] Vor dem Hintergrund, dass bis zu diesem Zeitpunkt auf internationaler Ebene kaum Fortschritte bei den Klimaverhandlungen erzielt worden waren, die ein solches Vorgehen der Europäer als logische Folge hätten erklären können, ist dieses Ergebnis durchaus bemerkenswert. Richtet man jedoch ein Augenmerk auf die Entwicklung des Themas im Verlauf des Jahres 2006, so wird deutlich, wie stark Problemwahrnehmung, Lösungsansätze auf der Policy-Ebene und die politische Dynamik eine solche Einigung befördert hatten. Der generelle Bedeutungszuwachs infolge der Medienaufmerksamkeit für das Thema Klimawandel wurde gerade im Frühjahr 2007 noch weiter erhöht. Die ökonomischen Berechnungen im Stern-Report wurden durch die Vorlage der ersten Analysen zum 4. Sachstandberichts des IPCC auch auf naturwissenschaftlicher Basis untermauert. Hinzu kam, dass der IPCC (wenn auch nur in Fußnoten) erstmals Richtwerte für das erforderliche politische Handeln in seinen Bericht integrierte. Die Politik war nun gezwungen, sich an diesen messen zu lassen.

---

35   Diese Punkte wurden auch von Bundeskanzlerin Merkel in ihrer Zusammenfassung der Ergebnisse der deutschen Ratspräsidentschaft vor dem Deutschen Bundestag am 14. Juni 2007 betont (Deutscher Bundestag 2007b: 10566).

Im Bereich der Policies war die EU-Ebene durch die Einrichtung des Emissionshandelssystems seit 2005 nun eine wichtige, wenn nicht sogar die entscheidende Ebene für klimapolitische Maßnahmen geworden. Politische Akteure hatten über die Jahre hinweg ein Verständnis dafür entwickelt, wie Treibhausgasminderungen durch politische Instrumente zu erreichen waren. Hinzu kam, dass sich vier wichtige Akteure aus unterschiedlichen Gründen für ein weitergehendes klimapolitisches Handeln erwärmen konnten. Die britische Regierung hatte den Prozess auf ihrem Gipfel in Hampton Court initiiert und sah sich ohnehin als klimapolitischen Vorreiter mit einer besonderen Verantwortung. Frankreich war aufgrund seiner klimafreundlichen Strommarktstrukturen generell aus Wettbewerbsgründen klimapolitischen Regelungen zumindest nicht völlig abgeneigt und hatte zudem die eigene EU-Ratspräsidentschaft im zweiten Halbjahr 2008 vor Augen, in deren Zeitraum die entsprechenden Entscheidungen in europäisches Recht überführt werden sollten. Kommissionspräsident Barroso und Umweltkommissar Dimas hatten die Klimapolitik als Profilierungsmöglichkeit für die Kommission erkannt. Ihr würde durch eine Fortsetzung dieses Kurses eine wichtige Rolle in Europa, aber auch international zukommen. Schließlich war aber vor allem die deutsche Bundesregierung aktiv geworden, die sich einem ambitionierten europäischen Klimaschutzziel bereits in ihrem Koalitionsvertrag im Jahr 2005 verpflichtet hatte und Unterstützung hierfür aus Bundestag und Bundesrat erfuhr. Für Bundeskanzlerin Merkel ließ sich das Thema zudem auch für die G8-Präsidentschaft im gleichen Jahr nutzen.

Eine hervorgehobene Stellung in den Schlussfolgerungen des Europäischen Rates nahm entsprechend der Klimaschutz ein. Die Ableitung europäischen Handelns aus der globalen Maßgabe einer Eingrenzung der Klimaerwärmung auf nicht mehr als 2°C wurde als Ausgangspunkt der politischen Entscheidungen festgelegt. Um dieses Ziel zu erreichen, sollte die EU durch ein „integriertes Konzept [...] für die Klima- und Energiepolitik" Maßnahmen ergreifen, da, wie der Europäische Rat ausführt, „die Erzeugung und Nutzung von Energie" als Hauptursache für den Klimawandel ausgemacht wird (Rat der Europäischen Union 2007a: 11). In diesem Sinne sollte „[d]ie Integration [...] so vonstatten gehen, dass sich die beiden Politikbereiche gegenseitig unterstützen" (ebd.). Die Ausrichtung dieser integrierten Klima- und Energiepolitik orientiert sich an der klassischen Trias von Umweltverträglichkeit, Versorgungssicherheit und Wettbewerbsfähigkeit, „wobei die Entscheidungen der Mitgliedstaaten in Bezug auf ihren Energiemix und ihre Hoheit über die primären Energiequellen uneingeschränkt respektiert werden und im Geiste der Solidarität zwischen den Mitgliedstaaten vorgegangen wird" (ebd.). Damit hielt der Europäische Rat an den bereits im gescheiterten Verfassungsvertrag niedergelegten europarechtlichen Grundlagen der EU-Energiepolitik fest, die mit dem Inkrafttreten des Lissabon-Vertrags im Jahr 2009 auch primärrechtliche Bedeutung erhalten sollten.

In den Schlussfolgerungen wird für die EU ein konditioniertes Emissionsminderungsziel in Höhe von 20 Prozent bis 2020 gegenüber dem Basisjahr 1990 festgelegt, das auf 30 Prozent erhöht werden soll, um „auf diese Weise zu einer globalen und umfassenden Vereinbarung für die Zeit nach 2012 beizutragen, sofern sich andere Industrieländer zu vergleichbaren Emissionsreduzierungen und die wirtschaftlich weiter fortgeschrittenen Entwicklungsländer zu einem ihren Verantwortlichkeiten und jeweiligen Fähigkeiten angemessenen Beitrag verpflichten" (ebd.: 12). Hierzu wurde vom Europäischen Rat eine rechtzeitige Überprüfung und mögliche Ausdehnung des Anwendungsbereichs des EU-Emissionshandelssystems angeregt.

Die kritischen Stimmen, etwa von EU-Industriekommissar Günther Verheugen oder Bundeswirtschaftsminister Michael Glos, hatten aufgrund der sich entwickelnden Dynamik kaum Chancen, den Prozess an dieser Stelle zu beeinflussen. Die Konditionierung des Ziels und damit die Abhängigkeit europäischer Ambition von den internationalen Entwicklungen wirkte für alle Seiten gesichtswahrend. Dem Lager der eher wirtschaftsorientierten Mitgliedstaaten wurde zudem in den Schlussfolgerungen ein wichtiger Passus für den späteren Implementierungsprozess garantiert, der an den bereits aus den Schlussfolgerungen des Umweltministerrats bekannten Punkt anschließt:

„35. Der Europäische Rat beschließt, dass hinsichtlich der Beiträge der Mitgliedstaaten ein differenzierter Ansatz verfolgt werden muss, der von Fairness und Transparenz geprägt ist und den nationalen Gegebenheiten sowie den relevanten Basisjahren des ersten Verpflichtungszeitraums des Kyoto-Protokoll Rechnung trägt. […] Angesichts der großen Bedeutung des energieintensiven Teils der Wirtschaft hebt der Europäische Rat hervor, dass kosteneffiziente Maßnahmen erforderlich sind, um sowohl die Wettbewerbsfähigkeit als auch die Umweltverträglichkeit dieser Industriezweige in Europa zu verbessern." (Rat der Europäischen Union 2007a: 12)

Diese Kompromissformel war für die klimapolitisch eher zurückhaltenden Beteiligten von entscheidender Bedeutung. So wurden zunächst zwar Treibhausgasminderungsziele formuliert, die vor allem für das umweltpolitisch engagierte Lager eine wichtige Funktion besaßen. Für die umweltpolitisch tendenziell skeptischen mittel- und osteuropäischen Mitgliedstaaten konnte durch einen differenzierten Ansatz, der auf das wichtige Basisjahr 1990 und die interne Lastenverteilung in der EU Bezug nahm, eine wichtige Zusicherung gemacht werden. Vor allem aber würden sie sich in Zukunft auf den zitierten Passus der Schlussfolgerungen berufen können, wenn ihre Bedürfnisse innerhalb des Politikformulierungsprozesses hinsichtlich des Instrumentariums in den Folgejahren nicht angemessen berücksichtigt würden. Die Auseinandersetzung über die detaillierte Aufteilung der Verpflichtung und die Detailregelungen sollte auf einen späteren

Zeitpunkt verschoben werden. Dies war sowohl für den Erfolg der Ratspräsidentschaft als auch für die eher skeptischen Mitgliedstaaten wichtig.

Für die neuen Mitgliedstaaten aus Mittel- und Osteuropa war jedoch ein anderer Beschluss noch sehr viel bedeutsamer: Ein klares Bekenntnis zur Energiesolidarität in der EU und einer kohärenten Energieaußenpolitik. Wie bereits dargestellt, hatte gerade die Bundesregierung kein gesteigertes Interesse daran, politische Steuerungsinstrumente zur Gewährleistung von Versorgungssicherheit von der nationalen auf die EU-Ebene zu verlagern. Zudem wurde in diesem Bereich stets das Credo unternehmerischer Verantwortung hochgehalten. Die Lösung lag nun vor allem darin, das Kapitel „Versorgungssicherheit" an prominenter Stelle im Energieaktionsplan zu verankern und „Energiesolidarität" an verschiedenen Stellen der Schlussfolgerungen erscheinen zu lassen. Zu konkreten Maßnahmen wurden jedoch weder Kommission noch Mitgliedstaaten verpflichtet. So finden sich lediglich Prüfaufträge für die Kommission im entsprechenden Kapitel, so etwa die „eingehende Analyse der Verfügbarkeit und der Kosten von Erdgasspeichern in der EU" (ebd.: 18). Ähnlich wurde im Bereich der Energieaußenpolitik vorgegangen. Zwar wurden alle wesentlichen Partnerstaaten und -regionen innerhalb des Kapitels aufgeführt. Ein Maß an Verbindlichkeit oder gar institutionelle Reformen zur Durchsetzung einer kohärenten Energieaußenpolitik fehlten komplett. Entsprechend dürfen die überschaubaren Ergebnisse in den Folgejahren kaum verwundern.

Auch im Bereich der Versorgungssicherheits- und Energieaußenpolitik war es der deutschen Bundesregierung, und dabei vor allem dem BMWi, gelungen, ihre Position auf europäischer Ebene durchzusetzen. Verbindliche Maßnahmen lagen auch nicht im Interesse anderer westeuropäischer Mitgliedstaaten, allen voran Großbritannien. Die Erwähnung des Problems und die Benennung von internationalen Partnern sollte jedoch zumindest eine Bearbeitung des Politikbereichs suggerieren. Die Kommission konnte sich hier mit ihren Vorschlägen aus dem Grünbuch und der Mitteilung „Eine Energiepolitik für Europa" in keinem Punkt durchsetzen.

Die mitunter schwierigste Kompromissfindung erfolgte im Bereich der Binnenmarktpolitik, in der es vorrangiges Ziel der Bundesregierung war, neue Regelungen auf EU-Ebene zu verhindern und lediglich eine Verbesserung des Status Quo auf der Grundlage bestehenden Rechts umzusetzen. In diesem Teilbereich übernahm jedoch die Europäische Kommission unter Wettbewerbskommissarin Kroes und Energiekommissar Piebalgs das Zepter des Handelns. Die ohnehin bestehende Problemlage steigender Energiepreise wurde Ende 2006 und Anfang des Jahres 2007 durch zwei Kommissionsdokumente mit einem „Täterprofil" unterlegt. So argumentierte die Kommission in ihrem Binnenmarktbericht und noch deutlicher in ihrer 2006 durchgeführten Sektoruntersuchung auf dem Energiebinnenmarkt, dass infolge der mangelhaften Umsetzung von Regelungen durch die Mitgliedstaaten „Unterinvestitionen und die Gefahr künftiger Versorgungsengpässe" zu erwarten sind. „Neuen Marktteilnehmern, und damit auch den Anbietern sauberer Energie, kann dadurch der Markteintritt erschwert werden" (Europäische Kommission 2007: 8). Der Kommission gelang es so, den Problemstrom mit dem unzureichenden Handeln der Mitgliedstaaten und der marktbeherrschenden Stellung einzelner Energiekonzerne zu verknüpfen. Gleichzeitig bot sie auf der Policy-Ebene Lösungen an, um das Problem zu bearbeiten. Dazu gehörten die weitere Entflechtung der Energiekonzerne und das Ergreifen „eines Bündels aufeinander abgestimmter Maßnahmen, die darauf abzielen, innerhalb von drei Jahren ein europäisches Gas- und Stromnetz sowie einen wirklich wettbewerbsfähigen europaweiten Energiemarkt zu schaffen" (ebd.). Auch auf der politischen Ebene war die Stimmung unter den Mitgliedstaaten keineswegs so, dass weitere Maßnahmen von Seiten der Kommission grundsätzlich abgelehnt wurden. Vielmehr bestand eine skeptische Haltung unter einer Reihe von Mitgliedstaaten gegenüber dem deutschen und französischen Vorgehen, „nationale Champions" zu protegieren, ihnen eine Einkaufstour auf dem europäischen Markt zu erleichtern, ohne dabei jedoch eine entsprechende Öffnung der eigenen Märkte zuzulassen.

Nachdem die Kommission aber bereits vor dem Gipfel der Staats- und Regierungschefs im März angekündigt hatte, neue Maßnahmen einzuleiten, war es aus Sicht der deutschen Bundesregierung notwendig geworden, Schlimmeres zu verhindern und gewissermaßen auf den fahrenden Zug aufzuspringen. Die Einigung bestand also darin, wesentliche Aspekte des Kommissionvorhabens bereits in die Schlussfolgerungen einzufügen, diese aber gleichzeitig so zu relativieren, dass es im Implementierungsprozess und nach Ende der Ratspräsidentschaft möglich wäre, wieder nationale Interessen klarer zu formulieren und europäische Regelungsvorschriften zu entschärfen. So lautete die Kompromissformel für die von der Kommission geforderte eigentumsrechtliche Entflechtung der Konzerne in den Schlussfolgerungen: Der Europäische Rat „*stimmt unter Berücksichtigung der Besonderheiten des Erdgas- und Elektrizitätssektors und der nationalen und regionalen Märkte darin überein, dass Folgendes sichergestellt werden muss: – die wirksame Trennung der Versorgung und Erzeugung vom Betrieb der Netze (Entflechtung) auf der Grundlage unabhängig organisierter und angemessen regulierter Strukturen für den Netzbetrieb, die einen gleichberechtigten und offenen Zugang zu Transportinfrastrukturen und die Unabhängigkeit von Entscheidungen über Infrastrukturinvestitionen garantieren*" (Rat der Europäischen Union 2007a: 16). Die amtierende Ratspräsidentschaft hatte sich redlich darum bemüht, „*eigentumsrechtliche*" durch „*wirksame*" Entflechtung zu ersetzen und den Handlungsauftrag so weit zu relativieren, wie dies nur möglich erschien. Auch die Nennung eines Zieljahres für die Vollendung des Binnenmarktes wurde durch den Einfluss einer Reihe von Regierungen vermieden (Sauter/Grashof 2007: 267). Die Fallstudie zum Strombinnenmarkt wird die Folgen dieser offenen Formulierung später näher erläutern. Dennoch bleibt festzuhalten, dass die Kommission im Bereich der Binnenmarktpolitik einen Teilerfolg gegenüber einer zunächst unbeweglich erscheinenden Ratspräsidentschaft erzielt hatte.

Während die deutsche Ratspräsidentschaft im Bereich der Energiebinnenmarktpolitik zumindest kleinere Abweichungen an ihren Vorstellungen für die weitere Entwicklung des Politikfelds hinnehmen musste, konnte sie sich bei den beiden verbleibenden Themen Energieeffizienz und erneuerbare Energien nahezu auf ganzer Linie durchsetzen. Energieeffizienz und Energieeinsparung sollten laut dem Arbeitsprogramm der Bundesregierung eine wichtige Stellung im Gesamtkonzept der EU-Energiepolitik einnehmen, ohne jedoch komplett neue regulatorische Maßnahmen auf EU-Ebene mit entsprechenden Wirkungen für die Mitgliedstaaten hinnehmen zu müssen. In den Schlussfolgerungen des Europäischen Rates wird der Erfolg dieser Strategie reflektiert. Das Thema Energieeffizienz wird auf deklaratorischer Ebene in seiner Bedeutung für Energieversorgungssicherheit und Umweltverträglichkeit zwar hervorgehoben und mit einem Richtwert verknüpft. Dessen Berechnungsgrundlage (und damit auch seine Überprüfbarkeit) und die Instrumente zur Implementierung bleiben jedoch vage. So werden zwar die einzelnen Sektoren benannt, in denen weitere Maßnahmen ergriffen werden sollen, eine Spezifizierung oder ein klarer Auftrag an die Kommission blieb jedoch aus. Stattdessen wurde die Kommission lediglich dazu aufgefordert, „Vorschläge vorzulegen, damit strengere Energieeffizienzanforderungen für Büro- und Straßenbeleuchtung bis 2008 und für Glühlampen und sonstige Arten von Beleuchtung in Privathaushalten bis 2009 festgelegt werden können" (Rat der Europäischen Union 2007a: 20). Auf die zahlreichen Initiativen der Kommission, die sich im „Aktionsplan für Energieeffizienz" vom November 2006 finden, wird hingegen nicht konkret eingegangen. Für die Bundesregierung entsprach dies dem erhofften Ergebnis: Thematisierung des Politikbereichs, ohne dabei Widerstände bei einzelnen Gruppen von Akteuren durch die Ankündigung weiterer Regulierung hervorzurufen. Der Policy-Input wurde aufgenommen, ohne einen unmittelbaren Policy-Output zu generieren.

Wie blass das Ergebnis des Gipfels im Bereich Energieeffizienz blieb, wird erst im Vergleich mit den Detailregelungen für die Erneuerbare-Energien-Politik deutlich. Hier konnte, wie bereits beschrieben, letztlich sogar ein verbindliches Gesamtziel für den Anteil der erneuerbaren Energien am Gesamtenergieverbrauch in Höhe von 20 Prozent und von Biokraftstoffen im Verkehrssektor in Höhe von 10 Prozent festgelegt werden. Doch nicht nur die Verbindlichkeit der Zielsetzung, sondern auch der konkrete Handlungsauftrag für die Kommission darf erstaunen. So wurde durch die Aufforderung zur Vorlage einer Richtlinie mit nationalen Einzelzielen dem Gesetzgebungsprozess bereits vorgegriffen.

Gleichzeitig konnte der Subsidiaritätsgrundsatz gewahrt werden und so den Mitgliedstaaten die Entscheidung über die Nutzung unterschiedlicher Instrumente übertragen werden. Vergleicht man die Ratsschlussfolgerungen mit den Positionspapieren der Bundesregierung, so werden die Gemeinsamkeiten unmittelbar augenfällig. Zum einen hatte die Bundesregierung eine klare Zielfestlegung im Bereich des Ausbaus erneuerbarer Energien gefordert, ohne dabei jedoch die Struktur der nationalen Fördersysteme anzurühren. Zum anderen wurde mit einer Festlegung für eine Biokraftstoffquote ebenfalls ein politisches Ziel der Bundesregierung (und des Bundesrates) verankert, das ebenfalls den deutschen Vorstellungen entsprach.

Die Ergebnisse im Bereich der Erneuerbare-Energien-Politik waren einem erfolgreichen Verhandlungsmanagement geschuldet. Frankreich und die mittel- und osteuropäischen Mitgliedstaaten konnten durch einen Querverweis auf die Rolle der Kernenergie im Kapitel zu Energietechnologien zufrieden gestellt werden.[36] Die Tatsache, dass das Europäische Parlament ebenfalls ehrgeizige (noch höhere) Ziele für den Anteil erneuerbarer Energien bis 2020 gefordert hatte, dürfte sich ebenfalls positiv auf die Möglichkeiten einer solchen Zielfestlegung ausgewirkt haben (vgl. Sauter/Grashof 2007: 272–274).

Einen umfangreichen Maßnahmenkatalog formulierte der Europäische Rat in der Anlage zu den Schlussfolgerungen unter dem Titel „Energieaktionsplan 2007-2009". In fünf übergeordneten Bereichen wird darin jeweils eine Liste mit Arbeitsaufträgen an die Kommission formuliert.[37] Für die Fallstudien in Kapitel V ergibt sich aus dem Energieaktionsplan bereits eine Reihe von strukturprägenden Faktoren für den weiteren Verlauf der Politikgestaltungsprozesse, die hier noch einmal zusammenfassend wiedergegeben werden:

---

36   So wird auf die „unterschiedlichen Ausgangslagen und Möglichkeiten, einschließlich des bestehenden Anteils erneuerbarer Energien und des bestehenden Energiemixes (siehe Nummern 10 und 11)" verwiesen. Unter diesen beiden Ziffern findet sich ein Hinweis auf die Bedeutung der Technologien zur Abscheidung und Speicherung von CO2-Emissionen (CCS) bei Kohlekraftwerken und Industrieanlagen sowie eine Berücksichtigung der Kernenergie für Klimaschutz und Energieversorgungssicherheit unter Bezugnahme auf die nationale Entscheidung über den Energiemix.

37   Der Energieaktionsplan 2007-2009 umfasst folgende fünf Bereiche: 1. Erdgas- und Elektrizitätsbinnenmarkt, 2. Versorgungssicherheit, 3. Internationale Energiepolitik, 4. Energieeffizienz und erneuerbare Energien, 5. Energietechnologien. Eingehendere Analysen zu den Inhalten und deren Implementierung wurden im Rahmen eines Forschungsprojekts des Instituts für Europäische Politik (IEP) unter dem Titel „EU Energy Policy Monitoring" aufgearbeitet. Online verfügbar: http://energy.iep-berlin.de (Stand: 18.01.2013).

1. Strombinnenmarkt: Der Europäische Rat nimmt vom Binnenmarktbericht der Kommission Kenntnis und formuliert das Ziel, „den Wettbewerb zu stärken, eine wirksame Regulierung zu gewährleisten und Investitionen zum Nutzen der Verbraucher zu fördern" (Rat der Europäischen Union 2007a: 16–17). Die weitere Umsetzung der Binnenmarktrichtlinien wird ebenso angemahnt wie ein investitionsfreundlicher Regulierungsrahmen. Zudem soll eine „wirksame Trennung der Versorgung und Erzeugung vom Betrieb der Netze (Entflechtung) auf der Grundlage unabhängig organisierter und angemessen regulierter Strukturen für den Netzbetrieb" vorgenommen werden. Auch im Rahmen der Regulierung soll eine Harmonisierung vorgenommen werden. Verbunden wird dies mit einem relativierten Handlungsauftrag: „Der Europäische Rat fordert die Kommission auf, entsprechende Vorschläge – gegebenenfalls auch zur Weiterentwicklung geltender Rechtsvorschriften – zu unterbreiten" (ebd.).

2. Klimaschutz und Emissionshandel: Mit der Festlegung quantitativer Ziele für den Klimaschutz findet sich ein klarer Arbeitsauftrag in den Schlussfolgerungen. Die Umsetzung des neuen Emissionsziels für 2020 und die Überprüfung plus eine eventuelle Ausweiterung des EU-Emissionshandelssystems standen dabei im Mittelpunkt.

3. Erneuerbare Energien: Hier formuliert der Europäische Rat „ein verbindliches Ziel in Höhe von 20 % für den Anteil erneuerbarer Energien am Gesamtenergieverbrauch der EU bis 2020" sowie „ein in kosteneffizienter Weise einzuführendes verbindliches Mindestziel in Höhe von 10 % für den Anteil von Biokraftstoffen am gesamten verkehrsbedingten Benzin- und Dieselverbrauch in der EU bis 2020, das von allen Mitgliedstaaten erreicht werden muss" (ebd.: 20–22). Ergänzt wird das Biokraftstoffziel durch den Zusatz, dass die Verbindlichkeit nur dann angemessen sei, wenn diese nachhaltig erzeugt würden, eine zweite Generation von Biokraftstoffen kommerziell zur Verfügung stehe und die Richtlinie über Kraftstoffqualität überprüft werde. Auch für die rechtliche Umsetzung auf EU-Ebene wurden bereits enge Vorgaben formuliert. So „könnte" die Kommission noch 2007 einen Vorschlag ausarbeiten, der nationale Gesamtziele für die Mitgliedstaaten formuliert, die jedoch den „unterschiedlichen Ausgangslagen und Möglichkeiten, einschließlich des bestehenden Anteils erneuerbarer Energien und des bestehenden Energiemixes [...] Rechnung trägt [...], wobei es den Mitgliedstaten überlassen bleibt, nationale Ziele für jeden speziellen Sektor der erneuerbaren Energien (Elektrizität, Wärme- und Kälteerzeugung, Biokraftstoffe) zu beschließen, sofern die Mindestziele für Biokraftstoffe in jedem Mitgliedstaat erreicht werden." Weiterhin wird als Teil des Vorschlags von den Mitgliedstaaten die Vorlage nationaler Aktionspläne „mit bereichsbezogenen Zielen und Maßnahmen für deren Erreichung" angeregt (ebd.). Der Europäische Rat hat damit

innerhalb des Agenda-Setting-Prozesses bereits wesentliche Elemente des späteren Kommissionsvorschlags vorweggenommen.

Die Beschlüsse des Europäischen Rates zur integrierten Klima- und Energiepolitik erscheinen im Vergleich mit anderen Entscheidungen auf der Ebene der Staats- und Regierungschefs ausgesprochen detailliert. Insbesondere die Festlegung auf quantitative Ziele in den Bereichen Klimaschutz, erneuerbare Energien und Energieeffizienz, die später unter dem Titel „20-20-20-Strategie" Einzug in die Fachliteratur hielten, sollten eine starke Lenkungswirkung entfalten. Mit der Selbstverpflichtung des Europäischen Rates, das Konzept künftig regelmäßig zu überprüfen und jährlich einen Analyse vorzunehmen sowie der Aufforderung an die Kommission, „[…] Anfang 2009 eine aktualisierte Überprüfung der Energiestrategie vorzulegen, die als Grundlage für den neuen energiepolitischen Aktionsplan für die Zeit nach 2010 dienen wird […]", strukturierte der Europäische Rat das Vorgehen in diesem Politikfeld über mehrere Jahre hinweg (ebd.: 14).

2.3 Zusammenfassung

Ein kursorischer Vergleich des deutschen Arbeitsprogramms für die EU-Ratspräsidentschaft im ersten Halbjahr 2007 mit den Schlussfolgerungen des Europäischen Rates vom März 2007 weist eine große Schnittmenge auf. Mit den verbindlichen Zielsetzungen im Bereich Klimaschutz und erneuerbare Energien wurden zwei zentrale Aspekte erfolgreich in das EU-Programm integriert. Zudem konnte eine Schwerpunktsetzung bei den Themen Energieeffizienz, internationale Energiepolitik und Energietechnologiepolitik zumindest auf deklaratorischer Ebene erfolgen. Bundesumweltminister Sigmar Gabriel schreibt in seinem Vorwort zur umweltpolitischen Bilanz der beiden deutschen Präsidentschaften 2007 daher nicht ohne Stolz: „Meine Bilanz der beiden Präsidentschaften: Wir haben es in diesem Jahr geschafft, unserem Ruf als umweltpolitische Vorreiter in der EU und der G8 gerecht zu werden" (BMU 2008a: 4).

Eine zentrale Fragestellung der vorliegenden Untersuchung bezieht sich auf die Rolle Deutschlands bei der Gestaltung der EU-Energie- und Klimapolitik. Wir haben einleitend das Multiple-Streams-Modell als hilfreichen Zugang für die Analyse identifiziert und den Aufbau der entsprechenden Unterkapitel an den Grundannahmen des Ansatzes ausgerichtet. Auf der Ebene des Problemstroms wurden drei zentrale Entwicklungen identifiziert, die ins Zentrum der Medienberichterstattung rückten und die jeweils vorrangig national ausgerichtete Öffentlichkeit in den Mitgliedstaaten in ihrer Problemwahrnehmung beeinflussten. Einzelne „focusing events" im Vorfeld des März-Gipfels trugen dazu bei, dass eine erhöhte Problemsensitivität, wenn auch mit unterschiedlicher Intensität zu den Einzelthemen, vorlag. Im Mittelpunkt standen die Bereiche Energieversorgungssicherheit, Energiepreisentwicklung und allem voran die Folgen des anthropogenen Klimawandels, dessen Wahrnehmung als gesellschaftlich zu bearbeitendes Problem insbesondere in der deutschen Öffentlichkeit auf fruchtbaren Boden fiel. Der Policy-Strom beinhaltete im Verlauf der Jahre 2006/2007 eine Reihe unterschiedlicher Konzepte, die insbesondere von der EU-Kommission und der deutschen Bundesregierung in den Prozess eingespeist wurden. Die größte Einigkeit bestand auf einer konzeptionellen Ebene: Die Integration der beiden Politikfelder Energie und Klima sowie die Bedeutung quantitativer Zielsetzungen auf EU-Ebene wurden von beiden Akteuren präferiert. Auch eine Reform des Emissionshandelssystems galt als *„common sense"*. Differenzen bestanden vor allem hinsichtlich der Themen Erneuerbare-Energien-Politik, Binnenmarkt und Energieeffizienz. Während die Bundesregierung bei den erneuerbaren Energien eine für die Mitgliedstaaten verbindliche europäische Festlegung ohne Einfluss auf die Struktur nationaler Fördersysteme forderte, favorisierte die Kommission insbesondere eine binnenmarktkonforme Ausgestaltung der letzteren. Auch verbindliche Konzepte für den Bereich Energieeffizienz und eine Überarbeitung der Binnenmarktgesetzgebung, unter anderem mit dem Schwerpunkt Entflechtung, war für die Kommission entscheidend, um auf allen drei Problemebenen Fortschritte zu erzielen. Abseits deklaratorischer Bekenntnisse, lag beides nicht im Kerninteresse der Bundesregierung. Die anderen Regierungen hielten sich zu diesem Zeitpunkt mit konkreten Lösungsansätzen zurück. Schließlich fanden sich auch auf dem Politics-Strom relevante Verschiebungen im Vorfeld des März-Gipfels 2007. Zu nennen ist hier vor allem das Bedürfnis nahezu aller Akteure, einen neuen Anschub für das Integrationsprojekt zu formulieren. Die EU-Osterweiterung hat die Anzahl der an einer stärker harmonisierten Energiepolitik orientierten Akteure deutlich erhöht, wenn auch mit einem starken Fokus auf Energiesicherheit und Energiesolidarität. Schließlich darf auf dieser Ebene auch nicht unterschätzt werden, dass der Erfolgsdruck auf Seiten der Bundesregierung ein generell kooperatives Verhalten von einem bis dahin eher defensiven Akteur beförderte. Mit der deutschen EU-Ratspräsidentschaft öffnete sich in diesem Zusammenhang auch ein notwendiges *„window of opportunity"*, das allerdings in den Jahren zuvor durch die Vorarbeiten der britischen und österreichischen Präsidentschaften sowie die kontinuierliche Arbeit der EU-Kommission als solches markiert worden war.

Nach diesem inhaltlichen und temporalen Überblick stellt sich die Frage, wer als der entscheidende *„policy entrepreneuer"* auftrat und wie eine Verkopplung der unterschiedlichen Ströme zustande kam. Blickt man auf die Entwicklungen im Policy-Strom, so wird deutlich, dass nur zwei Akteure tatsächlich in der Lage waren, Probleme, Lösungen und das politische Umfeld zusammenzubringen: Die deutsche Bundesregierung und die EU-Kommission. Während die

Kommission als kollektiver Akteur weitgehend kohärent auftrat und die Verknüpfung der Themen Binnenmarkt, Klimapolitik und Energiesicherheit auf EU-Ebene bereits seit Jahren propagierte (Jegen/Mérand 2014: 189), trat Deutschland erst relativ spät innerhalb des Prozesses als Akteur in Erscheinung. Innerhalb der Bundesregierung war es vor allem das BMU, das inhaltliche Impulse setzte und in der Endphase der Koordinierung den Stab an die Bundeskanzlerin übergab. Das BMWi als zweites zentrales Ministerium war vorrangig damit beschäftigt, die Kommission im Bereich des Energiebinnenmarktes auszubremsen. Die besondere Leistung des BMU bestand darin, das deutsche Konzept einer „ökologischen Industriepolitik" auf EU-Ebene zu installieren und über das omnipräsente Thema Klimaschutz auch der Erneuerbare-Energien-Politik eine prominente Stellung einzuräumen. Diese Verknüpfung klimapolitischer mit energiepolitischen Fragestellungen entsprach den Vorstellungen der Kommission weitgehend, wurde übernommen und schließlich durch das Engagement von Kommissionspräsident Barroso und Bundeskanzlerin Merkel im Europäischen Rat in den Gesamtrahmen eingebaut. Für die Festlegung der in weiten Teilen zunächst eher „symbolischen" Agenda konnte die gewachsene Medienaufmerksamkeit, die insbesondere dem Thema Klimaschutz im Jahr 2007 zukam, erfolgreich genutzt werden (vgl. Tresch/Sciarini/Varone 2013). Mit Blick auf die besonderen Rahmenbedingungen des Frühjahrs 2007 stellt sich allerdings auch die Frage, ob es sich bei den Entscheidungen des Europäischen Rates um einen grundsätzlichen Paradigmenwandel oder um ein einmaliges Ereignis gehandelt hat (Sauter/Grashof 2007: 280). Eine Antwort auf diese Frage lässt sich allerdings erst nach einer Betrachtung der Entwicklungen in den Folgejahren geben.

Die Rolle der Bundesregierung als politische Unternehmerin auf dem Gipfel selbst zeichnete sich vor allem durch eine Kompromissfindung unter den Bedingungen der Einstimmigkeit aus. Nach Tsebelis existieren drei unterschiedliche Wege, um eine Lösung unter diesem Entscheidungsmodus zu erwirken: Kompromiss (Festlegung einer Zwischenposition), Kompensation (auch in anderen Politikbereichen) und Eliminierung strittiger Punkte (vgl. Tsebelis 2013). Eine klassische Kompromissfindung wurde insbesondere bei den Zielsetzungen im Klimaschutz vollzogen. Als Kompensation könnte die Erwähnung der Kernenergie im Gegenzug zur Festlegung von Erneuerbare-Energien-Zielen aufgefasst werden. Besonders interessant erscheint jedoch der dritte Modus, die Eliminierung strittiger Punkte. Tsebelis merkt dazu an: *„one important method of building this bridge* [zwischen Einstimmigkeit und qualifizierter Mehrheitsentscheidung, S.F.] *is to eliminate the areas of disagreement through increasing imprecision, so that different actors can increase their discretion of implementation"* (ebd.: 1099). Wie im Rahmen der Fallstudien noch zu zeigen wird, war die jeweilige Genauigkeit der einzelnen Festlegungen von großer Bedeutung für den sich anschließenden Gesetzgebungs- und Implementierungsprozess. So standen erhebliche Konflikte in den Bereichen Binnenmarkt und Klimaschutz bevor, während der frühzeitig und detailliert geregelte Bereich der Erneuerbare-Energien-Politik wenig Anlass für Kontroversen bot.

Neben den Aspekten der Kompensation und Verlagerung erwies sich ein zweites Element als entscheidend für den Agenda-Setting-Prozess: Das Verhandeln unter den Bedingungen von Unsicherheit und das hohe Ausmaß an Ambiguität, das den Beschlüssen innewohnte. Unsicherheit über die Auswirkungen der Entscheidungen herrschte insbesondere bei den neuen Mitgliedstaaten aus Mittel- und Osteuropa vor, traf aber in Teilen auch auf die anderen Mitgliedstaaten zu. Ursache hierfür war in erster Linie die mangelnde Erfahrung mit der Wirkung umweltpolitischer Instrumente auf ihre nationale Energiepolitik. So lagen zu diesem Zeitpunkt kaum makroökonomische Analysen vor, die den Staats- und Regierungschefs Einblicke in die Folgen ihrer Entscheidung auf nationaler Ebene gegeben hätten. Die Kommission hatte in ihren Folgeabschätzungen ganz bewusst lediglich gesamteuropäische Analysen vorgelegt (Interview H 2014). Auch gab es nahezu keine Diskussionen innerhalb der Mitgliedstaaten über die Grundsatzfrage, welche Themen vorrangig auf EU-Ebene bearbeitet werden sollten und welche weiterhin im nationalen Kontext gelöst werden konnten. Die für Regierungen oftmals entscheidende Wahrnehmung der innenpolitischen Wirkung fiel weitgehend aus (Dröge/Geden 2007: 48–49).

Verbunden mit diesen Beobachtungen betonen Maya Jegen und Frédéric Mérand (Jegen/Mérand 2014) in einem hervorragenden Beitrag zur Entwicklung der EU-Energiepolitik einen weiteren Aspekt, der den Entscheidungen des Europäischen Rates innewohnte: *„In contrast to these experiences* [der Liberalisierung in den 1990er Jahren, S.F.], *the Commission's current strategy relies on ambiguity, as it links energy and environment, liberalization and external relations. This was necessary to placate audiences as diverse as public utilities, conservative politicians and Green activists"* (ebd.: 192). Diesem Konzept, das die Autoren als „konstruktive Ambiguität" bezeichnen, war der Erfolg des März-Gipfels ganz wesentlich geschuldet. Damit wird eine Strategie beschrieben, die sowohl durch die Bundesregierung als auch durch die EU-Kommission bewusst verfolgt wurde. Auf diese Weise lassen sich auch die zahlreichen Prüfaufträge des Energieaktionsplans zu den Themen Energiesolidarität und Energieversorgungssicherheit verstehen, zu deren tatsächlicher Umsetzung bei einer Mehrheit der Regierungen, unter anderem der deutschen, kein Interesse bestand. Auch die Weiterentwicklung des Binnenmarktes war aus deutscher Sicht für die Beschlussfassung eher von symbolischer Bedeutung. Ohne diese Aspekte wäre es aber gleichzeitig nicht gelungen, die zentralen Zielsetzungen im Bereich Klimaschutz und erneuerbare Energien zu formulieren. Dass es sich bei dieser Form „konstruktiver Ambiguität" ohne eine institutionelle Verankerung in allen genannten Bereichen allerdings nicht um ein dauerhaft erfolgreiches Politikformulierungskonzept handelt, sollte sich im Verlauf der Folgejahre noch zeigen. Bevor wir auf diesen Prozess im Abschlusskapitel näher eingehen, blicken wir zunächst auf die Auswirkungen der EU-Strategieformulierung im Rahmen der nationalen Politikgestaltung des *„policy entrepreneurs"* Deutschland.

3 Der Einfluss der Entscheidungen des Europäischen Rates auf die nationale Strategieformulierung in Deutschland

„Mama Europa", „Die Gipfelkönigin" oder schlicht „In der Gunst des Klimas" – die Rolle der deutschen Bundeskanzlerin beim Gipfel des Europäischen Rates vom März 2007 wurde in den deutschen Medien überwiegend positiv aufgenommen (Ehrlich 2007; Volkery 2007; Winter 2007b). Die Bundeskanzlerin erntete für ihre Verhandlungsführung und die Zwischenergebnisse ihrer Präsidentschaft parteiübergreifend Anerkennung.[38] Selbst die Opposition im Deutschen Bundestag hatte nur wenig an den EU-Beschlüssen auszusetzen. Insofern wirkte das Verhandlungsergebnis in der deutschen Öffentlichkeit auf doppelte Weise: Es bestätigte einerseits, auch aufgrund einer medial hervorragend gesteuerten Dramaturgie der Ereignisse in Brüssel, dass Angela Merkel als „Brokerin" eines europäischen Kompromisses eine herausragende Rolle gespielt hatte. Andererseits wurde Europa selbst durch das über die Medien vermittelte Wechselspiel zwischen EU-Politik und nationaler Öffentlichkeit in ein positives Licht gerückt. Die scheinbar handfesten Ergebnisse in der Energie- und Klimapolitik hatten insofern eine identitätsstiftende Wirkung für die EU (Dröge/Geden 2007: 52). Diese positive Rückkopplung sollte auch nicht ohne Auswirkungen auf die deutsche Politik bleiben. In diesem Zusammenhang erscheint nun interessant zu hinterfragen, wie die Beschlüsse auf EU-Ebene die nationale Strategieformulierung in Deutschland beeinflussten und welche Schwerpunkte in der nationalen Energie- und Klimapolitik noch im Verlauf des Jahres 2007 gesetzt wurden.

3.1 Die Regierungserklärung im April 2007

Die Beschlüsse in der EU zeigten ihre Wirkung auf nationaler Ebene zum ersten Mal in der Regierungserklärung, die Bundesumweltminister Gabriel am 26. April 2007 vor dem Bundestag hielt. Darin argumentiert Gabriel:

---

38 An dieser Stelle sei insbesondere auf die Plenardebatte im Vorfeld des Gipfels am 01.03.2007 und auf die Aussprache zur Regierungserklärung am 26.04.2007 verwiesen (Deutscher Bundestag 2007a und 2007c).

„[…] die Staats- und Regierungschefs haben unter Führung der Bundeskanzlerin einen wirklich historischen Beschluss der EU über die zukünftige Klimapolitik gefasst. Mit diesem historischen Beschluss wird mit der Integration von Energie- und Klimapolitik erstmals Ernst gemacht und werden ambitionierte Klimaschutzziele mit weitreichenden Maßnahmen verknüpft". Ferner führt Gabriel aus: „Tatsächlich bedeutet die Umsetzung der europäischen Klimaschutzziele nichts weniger als den grundlegenden Umbau der Industriegesellschaft. […] Nur mit einer ambitionierten Steigerung der Energieeffizienz und einem massiven Ausbau der erneuerbaren Energien können wir die Klimaschutzziele erreichen" (Deutscher Bundestag 2007c: 9478).

Neben der Würdigung des EU-Beschlusses nahm Gabriel im weiteren Verlauf der Rede auf die (konditionierte) Entscheidung zu einem Klimaziel der EU in Höhe von 30 Prozent bis 2020 Bezug und erklärte diese zur Grundlage für eine mögliche Änderung des nationalen Klimaziels. In Deutschland müsse nunmehr eine Erhöhung des Treibhausgasminderungsziels von 40 Prozent bis 2020 in Betracht gezogen werden. Dies ergebe sich jedoch nicht nur aus den Beschlüssen des Europäischen Rates, sondern auch aus dem Abschlussbericht der Enquete-Kommission „Vorsorge zum Schutz der Erdatmosphäre", die ebenfalls ein 40 Prozent-Ziel für Deutschland empfohlen habe. Interessanterweise thematisierte Gabriel dieses neue Klimaziel in der Regierungserklärung, ohne aber eine Entscheidung der Bundesregierung diesbezüglich zu verkünden. Formal hielt die Bundesregierung weiterhin an ihrem unilateralen nationalen Ziel in Höhe von 30 Prozent bist 2020 fest. Die Nennung des deutlich höheren Ziels von 40 Prozent führte in der folgenden Aussprache jedoch auch zu keinerlei kontroversen Auseinandersetzungen zwischen den Fraktionen, wie das deutsche Klimaziel denn letztlich ausgestaltet sei. Vielmehr kommentierte der Bundestagsabgeordnete und spätere Bremer Umweltsenator Reinhard Loske von der Fraktion Bündnis 90/Die Grünen die Entwicklung mit den Worten: „Man hat heutzutage manchmal den Eindruck: Es gibt in Deutschland keine Parteien mehr; es gibt nur noch Klimaschützer. Wenn es so wäre, wäre das auch gut; darüber gäbe es gar nichts zu klagen" (ebd.: 9498). Diese Wahrnehmung resultierte ganz wesentlich aus einer klimapolitisch generell positiven Grundstimmung im Deutschen Bundestag, der, wie bereits erwähnt, noch im Jahr 2006 ein unilaterales deutsches Klimaziel in Höhe von 40 Prozent bis 2020 gefordert hatte.

Mit Blick auf die Zielsetzungen im Bereich der erneuerbaren Energien und der Energieeffizienz wurden in der Regierungserklärung von Gabriel neue Wegmarken in Aussicht gestellt. Die Energieeffizienz müsse mit Blick auf die Klimaziele jährlich um drei Prozent statt bislang um lediglich einen Prozentpunkt steigen. Bei den erneuerbaren Energien sei „*auf Basis europäischer und deutscher Gutachten der deutsche Anteil auf 16 Prozent [am Primärenergiebedarf]*" bis 2020 zu erhöhen (ebd.: 9481). Im Stromsektor könnten 27 Prozent, statt der bisher vorgesehenen 20 Prozent, erreicht werden. Im Bereich der Wärme- und Kälteversorgung sollte mindestens zwölf Prozent zum Ziel gesetzt werden. Zusätzlich wird im Maßnahmenkatalog eine Erhöhung des Biokraftstoffanteils auf 17 Prozent in Aussicht gestellt (ebd.: 9479) – eine erstaunliche Übererfüllung der beim Europäischen Rat beschlossenen gleichmäßigen Vorgabe von 10 Prozent für jeden Mitgliedstaat.

Umweltminister Gabriel kündigte neben der Anpassung der Zielsetzungen auch die Erarbeitung eines Klimaschutzprogramms für das Jahr 2020 an, das in acht Maßnahmenbereichen greifen sollte:

1. Reduktion des Stromverbrauchs um 11 Prozent durch Steigerung der Energieeffizienz.
2. Erneuerung des Kraftwerksparks durch effiziente Kraftwerke.
3. Steigerung des Anteils erneuerbarer Energien im Stromsektor auf 27 Prozent.
4. Verdopplung der Kraft-Wärme-Kopplung auf einen Anteil von 25 Prozent.
5. Reduzierung des Energieverbrauchs im Gebäudesektor.
6. Steigerung des Anteils erneuerbarer Energien im Wärmesektor auf 14 Prozent.
7. Steigerung der Effizienz im Verkehr und Steigerung des Anteils der Biokraftstoffe auf 17 Prozent.
8. Reduktion der Emissionen von anderen Treibhausgasen.

In den Ausführungen zu den einzelnen Punkten nahm Gabriel deutlichen Bezug zu den EU-Entscheidungen, etwa mit Blick auf die Zielsetzungen im Klimaschutz, bei der Energieeffizienz oder im Bereich der erneuerbaren Energien. Hinsichtlich der Instrumente wurden nur die Rolle des Emissionshandels sowie Einzelmaßnahmen bei der Energieeffizienz auf EU-Ebene genannt. Besondere Aufmerksamkeit schenkte er zudem Forschung und Entwicklung im Bereich der CCS-Technologie, die eine weitere Nutzung von Kohlekraftwerken auch unter strengen Klimazielen rechtfertigen sollte. Ein Dissens unter den Koalitionsfraktionen bestand traditionell lediglich hinsichtlich der Rolle der Atomenergie, die aber ohnehin aus dem Programm ausgeklammert bleiben sollte.[39]

Von Beginn an wurde also von Seiten der Bundesregierung deutlich gemacht, dass nur einzelne Bestandteile der EU-Strategie auch direkten Einfluss auf die nationale Strategieformulierung haben sollten. Dazu zählten der Klimaschutz, die erneuerbaren Energien in allen Anwendungsbereichen, die Energieef-

---

39 Auch in der Medienberichterstattung wurde die Rolle der Atomenergie immer wieder als Dissens zwischen den Fraktionen dargestellt. Aus Sicht vieler Beobachter dienten die Klimaschutzvorgaben der CDU/CSU-Fraktion lediglich als Begründung, den Atomausstiegsbeschluss der Vorgängerregierung auszuhebeln (Jung/Nelles/Neubacher/u. a. 2007).

fizienz und schließlich auch die Energieforschung im Bereich der CCS-Technologie. Keine Erwähnung fanden die von anderen Akteuren in der EU forcierten Themen Binnenmarkt, Versorgungssicherheit und Energieaußenpolitik. Die Bezugnahme auf die europäischen Beschlüsse erfolgte also lediglich selektiv an den Stellen, an denen diese eine Anpassung nationaler Zielwerte im Bereich der Klima- und Umweltpolitik unterstützten.

3.2 Die Meseberg-Beschlüsse und das „Integrierte Energie- und Klimaprogramm" der Großen Koalition

Der G8-Gipfel unter deutscher Präsidentschaft im Juni 2007 stellte neben der EU-Präsidentschaft den zweiten großen außenpolitischen Bezugspunkt für die Bundesregierung in dieser wichtigen Phase dar. Auch hier sollte die Klimapolitik eine zentrale Rolle spielen. So müssen die Regierungserklärung und die einsetzende Debatte über eine Anhebung des deutschen Klimaziels im April 2007 auch in diesem Zusammenhang als unilaterale Vorleistung für einen Erfolg in dieser Arena gesehen werden. Ohne auf die Details des G8-Gipfels eingehen zu wollen, kann festgehalten werden, dass auch dieser als Erfolg deutscher Diplomatie gewertet wurde. Obwohl keine klaren Verpflichtungen für den internationalen Klimaschutz festgehalten wurden, konnte die US-amerikanische Regierung unter George W. Bush zumindest zu einem Bekenntnis gegenüber dem weiteren Festhalten am UN-Klimaprozess mit dem Ziel eines vorläufigen Abschlusses der Verhandlungen im Jahr 2009 gewonnen werden.[40] Mit Blick auf die Positionierung der weltweit größten Emittenten war dies bereits als Erfolg zu werten. Die Vereinbarung zur Fortsetzung des Verhandlungsprozesses und das Bekenntnis zur internationalen Klimapolitik schrieb die Bundesregierung in der innenpolitischen Debatte unter anderem der Vorbildfunktion infolge der eigenen Vorleistungen auf dem EU-Gipfel und der Formulierung eines nationalen Klimaschutzprogramms sowie der daraus resultierenden Glaubwürdigkeit zu, die Deutschland als Partner in die Debatte eingebracht habe.

Die unverändert hohe Aufmerksamkeit, die dem Klimaschutz im Jahr 2007 zu Teil wurde, sowie die erfolgreichen Entscheidungen auf G8- und EU-Ebene veran-

---

40 So heißt es in den Schlussfolgerungen: „[…] we will consider seriously the decisions made by the European Union, Canada and Japan which include at least a halving of global emissions by 2050. […] We are committed to moving forward in that forum and call on all parties to actively and constructively participate in the UN Climate Change Conference in Indonesia in December 2007 with a view to achieving a comprehensive post 2012-agreement (post Kyoto-agreement) that should include all major emitters. To address the urgent challenge of climate change, it is vital that the major emitting countries agree on a detailed contribution for a new global framework by the end of 2008 which would contribute to a global agreement under the UNFCCC by 2009" (G8 2007: 2).

lassten die Bundesregierung dazu, nun auch ihre Kabinettsklausur am 23./24. August 2007 im brandenburgischen Meseberg vorrangig mit diesem Thema zu befassen. Drei weitere Faktoren spielten zudem eine wichtige Rolle für die weitere Bearbeitung der Thematik: Erstens stand die Umsetzung einer Reihe von Arbeitsaufträgen aus dem Koalitionsvertrag weiterhin aus. Dies betraf vor allem Gesetzesnovellen in den Bereichen erneuerbare Energien und Energieeffizienz. Zweitens schien die Energie- und Klimapolitik – abseits des Themas Atomenergie – ein weitgehend konsensfähiger Politikbereich in der Koalition zu sein und versprach daher ohne größere Konflikte vorzeigbare Ergebnisse zu erbringen. Drittens hatte auch der von der Bundeskanzlerin initiierte „Dritte Energiegipfel" mit der deutschen Energiewirtschaft am 3. Juli 2007 eine weitreichende, wenn auch nicht enthusiastische Zustimmung wichtiger Akteure außerhalb der Politik zum Strategieentwicklungsprozess verdeutlicht. Im Ergebnispapier des Gipfels werden wiederum die zentralen energiepolitischen Ziele Versorgungssicherheit, Wettbewerbsfähigkeit und Umweltverträglichkeit betont (Bundesregierung 2007c). Ein besonderer Schwerpunkt lag jedoch auf der Wettbewerbsfähigkeit des Standortes Deutschland. Auch den Entscheidungen auf EU-Ebene wurde erhebliche Bedeutung zugemessen. So heißt es in der Abschlusserklärung: *„Die Gipfelteilnehmer stellten fest, dass wesentliche energiepolitische Rahmenbedingungen auf europäischer Ebene zu entscheiden seien. Die Bundeskanzlerin betonte, dass sich die Bundesregierung in der EU nachdrücklich für eine schnelle Klärung offener Fragen einsetzen werde (z.B. Fortentwicklung des Emissionshandels, Schaffung von Rahmenbedingungen für die CO2-Abtrennung und –Speicherung, praktikable Lösungen für die Energienetze ohne eigentumsrechtliche Entflechtung)"* (ebd.: 2). Unter der Überschrift *„Wesentliche Handlungsfelder"* wurden eine Reihe europapolitischer Aspekte näher ausgeführt und wie folgt in das Abschlussdokument integriert:

> „Die Bundesregierung wird die Gestaltung der europäischen Rahmenbedingungen aktiv begleiten. Dabei geht es unter anderem um die folgenden Handlungsfelder:
> - Eine faire Lastenverteilung bei der Ableitung nationaler Ziele aus den Beschlüssen des Europäischen Rates vom März 2007.
> - Die Neufassung der CO2-Grenzwerte für PKW. Nach Auffassung von Automobilindustrie und Bundesregierung soll dadurch für 2012 ein europäischer Flottendurchschnitt von 130 g CO2/km für Neuwagen realisiert werden, um im Rahmen eines integrierten Ansatzes eine Emissionsminderung auf 120 g CO2/km zu erreichen.
> - Den auf europäischer Ebene propagierten Ansatz, mehr Wettbewerb in den Versorgungsnetzen durch eigentumsrechtliche Entflechtung der Energieversorger zu erreichen, der für die betroffenen Unternehmen zu unvertretbar hohen Belastungen führen würde. Dieser Ansatz weist eine deutlich zu hohe Eingriffstiefe auf.
> - Die Weiterentwicklung des europäischen Rahmens für den Emissionshandel, um seine Funktionsfähigkeit zu verbessern." (Bundesregierungs 2007c: 5)

Im Vorfeld des Energiegipfels war das Energiewirtschaftliche Institut der Universität zu Köln (EWI) mit der Ausarbeitung von drei Szenarien mit Blick auf das Jahr 2020 beauftragt worden, die sich an den Maßgaben des Koalitionsvertrags orientierten und einen Business-as-usual-Pfad, einen verstärkten Ausbau der erneuerbaren Energien und eine Verlängerung der Laufzeiten von Atomkraftwerken um 20 Jahre mit Blick auf die Kostenentwicklung zur Erreichung der Klimaschutzziele prüften. Erwartungsgemäß unterschied sich die Bewertung der Teilnehmer hinsichtlich der Kostenentwicklung und der Grundannahmen der Szenarien, so dass kein tatsächlicher Erkenntnisgewinn aus diesem Prozess gezogen werden konnte (EWI/Prognos 2007). Er machte vielmehr deutlich, dass die Nutzung der Atomenergie weiterhin ein Thema in der innenpolitischen Debatte sein sollte, das durch die Klimaschutzpläne der Bundesregierung wieder an Bedeutung gewann.

Neben den Ergebnissen des Gipfels erscheint an dieser Stelle auch die Veränderung bei der Zusammensetzung der Dialogpartner des Energiegipfels bemerkenswert. So wurden neben den bisherigen Vertretern von Industrie und Stromwirtschaft nun auch die Branchenvertreter der erneuerbaren Energien und Verbraucherschützer eingeladen. Die Bundesregierung bemühte sich also darum, neue Akteure in die Gestaltung der nationalen Energiepolitik einzubinden, die dem klimapolitisch induzierten Politikpfad grundsätzlich positiv gegenüberstanden. Zuvor hatten sich aber auch auf der anderen Seite des politischen Spektrums, namentlich beim Bundesverband der deutschen Industrie (BDI), Veränderungen vollzogen. Die Gründung der Initiative „Wirtschaft für den Klimaschutz" durch eine Reihe deutscher Technologieunternehmen, die sich für eine Verknüpfung des Industriestandortes Deutschland mit den Erfordernissen des Klimaschutzes einsetzten, belegte, dass sich die Fronten zunehmend auflösten (vgl. Proissl/Mai/Kreimeier 2007). Der BDI bemühte sich zumindest oberflächlich um eine konstruktive Begleitung der Debatte, auch vor dem Hintergrund der sich verändernden gesellschaftlichen Wahrnehmung der Thematik. Deutlich wurde in den Debattenbeiträgen der Wirtschaft aber dennoch der Zusammenhang effektiver nationaler Klimaschutzmaßnahmen mit den Entwicklungen auf europäischer und globaler Ebene. Dabei stieß der strategische Fokus, den die Bundesregierung in der Energiepolitik auf das Thema Emissionsminderung gelegt hatte, in der Industrie durchaus auch auf Vorbehalte. So kritisierte der BASF-Vorstandsvorsitzende Jürgen Hambrecht die „ständig neue[n] unrealistische[n] Vorgaben". E.on-Chef Wulf Bernotat wurde noch deutlicher, indem er kommentierte: „Der Regierung fehlt es an Ausgewogenheit, Vernunft und Realismus. Die Energiepolitik ist eine Anti-Energiepolitik" (zit. nach Jung/Nelles/Neubacher/u. a. 2007).

Die Beschlüsse des Europäischen Rates und der G8-Gipfel, aber auch die innerdeutsche Debatte im Rahmen des Dritten Energiegipfels waren wesentliche

Wegbereiter für die Aufstellung des „Integrierten Energie- und Klimaprogramms" (IEKP) der Bundesregierung, dessen Grundzüge auf der Kabinettsklausur in Meseberg verabschiedet wurden. Ein zentrales Anliegen war die Integration aller Sektoren in ein klimapolitisches Gesamtkonzept und die Benennung der erforderlichen Instrumente (Hierl 2011). Aus dem Eckpunktepapier ergaben sich 29 Einzelmaßnahmen, die von den drei federführenden Ministerien BMU, BMWi und BMVBS unter Beteiligung von BMF, BMELV und AA ausgearbeitet werden sollten (Bundesregierung 2007d). Im Vorgriff auf eine Implementierung der Beschlüsse des Europäischen Rates auf EU-Ebene initiierte die Bundesregierung so auf nationaler Ebene bereits eine Strategieformulierung.

Auf inhaltlicher Ebene erscheint die Tatsache interessant, dass im Eckpunktepapier einmal mehr kein explizites Klimaziel zu finden ist, das darauf hinweisen könnte, in welcher Größenordnung Deutschland versuchen würde, seine Emissionen zu verringern. Stattdessen ging die Bundesregierung abstrakt auf die EU-Ziele ein, um von diesem Standpunkt aus die zu erwartenden Wirkungen der Meseberg-Beschlüsse einzuordnen. In den Beschlüssen zum IEKP heißt es:

„2. Die Umsetzung des Energie- und Klimaprogramms wird so ausgerichtet, dass die Klimaziele in einem kontinuierlichen Prozess bis 2020 erreicht und die erforderlichen Maßnahmen kosteneffizient ausgestaltet werden. Dies wird durch ein alle zwei Jahre durchgeführtes Monitoring überprüft. Auch wird die Bundesregierung eine Folgenabschätzung mit den Kriterien Wirtschaftlichkeit und Wirksamkeit der geplanten Maßnahmen unter Einbeziehung von Wirtschaft, Verbrauchern und Wissenschaft vornehmen.
[…]
6. Das klimapolitisch Notwendige kann und muss so ausgestaltet werden, dass es auch energiepolitisch sinnvoll ist und Wachstum und Beschäftigung Rechnung trägt. Dazu gehört, dass Energiewirtschaft und Industrie verlässliche und wettbewerbsfähige Rahmenbedingungen für ihre Investitionen haben. Gleichzeitig benötigen die Verbraucher kosteneffiziente Lösungen und transparente Rahmenbedingungen für ihre Konsum- und Investitionsentscheidungen.
7. Die Wahl zwischen verschiedenen klimafreundlichen Technologien soll durch staatliche Vorgaben so wenig wie möglich eingeschränkt werden. Von dem Maßnahmenpaket gehen Impulse für Innovationen aus. Die Bundesregierung unterstützt deshalb mit zusätzlichen Mitteln, die im Rahmen der High Tech-Strategie vereinbart worden sind, die Forschung und Entwicklung im Bereich Energietechnologien und Klimaschutz.
[…]
10. Mit den vorgelegten Eckpunkten für ein integriertes Energie- und Klimaprogramm setzt die Bundesregierung die europäischen Richtungsentscheidungen auf nationaler Ebene durch ein konkretes Gesetzgebungs- und Maßnahmenprogramm um. Eine Energie- und Klimapolitik ist nur in dem Maße glaubwürdig, wie ihre ambitionierten Ziele auch durch konkrete Maßnahmen umgesetzt werden. In das Pro-

gramm fließen auch die Ergebnisse des nationalen Energiegipfels und die Berichte der Arbeitsgruppen ein. Wie dort von den Teilnehmern übereinstimmend festgestellt wurde, bleibt für die Bundesregierung das Zieldreieck aus Versorgungssicherheit, Wirtschaftlichkeit und Umweltverträglichkeit Richtschnur der Energiepolitik." (Bundesregierung 2007d: 4–6)

Die in der Regierungserklärung vom April 2007 durch Bundesumweltminister Gabriel in Aussicht gestellte Erhöhung des Klimaziels auf 40 Prozent bis 2020 lässt sich im Eckpunktepapier also nicht wiederfinden. Entgegen der in der Literatur häufig formulierten These, mit dem IEKP sei eine Erhöhung des deutschen Klimaziels einhergegangen, lässt sich ein solcher Schritt nicht belegen.[41] Stattdessen wird eher bildlich vom *„klimapolitisch Notwendigen"* gesprochen, das in ein Verhältnis zum *„energie- und wirtschaftspolitisch Sinnvollen"* gesetzt werden soll. Der Grundtenor des Eckpunktepapiers beinhaltete zwar weiterhin einen klimapolitisch motivierten Ton, doch wurden bereits hier die wirtschaftlichen Aspekte stärker betont, als dies noch in den Erklärungen des ersten Halbjahres 2007 der Fall war.

In einer ersten Wirkungsanalyse errechnete das Umweltbundesamt im Oktober 2007, dass die im Meseberg-Paket benannten Instrumente und Maßnahmen im Gegensatz zu den angekündigten Zielsetzungen und Instrumenten aus der Regierungserklärung lediglich eine Emissionsminderung von 36,6 Prozent statt der zuvor erwarteten Minderungsleistung von 41 Prozent erbringen würde – beides jedoch unter der Voraussetzung, dass eine unmittelbare Umsetzung bis Ende des Jahres 2007 erfolgen würde. Ein zusätzliches Einsparungspotenzial wurde dem Emissionshandel zugerechnet, dessen Rahmenbedingungen für die Zeit bis 2020 auf EU-Ebene jedoch noch nicht geklärt waren (vgl. Umweltbundesamt 2007). In den Folgemonaten veröffentlichte eine Reihe weiterer Forschungsinstitute und Bundeseinrichtungen, so etwa Prognos, Fraunhofer ISI oder der Sachverständigenrat für Umweltfragen, Wirkungsanalysen zu den vorgeschlagenen Maßnahmen, die zu teils unterschiedlichen Einschätzungen kamen, die Hierl zusammenfasst (Hierl 2011: 63–66). Tendenziell wurde das Emissionsminderungspotenzial des IEKP niedriger eingeschätzt, als vom Umweltbundesamt in seiner ersten Stellungnahme prognostiziert.

Das IEKP wurde in zwei Paketen im Dezember 2007 (IEKP I) und im Mai 2008 (IEKP II) in seinen Einzelmaßnahmen als Kabinettsvorlage beschlossen und Bundesrat wie Bundestag zur Beratung vorgelegt. Der Zeitpunkt der Veröffentlichung des ersten Umsetzungsberichts am 4. Dezember 2007 wurde genau zum

---

41   So vertreten beispielsweise Falk Illing, Martin Jänicke und Kai Lobo unabhängig voneinander die These, Deutschland habe sich 2007 zu einem Emissionsminderungsziel in Höhe von 40 Prozent bis 2020 verpflichtet (Illing 2012: 232; Jänicke 2011: 142; Lobo 2011: 255).

Beginn der UN-Klimakonferenz von Bali gewählt, bei dem die Bundesregierung einmal mehr ihre Vorreiterrolle auch durch die Implementierung von Maßnahmen im nationalen Kontext unterlegen wollte. In diesem Kontext wurde nun auch wieder deutlich gemacht, dass die Bundesregierung auf nationaler Ebene das niedrigere 30 Prozent Treibhausgasminderungsziel vorsah, das im Falle eines internationalen Kompromisses in Verbindung mit der Erhöhung des EU-Ziels auf 30 Prozent, national auf 40 Prozent angepasst werden sollte. Die Beschlussfassung der Maßnahmen in Bundestag und Bundesrat erfolgte überwiegend im Jahr 2008, wie aber in den Fallstudien noch im Detail zu zeigen sein wird.[42]

Das IEKP kann als das bis dato umfassendste energie- und klimapolitische Gesamtkonzept der Bundesrepublik Deutschland bezeichnet werden. Bis zum Beschluss des Energiekonzepts im Herbst 2010 durch die neue Bundesregierung aus CDU, CSU und FDP, blieb es der strategische Bezugspunkt deutscher Energie- und Klimapolitik.

3.3 Die Europäisierung der deutschen Energie- und Klimapolitik im Jahr 2007

Die Beschlüsse des Europäischen Rates vom März 2007 gelten, wie dargestellt, als Ausgangspunkte für ein verstärktes Tätigwerden der EU im Bereich der Energie- und Klimapolitik. Ob sie auch Auswirkungen auf die deutsche Energie- und Klimapolitik hatten, erscheint hingegen umstritten. In den vorangegangenen Abschnitten wurden daher drei zentrale Ereignisse in der deutschen Politik einer Analyse unterzogen: Die Regierungserklärung von Bundesumweltminister Sigmar Gabriel vom April 2007, der „Dritte Energiegipfel" der Bundesregierung mit der Energiewirtschaft und die Beschlüsse des Bundeskabinetts auf der Klausurtagung vom August 2007 in Meseberg mit der sich daraus ergebenden Aufstellung des IEKP.

Betrachten wir zunächst den Policy-Typus der Entscheidung auf EU-Ebene, so lässt sich dieser als *„soft norm"* fassen. Die Schlussfolgerungen des Europäi-

---

42   Der erste (und bislang einzige) Umsetzungsbericht des Umweltbundesamtes aus dem Jahr 2011 kommt zu einem gemischten Ergebnis, demzufolge bei Beibehaltung des Kurses eine Minderung der Treibhausgasemissionen in Höhe von 30-33 Prozent zu erwarten ist (Umweltbundesamt 2011: 2). Die Effektivitätsanalyse der Instrumente verdeutlicht die Rolle von erneuerbaren Energien im Strom- und Wärmesektor. Gleichzeitig wird die Energieeffizienz als größtes Problem angesehen. Auffällig erscheint in diesem Kontext auch, dass die vom BMU federführend verantworteten Teilbereiche ihre Leistungen im Rahmen der IEKP-Beschlüsse zu erbringen schienen, während die von BMWi und BMVBS verantworteten Maßnahmen meist weit von einer Zielerfüllung entfernt lagen. Dies traf insbesondere auf die Bereiche Verkehr und Gebäude zu, beide Sektoren im Arbeitsfeld des BMVBS.

schen Rates stellten keine rechtsverbindlichen Maßnahmen dar, die in nationale Politik übertragen werden mussten. Vielmehr handelte es sich um eine strategische Grundausrichtung der Gemeinschaft, die Vorgaben für die weitere Politikgestaltung in der EU formulierte. Dies erschwert in der Folge die Anwendung des „misfit"-Modells. Wir beschränken uns daher auf den Vergleich der Herangehensweise beider Ebenen an die Thematik und versuchen zu analysieren, in welchen Bereichen Differenzen zu erkennen sind und wie diese verarbeitet wurden. Unter der Annahme, dass die drei zentralen Inhalte der EU-Entscheidungen die Bereiche „Integrationsansatz Energie/Klima", Betonung des Klimawandels als zentrales Problem des Politikfelds und „quantiative Zielsetzungen" die Schwerpunkte der Beschlüsse darstellten, müssen wir nun die deutsche Politik zu Beginn und gegen Ende des Jahres 2007 auf diese drei Aspekte hin prüfen.

Der Integrationsansatz findet sich bis zum April des Jahres 2007 nicht explizit in der deutschen Energie- und Klimapolitik wieder. Der von Umweltminister Gabriel forcierte strategische Ansatz deutscher Umweltpolitik lässt sich vielmehr unter dem Begriff „ökologische Industriepolitik" zusammenfassen und zielte zunächst stärker auf eine Integration von Umwelt- und Wirtschafspolitik ab. Insofern kann von einem leichten, wenn auch nicht maßgeblichen „misfit" gesprochen werden, der sich allerdings vorrangig auf der Ebene des „framings" und lediglich in Nuancen abspielte. Aufgenommen wurde die Integration beider Politikfelder allerdings von Gabriel in seiner Regierungserklärung und schließlich auch explizit in das „Integrierte Energie- und Klimaprogramm" – der Titel steht stellvertretend. An diesem Punkt lässt sich also von einer Anpassung der deutschen Politik an die Herangehensweise der EU sprechen. Allerdings muss dies unter der Maßgabe betrachtet werden, dass dies zuvor von deutschen Regierungsvertretern in Brüssel eingebracht worden war.

Weniger deutlich wird die Analyse mit Blick auf die Betonung des Klimawandels als zentrales politisches Problem. Die zahlreichen Beschlüsse des Deutschen Bundestags, die Formulierung des Koalitionsvertrags und die Regierungserklärungen der Jahre 2006 und 2007 sprechen dafür, dass es hier keinen wesentlichen Unterschied zwischen der Entscheidung auf EU-Ebene und der Herangehensweise deutscher Politik zu verzeichnen gibt.

Schließlich müssen Existenz und Umfang quantitativer Zielsetzungen in den Bereichen Emissionsminderung, erneuerbare Energien, Biokraftstoffe und Energieeffizienz als dritter Strang der Analyse berücksichtigt werden. Gehen wir vom Koalitionsvertrag 2005 als Grundlage deutscher Energie- und Klimapolitik im Vorfeld der März-Entscheidungen in der EU aus, so findet sich hier lediglich ein klar benanntes Emissionsminderungsziel in Höhe von 30 Prozent bis 2020 sowie ein Ausbauziel für die erneuerbaren Energien im Stromsektor in Höhe von 20 Prozent bis 2020. Ersteres war auf der Grundlage der heute bekannten und im

Jahr 2007 zumindest absehbaren Systematik des *„burden-sharings"* unter den Mitgliedstaaten mit einem EU-weiten Ziel in Höhe von etwa 20 Prozent kompatibel. Das 20-Prozent-Ziel beim Ausbau der erneuerbaren Energien im Stromsektor fiel hingegen unter Berücksichtigung der zu erwartenden Berechnungsmethode hinter den EU-Zielen für den Gesamtenergieverbrauch zurück. Keine expliziten quantitativen Zielvorgaben finden sich in den anderen genannten Bereichen des Politikfelds. Somit lässt sich hier ein *„misfit"* zwischen den Ebenen erkennen – allerdings stets unter Berücksichtigung der Tatsache, dass es sich um keine Implementierungsverpflichtung im nationalen Kontext handelte. Mit der Regierungserklärung wurde die nationale Strategieformulierung auch im Bereich der quantitativen Zielsetzungen mit einem expliziten Bezug zu den EU-Entscheidungen verarbeitet. So wiederholen sich der konditionierte Ansatz im Bereich Emissionsminderung (EU: 20/30, Deutschland: 30/40), der Ausbau der erneuerbaren Energien und der Biokraftstoffe, hier sogar mit einer klaren Übererfüllung. In der Energieeffizienz-Politik wurde zwar ein anderer Ansatz gewählt, der sich an jährlichen Fortschritten orientiert. Im Ergebnis erscheint jedoch auch diese Zielsetzung „EU-kompatibel". Insofern lässt sich also von einer unmittelbaren Anpassung des deutschen Konzepts sprechen, das allerdings keine grundlegende Transformation zur Folge hatte, da die Ansätze in der deutschen Strategieformulierung bereits veranlagt waren.

Um die Anpassung der deutschen Energie- und Klimapolitik erklären zu können, muss an dieser Stelle auch noch ein Blick auf die vermittelnden Faktoren geworfen werden. Blicken wir zunächst auf die potenziellen *Vetopunkte* innerhalb des deutschen Regierungssystems. Da es sich bei allen beschriebenen Strategieformulierungen für die deutsche Energie- und Klimapolitik lediglich um Beschlüsse der Bundesregierung handelte, fielen Bundesrat und Bundestag als relevante Vetopunkte aus.

Auch mit Blick auf die Akteursebene war kaum Gegenwehr wahrzunehmen. Lediglich während des Energiegipfels mit der deutschen Wirtschaft wurde Kritik an der Konzeption der Bundesregierung geäußert, die allerdings durch eine Veränderung bei der Zusammensetzung der Teilnehmer, die Integration eines Laufzeitverlängerungsszenarios in die Überlegungen sowie einen Verweise auf ein wirtschaftsfreundliches Verhalten bei den Verhandlungen zur Implementierung der EU-Entscheidungen eingehegt werden konnte. Interessant ist in diesem Kontext anzumerken, dass gerade auch Zugeständnisse in Bereichen wie dem Binnenmarkt oder bei der Emissionsbegrenzung für neue PKWs gemacht wurden, während die zentralen Entscheidungen auf EU-Ebene unangetastet blieben. Innerhalb der Bundesregierung hätte lediglich Bundeswirtschaftsminister Michael Glos (CSU) als *„partisan veto player"* auftreten können. Dieser hielt sich mit offener Kritik an den Regierungsbeschlüssen jedoch zurück.

Die Zurückhaltung des Bundeswirtschaftsministers war mit Sicherheit auch der Rolle von zwei *„norm entrepreneurs"* geschuldet, die sich als Protagonisten der Anpassung der deutschen Energie- und Klimapolitik präsentierten. Der aktivere der beiden war zunächst Bundesumweltminister Sigmar Gabriel, der intensiv an den Beratungen auf EU-Ebene beteiligt war und darin eine Chance sah, sich auch innenpolitisch profilieren zu können. Er wurde dabei von seiner Fraktion im Bundestag maßgeblich unterstützt (SPD-Bundestagsfraktion 2007). Von noch größerer Bedeutung erschien jedoch das Engagement von Bundeskanzlerin Angela Merkel, die sich des Themas Klimapolitik angenommen hatte und versuchte, dieses auf nationaler Ebene noch stärker zu verankern. Ohne ihr Eintreten für klare Ziele in diesem Politikbereich wäre eine Anpassung der nationalen Normen in so kurzer Zeit kaum möglich gewesen. Gleichzeitig war Merkel allerdings auch gezwungen, aufgrund ihrer Rolle in der Außenpolitik innenpolitische Maßnahmen als Legitimationsgrundlage voranzutreiben. Wie Frank Wendler in einer Analyse der Bundestagsplenardebatten in der Zeit der Großen Koalition nachweist, genoss in dieser Phase kaum ein anderer Themenbereich fraktionsübergreifend so hohe normative Zustimmungswerte wie die EU-Energie- und Klimapolitik. Während nationale Energiepolitik, vor allem ausgerichtet an der Nukleardebatte, heftig umstritten war, entwickelte sich kaum Widerstand gegen das Politikfeld auf EU-Ebene (Wendler 2011).

Als letzter vermittelnder Faktor soll auch noch die Rolle des Politikfelds im nationalen Kontext und die Reformphase innerhalb des Politikfelds betrachtet werden. Hier lässt sich festhalten, dass auch dieser Faktor eine Anpassung des nationalen Strategieprogramms begünstigte. Zum einen, da insbesondere Klimathemen weit oben auf der Agenda deutscher Innenpolitik standen. Die Vielzahl an Bundestagsbeschlüssen und die Aktivitäten zahlreicher gesellschaftlicher Gruppen, selbst des BDI, belegen dies. Zum anderen, da die Aufstellung eines energiepolitischen Gesamtkonzepts noch als Überhang aus dem Koalitionsvertrag einer Umsetzung bedurfte. Beides begünstigte eine entsprechende Entwicklung.

Obwohl viele der angeführten Punkte dafür sprechen, dass die EU-Entscheidungen einen maßgeblichen Einfluss auf die Gestaltung der deutschen Energie- und Klimapolitik hatten, soll an dieser Stelle auch noch ein kontrafaktischer Erklärungsansatz zur Überprüfung der Ergebnisse gewählt werden. Wäre eine deutsche Strategieformulierung auch unter der hypothetischen Annahme erfolgt, dass es keine Entscheidung auf EU-Ebene gegeben hätte?

Blicken wir auf die internationalen Entwicklungen und die endogenen Prozesse innerhalb Deutschlands, so fällt auf, dass die Grundlagen für die deutsche Strategieformulierung auch ohne den März-Gipfel des Europäischen Rates hätten entwickelt werden können. Mit Blick auf die internationale Klimapolitik (Bali-Roadmap, G8) sowie die Wahrnehmung des Politikfelds im nationalen Kontext ("ökologische Industriepolitik", Ausbau der erneuerbaren Energien und Beibehaltung des Atomausstiegs), wäre ein solches Agenda-Setting auch ohne die EU denkbar gewesen. Die Beschlüsse des Europäischen Rates erscheinen hierfür nicht maßgeblich. Dennoch ist davon auszugehen, dass das Ausbleiben der Entscheidungen auf EU-Ebene zentrale Vetospieler innerhalb der Regierung und der Regierungsfraktionen in ihrem Widerstand gestärkt hätte. Blickt man etwa auf die Diskussionen während des Energiegipfels, so wird deutlich, dass die Existenz europäischer Rahmenbedingungen für das „Einsammeln" zentraler Wirtschaftsakteure auf diesem Weg eine wichtige Rolle spielte. Ähnliches lässt sich auch für die Begründung des Ausbaus erneuerbarer Energien konstatieren, die Bundesumweltminister Gabriel explizit an die „europapolitischen Verpflichtungen" knüpfte.

4 Zusammenfassung

Der Prozess des Agenda-Settings nimmt innerhalb der Politikgestaltung eine hervorgehobene Stellung ein. Welche politischen Probleme Einzug in eine Strategieformulierung halten und wie konkret politische Programme gefasst werden, beeinflusst den weiteren Verlauf im Rahmen von Gesetzgebungsverfahren erheblich. Die Analyse des Agenda-Settings in der EU und auf nationaler Ebene in den Jahren 2006 und 2007 und ihr Zusammenwirken dienen daher als Ausgangspunkt für die Betrachtung der Fallstudien in den folgenden Kapiteln.

Die deutsche EU-Ratspräsidentschaft ermöglichte in besonderer Weise die Beeinflussung der Strategieformulierung in der EU. Die Bundesregierung nutzte das sich institutionell und inhaltlich ergebende *„window of opportunity"* für ein gezieltes Einbringen nationaler Präferenzen in die Beschlüsse des Europäischen Rates. Dabei berücksichtigte sie gleichzeitig die Zielsetzungen anderer Akteure und die sich aus der bisherigen Entwicklung des Politikfelds ergebenden Pfadabhängigkeiten. Gemeinsam mit der Kommission und unter Bezugnahme auf die Vorarbeiten der britischen Ratspräsidentschaft aus dem Jahr 2005 konnte insbesondere das Thema Klimaschutz prominent auf der Agenda platziert werden. Dazu trug auch die mediale und gesellschaftliche Wahrnehmung der Thematik bei. Die Formulierung eines integrierten Ansatzes für Energie- und Klimapolitik sowie die Festlegung verbindlicher quantitativer Zielsetzungen in den Bereichen Emissionsminderung und erneuerbare Energien waren auch dem Verhandlungsgeschick der Bundesregierung zu verdanken. Im Bereich der erneuerbaren Energien gelang es erst durch massiven Einsatz der Bundeskanzlerin, verbindliche Festlegungen für das Jahr 2020 zu formulieren, die mit einem klaren Arbeitsauftrag an die Kommission verbunden waren. Dabei wurde bereits frühzeitig ein defensiver Ansatz mit Blick auf den Schutz nationaler Förderinstrumente gefahren. Die Zusammenfassung der Ergebnisse des März-Gipfels 2007 unter dem Begriff der „konstruktiven Ambiguität" beschreibt die Vielzahl unterschiedlicher Aspekte, die in den Schlussfolgerungen thematisiert wurden und so einen Kompromiss unter den Mitgliedstaaten ermöglichten.

Die Analyse der „Top-down"-Wirkung der EU-Beschlüsse als *„soft norms"* verdeutlichte zum einen, dass die Bundesregierung nur selektiv auf die Beschlüsse des Europäischen Rates zurückgriff und dabei nur Themen der Nachhaltigkeitsagenda in ihre nationale Strategieformulierung integrierte. Die Betrachtung der Regierungserklärung vom April 2007 und der Meseberg-Beschlüsse zeigten zum anderen, dass ein Einfluss der EU erkennbar ist, dieser jedoch nicht als ausschlaggebend für die Strategieformulierung zu sehen ist. Nationales Handeln wurde auch durch internationale Entwicklungen und endogene Veränderungen hervorgerufen. Lediglich auf konzeptioneller und affirmativer Ebene ist ein Einfluss der EU-Entscheidungen zu konstatieren.

Zusammenfassend lässt sich argumentieren, dass die selektive Auswahl von Bestandteilen der EU-Beschlüsse für den nationalen Strategiediskurs in dieser Phase wichtig, aber nicht entscheidend war. Ein konkreter Implementierungsdruck wurde von Seiten der EU-Ebene an dieser Stelle nicht ausgeübt, da noch keine Instrumente und Einzelmaßnahmen als Folge der EU-Entscheidungen vorlagen. Bemerkenswert ist auch, dass im Wesentlichen die jeweiligen Bestandteile des Brüsseler Gipfelbeschlusses gewählt wurden, die auch maßgeblich von der Bundesregierung selbst installiert worden waren. Es lässt sich also im weitesten Sinne von einer Legitimierung nationaler Strategieformulierung durch einen Europäisierungsprozess sprechen. Welche Auswirkungen dies auf die weitere Entwicklung des Politikfelds auf EU-Ebene, auf nationaler Ebene und im Zusammenspiel beider Policy-Prozesse haben sollte, wird in den folgenden Kapiteln zu klären sein.

Kapitel V: Die Europäisierung der deutschen Energie- und Klimapolitik zwischen 2008 und 2011: Fallstudien

In den vorangegangenen Kapiteln wurden die Formulierung einer EU-Energie- und Klimastrategie, der Einfluss deutscher Akteure auf diesen Prozess und die Auswirkungen dieser Entscheidung auf die deutsche Strategieformulierung im nationalen Kontext untersucht. Im Folgenden wenden wir uns nun zwei weiteren Prozessen zu, die sich überwiegend im Zeitfenster zwischen den Jahren 2008 und 2011 abspielten. Diese beinhalten zum einen die Umsetzung der Beschlüsse des Europäischen Rates auf EU-Ebene in entsprechenden Legislativverfahren und zum anderen deren Auswirkungen auf die deutsche Energie- und Klimapolitik. Dabei verabschieden wir uns nun von der Meta-Ebene des Politikfelds und wenden uns in Fallstudien einzelnen Teilbereichen innerhalb der Energie- und Klimapolitik zu. Für die Fallauswahl erscheinen zwei Aspekte relevant: Erstens sollen Bereiche untersucht werden, die im Verlauf des Untersuchungszeitraums sowohl auf EU-Ebene als auch auf nationaler Ebene von politischer Bedeutung waren („Relevanzkriterium"). Zweitens erscheinen nur Fälle interessant, in denen der EU-Ebene tatsächlich eine Zuständigkeit zugesprochen wurde, diese entsprechend steuernd tätig wurde und der Prozess durch Legislativverfahren untermauert wurde („Steuerungskriterium").

Blicken wir auf die Entscheidungen des Europäischen Rates und das Tätigkeitsprofil der EU-Kommission in der Folgezeit, so fallen zwei größere Gesetzgebungspakete ins Auge: Zunächst das Dritte Binnenmarktpaket, das am 19. September 2007 von der Kommission vorgestellt und am 13. Juli 2009 nach Beschluss des Europäischen Parlaments und des Rates verabschiedet wurde. Das Paket umfasst zwei Richtlinien und drei Verordnungen, die sich im Kern mit der Struktur des Strom- und Gasmarktes in der EU beschäftigen. Insbesondere die Vorschläge für die Reform des Elektrizitätsmarktes stießen auf Widerstand der deutschen Bundesregierung und führten gleichzeitig auch zu innenpolitischen Debatten in Deutschland. Entsprechend erscheint das Dritte Energiebinnenmarktpaket als geeigneter Fall, um in diesem Kontext einen Europäisierungsprozess nachzuvollziehen. Auch aufgrund der Relevanz des Themas für die deutsche Energiewendepolitik nach 2011 wird der Blick auf den Stromsektor begrenzt, wohlwissend, dass auch die Gasmarktregulierung einen Europäisierungsprozess initiiert hat.

Das zweite große Legislativpaket der Kommission im Untersuchungszeitraum stellte das Klima-Energiepaket vom Januar 2008 dar. Die wesentlichen Elemente des Pakets dienten der Umsetzung der vom Europäischen Rat 2007 beschlossenen Ziele im Bereich Klimaschutz und Nachhaltigkeit. Von Interesse sind dabei vor allem drei Rechtsakte: Erstens die Richtlinie zur Förderung erneuerbarer Energien, zu deren Vorlage die Bundesregierung durch ihr Engagement für ein rechtsverbindliches Ziel wesentlich beigetragen hatte. Das Thema erneuerbare Energien erfuhr im Untersuchungszeitraum auch in Deutschland erhebliche Resonanz und soll entsprechend als weitere Fallstudie in dieser Untersuchung analysiert werden. Zweitens standen die Reform des EU-Emissionshandelssystem und drittens eine Entscheidung zur Lastenteilung der Klimaziele für die nicht vom Emissionshandel betroffenen Sektoren im Mittelpunkt des Pakets. Durch diese Instrumente sollte das Treibhausgasminderungsziel in Höhe von 20 Prozent implementiert werden. Da auch der Klimaschutz in Deutschland weiterhin stark diskutiert wurde und damit das Relevanzkriterium erfüllt, sollen beide Maßnahmen zusammen als dritte Fallstudie Einzug in die Untersuchung halten.

Obwohl auf EU-Ebene im Untersuchungszeitraum noch eine Reihe anderer Themen diskutiert und beschlossen wurden (z.B. Maßnahmen zur Erhöhung der Gasversorgungssicherheit oder Abkommen in der internationalen Energiepolitik[43]), erfuhren diese in der deutschen Auseinandersetzung über das Politikfeld kaum Resonanz. Auch das Thema Energieeffizienz, das beim Gipfel des Europäischen Rates ja noch eine wichtige Rolle gespielt hatte, wurde auf EU-Ebene erst im Jahr 2011 mit einem konsistenten Gesamtkonzept bearbeitet und steht lange Zeit noch vor einer Verarbeitung in der deutschen Energiepolitik. Eine Analyse lässt sich insofern nicht durchführen.

Vor diesem Hintergrund konzentrieren wir uns in den nun folgenden drei Fallstudien auf die Europäisierungsprozesse in den Bereichen Strombinnenmarkt, Erneuerbare-Energien-Politik und Klimaschutz. Alle drei Untersuchungen sind nach einem ähnlichen Muster aufgebaut. Zunächst wird die Interaktion der beiden Ebenen im Vorfeld der EU-Entscheidung kurz umrissen, insbesondere um institutionelle und regulatorische Pfadabhängigkeiten zu identifizieren. In einem zweiten Schritt wird der Einfluss deutscher Akteure auf den Policy-Prozess in der EU untersucht. Abschließend steht die Wirkung der EU-Entscheidung auf Steuerungsmuster und Politikgestaltung in Deutschland im Mittelpunkt. Die Fallstudien werden jeweils mit einer kurzen Zusammenfassung abgeschlossen.

---

43   Siehe dazu u.a. Fischer (2011).

Fallstudie I: Strombinnenmarkt und Netzentwicklung

Die Entwicklung eines gemeinsamen Binnenmarktes für die leitungsgebundenen Energieträger Strom und Gas gehört seit Beginn der 1990er Jahre zu den zentralen Projekten der EU-Energiepolitik. Die deutsche Haltung zu diesem Projekt war seit jeher ambivalent und von einer defensiven Grundhaltung geprägt. Dieser Politikbereich zeichnete sich insofern durch einen fortwährenden Konflikt zwischen Bundesregierungen in unterschiedlicher Zusammensetzung und den jeweils zuständigen EU-Kommissarinnen und -Kommissaren aus. Gleichzeitig waren die Energiebinnenmarktpakete der Jahre 1996/98 und 2003 wesentlich dafür verantwortlich, dass sich die Strukturen auf dem deutschen Strommarkt seitdem nachhaltig verändert hatten. Es verwundert daher kaum, dass die Konflikte beider Ebenen in der Vergangenheit Gegenstand einer Vielzahl von politik-, rechts- und wirtschaftswissenschaftlichen Analysen waren. Allen voran ist hier Susanne Schmidt mit ihrer 1998 vorgelegten Dissertation zur Rolle der EU-Kommission bei der Liberalisierung des deutschen Strommarktes zu nennen (Schmidt 1998). Aber auch die Analysen von Peter Becker und Kai Lobo stellen, wenn auch mit unterschiedlichem Fokus, die Konflikte zwischen den beiden Ebenen im Verlauf der vergangenen Jahrzehnte eindrucksvoll dar (Becker 2011; Lobo 2011). In dieser Fallstudie soll nun eine weitere Episode der Europäisierung des deutschen Strommarktes durch die Binnenmarktpolitik der EU analysiert werden. Ob es die letzte konfliktreiche Auseinandersetzung gewesen ist, darf vor dem Hintergrund aktueller Entwicklungen angezweifelt werden.

1 Die deutsche Energiepolitik und das Energiebinnenmarktprogramm der EU-Kommission: Die Geschichte eines Systemkonflikts

Die Gewährleistung des freien Verkehrs von Waren, Gütern, Dienstleistungen und Kapital bildet die Grundlage des EU-Binnenmarktes und damit einen wesentlichen Teil der Erfolgsgeschichte des europäischen Integrationsprozesses. In nahezu allen Bereichen der europäischen Wirtschaft finden diese Prinzipien seit mehreren Jahrzehnten uneingeschränkte Anwendung. Staatliche Monopole, unzulässige Ein- und Ausfuhrbeschränkungen und diskriminierende Geschäftspraktiken wurden immer wieder durch die EU-Kommission angeprangert und letztlich durch die Regierungen oder auf Erlass des Europäischen Gerichtshofs aufgehoben oder aufgelöst. Dem Energiesektor kommt in diesem Zusammenhang allerdings die Rolle eines Nachzüglers zu, vergleicht man die Entwicklung mit unterschiedlichen Teilbereichen der Wirtschaft. Wie in anderen staatsnahen Sektoren, etwa der Telekommunikation oder dem Schienenverkehr, sprachen aus Sicht vieler Mitgliedstaaten in erster Linie öffentliche Versorgungsverpflichtungen gegen eine Öffnung der Märkte und einen Rückzug des Staates. Weitere Faktoren für die schleppende Liberalisierung waren die Leitungsgebundenheit der Energieträger Strom und Gas, das natürliche Monopol im Netzbetrieb und nicht zuletzt die Kapitalintensität von Investitionen in den Infrastrukturbereich. Im Falle der Elektrizität muss diese Liste noch um die begrenzte Speicherbarkeit des Produktes ergänzt werden.

Trotz dieser Vielzahl an limitierenden Faktoren verleiteten die Erfahrungen aus den Liberalisierungsprozessen der Stromwirtschaft in den USA und Großbritannien, die vorhandene Rechtsgrundlage durch das Binnenmarkt- und Wettbewerbskapitel in den europäischen Verträgen und schließlich die Erfolge der Liberalisierung in anderen Wirtschaftssektoren die EU-Kommission dazu, mit Beginn der 1990er Jahre eine lange Zeit kaum für möglich gehaltene Marktöffnung durchzusetzen und erste Schritte hin zu einem gemeinsamen europäischen Strombinnenmarkt zu initiieren. Nicht nur die Integration der nationalen Märkte, sondern vor allem der Verbraucherschutz und das diskriminierende Verhalten von Unternehmen beim Netzzugang sprachen aus Sicht der Kommission für die

Einleitung von Maßnahmen auf EU-Ebene. Ein erster Richtlinienvorschlag wurde im Jahr 1992 präsentiert.

Die deutsche Strompolitik war bis zum Ende der 1990er Jahre von einem sehr eigenwilligen und im europäischen Kontext nahezu einmaligen Ordnungsmodell geprägt, das seine deutlichste Ausprägung in einem über 60 Jahre hinweg unangetasteten Energiewirtschaftsgesetz (EnWG) fand (vgl. Becker 2011). Die deutsche Stromversorgungsstruktur war durch eine hohe Anzahl von kommunalen Stadtwerken und kleineren öffentlichen Versorgungswerken sowie einer Reihe größerer Verbundunternehmen geprägt. Darüber hinaus hatte sich das deutsche Konzept der „sektoriellen Selbstorganisation" so weit entwickelt, dass Preissetzung, Leitungsausbau und Investitionen in Kraftwerke durch die Unternehmen in weitgehender Eigenregie vollzogen wurden. Prägend für die deutsche Elektrizitätswirtschaft waren Gebietsdemarkationen, Monopole und daraus resultierende Überkapazitäten im Kraftwerkspark. Die Preissetzung wurde in Zusammenarbeit der Unternehmen mit den Wirtschaftsministerien der Länder, dem Bundeswirtschaftsministerium und dem Bundeskartellamt vorgenommen (Lobo 2011: 166–169). Die Strompolitik präsentierte sich zudem als ein nahezu vollständig depolitisierter Bereich der Wirtschaftspolitik. Das BMWi und die Landesministerien beschränkten sich auf eine zurückhaltend genutzte Aufsichtsfunktion. Erst mit dem Aufkommen der Atomdebatte wurde ein Teilbereich der Energiepolitik zu einem öffentlich diskutierten Thema. Selbst bei der Einverleibung der ostdeutschen Versorgungsgebiete durch die westdeutschen Energieversorgungsunternehmen (EVU) nach der Wiedervereinigung blieb öffentlicher Protest weitgehend aus. Dieser Prozess der weiteren Strukturfestigung wurde letztlich erst durch ein Gerichtsurteil gestoppt. Der „Stromstaat" war hier wohl zum ersten Mal in der deutschen Geschichte in seine Schranken gewiesen worden (Becker 2011: 48–83).

Ein erster Einfluss des EU-Energiebinnenmarktprogramms zeichnete sich durch die Verabschiedung der Strombinnenmarktrichtlinie 96/92/EG ab. Mit diesem Rechtsakt hatte die EU-Kommission nach einem langen Ringen mit den Mitgliedstaaten, insbesondere gegen den heftigen Widerstand von Frankreich und Deutschland, den ersten wichtigen Schritt zur Öffnung der Märkte vollzogen. Zentrales Element der ersten Energiebinnenmarktrichtlinie waren der garantierte Netzzugang für Dritte und die damit verbundene Einleitung der Auflösung von Monopolstrukturen auf Erzeugungsseite. In Deutschland waren es vor allem die Industrieverbände, die sich für eine Öffnung der Märkte eingesetzt hatten, um in den Genuss günstigerer Strompreise aus dem (in erster Linie französischen) Ausland zu kommen. Die Stromwirtschaft auf beiden Seiten des Rheins war hingegen gespalten: Einerseits reizten die Expansionschancen auf dem europäischen Markt, gerade auch um Absatzmärkte für die Überkapazitäten bei der

Erzeugung zu finden. Andererseits drohte unliebsame Konkurrenz auf dem Heimatmarkt. Eine Öffnung mit zahlreichen Schutzklauseln für nationale Märkte war demnach das Ergebnis des Kompromisses in der Richtlinie (vgl. Schmidt 1998; Becker 2011).

Überraschenderweise erwies sich die von Bundeswirtschaftsminister Rexrodt im Jahr 1996 vorgelegte und vom Bundestag 1998 verabschiedete Novelle des EnWG als ein echtes Liberalisierungsgesetz, dem jedoch, wie sich rasch zeigen sollte, die notwendigen regulatorischen Rahmenstrukturen fehlten. Völlig unter den Tisch gekehrt wurden unabhängige Marktkontrollinstanzen jenseits des Bundeskartellamts. Was folgte, waren, wie der Kartellrechtler Möschel treffend beschreibt, „Großfusionen im engen Oligopol" (zitiert nach Becker 2011: 86). Freuen konnten sich darüber allerdings zunächst die Verbraucher, die tatsächlich in den Jahren 1998 bis 2000 von den unklaren wirtschaftlichen Rahmenbedingungen und dem plötzlich entstandenen Wettbewerb auf dem Strommarkt durch sinkende Preise profitieren konnten. Nachdem sich die Neuordnung des deutschen Strommarktes bis zum Jahr 2003 vollzogen hatte und nachdem in Folge einer Reihe von Fusionen und Übernahmen vier Konzerne mit einem Marktanteil an der Stromerzeugung von insgesamt 80 Prozent ein weitgehend konsolidiertes System entstanden war, stiegen erwartungsgemäß auch die Verbraucherpreise wieder deutlich an.

Die 1998 ins Amt gewählte rot-grüne Bundesregierung unter Bundeskanzler Gerhard Schröder sah sich bei Antritt ihrer Regierungsgeschäfte mit einem vollständig umstrukturierten Energiewirtschaftskonzept konfrontiert. Insbesondere die Sozialdemokraten, die nun das für die Energiepolitik zuständige BMWi führten und seine Leitung mit dem parteilosen Werner Müller besetzten, standen vor der schwierigen Aufgabe, dieses System nun weiter auszugestalten. Gleichzeitig sahen sich die Sozialdemokraten mit der Herausforderung konfrontiert, zwei innerparteiliche Strömungen miteinander zu verbinden: So artikulierte einerseits der wirtschaftspolitische Flügel um Bundeskanzler Schröder und Minister Müller die Forderung, die Herausbildung „nationaler Champions" auf dem Energiemarkt zu forcieren. Diese Fraktion sah sich durch das stetige Wachsen der Konzerne und deren Erfolg im europäischen Umfeld in ihrem vorrangig industriepolitisch motivierten Expansionskurs bestätigt. Andererseits formulierten insbesondere die Kommunalpolitiker in der Partei deutlich kritischere Positionen hinsichtlich der Rolle des neuen Oligopols und der wenigen Regulierungsschranken, die den Unternehmen in den Weg gestellt wurden. Diese innerparteiliche Kritik fand auch beim Koalitionspartner Bündnis 90/Die Grünen Unterstützung. Die regulatorischen Instrumente zur Herstellung von Wettbewerb, etwa der im europäischen Kontext einzigartige „verhandelte Netzzugang" ohne Regulierungsbehörde oder die Verbändevereinbarung zur Festlegung der Netzentgelte, führten auch bei der deutschen Industrie zunehmend zu Protesten. Diese sah sich durch ungerechtfertigt hohe Netzentgelte belastet und erwartete hier eine stärkere staatliche Kontrolle. Die sektorielle Selbstregulierung der Energiewirtschaft stieß im Rahmen des neuen europäischen Wettbewerbsmarktes also an ihre Grenzen (Lobo 2011: 191). Dabei mangelte es, wie Lobo schreibt, nicht nur an der institutionellen Kapazität, eine Regulierungsbehörde einzurichten, sondern vor allem auch an der fachlichen Kompetenz und der Erfahrung mit der Strommarktregulierung, die allerdings auch unter Rot-Grün nicht nachhaltig aufgebaut wurde (vgl. ebd.: 192).

Mit Sorge wurde die Entwicklung auf dem deutschen Strommarkt insbesondere in Brüssel beobachtet. Zwar hatte Deutschland nun mit der Liberalisierung des Strommarktes begonnen. Die zunehmende Marktkonzentration auf einige wenige Unternehmen, die weiterhin bestehenden Markteintrittsbeschränkungen durch den verhandelten Netzzugang und die mangelhafte Regulierung standen in einem Kontrast zu den Vorstellungen eines unabhängig regulierten und offenen europäischen Markt, wie ihn die Kommission propagierte. Mit der Vorlage der sogenannten „Beschleunigungsrichtlinien" im Jahr 2001 wurde ein weiterer Schritt unternommen, um die Probleme auf dem EU-Energiebinnenmarkt, insbesondere aber dem deutschen Markt, zu adressieren. Vorrangiges Ziel war die Durchsetzung des regulierten Marktzugangs, der damit gleichzeitig das „deutsche Modell" des verhandelten Netzzugangs ausschloss. Dieses hatte sich zwischenzeitlich als „Farce" erwiesen, da es kaum einem ausländischen Bewerber gelang, sich in das deutsche Netz „hineinzuverhandeln" (Buchan 2009: 22). Auch die Gründung einer Regulierungsbehörde war mit der Verabschiedung der Richtlinie im Jahr 2003 nunmehr unumgänglich.

Wie stark die deutsche Energiepolitik – und dabei insbesondere das inzwischen von Wolfgang Clement geführte BMWA[44] – noch immer von den Interessen der großen Energieversorger und dem Streben nach „nationalen Champions" auf einem europäischen Markt geprägt war, zeigte eindrucksvoll die Ministererlaubnis zur Fusion von E.ON und Ruhrgas im Jahr 2002. Gegen die Empfehlungen der nationalen Wettbewerbshüter Bundeskartellamt und Monopolkommission hatte sich das BMWA mit Rückendeckung des Bundeskanzlers durchgesetzt und aus industriepolitischen Gründen eine Ausnahmegenehmigung erteilt. Auch die Umsetzung der Beschleunigungsrichtlinie aus dem Jahr 2003 sollte zunächst die Handschrift der Stromkonzerne tragen. So schlug die Bundesregierung in einem ersten Gesetzentwurf lediglich eine ex-post-Kontrolle beim Netzzugang durch die neu zu gründende Bundesnetzagentur vor, womit wiederum eine ineffektive Regulierung des Netzzugangs und eine Vielzahl gerichtlicher Verfahren

---

44   In der Legislaturperiode 2002 bis 2005 war dem BMWi der Bereich Arbeit und Beschäftigung zugeordnet worden, so dass es in dieser Periode unter dem Titel „Bundesministerium für Wirtschaft und Arbeit" (BMWA) firmierte.

garantiert gewesen wären. Das glückliche Zusammenspiel zwischen einem oppositionsdominierten Bundesrat, der Einleitung eines Vertragsverletzungsverfahrens durch die EU-Kommission und dem Druck durch anstehende Neuwahlen im Jahr 2005 führte dazu, dass schließlich eine Regelung gefunden wurde, die dem von der Kommission angestrebten Regulierungsmodell weitgehend entsprach. Hinzu kam, dass erstmals ein Unternehmen, die EnBW, in der Frage der Netzzugangsregulierung aus der Reihe der vier großen EVUs ausgeschert war und sich aktiv für die Einführung einer Anreizregulierung ausgesprochen hatte, womit auch die Geschlossenheit der Branche in Frage gestellt wurde. Durch die EnWG-Novelle 2005 wurde schließlich die Bundesnetzagentur (BNetzA) gegründet und gegen den ursprünglichen Willen der Bundesregierung mit weitreichenden ex-ante-Regulierungsbefugnissen ausgestattet.[45]

Das Verhältnis der EU-Ebene und dabei insbesondere der stark wettbewerbsorientierten EU-Kommission zur deutschen Energiepolitik und -wirtschaft darf im Zeitraum zwischen dem Beginn der Liberalisierung 1996 und dem Ende der rot-grünen Regierungszeit im Herbst 2005 mit Recht als konfliktbelastet bezeichnet werden. Während die Bundesregierung stets weitere Eingriffe zu verhindern versuchte, entwickelte die Kommission immer neue Binnenmarktvorschriften, häufig mit Unterstützung anderer Mitgliedstaaten, die über den Umweg der EU eine eigene *„hidden agenda"* verfolgten (Interview B 2013).[46] Ein deutlicher *„misfit"* zwischen den Ebenen lässt sich sowohl auf der institutionellen als auch auf der regulatorischen Ebene identifizieren. Weder verfügte Deutschland über eine unabhängige Regulierungsbehörde im Energiesektor noch über eine ordnungsrechtliche Kultur zur Kontrolle einer wettbewerblich organisierten Energiewirtschaft. Als Anwalt deutscher Energiekonzerne versuchte die Bundesregierung auf EU-Ebene allzu ausgreifende Regulierungsversuche zu verhindern. Allerdings, so schreibt Lobo zutreffend, erfolgte dies stets in einem reaktiven Modus und ohne die Entwicklung eines eigenen, auf die EU übertragbaren Modells für die Gestaltung des Energiemarktes (Lobo 2011: 149–150). Wie ein Interviewpartner dazu anmerkte, war die deutsche Politik stets mit der Implementierung existierender Regelungen beschäftigt, während die Kommission bereits an neuen Regelungen arbeitete (Interview D 2014). So kam es zu einer

---

45   Deutschland war zu diesem Zeitpunkt als einziger EU-Mitgliedstaate auch nicht in der Regulierervereinigung CEER auf EU-Ebene vertreten, da ein Antrag des BMWi auf Mitgliedschaft mit dem Argument abgelehnt wurde, man nehme laut eigener Satzung nur unabhängige Regulierungsbehörden auf (Interview D 2014).

46   Der Interviewpartner merkte in diesem Kontext an, dass insbesondere die britische Regierung die Kommission immer wieder dazu motivierte, neue Anläufe zur Liberalisierung der Märkte vorzunehmen. Insbesondere die „City of London" profitierte zu dieser Zeit von der Vielzahl an Fusionen und Übernahmen auf einem sich verändernden Markt.

generellen Abwehrhaltung deutscher Akteure, die eine proaktive Mitgestaltung der Binnenmarktgesetzgebung weitgehend ausschloss.

Mit der Novelle des EnWG im Jahr 2005 sollte die regulierungsseitige Behandlung des deutschen Strommarkts jedoch keineswegs zur Ruhe kommen. Die EU-Kommission war mit den Entwicklungen auf dem EU-Energiebinnenmarkt bei weitem noch nicht zufrieden und hatte einmal mehr die deutschen Energiekonzerne als eine Ursache für den aus ihrer Sicht unzureichenden Wettbewerb vor Augen.

2 Die Verhandlungen über das Dritte Energiebinnenmarktpaket auf EU-Ebene

2.1 Sektoruntersuchung und Wettbewerbsverfahren: Adressat Deutschland

Obwohl sich die Strukturen auf dem deutschen Strommarkt aus Sicht der EU-Kommission in den Jahren seit Beginn der Liberalisierung 1996 deutlich verbessert hatten, blieb Deutschland weiterhin eines der „Sorgenkinder" der beiden zuständigen Kommissare Andris Piebalgs (Energie) und Neelie Kroes (Wettbewerb) (Lobo 2011: 111). Während Ende der 1990er Jahre noch die institutionelle und rechtliche Struktur der deutschen Energiepolitik Gegenstand von Regulierungsmaßnahmen der Kommission war, verlagerte sich seit Verabschiedung der Beschleunigungsrichtlinien das Interesse der Wettbewerbshüter auf die Rolle der vier großen Energiekonzerne (E.ON, RWE, EnBW, Vattenfall Europe). Insbesondere ihr vermeintlich oligopolitisches Agieren auf dem deutschen Strommarkt sorgte für Argwohn in Brüssel. Dabei setzte sich auch die Erkenntnis fest, dass es scheinbar nicht genügte, die deutsche Bundesregierung zur Einleitung von Maßnahmen über den Weg der Gesetzgebung anzuhalten, sondern sich die Durchsetzung von Wettbewerb nur auf direktem Wege durch hierarchische Steuerung der Kommission über das Kartell- und Wettbewerbsrecht erreichen lassen würde. Verbündete auf nationaler Ebene waren schnell gefunden: Das Bundeskartellamt und die Monopolkommission[47] beobachteten die Entwicklung auf dem deutschen Strommarkt ebenso mit Sorge wie auch das BMU und Teile der im Bundestag vertretenen Fraktionen, insbesondere die sich nun wieder in der Opposition befindende Partei Bündnis 90/Die Grünen. Von der 2005 ins Amt gewählten Großen Koalition und dem neuen Bundeswirtschaftsminister Michael Glos (CSU) erwartete man in Brüssel zumindest einen weniger protektionistischen Kurs, als von den stärker industriepolitisch motivierten Energiepolitikern der SPD, die das Ressort aufgeben mussten (vgl. Lobo 2011).

Die Strategie der Kommission in den Jahren 2005 bis 2007 konzentrierte sich zunächst auf die Durchleuchtung des Strom- und Gassektors, um ausreichende Erkenntnisse zu sammeln, die den notwendigen öffentlichen Druck für

---

47 Die Monopolkommission wurde durch die EnWG-Novelle des Jahres 2005 dazu verpflichtet, nach § 62 Abs. 1 alle zwei Jahre ein Gutachten über die Wettbewerbsentwicklung und Regulierung im Elektrizitäts- und Gasbereich zu erstellen (Haucap 2010).

ein weiteres Vorgehen erzeugen sollten. Gemeinsam mit dem Bundeskartellamt durchsuchten Beamte der Kommission zunächst im Mai 2006 Geschäftsräume des E.ON-Konzerns. Im Dezember 2006 wurden die Geschäftssitze der vier großen Konzerne sowie weiterer europäischer Unternehmen durchforstet. Der Anfangsverdacht speiste sich aus Hinweisen über Absprachen und Preismanipulationen der Konzerne untereinander.

Die Generaldirektion Wettbewerb (DG COMP) hatte sich zudem bereits im Jahr 2005 dazu entschlossen, von einem neuen Instrument Gebrauch zu machen, das ihr in Folge der Vertragsreform von Nizza zugestanden worden war: Die Durchführung einer Sektoruntersuchung.[48] Diese wurde beim Beratungsunternehmen London Economics in Auftrag gegeben und sollte sich mit der Marktkonzentration auf dem europäischen Strommarkt auseinandersetzen. Auch die deutsche Monopolkommission verfasste ein Sondergutachten zu den Entwicklungen auf dem deutschen Strommarkt, das im Jahr 2007 unter dem Titel „Preismanipulation an der Strombörse EEX" erschien und zu dem Schluss kam, dass bei der Preisbildung an der Strombörse deutliche Aufschläge gegenüber den Grenzkosten zu verzeichnen seien (Monopolkommission 2007). Zu ähnlichen Ergebnissen kam auch London Economics in der Sektoruntersuchung, in der vor allem auf die Kraftwerkszurückhaltung und die daraus resultierenden künstlichen Preissteigerungen auf der Strombörse verwiesen wurde. Der im Januar 2007 von der EU-Kommission vorgelegte Abschlussbericht der Sektoruntersuchung machte jedoch nicht nur auf die Probleme bei der Preisbildung aufmerksam, sondern thematisierte insbesondere die vertikale Integration der Unternehmen in den Bereichen Erzeugung, Netzbetrieb und Verteilung, die aus Sicht der Kommission eine wesentliche Ursache für die Marktkonzentration und die Zugangsbeschränkungen zu den Strommärkten darstellte (European Commission 2007). In diesem Punkt war die Monopolkommission in ihrer Analyse deutlich zurückhaltender gewesen.

Neben den Durchsuchungen der Firmenzentralen und der Veröffentlichung der Sektoruntersuchung setzte die Kommission ihre Taktik der gezielten Nadelstiche noch in zwei weiteren Bereichen fort. Zum einen wurden insgesamt 17 Mitgliedstaaten, darunter auch Deutschland, mit der Einleitung eines Vertragsverletzungsverfahrens wegen unzureichender Umsetzung der Maßnahmen aus dem Beschleunigungsrichtlinienpaket von 2003 öffentlich abgemahnt. Zum anderen begann die Kommission damit, gezielt Untersuchungen gegen einzelne Unternehmen anzustrengen (darunter die italienische ENI und die deutsche RWE im Mai 2007[49]). Von Seiten der Kommission wurde somit eine immer größere

---

48   Nach der Vertragsreform von Nizza verabschiedete der Rat die Verordnung 1/2003/EG, deren
      Artikel 17 eine Sektoruntersuchung durch die Kommission ermöglicht, wenn der Verdacht auf
      Verstöße gegen Art. 81 und 82 EGV vorliegt (vgl. Pollak/Schubert/Slominski 2010: 119).
49   Die Untersuchungen bezogen sich in diesem Fall allerdings auf den Gassektor.

Drohkulisse aufgebaut. Die Einsicht in die Notwendigkeit der Einleitung neuer gesetzgeberischer Maßnahmen ergab sich für viele Regierungen daraus jedoch noch nicht. Ganz im Gegenteil wuchs der Widerstand gegen das Handeln der Kommission insbesondere in den Mitgliedstaaten, deren Unternehmen von den Untersuchungen besonders betroffen waren. Entschieden ablehnend äußerten sich deutsche und französische Regierungsvertreter gegenüber dem zentralen Instrument der Kommission zur Behebung der Wettbewerbsprobleme: Durch eine eigentumsrechtliche Entflechtung („ownership unbundling") sollten die Trennung von Netz und Erzeugung auf dem Strommarkt dauerhaft gewährleistet und Wettbewerbsverzerrungen durch die Kontrolle des Netzzugangs verhindert werden. Auch vermehrte Investitionen in grenzüberschreitende Leitungen erhoffte man sich durch diesen Schritt. In ihrer Mitteilung zur Vorlage für die Entscheidungen des Europäischen Rates im März 2007 hatte die Kommission diesen Ansatz als klare Zielvorstellung ausgegeben (Europäische Kommission 2007).

Wie in Kapitel IV dargestellt, fand das Thema Energiebinnenmarkt zwar Eingang in die Schlussfolgerungen des Europäischen Rates. Ein klarer Handlungsauftrag zur Vorlage neuer Gesetzgebungsmaßnahmen wurde der Kommission jedoch nicht erteilt. Stattdessen hatte die deutsche EU-Ratspräsidentschaft in der ersten Jahreshälfte 2007 vor allem auf eine Depolitisierung der Energiebinnenmarktdebatte und der damit zusammenhängenden Wettbewerbsfragen abgezielt. Durch die Betonung der Rolle von Klimaschutz und erneuerbaren Energien als zentrale Anliegen der Ratspräsidentschaft wurden die Themen Wettbewerb und Marktentwicklung von den Medien nur am Rande aufgegriffen. Die Kommission konnte sich mit ihrer offensiven Kommunikationsstrategie, die sich vor allem auf die Preisentwicklung auf den Strom- und Gasmärkten konzentrierte, nicht durchsetzen. Die Ergebnisse der Sektoruntersuchung trugen dementsprechend kaum zum erhofften Agenda-Setting bei. Insofern blieben auch die Schlussfolgerungen des Europäischen Rates zum Thema Energiebinnenmarkt vergleichsweise vage. So wurde zunächst festgestellt, dass *„der erste Schritt zur Erreichung dieses Ziels [den Wettbewerb zu stärken, eine wirksame Regulierung zu gewährleisten und Investitionen zum Nutzen der Verbraucher zu fördern; S.F.] [...] darin besteht, sicherzustellen, dass die geltenden Binnenmarktvorschriften für die Öffnung der Erdgas- und Elektrizitätsmärkte rechtzeitig und uneingeschränkt nach Geist und Buchstabe umgesetzt werden [...]"* (Rat der Europäischen Union 2007a: 16). Dieser zurückhaltend formulierte Passus wurde durch den Hinweis verstärkt, dass zwischen den Investitionsentscheidungen der Unternehmen und dem Regulierungsrahmen ein Zusammenhang bestehe, der sich vor allem zugunsten der Finanzierung von Infrastruktur – und damit gegen weitere Regulierungsmaßnahmen – entwickeln sollte. Hier wurden also bereits frühzeitig die Grenzen des weiteren Handelns der Kommission skizziert.

Die Anforderungen an ein mögliches gesetzgeberisches Vorgehen, wie die Gewährleistung einer „wirksamen" Trennung der Versorgung und Erzeugung vom Betrieb der Netze oder die Zusammenarbeit der Regulierungsbehörden erreicht werden könnten, sollten, so der Europäische Rat, unter diesen Vorzeichen betrachtet werden. Die Kommission wurde aufgefordert, vor der Vorlage neuer Maßnahmen den Energieministerrat mit „zusätzlichen Erläuterungen" über die Auswirkungen derselben auszustatten. Auch dies darf als präventiver Versuch einer Einschränkung der zu erwartenden Gesetzgebungsinitiative der Kommission aufgefasst werden, an dem die deutsche Bundesregierung nicht unbeteiligt war.

Während die Bundesregierung in der „heißen Phase" ihrer EU-Ratspräsidentschaft noch die Rolle eines neutralen Mittlers bei der Bearbeitung der Binnenmarktthematik einnahm, wurde während der Sitzung des EU-Energieministerrates im Juni 2007 deutlich, wie stark die Vorbehalte gegenüber weiteren legislativen Maßnahmen auf deutscher Seite ausgeprägt waren (Eikeland 2011: 244). David Buchan beschreibt eindrücklich, wie das BMWi gezielt versuchte, die Kommission von weiteren Vorschlägen zur Entflechtung der Stromkonzerne abzuhalten. Unter der Leitung von Bundeswirtschaftsminister Michael Glos wurde auf dem Ratstreffen am 6. Juni 2007 eine Diskussion über Vorschläge der Kommission zum Dritten Binnenmarktpaket geführt. Energiekommissar Piebalgs präsentierte die bis dato noch nicht öffentlich publizierten Vorhaben von DG TREN und DG COMP zur eigentumsrechtlichen Entflechtung. Diese wurden in der sich anschließenden Diskussion sowohl vom Staatssekretär im BMWi, Joachim Würmeling, als auch der französischen Regierung als nicht ausgewogen genug zurückgewiesen wurden (Buchan 2009: 72). Als amtierender Ratsvorsitzender fasste Minister Glos die Diskussion abschließend dahingehend zusammen, dass der Meinungsaustausch unter den Mitgliedstaaten eine deutliche Mehrheit *gegen* weitere Maßnahmen der Kommission in diesem Bereich zu Tage gebracht habe. Diese Interpretation findet sich auch in der Pressemitteilung der Ratspräsidentschaft wieder.[50]

Die Debatte im Energieministerrat hatte wohl auch Eindruck auf Energiekommissar Piebalgs gemacht, der im Gegensatz zu seiner für Wettbewerbsfragen zuständigen Kollegin Kroes von der Notwendigkeit einer eigentumsrechtlichen Entflechtung weit weniger überzeugt zu sein schien. In der anschließenden Pressekonferenz wird er von Buchan mit den Worten zitiert: „*I can clearly conclude*

---

50 In der Pressemitteilung der Bundesregierung wird zusammengefasst: „Die Diskussion im Energierat hat erneut gezeigt, dass bei der Frage nach einer wirksamen Entflechtung (Unbundling) des Netzbetriebs von der Erzeugung und vom Vertrieb Handlungsbedarf besteht. Allerdings ist auch klar geworden, dass die Entflechtung nur eine von verschiedenen Maßnahmen zur Forcierung der wettbewerblichen Dynamik ist. Vor allem ist sie kein Allheilmittel." Glos wird wörtlich zitiert: „Wir haben der Kommission Anregungen mit auf den Weg gegeben. Ich erwarte, dass die Kommission diese bei der Ausarbeitung ihre Vorschläge für ein drittes Richtlinienpaket zum Strom- und Gasbinnenmarkt angemessen berücksichtigt." (Bundesregierung 2007e)

*the majority [of member states] is not with me. [... and that this] very uneasy
situation ... has become much more serious for me"* (ebd.).

Die Tatsache, dass die Kommission wenige Wochen später doch mit ihren
Vorschlägen zur eigentumsrechtlichen Entflechtung an die Öffentlichkeit trat,
war im Wesentlichen drei Faktoren geschuldet: Zum einen wandten sich vier-
zehn Tage nach dem Ratstreffen acht Energieminister in einem Brief an Pieblags,
in dem sie ihm ihre Unterstützung für entsprechende Vorschläge zur verpflichtenden eigentumsrechtlichen Entflechtung zusicherten und eine klare
Mehrheit unter den Mitgliedstaaten identifizierten, die eine eigentumsrechtliche
Entflechtung der Übertragungsnetze favorisierten.[51] Zweitens hatte sich auch die
Stimmungslage bei den nichtstaatlichen Akteuren seit dem letzten Binnenmarktpaket deutlich gewandelt. Insbesondere die deutschen Akteure wurden dabei
vorgeschoben: So hatte etwa die Wirtschaftsvereinigung Stahl bekundet, dass sie
eine eigentumsrechtliche Entflechtung unterstützen würden, wenn sich dies auf
die Preisstrukturen auswirken würde. Auch Verbraucherschützer, Energiehändler
oder der Dachverband der erneuerbaren Energien teilten die Einschätzung der
Kommission (Eikeland 2011: 253–254). Der dritte und vermutlich entscheidende
Faktor war der Ehrgeiz von Wettbewerbskommissarin Neelie Kroes, die sich seit
ihrem Amtsantritt im Jahr 2005 stetig mit den Energiemärkten in Deutschland
und Frankreich beschäftigt hatte und gerade durch die Sektoruntersuchung ausreichend Munition für den anstehenden Konflikt gesammelt hatte. Die Tatsache,
dass Kroes auch noch eine Alternativstrategie in der Hinterhand hatte, wie in
einem der folgenden Kapitel zu zeigen sein wird, dürfte diesem offensiven Auftreten zuträglich gewesen sein. In jedem Fall erschien die DG COMP als Antreiberin des Prozesses, während sich die DG TREN eher dem kommissionsinternen
Druck beugte und diesem Vorgehen letztlich ohne volle Überzeugung zustimmte
(Interview D 2014; Eikeland 2011).[52] Schließlich dürfte sich auch die Unterstützung des Europäischen Parlaments für eine eigentumsrechtliche Entflechtungs-
vorschrift im Rahmen einer Initiativentschließung vom Juli 2007 positiv auf die

---

51 Der vom dänischen Energieminister Flemming Hansen verfasste und von seinen Kollegen aus
    Belgien, Finnland, den Niederlanden, Rumänien, Spanien, Schweden und Großbritannien un-
    terzeichnete Brief vom 22. Juni 2007 wurde laut David Buchan auch von Polen unterstützt, so-
    fern sich die eigentumsrechtliche Entflechtung lediglich auf die Stromnetze und nicht auf die
    Erdgasnetze beziehen würde (Buchan 2009: 72–73; Taylor 2007).

52 Für die zurückhaltende Position der DG TREN in diesem Prozess dürfte auch der in Kapitel II
    beschriebene Umstand eine Rolle gespielt haben, dass die personell eher schwach ausgestattete
    DG TREN auf die Expertise der Branche angewiesen war und in vielen Bereichen mit dieser
    zusammenarbeitete (Coen/Katsiatis 2013). Da die eigenen Kapazitäten nicht ausreichten, um
    fundierte Analysen über Entwicklungen und Anforderungen im europäischen Energiesektor
    vorzulegen, war der Rückgriff auf Branchenverbände wie Eurelectric notwenidg. Insofern
    wollte man sich hier nicht in einen Konflikt mit den bisherigen Kooperationspartnern begeben
    (Eikeland 2011).

Standfestigkeit der Kommission ausgewirkt haben. Schließlich würde das Parlament doch über das Mitentscheidungsverfahren gleichberechtigt an der Formalisierung neuer Regeln beteiligt sein. Damit war zumindest vorläufig ein weiterer Akteur auf der Seite der Kommission zu zählen.

Dass sich die Gegner einer eigentumsrechtlichen Entflechtung damit geschlagen geben würden, war dennoch nicht absehbar. Nur wenige Wochen nach dem Unterstützerbrief an Kommissar Piebalgs wandten auch sie sich schriftlich an den Kommissar (Taylor 2007). Neun Energieminister, angeführt von Deutschland und Frankreich, erklärten dem Energiekommissar einmal mehr, dass sich eine eigentumsrechtliche Entflechtung aus ihrer Sicht insbesondere für kleine und isolierte Märkte negativ auswirken würde und generell von Preissenkungen für die Verbraucher durch eine solche Maßnahme nicht auszugehen sei.[53] Das deutsche BMWi konnte nun damit punkten, dass eine ganze Reihe kleinerer Staaten einen radikalen Eingriff in die Marktstrukturen ebenfalls ablehnten, wenn auch aus anderen Gründen.[54] Für die Bundesregierung lag die Zielsetzung ihres Protests vor allem darin, die betroffenen nationalen Stromkonzerne zu schützen und sie nicht durch einen Eingriff Brüssels zu schwächen. Auch ein weiteres Ausgreifen der Kommission auf die Ebene der Verteilnetzbetreiber und damit eine Infragestellung der Existenzgrundlage kommunaler Verbände wurde befürchtet (Interview P 2014). Trotz des heftigen Widerstands aus Deutschland und Frankreich setzte Wettbewerbskommissarin Kroes ihre Regulierungsvorstellungen im Kommissionskollegium durch, so dass im September 2007 das umfangreiche Dritte Binnenmarktpaket mit strengen Entflechtungsvorgaben auf den Weg gebracht wurde.

2.2 Die Vorlage des Dritten Energiebinnenmarktpakets und die Verhandlungen auf EU-Ebene

Erst durch das Zusammenspiel aus Sektoruntersuchung, kartellrechtlicher Verfahren gegen Unternehmen und den angestrebten Vertragsverletzungsverfahren konnte die Kommission begründen, warum ein weiterer Anlauf zur „Vollendung" des Energiebinnenmarktes unternommen werden sollte. Am 19. Septem-

---

53 Der Brief der Energieminister aus Deutschland und Frankreich vom 27. Juli 2007 wurde auch von Bulgarien, Griechenland, Lettland, Luxemburg, Österreich, der Slowakei und Zypern unterstützt. Besonders pikant für den lettischen Kommissar Piebalgs, so Buchan, war die Beteiligung seines Heimatlandes an der Initiative (Buchan 2009: 73; Taylor 2007).

54 Hier spielten vor allem der Schutz kleiner Märkte vor einem Ausverkauf und die Kosten der Entflechtung eine wichtige Rolle. Ein Gesprächspartner bezeichnete diese „Koalition der Willigen" als „abstruse Mischung von Staaten", die teilweise gar nicht wussten, welche Folgen ihr Verhalten haben würde oder deren Märkte ohnehin noch nicht privatisiert waren (Interview D 2014).

ber 2007 präsentierte sie schließlich ihr umfangreiches Gesetzgebungspaket zur Weiterentwicklung des EU-Energiebinnenmarktes, das im weiteren Prozess unter dem Titel „Drittes Energiebinnenmarktpaket" behandelt wurde. Während die ersten beiden Pakete (1996/98 und 2003) noch stark durch die Arbeit der DG TREN geprägt waren und sich vor allem an praktischen Lösungen zur Entwicklung eines grenzüberschreitenden Marktes orientiert hatten, stand der Prozess im Jahr 2007 ganz im Zeichen einer konfrontativen Haltung, die in erster Linie durch die DG COMP initiiert wurde (vgl. Buchan 2009: 49–54; Eikeland 2011). Ein Blick auf die Inhalte des Pakets macht dies deutlich.

Trotz des heftigen Widerstands aus einer Reihe von Mitgliedstaaten blieb die Verpflichtung zur eigentumsrechtlichen Entflechtung vertikal integrierter Unternehmen zentraler Bestandteil des Pakets. Die kompromisslose Trennung der Netzindustrie von der Erzeugung erschien der Kommission als sauberste Lösung, um einen freien Netzzugang, mehr Investitionen und damit Wettbewerb auf einem europäischen Markt zu ermöglichen. Hinzu kam, dass bereits zwölf Mitgliedsstaaten ein solches Modell auf nationaler Ebene eingeführt hatten und sich gegenüber den „nationalen Champions" aus Deutschland und Frankreich im Nachteil sahen. Mit umfangreichem Zahlenmaterial aus der Sektoruntersuchung und einer Folgenabschätzung ihrer Maßnahmen begründete die Kommission die Notwendigkeit dieses schwerwiegenden Eingriffs in die Eigentumsrechte der vertikal integrierten Stromversorger. Zur Untermauerung der Notwendigkeit dieser Maßnahme führte Wettbewerbskommissarin Neelie Kroes folgendes Rechenexempel anhand des deutschen Marktes aus: Ihrer Darstellung zufolge lag der deutsche Börsenstrompreis im Zeitraum 2004 bis 2006 durchschnittlich 10 Prozent unterhalb des durchschnittlichen Handelspreises in Großbritannien – einem Staat, in dem die eigentumsrechtliche Entflechtung im Energiesektor bereits vor Jahren eingeführt worden war. Dieser Preisunterschied spiegele sich jedoch nicht im deutschen Endkundenpreis wider. Dieser liege bei Haushalten durchschnittlich 31 Prozent und bei deutschen Industriekunden zwischen 25 und 30 Prozent über dem ihrer britischen Konterparts, so Kroes. Ihrer Argumentation folgend, sei eine Ursache für diesen Unterschied in der eigentumsrechtlichen Struktur der Unternehmen auf den Strommärkten zu finden (Kroes 2007).

Doch nicht nur die Preisunterschiede mit ihren implizit unterstellten Oligopolgewinnen, sondern auch die ausbleibenden Netzinvestitionen in den von vertikal integrierten Unternehmen dominierten Märkten wurden von der Kommission als zentraler Begründungszusammenhang für die Einführung der eigentumsrechtlichen Entflechtung angeführt. Auf den nationalen Märkten mit einer vollständigen Separierung der Sparten seien im Zeitraum 2001 bis 2005 immerhin 33,3 Prozent der eingenommenen Durchleitungsgebühren in Netze investiert worden. In Märkten mit vertikal integrierten Unternehmen hingegen nur 16,8 Prozent. Wiederum wurde das Beispiel Deutschland aufgegriffen: Von den 400-500 Millionen Euro Durchleitungsgebühren seien im gleichen Zeitraum nur 20-30 Millionen reinvestiert worden. Aus Sicht der Kommission ein weiterer Beleg für die Abschottungsstrategien der deutschen Energieversorger (European Commission 2007: 180).

Die überwiegende Zahl der Interviewpartner stimmte darin überein, dass dieser Teil des Pakets explizit gegen die Strukturen auf dem deutschen Strommarkt gerichtet war (u.a. Interview B 2013; Interview D 2014). In einem Land mit vier großen Energieversorgern und dementsprechend vier Netzbetreibern würden Entflechtungsmaßnahmen anders wirken als etwa in Frankreich, wo ein einzelner großer Anbieter (EdF) und ein einzelner Netzbetreiber (RTE) doch nicht umhinkamen, sich zumindest indirekt zu koordinieren. Nichtsdestotrotz entwickelte sich auch in Frankreich Widerstand gegen die zusätzlichen Regulierungsvorschriften der Kommission.

Einen alternativen Weg zur eigentumsrechtlichen Entflechtung hatte die Kommission den Mitgliedstaaten in ihrem Richtlinienentwurf jedoch gelassen: Die Einrichtung eines „Unabhängigen Systembetreibers" (ISO). Hierbei sollten die Eigentumsverhältnisse der Energieversorger unangetastet bleiben. Das Management des Netzes würde jedoch einem operativ vollständig unabhängigen Unternehmen (dem ISO) übertragen werden, der sowohl Investitionsentscheidungen als auch den Betrieb eigenständig zu verantworten habe. Hinzu kam, dass der Betreiber sich verpflichten sollte, einen von der nationalen Regulierungsbehörde beschlossenen Zehn-Jahres-Investitionsplan umzusetzen. Eine Option, die weder für die Energieversorger noch für die Regulierungsbehörden aufgrund des erhöhten Regulierungsaufwands sonderlich attraktiv erschien (Buchan 2009: 64).

Neben den Entflechtungsvorschriften erwiesen sich drei weitere Gegenstände des Pakets als zentral, die jedoch weit weniger intensiv diskutiert wurden. Erstens sollten die nationalen Regulierungsbehörden in ihrer Entscheidungsbefugnis und ihrer Unabhängigkeit gegenüber Unternehmen und Regierungen gestärkt werden. Zweitens sollte eine unabhängige Agentur zur Zusammenarbeit der nationalen Regulierungsbehörden (ACER) geschaffen werden, die nicht nur eine beratende Funktion erhielte, sondern auch in der Lage wäre, in einigen Fragen verbindliche Entscheidungen zu treffen. Drittens sollte die Zusammenarbeit der nationalen Netzbetreiber auf EU-Ebene formalisiert und institutionalisiert werden. Die Koordinierungsgruppe der Netzbetreiber (ENTSO) würde zukünftig die Aufgabe erhalten, Netzinvestitionsentscheidungen gemeinsam auf EU-Ebene zu planen und in einen Zehn-Jahres-Netzinvestitionsplan auf nationaler wie auf EU-Ebene einfließen zu lassen.

2.3 Die Positionierung der deutschen Bundesregierung und das Angebot des „dritten Wegs"

Schon zu einem frühen Zeitpunkt in der Debatte über neue Regelungen für den EU-Energiebinnenmarkt hatte man sich in Deutschland zu einer abwartenden Haltung gegenüber einem neuen Paket der Kommission entschlossen. Dabei wurde jedoch kein Zweifel daran gelassen, dass man das Instrument der eigentumsrechtlichen Entflechtung strikt ablehnte. Wortführer war hierbei, dem Ressortprinzip entsprechend, das BMWi. Ausschlaggebend für die zögerliche Grundhaltung der Bundesregierung neue Regelungen auf EU-Ebene zu schaffen, war unter anderem der Umstand, dass man auch im Jahr 2007 noch immer damit beschäftigt war, zentrale Elemente des Richtlinienpakets aus dem Jahr 2003 in deutsches Recht zu übernehmen. So hatte die Bundesnetzagentur erst mit Beschluss aus dem Jahr 2005 ihre Arbeit aufgenommen. Erfahrungswerte konnten dementsprechend bis dahin noch nicht gesammelt werden. Auch mit Blick auf die europäische Koordinierung setzte man eher auf freiwillige Kooperationsmodelle, etwa das „Pentalaterale Forum" zur Verknüpfung der Energiemärkte Frankreichs, Deutschlands und der Benelux-Staaten. Das Credo lautete demnach: Umsetzung der bestehenden Rechtsakte und Fortsetzung der Marktintegration ohne neues Richtlinienpaket in diesem Bereich.

Das BMWi konnte sich in der deutschen Politik auf breite Unterstützung verlassen. Regierungsintern war keine Kritik zu vernehmen. Das BMU wurde explizit aus dem Verhandlungsprozess herausgehalten (Interview V 2014). Und auch im Deutschen Bundestag schienen, mit Ausnahme der Fraktionen von Bündnis 90/Die Grünen und DIE LINKE, die Reihen unter den Fachpolitikern weitgehend geschlossen zu sein (vgl. Deutscher Bundestag 2007d: 8403–8412, e: 9381–9386). Selbst Monopolkommission und Bundesnetzagentur sahen die Pläne der Kommission kritisch. Lediglich aus dem Bundeskartellamt war leise Sympathie zu hören (Thelen 2007).[55]

Dennoch entwickelte Bundeswirtschaftsminister Glos auch einen deutlich kritischeren Ton gegenüber den vier großen EVU. So waren die Vorwürfe der

---

55 Ein Interviewpartner aus der Kommission beschrieb die innerdeutsche Entwicklung als frustrierenden Prozess und als Lehrstunde für die Notwendigkeit der Entwicklung einer Medienstrategie durch die Behörde. Weder in öffentlichen Gesprächsrunden noch auf anderen Ebenen habe die Kommission eine echte Chance gehabt, mit ihren Argumenten durchzudringen. Zudem sei ein Großteil der relevanten Wissenschaftler, die sich mit der Thematik beschäftigt hatten, in einem Abhängigkeitsverhältnis zur Bundesregierung oder den Energiekonzernen gestanden, so dass von einer „neutralen" Analyse nicht mehr gesprochen werden könne (Interview N 2014). Auch wenn man sich diese Position nicht zu eigen machen muss, erschien die Kohärenz von deutscher Politik, deutscher Energiewirtschaft und der deutschen Wissenschaftslandschaft in der Frage der eigentumsrechtlichen Entflechtung doch verblüffend.

Preismanipulation und eines diskriminierenden Verhaltens gegenüber neuen Anbietern doch auch in der deutschen Öffentlichkeit immer lauter geworden und zwangen die Politik zu einer Reaktion. Insbesondere das Bundeskartellamt monierte die Strukturen auf dem deutschen Strommarkt immer deutlicher und forderte die Politik zum Handeln auf (ebd.). Der zentrale Hebel hierfür wurde im BMWi jedoch in einer Überarbeitung des Gesetzes gegen Wettbewerbsbeschränkungen (GWB) und einer damit verbundenen Stärkung des Bundeskartellamts gesehen, die als Ersatz für einen Eingriff in die eigentumsrechtlichen Strukturen der EVUs dienen sollte. Doch auch für dieses Vorhaben erntete das BMWi grundsätzliche Kritik, unter anderem von seinem eigenen Sachverständigenrat und der Monopolkommission (Wissenschaftlicher Beirat BMWi 2006; Thelen 2007). Immerhin schien damit aber ein Ansatz gefunden worden zu sein, der in der Öffentlichkeit zumindest eine Problembearbeitung suggerieren würde. Darüber hinaus wurde durch eine Kraftwerksanschlussverordnung der Zugang für neue Kraftwerksbetreiber zum Netz erleichtert. Lösungsansätze fanden sich aus Perspektive der Bundesregierung also vorrangig auf nationaler Ebene.

Unmut über das Verhalten der deutschen Konzerne machte sich allerdings auch beim Koalitionspartner breit. So erklärte beispielsweise Außenminister Steinmeier auf einem Kongress der deutschen Energiewirtschaft deutlich: *„Wir stehen in der EU vor einem harten Ringen über die Frage des Ownership Unbundlings [...] Falls wir uns verständlich machen wollen, wären mehr Vertrauen und Disziplin sowohl in Politik und Wirtschaft angebracht"* (zitiert nach Rinke 2007). Die Botschaft war deutlich: Die Preispolitik der Konzerne dürfe in der Phase des Verhandlungsprozesses keinen Anlass für neuerliche Kritik geben. Gleichzeitig wollte man sich in der Bundesregierung aber auch nicht von der Strategie lösen, große deutsche Unternehmen im Energiebereich zu stützen. Wie sich beim geplatzten E.ON/Endesa-Deal zeigte, waren schließlich auch andere Regierungen bereit, sich zu Gunsten ihrer Unternehmen gestaltend in die Strukturen der Energiewirtschaft einzubringen (vgl. Colli/Mariotti/Piscitello 2014).

Nachdem die Kommission ihre Richtlinienvorschläge unterbreitet hatte und die Entwicklung neuer Regelungen also kaum mehr zu verhindern war, konzentrierte sich die Bundesregierung in ihrer Verhandlungsführung gegenüber Brüssel auf einen Dreisatz:

In einem ersten Schritt äußerte das BMWi in einer Stellungnahme grundsätzliche Zweifel am Vorgehen der Kommission. Die Daten der Kommission stellten „keine belastbare Grundlage" für Eingriffe in die Eigentumsstruktur der Unternehmen dar. Vielmehr zeigen sich „erhebliche Untersuchungslücken, Defizite in der Methode und Fehler in der Anwendung", so der für Energiefragen im BMWi zuständige Staatssekretär Joachim Würmeling. Die Bundesnetzagentur sei mit der Untersuchung der von der Kommission errechneten Modelle für die Preisentwicklung zu anderen Ergebnissen gekommen. Zudem habe die Kommission nicht die 2005 vollzogenen Veränderungen im deutschen Energierecht berücksichtigt (Hauschild 2007). Das BMWi bemühte sich also darum, den Vorschlag der Kommission als eigenwilliges Manöver zur Durchsetzung ihrer Modellvorstellungen öffentlich zu diskreditieren.

Auf einer zweiten Ebene versuchte die Bundesregierung durch Interventionen auf höchster Ebene eine Abschwächung der Kommissionvorschläge zu erreichen. Bundeskanzlerin Merkel suchte das Gespräch mit Kommissionspräsident Barroso auf dem Frühjahrsgipfel des Europäischen Rates 2008 und drängte ihn dazu, deutsche Alternativvorschläge aufzunehmen (Gammelin/Bauchmüller 2008; Hauschild 2008).

Die Auflage eines offensiv beworbenen „deutschen Modells" stellte schließlich den dritten Schritt der Strategie gegenüber der Kommission und ihren Verbündeten dar. In einem Brief vom Juli 2007 hatten die neun Energieminster um Deutschland und Frankreich die Kommission bereits aufgefordert, einen „dritten Weg" zu skizzieren, der eine „wirksame Entflechtung", wie in den Schlussfolgerungen des Europäischen Rates vereinbart, garantieren sollte. Nachdem die Kommission diesem Wunsch im Rahmen ihres Gesetzgebungspakets nicht nachgekommen war, beschloss die zwischenzeitlich auf acht Mitgliedstaaten geschrumpfte „Koalition der Willigen" (Interview D 2014)[56] unter deutscher Führung, eine eigene Vorlage zur Umsetzung ihres „dritten Wegs" zu erarbeiten. Der so entwickelte Vorschlag wurde der Kommission am 28. Januar 2008 unter dem Titel „wirksame und effiziente Entflechtung" überreicht und stellte im Wesentlichen eine für Unternehmen und Regulierer praktikablere Version des ISO dar, in dem das Unternehmen weiterhin Einfluss auf den rechtlich abgetrennten Netzbetreiber ausüben konnte, gleichzeitig aber einer strengeren Überwachung durch die Regulierungsbehörde ausgesetzt wäre.[57] Die Tatsache, dass der Vorschlag auch offensiv in der Öffentlichkeit beworben wurde, machte der Kommission deutlich, dass das Lager der Gegner einer eigentumsrechtlichen Entflechtung nun kaum mehr von ihrer neu entwickelten Position zurückweichen würde. Der daraus resultierende Ansehensverlust wäre zu groß gewesen. Hinzu kam, dass ihre Stimmenanzahl im Ministerrat ausreichte, um die Kommissionsinitiativen zu blockieren (Buchan 2009: 76). Der Vorteil lag also klar auf Seiten der Bundesregierung.

---

56   Zypern war nach der Gewährung einer Ausnahmeregelung für kleine Inselstaaten durch die Kommission aus dem Lager der Entflechtungsgegner ausgeschert (Buchan 2009: 75).

57   An der Ausarbeitung des Entwurfs war unter anderem auch die BNetzA und ihr nationaler Vertreter in CEER beteiligt, was zu teils heftiger Kritik von Seiten der Regulierer aus anderen Mitgliedstaaten führte (Interview B 2013). Das Handelsblatt berichtete im Dezember 2007 zudem, dass der Vorschlag auch mit den großen deutschen Versorgern abgestimmt gewesen sei (Hauschild 2007).

2.4 Der Rückgriff auf das Wettbewerbsrecht: Das E.ON-Koppelgeschäft und die Schwächung der deutschen Verhandlungsposition durch die Kommission

Mit der Vorlage des Dritten Energiebinnenmarktpakets hatte die Kommission bis dahin den klassischen Weg der Gesetzgebung für die weitere Strukturierung und Regulierung der Strom- und Gasmärkte in der EU gewählt. Dabei wurde sehr bald deutlich, dass dies zu keinem schnellen Erfolg führen würde. Entsprechend bemühte sich die Kommission auf einem zweiten Weg zum Erfolg zu kommen: Der „negativen Integration" über das Wettbewerbs- und Kartellrecht. Um diese Karte auszuspielen, bedurfte es jedoch eines Anlasses. Dieser ließ sich allerdings schnell finden und war vermutlich strategisch auch so vorbereitet worden.[58]

Die Kommission hatte im Laufe der Jahre 2005 bis 2007 durch die Sektoruntersuchung, die unangekündigten Besuche der E.ON-Zentrale und die dort gesichteten Unterlagen wohl eine umfangreiche Beweislast zusammengetragen, die eine Kapazitätsrückhaltung des Unternehmens an der Strombörse und damit das Hervorrufen einer künstlichen Preissteigerung belegen würden. Die Kommission setzte den E.ON-Konzern über die Einleitung eines Verfahrens in Kenntnis, das im Falle einer Verurteilung, so wurde später in den Medien kolportiert, ein zweistelliges Milliarden-Bußgeld erwarten ließ (Becker 2011: 162). Damit jedoch nicht genug: Die Brüsseler Wettbewerbshüter unterbreiteten dem Konzern ein folgenreiches Angebot. Sollte sich E.ON bereit erklären, sein deutsches Übertragungsnetz sowie umfangreiche Erzeugungskapazitäten in Deutschland und Österreich zu veräußern, könnte von einer weiteren Fortführung des Verfahrens abgesehen werden. Nach den destruktiven und zermürbenden Gesprächen mit der deutschen Bundesregierung über die eigentumsrechtliche Entflechtung verursachte die Kommission im Verlauf des 28. Februar 2008 einen Eklat, der nicht nur für die Bundesregierung zu einem denkwürdigen Erlebnis werden sollte, sondern dauerhaft das Verhältnis zwischen der Kommission, dem BMWi, dem Bundeskanzleramt und der deutschen Energiewirtschaft beschädigte.

Für E.ON ergab sich aus der Offerte der Kommission ein schwieriger Abwägungsprozess. Über Monate hinweg hatte man sich bei der Bundesregierung dafür eingesetzt, eine eigentumsrechtliche Entflechtung durch Brüssel zu verhindern. Die Androhung eines Bußgeldes in Milliardenhöhe erwies sich nun jedoch

---

58   Auch sechs Jahre nach den Ereignissen vom Februar 2008 unterscheiden sich die Interpretationen noch immer ganz erheblich. Insbesondere die deutschen Gesprächspartner sahen in den Vorgängen einen strategischen Feldzug der Kommission, der sich vor allem gegen die deutsche Energiewirtschaft richtete (Interview B 2013; Interview A 2013; Interview R 2014). Andere Interviewpartner, insbesondere aus der Kommission, sprachen hingegen von einer zufälligen Koinzidenz der Entwicklungen und parallel verlaufenden Prozessen (Interview N 2014).

als schwere Hypothek. Hinzu kam, dass sich der E.ON-Konzern zwischenzeitlich zum größten privaten Energieversorger Europas gemausert hatte und der deutsche Markt nur einer – wenn auch ein wichtiger – von mehreren Bestandteilen eines Geflechts europaweiter Beteiligungen darstellte. Ein dauerhafter Konflikt mit der Kommission und das absehbare Verbot von weiteren Übernahmen würden sich negativ auf die Umsetzung der auf Expansion ausgerichteten Unternehmensstrategie auswirken. Schließlich hatte auch die Attraktivität des Netzbetriebs für den Konzern erheblich nachgelassen. Vor allem der absehbar hohe Investitionsbedarf in den kommenden Jahrzehnten erschien eher abschreckend. Im Vergleich zu den drohenden Konflikten war die Veräußerung des Netzes und einiger Erzeugungskapazitäten also zu verkraften und versprach das Verhältnis zur Kommission nachhaltig zu verbessern (Lobo 2011: 134). Durch das Wachstum und die damit einhergehende Internationalisierung des Konzerns war zudem die Bedeutung der EU-Ebene, verglichen mit der in der Vergangenheit entscheidenden Rückendeckung durch die deutsche Bundesregierung, deutlich gewachsen (ebd.: 134–135). Dauerhafter Ärger mit der Kommission erschien also mindestens ebenso wenig erstrebenswert wie ein Konflikt mit der Bundesregierung.

Die Kommission hatte mit dem Verfahren gegen E.ON nun eine zweite Ebene im Verhandlungskonflikt über die Entflechtungsvorschriften geschaffen. Durch die Androhung eines supranationalen hierarchischen Eingriffs sollte so die Auseinandersetzung im Ministerrat beeinflusst werden. Bereits bei der Aushandlung der ersten Binnenmarktrichtlinie in den 1990er Jahren war diese Strategie der Drohung durch das Wettbewerbsrecht bei gleichzeitiger Verhandlung einer Richtlinie aufgegangen. Der Unterschied war jedoch, dass die Bundesrepublik damals selbst als Beklagte in Erscheinung trat. Diesmal war es der größte deutsche Energiekonzern mit besten Kontakten in die Politik. Das Veräußerungsangebot an E.ON hatte somit eine Doppelfunktion: Einerseits konnte die Phalanx von deutscher Energiewirtschaft und Bundesregierung in der Frage der Entflechtung aufgebrochen werden. Andererseits ersparte man sich so ein aufwändiges Verfahren gegen E.ON, das sich nicht nur über Jahre gezogen hätte, sondern dessen Ausgang auch alles andere als gewiss gewesen wäre (Becker 2011: 164).

Dass es letztlich zu einem Deal zwischen der Kommission und E.ON kam, sollte jedoch nicht nur für die Bundesregierung unbefriedigend sein. Auch die konkurrierenden Unternehmen aus der Branche und die Verbraucher gingen schließlich als indirekt Geschädigte ohne Kompensationsansprüche aus dem Verfahren hervor. Denn sollte E.ON tatsächlich an Strompreismanipulationen beteiligt gewesen sein, so könnte ihr dadurch entstandener Schaden durch das Koppelgeschäft „Einstellung des Verfahrens gegen Veräußerung von Netz und

Kraftwerken" nicht mehr beglichen werden.[59] Unmittelbare Verlierer des Deals waren jedoch zweifellos die deutsche Bundesregierung und ihre Vertreter aus dem BMWi.

Aus Sicht der Kommission ergab sich dieser Schritt aus zwei Gründen: Zum einen erhoffte sie sich davon eine Beeinflussung der Verhandlungen zum Dritten Energiebinnenmarktpaket in ihrem Sinne. Zum anderen war die Aussicht auf ein langwieriges kartellrechtliches Verfahren keineswegs attraktiv (Interview N 2014). Abgesehen von den personellen Kapazitäten, die innerhalb der betroffenen Generaldirektionen hätten aufgewendet werden müssen, war die Beweislage scheinbar keineswegs so klar, wie die Kommission gerne vermittelte. Allerdings schien auch für E.ON ein langwieriges Verfahren unattraktiv. Zumal die Einigung mit der Kommission ja kaum finanzielle Einbußen zur Folge hatte.

Rückblickend fällt es schwer, an eine zeitliche Koinzidenz zu glauben, die dazu führte, dass E.ON und die Kommission kurz vor der Sitzung des Energieministerrats am 28. Februar 2008 zu einer Einigung kamen, deren Inhalte am Morgen des besagten Tages öffentlich bekannt gegeben wurden. Ein sichtlich überraschter Staatssekretär Peter Hintze erfuhr über den Deal kurz bevor er im Ministerrat die ablehnende Haltung Deutschlands zur eigentumsrechtlichen Entflechtung vortragen sollte (Buchan 2009: 76). Plötzlich hatte die Kommission die bis dahin geschlossenen Reihen von deutscher Energiepolitik und Stromwirtschaft aufgebrochen. Für das BMWi ergab sich dadurch eine argumentative Schwächung der eigenen Position in den Verhandlungen im Ministerrat. Entsprechend kritisch reagierte Bundeswirtschaftsminister Glos auf dieses Koppelgeschäft und warf E.ON „faule Deals" mit der Kommission vor. Er folgerte ganz

---

59   Vor diesem Hintergrund äußerte sich auch die Monopolkommission kritisch zum Vorgehen der Kommission. So schreibt sie in Absatz 527 ihres Gutachtens aus dem Jahr 2009: „Die Monopolkommission stimmt zwar mit der Europäischen Kommission in der Auffassung überein, dass sich die großen Wettbewerbsdefizite auf den Märkten für leitungsgebundene Energien primär durch den Einsatz strukturpolitischer Instrumente beheben lassen, gleichzeitig sieht sie aber den Einsatz des Instruments der Verpflichtungszusage äußerst kritisch. In den vorliegenden Fällen wurde das politische Ziel einer adäquaten Gestaltung der Marktstrukturen in sachwidriger Weise mit Missbrauchsverfahren gegen marktbeherrschende Verbundunternehmen verknüpft. Die Vorgehensweise der Europäischen Kommission trifft daher auf die größten Bedenken der Monopolkommission. Sie sieht in der Institution der freiwilligen Verpflichtungszusage in Missbrauchsverfahren gerade für vergleichsweise politisch orientierte Aufsichtsbehörden wie die Europäische Kommission bedenkliche Möglichkeiten gegeben, eigene politische Ziele durchzusetzen, die jenseits des begründeten Interesses an einer nachhaltigen Abstellung wettbewerbswidriger Verhaltensweisen liegen. Durch Zusagenentscheidungen entziehen sich zudem die Vorgehensweise der Europäischen Kommission und die Ergebnisse der vorläufigen Beurteilung einer gerichtlichen Überprüfung. Durch diese mit systematisch herbeigeführten Zusagenentscheidungen verbundene mangelhafte gerichtliche Kontrolle könnte daher nach Auffassung der Monopolkommission auf lange Sicht die für ein stabiles Marktgefüge unerlässliche Rechtssicherheit gefährdet sein" (Monopolkommission 2009: 194–195).

im Sinne der deutschen Verbraucher und der E.ON-Konkurrenz: „Ich finde, wenn jemand gegen das Kartellrecht verstoßen hat, dann muss er dafür bezahlen" (Welt online 2008).

Die Motive hintern dem Handeln von E.ON in dieser Frage scheinen bis heute nicht vollständig geklärt. So gehen die Interpretationen unterschiedlicher Gesprächspartner in diesem Punkt weit auseinander. Von einem, aus Unternehmenssicht notwendigen Schritt der Kapitalbeschaffung durch den Verkauf bei gleichzeitiger Umgehung hoher anstehender Netzinvestitionen (Interview B 2013) bis hin zu einer „klaren Erpressung" durch die Kommission (Interview A 2013) verlaufen die Interpretationen dieses Ereignisses. Vermutlich spielte eine Reihe von Faktoren in diese Unternehmensentscheidung mit hinein. In jedem Fall war es der Kommission gelungen, einen Keil zwischen die deutsche Bundesregierung und das größte deutsche Energieunternehmen zu treiben, der eine ohnehin schon schwierige Beziehung der Kanzlerin zur Energiebranche noch zusätzlich belastete und sicherlich als ein Faktor für das in der Folgezeit dauerhaft zerrüttete Verhältnis angeführt werden kann (Interview D 2014). Die Bloßstellung der deutschen Vertreter im Energieministerrat sollte also langfristige Schäden hinterlassen.

2.5 Kompromissfindung zum Dritten Energiebinnenmarktpaket

Durch ihr Koppelgeschäft mit E.ON hatte die Kommission zwar die einheitliche Position aus Bundesregierung und deutscher Energiewirtschaft beschädigt, die ablehnende Haltung gegenüber der verpflichtenden eigentumsrechtlichen Trennung der Netze von Erzeugung und Vertrieb blieb jedoch weiterhin bestehen. Nun war es vor allem der Terminkalender auf EU-Ebene, der eine Kompromissfindung befördern sollte. Da mit den Wahlen zum Europäischen Parlament im Mai 2009 und der anstehenden Neubesetzung der Kommission kurz darauf zwei entscheidende Akteure für mehrere Monate handlungsunfähig sein sollten, war das Interesse aller Seiten an einer Einigung vor diesem Termin erheblich gestiegen. Dies und die Sperrminorität des deutsch-französischen Lagers führten dazu, dass letztlich eine „Radikallösung" auf Seiten der Kommission aufgegeben wurde.

Der im Brief der Energieminister vom Januar 2008 skizzierte „dritte Weg" fand unter dem Titel „Independent Transmission Operator" (ITO) Eingang in den Kompromisstext, der im Juni 2008 entwickelt und beim Energieministerrat am 10. Oktober 2008 konsolidiert wurde (EurActiv.com 2008). Obwohl auch das Europäische Parlament in seiner ersten Lesung eine eigentumsrechtliche Entflechtung für den Stromsektor gefordert hatte (und dabei auch die ISO-Lösung der Kommission abgelehnt hatte), mussten sich schließlich auch die Parlamentarier dem Kompromiss des Ministerrates sowie dem Zeitdruck geschlagen geben.

Schließlich wurden alle drei Lösungen – eigentumsrechtliche Entflechtung, ISO und ITO – als mögliche Alternativen in der Richtlinie verankert und standen somit den Mitgliedstaaten als Regulierungsmodelle zur Auswahl. Auch in einem anderen Punkt setzten sich die Mitgliedstaaten rund um Deutschland durch: Die neue Agentur zur Zusammenarbeit der Regulierungsbehörden (ACER) sollte keine EU-weit verbindlichen Entscheidungen erlassen dürfen, sondern lediglich Empfehlungen aussprechen. Das Argument der meisten Regierungen, darunter auch der deutschen Bundesregierung, dass die Kommission nicht Zuständigkeiten ohne Kontrollmöglichkeiten der Mitgliedstaaten an eine Behörde übertragen dürfe, war auch von Seiten der Kommission nicht ausreichend zu widerlegen (vgl. Lobo 2011: 113).[60] Dennoch wurde mit der Gründung von ACER ein neuer Akteur in der Energiebinnenmarktpolitik ins Leben gerufen, der als Nukleus für eine künftige EU-Regulierungsbehörde dienen könnte und Einzelfallentscheidungen in grenzüberschreitenden Fragen gegenüber den beteiligten Regulierungsbehörden treffen darf. Ein Schritt, dem auch die deutsche Energiewirtschaft vor dem Hintergrund des Flickenteppichs nationaler Regulierungsbehörden und -modelle durchaus positiv gegenüberstand.

Die zentralen Punkte der Einigung lauteten schließlich:

1. Entflechtung: Auch wenn Kommission, Europäisches Parlament und diejenigen Mitgliedstaaten mit einer längeren Tradition entflochtener Konzerne akzeptieren mussten, dass es zu keiner radikalen Veränderung der Besitzverhältnisse auf den Energiemärkten kommen würde, so wurde den Mitgliedstaaten, die sich für eine ITO-Lösung entschieden hatten, doch enge Fesseln angelegt. Dies betraf vor allem die klare rechtliche Trennung der einzelnen Sparten innerhalb des Unternehmens, die Karenzzeiten, die bei Personalwechseln zwischen den Sparten eingehalten werden müssen und schließlich den Einfluss der nationalen Regulierungsbehörden. Diese sollten künftig sowohl bei Investitionsentscheidungen Einfluss üben, als auch in der Lage sein, Geldstrafen gegen die Netzbetreiber von vertikal integrierten Unternehmen auszusprechen.
2. Nationale Regulierungsbehörden: Die Rolle der nationalen Regulierer wurde durch das Dritte Binnenmarktpaket erheblich gestärkt. Die klare Trennung von allen privatwirtschaftlichen und öffentlichen Institutionen (darunter auch den Ministerien) wurde verankert und die Eingriffsmöglichkeiten in die Märkte wurden erweitert.

---

60 Dabei wurde vor allem auf die Meroni-Entscheidung des EuGH aus dem Jahr 1958 verwiesen, die klare Grenzen für die Übertragung von Ausführungsentscheidungen durch die Kommission an andere Behörden setzt.

3. Neue Institutionen auf EU-Ebene: Die Gründung von ACER und die rechtliche Verankerung der Netzbetreibergruppen ENTSO-E und ENTSO-G auf EU-Ebene gehören zu den offensichtlichsten und vermutlich nachhaltigsten Veränderungen durch das Dritte Binnenmarktpaket. Die Verpflichtung zur Entwicklung von Zehn-Jahres-Investitionsplänen durch die Netzbetreiber sowie die Arbeit an gemeinsamen Regeln für den grenzüberschreitenden Netzbetrieb sollten erheblichen Einfluss auf die Funktionsweise des europäischen Marktes haben.

4. Verbraucherrechte: Auch im Bereich der Verbraucherrechte konnten insbesondere durch den Einsatz des Europäischen Parlaments weitere Fortschritte erzielt werden. Der Wechsel eines Versorgers sollte innerhalb von drei Wochen ermöglicht und durch die nationalen Regulierungsbehörden garantiert werden. Informationen über den Erzeugungsmix des Stromversorgers müssen verfügbar sein. Auch die Gründung einer Schlichtungsstelle durch die Mitgliedstaaten wurde festgelegt. Schließlich wurden auf EU-Ebene erstmals Rechte für schutzbedürftige Verbraucher entwickelt, die insbesondere im Gassektor Einfluss haben sollten.

Aus Sicht der Bundesregierung fiel das Ergebnis der Verhandlungen letztlich überwiegend positiv aus. Neben der Verpflichtung zur eigentumsrechtlichen Entflechtung konnte auch ein Einfluss der EU auf die Verteilnetze verhindert werden. Zudem wurde festgelegt, dass bei Investitionen in anderen Mitgliedstaaten die Entflechtungsvorschriften der EU entscheidend sein sollten, was insbesondere den zu diesem Zeitpunkt nur rechtlich entflochtenen deutschen Unternehmen zu Gute kam. Lediglich bei der Stimmengewichtung in ACER konnte sich die Bundesregierung nicht durchsetzen. Hier sollte künftig das Prinzip „one state, one vote" gelten. Die gewichtete Stimmabgabe, wie vom BMWi gefordert, fand keinen Eingang in den Kompromisstext (vgl. Gammelin 2008a).

Interessant erscheint die Beobachtung eines Gesprächspartners, wonach die Konzentration der Bundesregierung auf die Entflechtungsthematik dazu führte, dass kaum eigene Impulse in anderen Bereichen des Binnenmarktpakets gesetzt wurden. Gerade das BMWi schien so fokussiert, dass wichtige Aspekte, wie etwa die angesprochene Stimmgewichtung innerhalb von ACER, unter den Tisch fielen (Interview D 2014). Ob dies nun Teil einer Strategie der Kommission war, lässt sich nicht final klären. In jedem Fall blieb der Einfluss deutscher Akteure außerhalb der Entflechtungsfrage gering.

Das fünf Legislativakte umfassende Dritte Binnenmarktpaket wurde am 13. Juli 2009 förmlich im Amtsblatt veröffentlicht. Das Inkrafttreten der beiden Verordnungen zum Zugang grenzüberschreitender Leitungen im Strom- und Gasbereich sollte ebenso wie die Umsetzung der Richtlinien in nationales Recht zum 3. März 2011 erfolgen.

2.6 Zwischenfazit: Deutsche Akteure im Verhandlungsprozess zum Dritten Energiebinnenmarktpaket

Der Konflikt zwischen dem sukzessiv entwickelten Regulierungsmodell auf dem EU-Energiebinnenmarkt und den Vorstellungen verschiedener deutscher Bundesregierungen zur Verhältnismäßigkeit von politischen Eingriffen in das Marktgeschehen war seit Beginn des Liberalisierungsprozesses virulent (vgl. Schmidt 1998; Lobo 2011). Im Kontext der Europäisierungsliteratur lässt sich mit Blick auf die beiden Binnenmarktpakete 1996/98 und 2003 von einem klaren institutionellen (bspw. Regulierungsbehörde) wie regulatorischen (bspw. Entflechtung) *„misfit"* sprechen, der in den Jahren zwischen 1998 und 2005 verarbeitet wurde.

Im Jahr 2005 hatte die EU-Kommission damit begonnen, einen weiteren Integrationsschritt im Bereich des Energiebinnenmarktes vorzubereiten. Die Sektoruntersuchung und eine Reihe von kartellrechtlichen Verfahren gegen Unternehmen aus den großen EU-Mitgliedstaaten können dabei als erste Ansätze bezeichnet werden. Insbesondere Wettbewerbskommissarin Neelie Kroes bemühte sich darum, die Preisentwicklung auf den Strom- und Gasmärkten mit diesen Prozessen zu verknüpfen. Auf diese Weise sollte eine öffentliche Problemwahrnehmung entstehen, die eine politische Bearbeitung erforderlich machen würde. Auf dem Policy-Strom wurde frühzeitig das Instrument der eigentumsrechtlichen Entflechtung als Lösungsansatz präsentiert, um die erforderlichen Veränderungen auf den Energiemärkten zu erreichen. Die Kommission positionierte sich frühzeitig als *„policy entrepreneur"* innerhalb dieses Prozesses. Lediglich auf dem Politics-Strom schien dieser Ansatz kaum zu verfangen. Zentrale Akteure wie Deutschland und Frankreich bemühten sich darum, diesen Prozess frühzeitig auszubremsen. Die Koordinierungs- und Agenda-Setting-Rolle der deutschen Ratspräsidentschaft trug zudem dazu bei, dass keine klaren politischen Arbeitsaufträge an die Kommission formuliert wurden. So bot sich der Kommission und ihren Unterstützern aus Großbritannien, den Niederlanden und den skandinavischen Staaten kein Gelegenheitsfenster, um eine Verkopplung der Ströme gewährleisten zu können. Nachdem die Kommission ihre Vorschläge im September 2007 schließlich unterbreitet hatte und sich keine schnelle Einigung abzeichnete, versuchte sie den Prozess durch supranationale Steuerung im Bereich der negativen Integration („E.ON-Koppelgeschäft") zu beeinflussen. Doch auch dieser Versuch sollte ohne Auswirkungen auf dem Politics-Strom bleiben.

Die deutsche Bundesregierung positionierte sich frühzeitig defensiv gegenüber neuen Gesetzgebungsvorschlägen der Kommission und lehnte das Instrument der eigentumsrechtlichen Entflechtung grundsätzlich ab. Dabei konnte die Bundesregierung auf eine hohe Kohärenz unter den deutschen Akteuren setzen.

Nicht nur innerhalb der Bundesregierung, sondern auch in Bundestag und unter den Konzernen wurde diese Haltung voll unterstützt. Zentrale Argumente für diese Haltung waren die Sorge vor einem Investitionsstau bei den Unternehmen und einer Schwächung der Konzerne auf dem europäischen und internationalen Markt. Daneben bestand kein Interesse an einer weiteren nationalen Energierechtsreform. Die von Seiten der Kommission artikulierten Probleme sollten durch kleinere rechtliche Anpassungen behoben werden (GWB-Novelle, Kraftwerksanschlussverordnung). Auch das E.ON-Koppelgeschäft veränderte die Haltung der Bundesregierung auf EU-Ebene nicht.

Endgültig ausgebremst wurde der von Seiten der Kommission initiierte Prozess durch den deutsch-französischen Vorschlag des „dritten Wegs", der nur kleinere Veränderungen am deutschen Regulierungsmodell zur Folge haben würde. Zwar konnte die Kommission noch Änderungen an diesem Konzept erreichen, dennoch wurde durch diesen Alternativvorschlag die Debatte über die klare Lösung der eigentumsrechtlichen Entflechtung entschärft und in neue Bahnen gelenkt.

Mit den Vorschlägen zum Dritten Binnenmarktpaket hatte die Kommission zwei Schritte nach vorne gewagt und musste sich letztlich mit einem erreichten Schritt begnügen. Dieser Schritt, der eine Stärkung der Regulierungsbehörden, die Netzplanung und die Institutionalisierung einer EU-Koordination mit sich brachte, sollte jedoch aus heutiger Perspektive der weitaus entscheidendere gewesen sein. Die Bundesregierung hingegen hatte sich in erster Linie auf den Konflikt über das Entflechtungsmodell konzentriert und ganz nebenbei eine weitere Integration der Energiepolitik auf EU-Ebene zugelassen. Welche Auswirkungen sich in der Folgezeit für die deutsche Energiepolitik ergeben sollten und wie diese verarbeitet wurden, steht im Mittelpunkt der nächsten Abschnitte.

3 Das Dritte Energiebinnenmarktpaket und seine Auswirkungen in Deutschland

Das Augenmerk deutscher Politik und Öffentlichkeit richtete sich in den Jahren 2007 und 2008 in erster Linie auf die klimapolitischen Maßnahmen in Deutschland und der EU. Das IEKP mit den darin enthaltenen ökologischen Transformationsvorhaben sowie die Beschäftigung mit dem Klima-Energie-Paket in der EU zogen die volle Aufmerksamkeit auf sich. Der zuvor erhobene Anspruch einer integrierten Energie- und Klimapolitik hatte insofern bereits in seinen Anfängen Schaden genommen, als die Verhandlungen über das für die zukünftigen Energiemarktstrukturen entscheidende Dritte Energiebinnenmarkt kaum auf Interesse in den deutschen Medien stieß. Aus Sicht der defensiv agierenden Bundesregierung war diese Entwicklung mit Sicherheit begrüßenswert, da eine echte Bearbeitung der Fragen rund um Marktmachtmissbrauch, Preismanipulation und eine Bearbeitung des Investitionsstaus im Bereich der Netzinfrastruktur weiterhin ausstand.

Erst durch das wettbewerbsrechtliche Verfahren der Kommission gegen den E.ON-Konzern und die Einigung auf einen freiwilligen Verkauf des Übertragungsnetzes bekam auch die deutsche Debatte einen neuen Schub. Plötzlich stellte sich die Frage, wie mit einem unabhängigen Netzbetreiber umzugehen sei und wer in der Lage wäre, das flächenmäßig größte deutsche Übertragungsnetz sicher zu betreiben. Durch die Kommission wurde somit eine innenpolitische Debatte initiiert, die im Mittelpunkt des ersten Abschnitts der Auswirkungen der EU-Energiebinnenmarktpolitik nach 2007 steht. Im zweiten Teil widmen wir uns der rechtlichen Umsetzung des Dritten Energiebinnenmarktpakets und deren Auswirkungen auf die deutsche Energiepolitik.

3.1 Europäisierungswirkungen abseits der Gesetzgebung: Der E.ON-Deal als Anstoß für die Debatte über eine „Deutsche Netz AG"

Der Betrieb von Netz und Erzeugung sollte im traditionellen Verständnis deutscher Energiepolitik innerhalb eines Unternehmens organisiert werden. Nur so könnte sich der Netzausbau an der Entwicklung des Kraftwerksparks orientieren und somit einen effizienten Ausbau der Infrastruktur garantieren. Mit dieser

Logik brach zunächst die internationale Entwicklung in den 1980er und 1990er Jahren, die, wenn auch mit unterschiedlichem Erfolg, aufzeigte, dass ein Liberalisierungsmodell auch ohne vertikal integrierte Unternehmen nach marktwirtschaftlichen Kriterien funktionieren konnte. Mit den Beschleunigungsrichtlinien zum EU-Energiebinnenmarkt aus dem Jahr 2003 hatte sich die deutsche Energiepolitik zudem dazu verpflichtet, eine rechtliche Entflechtung der Netz- von der Erzeugungssparte in zwei Unternehmenseinheiten vorzunehmen, deren Umsetzung in den Folgejahren jedoch noch erhebliche Lücken aufwies.

Eine nahezu regulierungsfreie Liberalisierung, eine unzureichende kartellrechtliche Aufsicht und die industriepolitische Strategie, „nationale Champions" zu schaffen, führten Ende der 1990er Jahre und Anfang des folgenden Jahrzehnts zu einer Situation, in der wahlweise von einem marktbeherrschenden Duopol aus den beiden vertikal integrierten Unternehmen E.ON und RWE oder einem Oligopol unter Einbeziehung von EnBW und Vattenfall Europe gesprochen werden konnte (vgl. Becker 2011). Das Interesse unterschiedlicher Bundesregierungen an einer grundsätzlichen Strukturreform auf dem deutschen Markt blieb dennoch schwach ausgeprägt. Die bereits erwähnte Ministererlaubnis für die Fusion von E.ON und Ruhrgas stand symbolisch für die energiepolitische Ausrichtung dieser Zeit. Zwar hatte die 2005 ins Amt gekommene Bundesregierung unter Angela Merkel eine stärker am Wettbewerb ausgerichtete Energiepolitik versprochen, die konkreten Umsetzungsbeschlüsse blieben jedoch zunächst kleinteilig (Lobo 2011: 247–248).

Die Durchsuchungen der E.ON-Vorstandsbüros im Jahr 2006, die Geldbuße in Höhe von 38 Mio. Euro wegen des Brechens eines behördlichen Siegels, die Androhung einer Kartellstrafe in Milliardenhöhe, das folgende Koppelgeschäft und schließlich eine Zahlungsverpflichtung in Höhe von 500 Mio. Euro gegen E.ON und GdF Suez wegen unzulässiger Absprachen auf dem Gasmarkt, hatten in der deutschen Energiewirtschaft die Erkenntnis zu Tage gebracht, dass die EU-Kommission sich nicht mehr damit zufrieden gab, Kompromisslösungen im Zuge neuer Binnenmarktnormen zu suchen, sondern stattdessen durch Eingriffe in den Markt selbst tätig werden würde. Nachdem E.ON im Jahr 2008 die freiwillige Verpflichtungserklärung zum Verkauf des Übertragungsnetzes und Teile seines Kraftwerksparks geleistet hatte, folgte im Juli 2008 auch die Vattenfall Europe AG mit der Ankündigung, sich ebenfalls von seinem Übertragungsnetz trennen zu wollen. Spätestens zu diesem Zeitpunkt dämmerte auch der Bundesregierung, dass sich strukturelle Veränderungen nicht vermeiden ließen, obwohl man sich in Brüssel massiv für eine Beibehaltung des *status quo* eingesetzt hatte. Unklar blieb zu diesem Zeitpunkt jedoch, wie dieser Prozess politisch begleitet werden sollte.

Die Debatte über die zukünftige Gestaltung und Eigentümerstruktur des deutschen Übertragungsnetzes wurde durch die Veräußerungszusage von E.ON losgetreten. Noch im April und Mai 2008 kamen zunächst vereinzelte Stimmen auf, die eine Bündelung des Betriebs der vier Netzgebiete beim Staat verorten wollten. Insbesondere der Verbraucherzentralen Bundesverband positionierte sich hier klar für ein staatliches Engagement in einem Geschäft, das „keinen Platz mehr in Unternehmen [hat], die vor allem auf hohe Renditen aus sind", so der Energiefachmann der Verbraucherzentralen, Holger Krawinkel (Bauchmüller 2008; Bauchmüller/Gammelin 2008). Über den Sommer 2008 hinweg entwickelte sich nun eine rege Diskussion über das Thema, die aus vielen unterschiedlichen Richtungen gespeist wurde, während die Bundesregierung parallel die Frage der eigentumsrechtlichen Entflechtung in Brüssel weiterverhandelte. Noch im Mai 2008 hatte auch E.ON selbst damit begonnen, für die Idee einer Deutschen Netz AG zu werben. E.ON-Chef Wolf Bernotat brachte den Vorschlag auf Seiten der EVU ins Spiel, ohne ihn allerdings mit den anderen drei Unternehmen abgesprochen zu haben. Für E.ON wäre diese Lösung attraktiv gewesen, würde man in einem nationalen Modell doch besser Einfluss auf die Netzentwicklung nehmen können, als beim Verkauf an ein internationales Konsortium. Auch die EU-Kommission zeigte Sympathien für den Vorschlag (Gammelin/Bauchmüller 2008).

Der E.ON-Vorschlag wurde jedoch keineswegs von allen Seiten euphorisch begrüßt. Sehr reserviert zeigte sich das BMWi, das zumindest klarstellte, dass ein solches Unternehmen „ohne Staatsknete" auskommen müsse, so Wirtschaftsminister Glos (Süddeutsche Zeitung 2008). Auch Staatssekretär Homann, der später Präsident der BNetzA werden sollte, erklärte: „Ob es eine private deutsche Netzgesellschaft geben wird, ist eine reine betriebswirtschaftliche Entscheidung" (Gammelin/Bauchmüller 2008). Das Wirtschaftsministerium wehrte sich in erster Linie aus ordnungspolitischen Gründen und sah zudem seine Verhandlungsposition in Brüssel geschwächt, würde es jetzt einem solchen Konzept zustimmen. Auch innerhalb der Branche traf der Vorschlag nicht nur auf Wohlwollen: Insbesondere die beiden kleineren EVU, EnBW und Vattenfall Europe, äußerten sich tendenziell skeptisch. RWE hingegen sah „prinzipiell" eine Chance für das Projekt „Deutsche Netz AG", hoffte gleichzeitig aber auch darauf, dass die eigene Kölner Leitwarte künftige zur Steuerungszentrale für das gesamtdeutsche Netz umfunktioniert werden würde (Interview D 2014).

An Fahrt gewann die Debatte über eine „Deutsche Netz AG", als sich innerhalb der Bundesregierung ein Konflikt auftat und das BMU unter Sigmar Gabriel sich in diesen energiepolitischen Prozess einschaltete. Dieser schloss eine Beteiligung an einem solchen Unternehmen keineswegs aus. Zunächst sollten allerdings die Rahmenbedingungen geschaffen werden, um eine deutsche Netzgesellschaft zu gründen. Diese würde im Weiteren mit dem klaren Auftrag ausgestattet, die ökologische Transformation und Modernisierung voranzutreiben (Bauchmüller 2008). Erstmals wurde so der Anspruch aus dem BMU formuliert, die Strukturen der Energiewirtschaft so zu prägen, dass sie den Nachhaltigkeitszielen der Bundesregierung entsprechen würden. Dabei wusste der Umweltminister auch die SPD-Fraktion hinter sich, die vor allem von der Sorge getrieben schien, das E.ON-Netz könnte in die Hände eines ausländischen Investors fallen (Stratmann 2008).

Die Debatte verlief in der Folgezeit auf drei Ebenen: Zum einen bestand keine Klarheit innerhalb der Bundesregierung, wie mit dem Thema umzugehen sei. Beide Ministerien (BMU und BMWi) gaben in der Folgezeit Studien in Auftrag, die Strukturen einer Deutschen Netz AG erörtern und Lösungsansätze vorschlagen sollten (vgl. Frontier Economics 2009; Hammerstein u. a. 2009). Die SPD nutzte das Thema im Verlauf des Jahres 2009 zunehmend auch zu Wahlkampfzwecken (BMU 2009). Zum zweiten herrschte Uneinigkeit unter den Unternehmen über die zukünftige Struktur des deutschen Übertragungsnetzes. Insbesondere die EnBW fürchtete als Verliererin aus dieser Diskussion hervorzugehen und lehnte die Vorschläge grundsätzlich ab. Schließlich spielte auch der Zeitdruck eine wichtige Rolle. Die bestehende Unsicherheit führte aus Sicht vieler Beobachter zu einem weiteren Investitionsstau im deutschen Übertragungsnetz. Daher waren alle Beteiligten zumindest an einer schnellen Klärung der Frage interessiert.

Weder der Konflikt unter den Netzbetreibern über die Struktur einer Deutschen Netz AG noch der politische Konflikt über eine staatliche Beteiligung ließ sich im Verlauf der Jahres 2009 lösen. Nach der Bundestagswahl gelangte die Netz AG sogar als ein Herzensanliegen des kleineren Koalitionspartners FDP in den Koalitionsvertrag: *„Wir setzen uns dafür ein, die deutschen Übertragungsnetze in einer unabhängigen und kapitalmarktfähigen Netzgesellschaft zusammenzuführen und die Grenzkuppelstellen weiter ausbauen."* (CDU/CSU/FDP 2009: 29). Das Thema war zu diesem Zeitpunkt aber vor allem durch die nicht aufzulösenden Konflikte unter den EVU und dem ausbleibenden staatlichen Gestaltungswillen der Politik faktisch bereits beendet. E.ON verkaufte zum 01. Januar 2010 sein Netz an den niederländischen Netzbetreiber TenneT. Vattenfall Europe gab sein Netz an ein Konsortium aus dem belgischen Netzbetreiber Elia und einem australischen Pensionsfond ab, das sich später in 50Hertz umbenennen sollte. Schließlich reduzierte auch RWE im Juli 2011 seine Anteile am bislang integrierten Netzbetreiber Amprion auf 25,1 Prozent. Lediglich die EnBW blieb in dieser Frage hartnäckig und entschied sich für die weitere Kontrolle eines eigenen Netzunternehmens.

Doch nicht nur auf der Ebene der Übertragungsnetze, sondern auch im Bereich der Stromerzeugung sollten sich Veränderungen abzeichnen. Der zweite Teil des Deals zwischen E.ON und der Kommission hinsichtlich des Verkaufs von knapp 5.000 MW Erzeugungskapazität hatte bereits zu einem Absinken der Marktkonzentration geführt. In einem weiteren Schritt gab E.ON beim Beratungsunternehmen Frontier Economics eine Untersuchung zur Marktkonzentration in Auftrag, die 2010 zu dem Ergebnis kam, dass die beiden Unternehmen E.ON und RWE nun gemeinsam einen Marktanteil von weniger als 50 Prozent aufwiesen. Damit war eine kartellrechtlich wichtige Grenze unterschritten, wodurch zumindest in Zukunft Ärger mit den deutschen Wettbewerbsbehörden vermieden werden sollte (Becker 2011: 146–147).[61] Hinzu kam seit 2006 ein zunehmender Trend zur Marktkopplung und der Zusammenlegung von Strombörsen, vorangetrieben vor allem durch die privatwirtschaftlichen Akteure selbst, der durch die Vergrößerung des Marktes Preismanipulationen deutlich erschwerte (vgl. Rabensteiner 2010; BDEW 2012).

Im Wesentlichen waren vier Faktoren für die strukturellen Veränderungen des deutschen Strommarktes in den Jahren 2008 bis 2010 verantwortlich. Erstens die kartellrechtliche Drohkulisse der Europäischen Kommission, die zunächst E.ON zum Handeln gezwungen hatte. Ein kooperatives Verhältnis zur EU-Kommission erschien zunehmend attraktiver als der Kampf um den Besitz von Übertragungsnetzen. Zweitens die veränderten Marktbedingungen, insbesondere die wachsende Bedeutung des europäischen Marktes gegenüber dem deutschen Heimatmarkt. Auch dies erforderte die Entwicklung eines besseren Verhältnisses zur Europäischen Kommission und senkte im Verhältnis die Bedeutung der deutschen Bundesregierung als Anwältin für die Anliegen der deutschen Energiewirtschaft. Dies galt insbesondere vor dem Hintergrund, dass die Bundesregierung in wettbewerbsrechtlichen Fragen keinen direkten Einfluss auf das Verhalten der Kommission hatte. Drittens blickten die Unternehmen mit Sorge auf die hohen Investitionen, die durch die zunehmende Integration der erneuerbaren Energien in den Markt erforderlich wurden. Dies betraf insbesondere die Netzgebiete von E.ON und Vattenfall, da hier ein erheblicher Ausbau der On- und Offshore-Windkraft zu erwarten war. Viertens machte die bereits Ende 2008 absehbare Einigung über die Entflechtungsvorschriften des Dritten Energiebinnenmarktpakets einen Weiterbetrieb der Netze zunehmend unattraktiv, auch wenn diese noch nicht in deutsches Recht überführt wurden. Selbst die Regulierungsvorschriften der ITO-Option ließen einen administrativen Mehraufwand erwarten.

Die massive Umstrukturierung des deutschen Strommarktes in den Jahren 2008 bis 2010 auf der Ebene der Übertragungsnetze, aber auch mit Blick auf die Erzeugungskapazitäten, hat seinen Ursprung in erheblichem Umfang auf EU-Ebene. Bezeichnend dabei ist die Tatsache, dass eine direkte Interaktion zwischen EU-Kommission und Marktakteuren festzustellen ist, während die Bundesregierung als natürlicher Transmissionsriemen zwischen den Ebenen keinen gestalterischen Einfluss üben konnte oder wollte.

---

61 Auch Nitsche u. a. (2011) und Säcker (2011) merken an, dass sich die Wettbewerbssituation auf dem deutschen Strommarkt insbesondere durch Integration mit den Märkten der Nachbarstaaten erheblich verbessert habe.

Die dargestellten Prozesse werden am Ende der Untersuchung dieser Fallstudie noch einmal in den theoretischen Rahmen der Europäisierungsforschung und den Gesamtkontext eingeordnet. Zunächst blicken wir jedoch auf die rechtliche Umsetzung der Beschlüsse zum Dritten Energiebinnenmarktpaket in Deutschland.

3.2 Das Dritte EU-Energiebinnenmarktpaket und seine Umsetzung im Kontext der Energiewende

Obwohl es der Bundesregierung in Brüssel gelungen war, einige zentrale Elemente des von der Kommission vorgeschlagenen Dritten Energiebinnenmarktpakets zu verhindern, zu verzögern und schließlich in ihrem Sinne anzupassen, mussten dennoch Veränderungen am deutschen Energierecht vorgenommen werden. Zwischen dem Beschluss auf EU-Ebene und der nationaler Anpassung fand die Bundestagswahl im September 2009 statt, die in einen Wechsel des Koalitionspartners der weiterhin von Bundeskanzlerin Merkel geführten Regierung mündete. Das nun von einem FDP-Minister kontrollierte BMWi musste somit eine Novellierung des EnWG vorbereiten. Bevor jedoch ein Beschluss des Kabinetts zu diesem Gesetzgebungsverfahren erfolgte, veränderte der Reaktorunfall im japanischen Atomkraftwerk Fukushima Daiichi die Kontextbedingungen deutscher Energiepolitik einmal mehr. Unter dem Eindruck dieser Ereignisse sollte sich der Gestaltungsprozess der neuen energiewirtschaftlichen Regelungen abspielen, die nun im folgenden Abschnitt dargestellt und analysiert werden.

3.2.1 *Der politische Entscheidungsprozess zum EnWG-Änderungsgesetz 2011*

Mit dem Amtsantritt der Regierung Merkel II aus CDU, CSU und FDP im Herbst 2009 wechselte auch die Verantwortung für das Schlüsselressort Energiepolitik. Rainer Brüderle (FDP) übernahm im Oktober 2009 das Amt von Karl-Theodor zu Guttenberg (CSU), der in den Monaten vor der Bundestagswahl den im Februar 2009 zurückgetretenen Michael Glos ersetzt hatte. Mit dem Wechsel an der Spitze des Ministeriums ging also auch ein parteipolitischer Wechsel einher, so dass nun der neue liberale Minister Brüderle ein Gesetzgebungspaket umsetzen musste, an dessen Entstehung er selbst nicht beteiligt war.

Der schwarz-gelbe Koalitionsvertrag stand in erster Linie unter dem Eindruck der im Wahlkampf durch die Regierungsparteien angekündigten Laufzeitverlängerungen für die deutschen Kernkraftwerke. Dabei zeigte sich bereits zu einem frühen Zeitpunkt in den Koalitionsverhandlungen, dass auch koalitionsintern Streit über Ziel und Form längerer AKW-Betriebslaufzeiten herrschte. Wirtschaftsminister Rainer Brüderle hatte sich für deutlich längere Fristen stark gemacht, als sein Amtskollege im Umweltressort, Norbert Röttgen, der maximal vier bis acht Jahre anstrebte (vgl. Michaeli 2010a). Auch unter den Bundesländern war man sich keineswegs einig: Während die Südstaaten Bayern, Baden-Württemberg und Hessen für längere Laufzeiten lobbyierten, sprachen sich eine Reihe anderer – auch unionsgeführter – Bundesländer gegen oder für deutlich kürzere Laufzeitverlängerungen aus (vgl. Depenbrock 2010). Umstritten blieben auch die Beteiligungsrechte des Bundesrats an einer Laufzeitverlängerung, die, hätten sich die Umstände in den Folgemonaten nicht so rapide verändert, wohl vor dem Bundesverfassungsgericht geklärt worden wären.

In der Auseinandersetzung um die Laufzeitverlängerungen der 17 deutschen Atomreaktoren ging es jedoch keineswegs nur um Sicherheitsfragen oder die Rolle der Kernenergie in Deutschland. Vielmehr traten nun zunehmend auch die Folgen einer solchen Entscheidung für die Wettbewerbssituation auf dem deutschen Strommarkt in Erscheinung, die einen zusätzlichen Konflikt in die Debatte brachten. Gerade viele kleine und mittelgroße Stadtwerke sowie regionale Versorger sahen ihre Investitionen der vergangenen Jahre gefährdet, die noch unter den Bedingungen des rot-grünen Atomausstiegs gefällt wurden und nun durch die Laufzeitverlängerungen unrentabel zu werden drohten. Sowohl das Bundeskartellamt als auch die Monopolkommission betrachteten die Laufzeitverlängerungen aus wettbewerbspolitischer Perspektive durchaus mit Skepsis, waren doch zumindest auf Verbraucherseite zwischenzeitlich erste Anzeichen für einen tatsächlich funktionierenden Wettbewerb erkennbar, der durch die Festigung oligopolistischer Strukturen auf dem Strommarkt infrage gestellt werden würde.[62] Insofern bestand die Sorge, dass sich die Laufzeitverlängerungen wiederum festigend auf die bestehenden Strukturen ausgewirkt hätten.

Obwohl die Atomdebatte die Verhandlungen über das Energiekapitel des Koalitionsvertrags dominierte, kam in anderen Bereichen des Politikfelds ein deutlich liberalerer und wettbewerbsorientierterer Einfluss zum Tragen. Die Einrichtung einer Markttransparenzstelle, die „Beschleunigung von Planungsverfahren im Leitungsausbau" und ein „marktfreundliches Engpassmanagement" im grenzüberschreitenden Stromhandel ließen eine Reihe von grundlegenden Reformen erwarten, die alle weitgehend in Einklang mit den Entwicklungen auf EU-Ebene standen (CDU/CSU/FDP 2009: 29–30). Allem voran sollte das letztmals im Jahr 2005 grundlegend veränderte Energiewirtschaftsgesetz eine Generalüberholung bekommen.

---

62   So ging aus einer 2010 veröffentlichten Studie des BDEW hervor, dass 61 Prozent der Privathaushalte seit der Liberalisierung im Jahr 1998 einen Tarifwechsel vorgenommen hatten. Immerhin 19 Prozent hatten sich in diesem Zeitraum für einen neuen Versorger entschieden (Bein 2010).

Auch wenn die Regierungskoalition zunächst ambitioniert an die Energie-marktstrukturreform herangegangen war, zog sich die Veröffentlichung des ersten Eckpunktepapiers zur EnWG-Novelle doch bis zum Oktober 2010 hin (vgl. BMWi 2010). Dabei wurde deutlich, dass das Projekt Laufzeitverlängerung zunächst einen deutlich höheren Stellenwert genoss: Bereits im September 2010 wurde von der Bundesregierung eine Energiekonzept verabschiedet, in dem die „Brückentechnologie Kernkraft" eine wichtige Rolle spielte. Gleichzeitig wurde aber auch der langfristige Übergang zu einem von erneuerbaren Energien dominierten und klimaverträglich gestalteten Energiesystem beschrieben. Im Konsens mit den vier Betreibern der deutschen Atomkraftwerke handelte man einen Kompromiss aus, der den Bundeshaushalt durch die Einführung einer Brennelementesteuer entlastete und den Staat somit an den Zusatzgewinnen der EVUs infolge der Laufzeitverlängerungen beteiligen sollte.

Dem Energiekonzept vom Herbst 2010 lagen einer Reihe energiewirtschaftlicher Analysen zugrunde, auf denen eine langfristige energiepolitische Planung aufgebaut werden sollte.[63] Wettbewerbsrechtliche Fragen wurden in diesem Kontext hingegen kaum thematisiert. Der Wunsch, das Energiekonzept direkt mit einer EnWG-Novelle zu kombinieren, schien ebenfalls nicht ausgeprägt zu sein. Stattdessen wurden im Energiekonzept Stichpunkte für eine Reform des EnWG und der Netzplanung formuliert, die in den kommenden Monaten erarbeitet werden sollten (BMWi/BMU 2010: 18–21). Im Zuge der Formulierung des Energiekonzepts entwickelte sich jedoch auch ein weitgehend neuer Debattenstrang, der zunächst über die Medien zunehmend auch in die Öffentlichkeit getragen wurde: Die Notwendigkeit eines massiven Ausbaus des deutschen Übertragungsnetzes. Nicht nur die hohen Investitionskosten, sondern vor allem der damit verbundene Zeitdruck, so die neue Argumentationslinie der Koalitionsfraktionen, könnte durch die Laufzeitverlängerungen der Atomkraftwerke etwas abgefedert werden. Waren die vorrangig durch den Ausbau der erneuerbaren Energien verursachten Veränderungen bei den regionalen Erzeugungsschwerpunkten im deutschen Strommarkt durch die Deutsche Energie-Agentur (dena) im Jahr 2005 noch auf 850 Kilometer bis 2015 beziffert worden, so belief sich der nun im Jahr 2010 errechnete Ausbau für 2020 auf rund 3.600 Kilometer (dena 2010; Agricola/Seidl 2011). Eine Größenordnung, die nach Ansicht vieler Experten unter den gegebenen gesetzlichen Rahmenbedingungen für die Netzplanung in diesem Zeitraum kaum zu verwirklichen wäre. So hatte die Große Koalition mit dem Energieleitungsausbaugesetz (EnLAG) zwar eine erste Vereinfachung des Planungsverfahrens für eine Reihe klar benannter Projekte er-

---

63   Die Prognos AG und das Energiewirtschaftliche Institut der Universität zu Köln (EWI) waren mit der Ausarbeitung der Szenarien beauftragt worden (vgl. Lindenberger/Lutz/Schlesinger 2010).

reicht (Stratmann 2010). Ein umfassendes Beschleunigungsverfahren, insbesondere in der komplexen Zusammenarbeit zwischen Netzbetreibern, Bund und Ländern sowie eine gesamtdeutsche Netzplanung standen jedoch noch aus. Nicht nur in der innerdeutschen Debatte, sondern auch von EU-Seite wurde beim Thema Netzausbau zunehmend Druck aufgebaut. Energiekommissar Günther Oettinger veröffentlichte Kostenkalkulationen für den europäischen Infrastrukturausbau in Höhe von einer Billion Euro bis zum Jahr 2020 und forderte eine deutliche Beschleunigung der Genehmigungsprozesse, so dass zwischen Planung und Bau eines Leitungsprojekts künftig maximal fünf Jahre liegen sollten (Europäische Kommission 2010a: 12). Nach den Beschlüssen zum Energiekonzept und der Laufzeitverlängerung rückte also das Thema Netzausbau in den Mittelpunkt des energiepolitischen Interesses. Dass mit der Umsetzung des Dritten Binnenmarktpakets zahlreiche Änderungen hinsichtlich der Netzentwicklungsplanung einhergehen sollten, bot sich für die Regierungskoalition als passende Gelegenheit, diese mit eigenen Zielsetzungen zu verknüpfen.

Erste Referenten- und Arbeitsentwürfe zur EnWG-Novelle aus dem BMWi wurden am 10. Februar 2011 und mit einigen strukturellen Änderungen am 10. März 2011 zirkuliert. Einen Tag also bevor am 11. März 2011 die Havarie des japanischen Kernreaktors Fukushima Daiichi die deutsche Energiepolitik einmal mehr zu einem Kehrtwende zwang. Der im Folgenden dargestellte Gesetzgebungsprozess muss daher unter dem Eindruck dieses Ereignisses erklärt werden. Das wenige Tage nach dem Reaktorunfall beschlossene Moratorium über die Laufzeitverlängerung der deutschen Atomkraftwerke und die Beratungen der Ethikkommission „Sichere Energieversorgung" dominierten die energiepolitischen Diskussionen im ersten Halbjahr 2011.

Der offizielle „Entwurf eines Gesetzes zur Neuregelung energiewirtschaftsrechtlicher Vorschriften" wurde von der Bundesregierung am 6. Juni 2011 an Bundestag und Bundesrat übermittelt (Bundesregierung 2011). Mit der Vorlage des Regierungsentwurfs zur EnWG-Novelle begann ein in der deutschen Energiepolitik wohl beispiellos schneller Prozess für die Verabschiedung eines Gesetzes im Bundestag, der in dieser Geschwindigkeit sonst nur im Kontext der Terrorismusabwehr in den 1970er Jahren oder bei der Bankenrettung zu beobachten war (vgl. Mihm 2011a). Neben der Vorlage von Änderungen am EnWG wurde auch ein Netzausbaubeschleunigungsgesetz (NABEG) eingebracht, mit dem Genehmigungsprozesse für den Ausbau von Übertragungsnetzen und die Netzplanung effizienter gestaltet und in weiten Teilen von den Ländern an den Bund überführt werden sollten. Um das Gesetzgebungsverfahren zu beschleunigen, brachte nicht nur die Bundesregierung beide Gesetzentwürfe ein, sondern zeitgleich wurde ein identischer Entwurf auch durch die Bundestagsfraktionen von CDU/CSU und FDP vorgelegt. Durch diesen Verfahrenstrick sollten die Vorhaben die parlamentarischen Hürden noch schneller nehmen können.

Eine inhaltliche Auseinandersetzung mit allen acht Vorschlägen des von der Bundesregierung eingebrachten „Energiepakets" im Zeitraum von drei Wochen konnte realistisch kaum stattfinden. Die Diskussionen konzentrierten sich zudem mehr auf die von der Öffentlichkeit intensiver beobachteten Projekte, wie etwa die Reform des Atomgesetzes. Die Dringlichkeit einer schnellen Umsetzung wurde zusätzlich mit dem Argument erhöht, die Umsetzungsfrist des Binnenmarktpakets sei bereits im März abgelaufen und ein rasches Handeln insofern notwendig. Argumentativ wurde zudem der nun erforderliche Netzausbau in den Vordergrund gestellt, der nur durch eine Gesetzesreform in der notwendigen Geschwindigkeit vollzogen werden könne. Zusammenfassend lässt sich policy-spezifisch also eine Reihe von Gründen nennen, die aus Sicht der Bundesregierung für einen reibungslosen Gesetzgebungsprozess sprachen.

Obwohl das BMWi die Beschlussfassung zum Dritten Binnenmarktpaket und schließlich auch seine nationale Umsetzung tendenziell eher hinausgezögert hatte, war das Ministerium schließlich doch Taktgeber für das EnWG-Änderungsgesetz und das neue NABEG. Dabei bekam das BMWi bereits kurz nach dem Reaktorunfall von Fukushima Deckung aus dem Bundeskanzleramt. Bundeskanzlerin Merkel verknüpfte die Themen in ihrer Rede vor dem Deutschen Bundestag am 9. Juni 2011 entsprechend miteinander:

> „Weil wir wissen: „Wer A sagt, muss auch B sagen", wissen wir auch, dass das eine, nämlich der Ausstieg, ohne das andere, nämlich den Umstieg, nicht zu haben ist. Das ist es, worum es geht. [...] Es führt kein Weg daran vorbei, die Stromnetze in ganz Deutschland zu modernisieren und auszubauen. [...] Der erforderliche Leitungsausbau bei den Stromübertragungsnetzen in Deutschland liegt bei weit mehr als 800 Kilometern. Fertiggestellt sind bislang aber nur weniger als 100 Kilometer, weil geplante Stromleitungen noch immer auf Widerstände vor Ort stoßen. Planungsverfahren dauern – das ist eigentlich die Regel – häufig länger als zehn Jahre. Das ist nicht akzeptabel. [...] Hier müssen wir eine erhebliche Beschleunigung und gleichzeitig mehr Akzeptanz erreichen. Es kann nicht angehen, auf der einen Seite den Ausstieg aus der Kernenergie gar nicht schnell genug bekommen zu wollen, auf der anderen Seite aber eine Protestaktion nach der anderen gegem den Netzausbau zu starten, [...] ohne den der Umstieg in die erneuerbaren Energien aber schlichtweg nicht funktionieren wird. [...] Genau dieser Kreislauf – hier dagegen und dort dagegen – muss durchbrochen werden. [...] Dazu hat die Bundesregierung den Entwurf eines Netausbaubeschleunigungsgesetzes beschlossen, das unter anderem eine bundeseinheitliche Planung für Höchstspannungsleitungen von überregionaler und europäischer Bedeutung vorsieht. Darüber hinaus enthält das NABEG auch Regelungen zur Sammelanbindung von Offshorewindparks sowie zur Erstellung eines Offshorenetzplans. Dabei wollen wir auch weiterhin eine möglichst frühzeitige und umfassende Bürgerbeteiligung sicherstellen. Auch die von uns beschlossene umfassende Novelle des Energiewirtschaftsgesetzes enthält Regelungen zum beschleunigten Netzausbau. [...] Hinzu kommen zahlreiche Maßnahmen zur Intensivierung des

Wettbewerbs auf den Energiemärkten sowie zur Förderung von Speichern. […] Ich sagte es: Wer A sagt, muss auch B sagen. Das eine ist ohne das andere nicht zu haben. Das gilt für den Ausbau der Netze, und das gilt gleichermaßen für die erforderlichen neuen Stromerzeugungskapazitäten […]." (Deutscher Bundestag 2011a: 12961–12962)

Die Intention dieses Redeausschnitts bedarf keiner ausgreifenden Interpretation. Die spezifischen kurzfristigen Energiewendebeschlüsse, die insbesondere das Atomgesetz betrafen, sollten direkt mit dem NABEG und der EnWG-Novelle verknüpft werden. Es wäre theoretisch durchaus denkbar gewesen, die für die Energiewende notwendigen Abschnitte (so dieser Bezug tatsächlich unmittelbar bestand) in einem eigenen Verfahren mit der notwendigen parlamentarischen Detailarbeit zu behandeln. Das EnWG-Änderungsgesetz mit seinen über 100 Seiten Text sollte jedoch möglichst geräuschlos beschlossen werden. Gregor Gysi (DIE LINKE) brachte die Problematik des Verfahrens in seiner Rede auf den Punkt:

„Herr Präsident! Meine Damen und Herren! Ich bedaure sehr, Herr Präsident, dass Sie nicht das Recht haben, den Bundestag zu fragen, wer eigentlich die 700 Seiten, die uns Anfang dieser Woche erreicht haben, schon gelesen hat, und eine ehrliche Antwort darauf zu verlangen. Ich sage Ihnen: Diese Art von Tempo zerstört die parlamentarische Demokratie. […] Keiner glaubt, dass die Abgeordneten diese 700 Seiten vor der Debatte gelesen haben" (ebd.: 12969).

Und dennoch: Die Verknüpfung, mit der die Bundesregierung versuchte, die Umsetzung des Binnenmarktpakets an die Energiewende zu koppeln, zeigte auch in der Opposition Erfolge, wie aus der Rede von Frank-Walter Steinmeier (SPD) hervorgeht:

„Ginge es um Unterstützung dieser Regierung, dann würde ich in jedem Fall zu jedem einzelnen Gesetz Nein sagen. Aber es geht eben nicht um diese Regierung, es geht um mehr. Es geht um die Wiederherstellung von Vertrauen – auch in die Energiepolitik. Es geht um die Wiederherstellung eines energiepolitischen Grundkonsenses, den diese Regierung in der Vergangenheit ohne jede Not zerstört hat" (ebd.: 12965).

Im Bundestag wurde vom federführenden Wirtschaftsausschuss eine Sachverständigenbefragung für den 27. Juni angesetzt, in der Änderungen am EnWG und das neue NABEG einer kritischen Analyse unterzogen wurden. Bereits am 29. Juni beriet der Ausschuss abschließend über das Paket. Am 30. Juni, nur einen Tag später also, nahm das Plenum des Bundestags beide Gesetze mit den wenigen Änderungsempfehlungen aus dem Ausschuss und ohne Rücksicht auf die Vorschläge des Bundesrats in zweiter und dritter Lesung mit den Stimmen der Regierungsfraktionen an. Somit durchlief das Gesetzgebungsverfahren den Bundestag in einer Rekordzeit von nur 24 Tagen.

Auch wenn es der Regierungskoalition letztlich nicht gelang, eine fraktionsübergreifende Zustimmung zu allen Teilen des Gesetzgebungspakets zu erreichen, so wurde doch zumindest keine Blockadehaltung hervorgerufen. Dem novellierten Atomgesetz stimmten letztlich neben den Regierungsfraktionen auch SPD und Grüne zu. Bei der EnWG-Novelle konnte zumindest eine Enthaltung der SPD-Fraktion erreicht werden; beim NABEG eine Enthaltung der Grünen.

Auf ähnliche Weise verlief das Gesetzgebungsverfahren im Bundesrat. Der Innenausschuss des Bundesrates tagte bereits am 9. Juni 2011 und erklärte mit großer Mehrheit, dass durch den Entwurf des NABEG aus seiner Sicht keine Beschleunigung der Genehmigungsverfahren zu erreichen sei. Im Gegenteil sollte vielmehr das EnWG angepasst und der Netzentwicklungsplan zu einem Bedarfsplan des Bundes normiert werden, um das angestrebte Ziel einer Beschleunigung zu erreichen. Diese ablehnende Entscheidung wurde vom Bundesrat am 17. Juni 2011 zunächst übernommen und sowohl Bundestag als auch Bundesregierung übermittelt (Schönenbroicher 2011).

Nachdem die Bundeskanzlerin die Verknüpfung der einzelnen Bestandteile des Gesetzgebungspakets deutlich gemacht hatte, setzten sich in der Folge die Ministerpräsidenten über die Empfehlungen von Innen-, Wirtschafts- und Umweltausschuss im Bundesrat hinweg und entschieden am 8. Juli, den Vermittlungsausschuss nicht anzurufen, um eine schnelle Umsetzung zu gewährleisten.[64] Lediglich ein Bestandteil des umfangreichen Gesetzgebungspakets – die finanziellen Regelungen zur Gebäudesanierung – wurde vom Bundesrat gestoppt. Dies mag insofern verwundern, als den Ländern gerade mit dem NABEG zentrale Hoheitsrechte beim Netzplanungsverfahren ohne Gegenwehr aus den Händen genommen wurden. Zwar konnten die Ministerpräsidenten noch erreichen, dass eine Bundesratszustimmung bei der Festlegung der überregional und europäisch bedeutsamen Höchstspannungsleitungen im Rahmen des Bundesbedarfsplans

---

64 Ein Interviewpartner aus einer Ländervertretung schilderte die Entwicklung in diesen Tagen folgendermaßen: „Das Siebener-Paket, bei dem am Ende die energetische Sanierung rausgefallen ist, war ein Friss-oder-Stirb-Paket. Das sollte – bis auf die energetische Sanierung – als Gesamtpaket durchgehen. Durch den politischen Druck und die Symbolwirkung war es aus Länderperspektive relativ schnell auf eine hohe politische Ebene gezogen worden. Somit wurden die Fachpolitiker rausgenommen. [...] Das wurde schnell auf die Ebene der Staats- und Senatskanzleichefs gezogen. Pofalla [damals Chef des Bundekanzleramts, S.F.] sagte, er verhandele das jetzt nicht mehr auf Fachministerebene. So gab es also keinen Einfluss mehr, sondern nur noch über die Staatskanzleien. [...] das EnWG war wahrscheinlich das komplexeste. Auch das EEG mit den Ausnahmetatbeständen. So sind da viele Dinge durchgegangen, von denen wir gar nicht mehr wussten, worum es ging. Das war also insgesamt eine totale Überforderung" (Interview E 2014).

erforderlich sein sollte (Weyer 2011: 35). Dennoch blieben insbesondere hinsichtlich des NABEGs erstaunliche Kompetenzübertragungen von den Ländern an den Bund zu beobachten.

Mit der Unterzeichnung durch Bundespräsident Christian Wulff am 28. Juli 2011 konnten die beiden Gesetze schließlich am 4. August in Kraft treten. Wulff äußerte sich mit Blick auf die Geschwindigkeit dieses Gesetzgebungsprozesses zwar skeptisch, ohne allerdings eine eingehendere Prüfung vorzunehmen.[65] Auch Beobachter des Verfahrens waren von der „Diskrepanz zwischen umfassender regierungsinterner Vorbereitung und Beratung einerseits und ‚gehetzter' parlamentarisch-demokratischer Diskussion andererseits" irritiert (Kühling/Pisal 2012: 127).

3.2.2 Europäisierungswirkungen durch die EnWG-Reform und Veränderungen in der deutschen Energiepolitik

Nachdem im vorangegangenen Kapitel der zeitliche Kontext und der Gesetzgebungsprozess zur EnWG-Novelle dargestellt wurde, soll es nun um die inhaltlichen Entscheidungen und dementsprechend um die Analyse und Bearbeitung von möglichen „misfits" auf institutioneller und regulatorischer Ebene gehen. Welche Veränderungen mussten an der institutionellen Struktur und den Steuerungsformen in der deutschen Energiepolitik vorgenommen werden, um den Vorgaben der EU-Ebene gerecht zu werden und an welchen Stellen traten in diesem Kontext Konflikte auf? Da kontroverse Punkte, wie im vorangegangenen Kapitel gezeigt, aufgrund des zeitlichen Ablaufs offensichtlich nicht innerhalb des parlamentarischen Prozesses gelöst wurden, sondern die Gesetze diesen nahezu unverändert passierten, müssen die entscheidenden Diskussionen auf der ministeriellen Ebene und die informellen Auseinandersetzungen mit den Länderregierungen im Mittelpunkt der Betrachtung stehen. Hier liegt demnach auch der Schwerpunkt der vorliegenden Analyse.

---

65 Andreas Mihm zitiert ein ZDF-Fernsehinterview mit Christian Wulff, in dem dieser mit Blick auf die Energiewende-Gesetzgebung moniert: „Das braucht Zeit, Debatten und Streit. Das ging jetzt doch alles sehr schnell und sehr am Parlament vorbei." Solche Entscheidungen dürften nicht verlagert werden in „Koalitionsausschüsse und in bestimmte Sonderkommissionen, die keine demokratische Rückwirkung haben", erklärte er mit Blick auf die Arbeit der Ethikkommission (Mihm 2011b).

a.   Entflechtungsvorschriften und Zertifizierung

Die Auseinandersetzung über die Entflechtung vertikal integrierter Unternehmen nahm im Prozess der Richtlinienformulierung auf EU-Ebene den größten Raum ein. Wie bereits dargestellt, bestanden bei diesem Thema erhebliche Differenzen zwischen dem von der Kommission vorgesehenen Modell der eigentumsrechtlichen Entflechtung und dem deutschen Modell starker vertikal integrierter Unternehmen. Die Kommission konnte durch die Verpflichtungszusage von E.ON und die über die Jahre entwickelte Drohkulisse abseits des Verhandlungsprozesses Erfolge für das von ihr propagiert Modell erzielen. Die Bundesregierung setzte sich hingegen im Rahmen des Gesetzgebungsverfahrens auf EU-Ebene durch, indem letztlich alle drei Optionen (eigentumsrechtliche Entflechtung, ISO, ITO) in der Richtlinie wiederzufinden waren. Allerdings wurden auf EU-Ebene deutlich striktere Vorgaben für das ITO-Modell beschlossen, als dies ursprünglich vorgesehen war.

Durch den Regierungswechsel in Deutschland entschärfte sich der Konflikt über die Entflechtungsfrage ein wenig, da die Liberalen selbst die Entwicklung eines neuen Entflechtungsinstruments zur Stärkung des Wettbewerbs als Vorhaben in den Koalitionsvertrag eingebracht hatten und eine Reform des GWB anstrebten. Auch auf der Ebene der Energiewirtschaft verlor die Entflechtungsfrage deutlich an Relevanz, da nach E.ON ja auch Vattenfall Europe sein Übertragungsnetz veräußert hatte. Als schließlich RWE im Frühjahr 2011 ankündigte, die Mehrheitsanteile an seinem Übertragungsnetz abzugeben, erschienen die Entflechtungsregelungen auf dem Strommarkt beinahe schon als gelöstes Problem. Auf dem Strommarkt blieb nur EnBW als letztes vertikal integriertes Unternehmen im vollen eigentumsrechtlichen Besitz seines Netzes. Für die zahlreichen deutschen Verteilnetzbetreiber waren fundamentale Neuregelungen auf EU-Ebene ohnehin verhindert worden.

Trotz dieser veränderten Ausgangslage entschied sich das zuständige BMWi bereits frühzeitig dafür, alle drei Entflechtungsoptionen in das EnWG aufzunehmen und nicht auf eine vollständige eigentumsrechtliche Entflechtung zu setzen, wie es andere Mitgliedstaaten bereits getan hatten. Im Eckpunktepapier vom Oktober 2010 heißt es: „Alle drei Entflechtungsmodelle werden im EnWG für beide Sektoren – Strom und Gas – ausgestaltet. Dabei werden die Regelungen aus den Richtlinien europarechtskonform umgesetzt, nationale Spielräume werden ausgeschöpft. Die Modelle müssen sich in die bestehende Rechtsordnung einpassen" (BMWi 2010: 2). In der Begründung zum Änderungsgesetz heißt es: „Diese Richtlinien werden inhaltlich 1:1 in nationales Recht umgesetzt" (Bundesregierung 2011: Begründung, Abschnitt IV), was sich wohl insbesondere auf die Entflechtungsvorgaben beziehen sollte. Bei der näheren Betrachtung der einzelnen Umsetzungsnormen trifft diese Formulierung tatsächlich zu, da der EnWG-Text teilweise wörtlich dem Richtlinientext entspricht. Dass das BMWi sich dafür entschieden hatte, auch die ungeliebte ISO-Option in das EnWG einzufügen (§9 EnWG), lässt sich ebenfalls nur vor diesem Hintergrund erklären.[66]

Dennoch gestaltete sich die „Einpassung in die bestehende Rechtsordnung" schwieriger als erwartet, da der EU-Gesetzgeber mit anderen Grundannahmen an die Thematik herangegangen war. Obwohl dies öffentlich weitgehend unkontrovers erschien, entwickelte sich zumindest ein Wandel im rechtskulturellen Verhältnis zwischen Regulierung und Kartellrecht.

Bis zum Jahr 2011 war der unabhängige Betrieb eines Übertragungsnetzes im deutschen Energierecht nicht explizit vorgesehen. Das deutsche Wettbewerbs- und Kartellrecht näherte sich dem Energiemarkt entsprechend durch eine verhaltensabhängige ex-post-Kontrolle von Unternehmen durch das Bundeskartellamt auf Grundlage des Gesetzes gegen Wettbewerbsbeschränkung (GWB).[67] Die auf EU-Ebene formulierten Begründungen für die Entflechtungsanforderungen im Dritten Binnenmarktpaket zielten nun jedoch darauf ab, bereits im Vorfeld über den Weg eines Zertifizierungsverfahrens die Voraussetzungen für jegliche Art von Marktverzerrung, insbesondere aber das *„strategic underinvestment"*, zu verhindern (Hirsbrunner 2010). Dies sollte sich, wie Gisela Böhnel kritisch anmerkt, nicht etwa nur auf den Netzzugang, sondern auch auf die Investitionsbereitschaft in die Netzinfrastruktur beziehen (Böhnel 2011: 61–64). Mit diesem „erweiterten Zielkatalog" begründete die Kommission ihr Credo für eine eigentumsrechtliche Entflechtung. Erwägungsgrund 9 der Strombinnenmarktrichtlinie spiegelt dies eindrücklich wider. Hier heißt es: „Ohne wirksame Trennung des Netzbetriebs von der Erzeugung und Versorgung („wirksame Entflechtung"), besteht zwangsläufig die Gefahr einer Diskriminierung nicht nur in Ausübung des Netzgeschäfts, sondern auch in Bezug auf die Schaffung von Anreizen für vertikal integrierte Unternehmen, ausreichend in ihre Netze zu investieren" (Richtlinie 2009/72/EG, Erwägungsgrund 9). Damit wird unterstellt, dass erst durch eine klare Entflechtungsregelung zusätzliche Investitionen in die Netzinfrastruktur und dabei insbesondere in grenzüberschreitende Netze getätigt würden (ebd.: 62). Dieser implizite, an nicht eigentumsrechtlich entflochtene Übertragungsnetzbetreiber gerichtete Vorwurf wird dadurch bestärkt, dass die Kontrolle und Einhaltung der Investitionspläne durch die Regulierungsbehörde in der Strombinnenmarktrichtlinie nur für die Modelle ITO und ISO vorgesehen wird, nicht aber für den eigentumsrechtlich eigenständigen Übertragungsnetzbe-

---

66 Lediglich im Kontext der diskutierten Einführung einer „Deutschen Netz AG" hätte diese Option auch in der Praxis Bedeutung erlangen können.

67 Obwohl im Koalitionsvertrag 2009 ein neues Entflechtungsinstrument für das Bundeskartellamt vorgesehen war, ließ sich dieses – trotz anderslautender Entwürfe für eine GWB-Novelle – koalitionsintern bei der Neufassung des GWB 2013 nicht durchsetzen.

treiber (ebd.: 70). Es wird also davon ausgegangen, dass Letzterer aus unternehmerischem Eigeninteresse in die Netze investieren würde und entsprechend keiner expliziten ex-ante-Regulierung unterworfen werden müsste.

Die Umsetzung der Norm im EnWG folgt diesem Modell jedoch nicht. Stattdessen entschied sich das BMWi dazu, eine umfassende Prüfung der finanziellen Solidität des Unternehmens, der Investitionsvorhaben und der Netzentwicklungspläne durch die BNetzA für alle Modelle obligatorisch zu machen (§ 12b EnWG). Gerade die Ausweitung der Befugnisse der BNetzA auf zusätzliche Prüfkriterien nach § 6 Abs. 6 EnWG sorgte für Kritik und ging deutlich über die Richtlinienvorgaben hinaus (Schellberg/Böhme 2011: 93). Dieser Prüfauftrag durch die BNetzA wurde dadurch erweitert, dass alle Übertragungsnetzbetreiber einer Zertifizierung unterzogen werden sollte. Ein Grund für diese über die EU-Normen hinausgehende Entscheidung dürfte auch die spezifisch deutsche Struktur mit vier Übertragungsnetzbetreibern und den daraus resultierenden erhöhten Kooperationsanforderungen gewesen sein. Mit diesem Modell wird nun eine „verhaltensunabhängige" kartellrechtliche ex-ante-Kontrolle eingeführt (Reich 2011: 53). Eine Verschiebung der Aufsicht vom Bundeskartellamt hin zur Bundesnetzagentur ist die Folge.

Wie Dietmar O. Reich anmerkt, hat die Umsetzung der drei Entflechtungsoptionen und die Zertifizierung durch die BNetzA auch Folgen für die Eingriffsmöglichkeiten der EU-Kommission auf dem deutschen Energiemarkt: So fehlt der Kommission nach erfolgter Entflechtung „der Anknüpfungspunkt für ein kartellrechtliches Vorgehen gegen Energieerzeuger und Netzbetreiber" (ebd.). Als Konsequenz würde der Einfluss durch supranational-hierarchische Steuerung der Kommission über das Kartell- und Wettbewerbsrecht, wie im Fall E.ON geschehen, künftig der Geschichte angehören. Insgesamt lässt sich also im deutschen Energierecht eine Verschiebung von der missbrauchsabhängigen Ex-post-Kontrolle durch das Bundeskartellamt und die EU-Kommission hin zu einer missbrauchsunabhängigen Ex-ante-Regulierung durch die BNetzA feststellen, die doch mit merklichen Veränderungen innerhalb der Systemstruktur des deutschen Energierechts einhergeht. Dabei darf nicht vergessen werden, dass die Verantwortung der BNetzA für den Energiebereich erst 2005 geschaffen wurde und bis dahin von einer Selbstregulierung der Märkte ausgegangen wurde. In der deutschen Regulierungskultur wäre die Ex-post-Anwendung der §11 Abs. 1 und §12 Abs. EnWG ausreichend gewesen, nach denen jeder Übertragungsnetzbetreiber verpflichtet ist, ein sicheres, zuverlässiges und leistungsfähiges Netz zu betreiben, zu warten und bedarfsgerecht zu optimieren, zu verstärken und auszubauen (vgl. Böhnel 2011: 66).

Die Unterschiede bei Problemanalyse und Instrumentarium zeigten sich kurz nach Verabschiedung des neuen EnWG deutlich am Beispiel der Zertifizierung des holländischen Übertragungsnetzbetreibers TenneT TSO, der kurz zuvor das E.ON-Übertragungsnetz übernommen hatte. Dieser wurde von der BNetzA zunächst als neuer Übertragungsnetzbetreiber bei der Kommission notifiziert. Die BNetzA prüfte nun die von TenneT eingereichten Unterlagen, um eine Zertifizierung durchzuführen. Da sich der holländische Staat als Mehrheitseigner von TenneT jedoch weigerte, eine Investitionszusage in entsprechendem Umfang zu leisten, stellte die BNetzA fest, dass unter diesen Bedingungen eine Zertifizierung auf der Grundlage von § 4 EnWG nicht möglich sei und leitete diese Entscheidung an die Kommission weiter (Bundesnetzagentur 2012). Da es sich bei TenneT nun aber um einen eigentumsrechtlich unabhängigen Netzbetreiber handelt, der nach EU-Richtlinie keiner eingehenden Prüfung unterzogen werden muss, erklärte die Kommission der BNetzA, dass diese zur Zertifizierung verpflichtet sei und die Ausgestaltung des EnWG in diesem Fall eben nicht europarechtskonform sei (Interview D 2014). TenneT konnte zwar im Verlauf des Jahres 2012 noch Investoren finden, damit den Konflikt entschärfen und letztlich zertifiziert werden. Der ursprüngliche Zweck der Entflechtungsmaßnahmen auf EU-Ebene, eine Zurückhaltung von Investitionen in die Übertragungsnetz zu verhindern, wurde jedoch damit auf deutliche Weise ad absurdum geführt, wie sich auch später an den Schwierigkeiten von TenneT bei der Anbindung von Offshore-Windparks und vergleichbaren Netzinvestitionen zeigen sollte. Ebenso wurde deutlich, dass der deutsche Gesetzgeber in diesem Bereich so weit über die Anforderungen des Dritten Binnenmarktpakets hinausgegangen war, dass er wiederum in Konflikt mit dem EU-Recht trat. Zusammenfassend lässt sich dennoch für diesen Bereich feststellen: Profiteur innerhalb der deutschen Energiepolitik war in diesem Kontext einmal mehr die BNetzA, die in der Folge der Richtlinienumsetzung mit zusätzlichen Kompetenzen im Bereich der Überwachung der Übertragungsnetzbetreiber ausgestattet wurde. Gleichzeitig war die Bundesregierung dazu gezwungen worden, ein Regulierungskonzept für Übertragungsnetzbetreiber zu entwickeln, das vorher nur in Grundzügen vorhanden war.

b.   Netzentwicklung und die neue Rolle der Übertragungsnetzbetreiber

Seit Beginn des Liberalisierungsprozesses auf dem EU-Strombinnenmarkt standen die Netzmonopole im Fokus der EU-Regulierung. Ging es in der ersten Phase noch um den Zugang Dritter zu diesen Netzen, artikulierte die Kommission im Rahmen der Verhandlungen zum Dritten Energiebinnenmarktpaket deutlich, dass die unabhängigen Übertragungsnetzbetreiber künftig zentrale Akteure der Energiemarktgestaltung sein sollten. Eine Zielsetzung der Kommission war in diesem Zusammenhang die Stärkung der Autonomie von Übertragungsnetzbetreibern gegenüber den in der Erzeugung tätigen Unternehmen, bei gleichzeitiger konzeptioneller Verantwortung für den Bereich der Netzentwicklung. Über den

Weg der Entflechtung würden die Netzbetreiber zu selbstständigen Partnern der Politik werden, eigene Zielsetzungen entwickeln und Planungsfunktionen auf nationaler wie auf EU-Ebene übernehmen. Indirekt erhoffte man sich in Brüssel durch die Gründung unabhängiger nationaler Übertragungsnetzbetreiber und Regulierungsbehörden ein Gegengewicht zu den Interessen der nationalen Regierungen und der Unternehmen auf der Erzeugungsseite aufzubauen. Die Aufspaltung dieser Phalanx aus vertikal integrierten Unternehmen und nationalen Regierungen war ein immer wiederkehrendes Motiv der Kommissionsinitiativen seit Beginn der Liberalisierung Anfang der 1990er Jahre.

Aus zwei Gründen zeigte sich unmittelbar ein deutlicher „*misfit*" zwischen dem EU-Energiebinnenmarktpaket auf der einen und der Sektorstruktur auf nationaler Ebene auf der anderen Seite: Zunächst war das Konzept eines unabhängigen Übertragungsnetzbetreibers, wie beschrieben, im deutschen Energierecht bislang weitgehend unbekannt. Eine direkte Regulierung mit Blick auf die Netzausbauplanung war nicht vorgesehen. Der zweite große „*misfit*" ergab sich aus der historisch bedingten Struktur des deutschen Übertragungsnetzes. Im Gegensatz zu allen anderen EU-Mitgliedstaaten agieren in Deutschland vier Übertragungsnetzbetreiber, während in nahezu allen anderen Mitgliedstaaten ein einzelner Übertragungsnetzbetreiber für den Betrieb und Netzausbau verantwortlich ist. Dies erfordert einen zusätzlichen Koordinierungsbedarf auf nationaler Ebene, der bislang im EnWG nicht vorgesehen war. Das Ordnungsmodell der weitgehenden Selbstorganisation der Energiewirtschaft hatte als handlungsleitendes Paradigma bis in das Jahr 2011 Bestand und galt insbesondere für die Übertragungsnetze. Sämtliche Kooperationsformate zwischen den Netzbetreibern basierten auf informellen Vereinbarungen der Unternehmen untereinander.

Nicht zu vernachlässigen ist in diesem Kontext ein dritter Aspekt, der gerade unter den Bedingungen der nun eingeleiteten Energiewende in Zukunft eine wichtige Rolle spielen sollte. Infolge der Transformationsplanungen europäischer und nationaler Politik lastet ein enormer Investitionsdruck auf den Übertragungsnetzbetreibern, der sich gerade in Deutschland durch seine zentrale Lage in Europa und die ehrgeizigen Ziele für den Ausbau der erneuerbaren Energien als überdurchschnittlich erweist. Christian Schneller gibt für den ersten grenzüberschreitenden Übertragungsnetzbetreiber, TenneT, Kennzahlen an: Lagen die Investitionsverpflichtungen in den Jahren vor 2009 noch bei jährlich rund 100-150 Mio. Euro, erhöhten sich allein die Zusagen durch die Offshore-Windkraft-Anbindung in den Jahren 2010 und 2011 auf 5,5 Mrd. Euro (Schneller 2011: 26). Im Jahr 2009 hatte die Große Koalition mit der Anreizregulierungsverordnung noch ein neues Instrument für die Refinanzierung von Netzinvestitionen geschaffen, dessen Ziel jedoch in erster Linie die Verbesserung der Effizienz bei Netzinvestitionen und nicht die Förderung derselben war (Brunekreeft/Meyer 2011: 40). Mit dem EnLAG waren zudem erste Grundzüge eines Netzentwicklungskonzepts verabschiedet worden. Was bislang allerdings noch immer fehlte, war eine klare Netzentwicklungsplanung, die eine Antwort auf den unzureichenden Ausbau des deutschen Höchst- und Hochspannungsnetz liefern würde (vgl. Bundesnetzagentur 2011). Hierfür bot das Dritte Binnenmarktpaket jedoch eine Blaupause, die nun von der Bundesregierung genutzt wurde.

Ein zentraler Bestandteil der neuen Strombinnenmarktrichtlinie findet sich in der Entwicklung von Zehn-Jahres-Netzentwicklungsplänen auf nationaler und europäischer Ebene. Hierfür sollte jährlich durch die Übertragungsnetzbetreiber ein nationaler Netzentwicklunsgplan erarbeitet und über ENTSO-E auf EU-Ebene zu einem europäischen Plan zusammengeführt werden. Durch die Einfügung von §12a-f EnWG wurde das Netzausbauplanungsverfahren nun in deutsches Recht übertragen. In einem ersten Schritt entwickeln die Netzbetreiber unter Berücksichtigung der politischen Beschlüsse zur Transformation des Kraftwerksparks drei Szenarien. Aus diesen ergibt sich im zweiten Schritt ein von den Übertragungsnetzbetreibern gemeinsam gestalteter Netzentwicklungsplan, der in der Folge durch die BNetzA überprüft, der Öffentlichkeit zur Verfügung gestellt, genehmigt und schließlich für verbindlich erklärt wird. In §12d Absatz 6 EnWG findet sich eine Festlegungsbefugnis für die BNetzA, die, wie der Begründung der Gesetzesvorlage zu entnehmen ist: „[…] gewährleistet […], dass die Verfahrensabläufe zügig an die gemachten Erfahrungen angepasst werden können bzw. gänzlich neue Entwicklungen berücksichtigen können. Diese Flexibilität ist notwendig, da es sich bei dem Konzept des gemeinsamen, nationalen Netzentwicklungsplans auf Übertragungsnetzebene um ein neues Institut in Deutschland handelt und die Rahmenbedingungen daher lernfähig und flexibel sein müssen" (Bundesregierung 2011). Bereits zu diesem Zeitpunkt im Verfahren ist der Netzentwicklungsplan allerdings für die Übertragungsnetzbetreiber in den darauffolgenden drei Jahren als verbindlich anzusehen (Weyer 2011: 24–25). Der Netzentwicklungsplan wird nun mindestens alle drei Jahre vom Bundestag zu einem Bundesbedarfsplan normiert, der erst in dieser Stufe als Gesetz vom Bundesgesetzgeber beschlossen wird (§12e EnWG). Die zentrale Steuerung und Planung der Netzentwicklung liegt mit der EnWG-Änderung allerdings in der gemeinsamen Verantwortung von Übertragungsnetzbetreibern und BNetzA.

Mit den beschriebenen Änderungen am EnWG wäre die Umsetzungspflicht gegenüber den Normen des Dritten Energiebinnenmarktpakets erfüllt gewesen. Die Bundesregierung nutzte die Änderung des Verfahrens jedoch für einen weiteren großen Wurf, der ihr jedoch von vielen Seiten Kritik einbrachte (Schönenbroicher 2011). Eine Besonderheit des deutschen Netzausbaus besteht darin, dass Netzinvestition und Rendite zwar von der BNetzA genehmigt werden, das notwendige Planfeststellungs- und Raumordnungsverfahren nach Art. 83 und 87 Abs. 3 GG aber Sache der Länder ist. Mit dem ebenfalls in den Bundestag eingebrachten Netzausbaubeschleunigungsgesetz (NABEG) sollte die Zuständigkeit bei der Planfeststellung für „länderübergreifende oder europäisch bedeutsame" (§2 NABEG) Netzentwicklungsmaßnahmen aus dem Bundesbedarfsplan nun der Bundesnetzagentur im Rahmen der Bundesfachplanung zugeteilt und den Länderbehörden entzogen werden. Dem Bundesrat wurde im letzten Moment der Verhandlungen zwar noch ein Zustimmungsrecht eingeräumt. Wesentliche Elemente der Umsetzung wurden dennoch von Landesbehörden an die BNetzA übertragen. Folgt man Klaus Schönenbroicher, so haben Bundesrat und Bundestag in diesem Zusammenhang einen verfassungswidrigen Schritt vollzogen: „Verfassungsrechtlich zugewiesene Verwaltungskompetenzen des Bundes für den Netzausbau sind nicht gegeben; angesichts des funktionierenden Ländervollzugs kann von irgendeinem Bedarf für eine ausnahmsweise Bundeskompetenz (Art. 87 Abs. 3 GG) keine Rede sein." Kompetenzen seien, so Schönenbroicher, eben „nicht disponsibel" (ebd.: 10).

Ungeachtet der Frage, ob die Zuständigkeitsübertragung nun tatsächlich einen Verfassungsbruch darstellte, bleibt festzustellen, dass der doppelte Druck aus EU-Recht-bedingter Umsetzungspflicht des Binnenmarktpakets und Einleitung der Energiewende dazu geführt hatte, dass die Bundesregierung über die Anforderungen an die Netzentwicklungsplanung hinaus eine Kompetenzerweiterung der weisungsunabhängigen Bundesnetzagentur zulasten der Länderbehörden im Bereich der Raumordnung vorgeschlagen und durchgesetzt hatte. Für die Übertragungsnetzbetreiber sollte es damit in allen Fragen nur noch einen Ansprechpartner geben: die BNetzA.

Mit der Umsetzungspflicht im Kontext des Dritten Binnenmarktpakets wurden somit zwei Fliegen mit einer Klappe geschlagen: Der Bund konnte argumentieren, dass eine Reform notwendig und eine Netzplanung nun obligatorisch sei. Gleichzeitig wurde das – aus Sicht der meisten Akteure – größte Problem in diesem Bereich beseitigt: Die Auswirkungen des deutschen Förderalismus bei der Genehmigung des Netzausbaus. Mit der BNetzA als unabhängiger Behörde wurde zugleich ein Akteur präsentiert, der in der Lage schien, diese Aufgabe bewältigen zu können. Gleichzeitig wurde politische Verantwortung an eine Behörde externalisiert (Interview D 2014).

Die Wirkungen des Dritten Energiebinnenmarktpakets beschränkten sich jedoch nicht nur auf die nationale Ebene. Neben ihrer zunehmend selbstständigen Rolle im deutschen Energiemarkt, sollten die Übertragungsnetzbetreiber als Folge der Verordnung über den grenzüberschreitenden Stromhandel (VO Nr. 714/2009) nun auch im Europäischen Netzwerk der Übertragungsnetzbetreiber (ENTSO-E) neue Funktionen übernehmen. Diese nun rechtlich anerkannte und mit eigenständigen Aufgaben ausgestattete Organisation ist mit Inkrafttreten der Verordnung ein neuer wichtiger Akteur auf EU-Ebene. Durch ENTSO-E werden nicht nur die EU-weiten Netzentwicklungs- und Investitionspläne erarbeitet, sondern auch Leitlinien und Netzkodizes für den grenzüberschreitenden Stromhandel formuliert. Für alle europäischen Übertragungsnetzbetreiber ist die Beteiligung an dieser Organisation obligatorisch. Somit ergibt sich für die Übertragungsnetzbetreiber die Möglichkeit, europäische Politik über ein Quasi-Initiativrecht in diesem Bereich direkt mitzugestalten. Dies trägt auch zur Stärkung der Unabhängigkeit der Übertragungsnetzbetreiber gegenüber nationaler Steuerung bei, ist aber gleichzeitig mit einer Formalisierung der eigenen Arbeit verbunden. Viele lose Vereinbarungen, die im grenzüberschreitenden Kontext bislang zwischen den Unternehmen galten, werden nun verrechtlicht und in Normen gegossen, was nicht nur zu einer zusätzlichen Arbeitsbelastung, sondern auch zu einem höheren Regulierungsgrad der Branche mit mehr Verwaltungsaufwand führt.

Hinsichtlich der Netzentwicklung werden die Betreiber nun ebenfalls erstmals verpflichtet, in einem festgelegten Rhythmus von zwei Jahren Netzentwicklungspläne für die jeweils nächste Dekade auch auf EU-Ebene zu verabschieden. Diese sollen, wie beschrieben, zunächst auf nationaler Ebene entwickelt und im weiteren Prozess durch ENTSO-E auf EU-Ebene zusammengefügt werden. Dieser Prozess ist jedoch nicht als Einbahnstraße vorgesehen, sondern soll gegenseitige Einflüsse mit sich bringen: Die nationalen Planungen betreffen den EU-weiten Netzentwicklungsplan, während sich die nationale Netzentwicklung an den Plänen der Netzbetreiber in angrenzenden Staaten orientieren sollte. Ein ständiger Austauschprozess würde im Idealfall die Effizienz der Netzausbauplanung erhöhen.

Wie im Verhältnis Bund-Länder, lässt sich eine ähnliche Zuständigkeitsverschiebung zwischen Bundesebene und EU feststellen. Hier spielen wiederum die Übertragungsnetzbetreiber eine wichtige Rolle, die „nicht mehr nur Gegenstand der Regulierung, sondern gemeinsam handelndes Subjekt zur Vollendung des Strombinnenmarktes geworden [sind]" (Schneller 2011: 29). Es geht neben der Erstellung des EU-weiten Zehnjahresinvestitionsplans eben auch um die Entwicklung von Netzkodizes, in denen Regelungsaspekte des grenzüberschreitenden Betriebs der Netze festgelegt werden.[68] Diese werden von ENTSO-E vorgeschlagen, von ACER überprüft und dann einem Komitologieausschuss auf EU-Ebene vorgelegt. Für eine Bewertung der tatsächlichen Funktionsfähigkeit dieses Systems ist es noch zu früh und sie würde über den Umfang dieser Studie hinausgehen. Dennoch muss kritisch angemerkt werden, dass die Netzbetreiber in diesem Zusammenhang immer häufiger „quasi in eigener Sache rechtsetzend

---

68 Netzkodizes dienen insbesondere die Funktionsfähigkeit des EU-Energiebinnenmarktes im Zusammenhang mit dem grenzüberschreitenden Handel und ersetzen die bis dahin unverbindlichen Lösungen der Übertragungsnetzbetreiber untereinander. Bislang wurden zwei Netzkodizes entwickelt und von ENTSO-E an ACER übermittelt: Anforderungen an Erzeuger („Network Codes on Requirements for Grid Connection applicable to all Generators") und Anforderungen zum Anschluss von Verbrauchern („Demand Connection Code") (Bundesnetzagentur 2013: 65–66).

tätig werden" (ebd.: 34). Dies entspricht einem Trend im gesamten Dritten Binnenmarktpaket, in dem zahlreiche Leitlinien durch Komitologieverfahren auf EU-Ebene ohne gestaltenden Einfluss direkt demokratisch gewählter Institutionen verabschiedet werden (vgl. ebd.: 35). In diesem Bereich ist also auch eine deutliche Verschiebung der Zuständigkeiten vom BMWi und Bundestag hin zu Kommission, ENTSO-E und ACER auszugehen. Erst bei der finalen Entscheidung kommt die Bundesregierung wieder ins Spiel.

Die staatlich verordnete Netzplanung und die neue erweiterte Aufgabenzuweisung an die Übertragungsnetzbetreiber stellten zentrale Aspekte des Dritten Binnenmarktpakets dar. Beide Inhalte wurden von der Bundesregierung aufgenommen und in die Novelle des EnWG sowie in das NABEG integriert. Aufgrund der Veränderung von einem sich weitgehend selbst regulierenden Konzept hin zu einem staatlichen Planungsinstrument erscheinen die Kriterien für die Identifizierung eines *„misfits"* gegeben. Der Europäisierungsdruck wurde jedoch auch dazu genutzt, das Netzentwicklungskonzept weiterzuentwickeln und an das deutsche System anzupassen. Der Widerstand der Länder gegen die Bündelung der Zuständigkeiten auf Bundesebene konnte nur durch den besonderen Kontext der Energiewende gebrochen werden.

Bei der Umsetzung der Regelungen in deutsches Recht fällt auf, dass eine Konzentration staatlicher Entscheidungshoheit bei der Bundesnetzagentur zu verzeichnen ist. Erst auf der Ebene des Bundesbedarfsplans kommen Bundesregierung, Bundestag und Bundesrat ins Spiel. An dieser Stelle ist jedoch kaum vorstellbar, dass zentrale Aspekte des Netzentwicklungskonzepts noch einer grundlegenden Veränderung unterzogen werden. Dies ist auch vor dem Hintergrund zu sehen, dass auf Ebene der Übertragungsnetzbetreiber die Genehmigung eines Netzentwicklungsplans durch die BNetzA bereits verbindliche Wirkung entfaltet. Das „dialektische Verfahren" (ebd.) zwischen Übertragungsnetzbetreibern und BNetzA beschränkt sich nicht nur auf die nationale Ebene, sondern kann auch auf EU-Ebene im Zusammenhang mit der Entwicklung von Netzkodizes und dem EU-weiten Zehn-Jahres-Netzentwicklungsplan beobachtet werden und dürfte generell zu einer Entpolitisierung der Infrastrukturentwicklung im Energiebereich führen, die jedoch im weiteren Verlauf demokratietheoretische Probleme mit sich bringen könnte. Eine interessante Frage in diesem Kontext könnte in Zukunft sein, durch welche Interessen das Verhalten der Übertragungsnetzbetreiber getrieben wird und welche Rolle dies bei der Umsetzung der Energiewende hat: Es ist gleichermaßen vorstellbar, dass Netzbetreiber ein Interesse an übermäßigen Investitionen bei hohen Renditeerwartungen besitzen oder dass sie ein Interesse am Profit durch die Bestandserhaltung haben, ohne dabei größere Investitionen tätigen zu müssen. Dabei wird der BNetzA in jedem Fall eine entscheidende Rolle zukommen, die Anreize über die Netzentgelte formuliert und gleichzeitig die Investitionspläne der Übertragungsnetzbetreiber abnehmen muss. Für die vergleichsweise kleinen Übertragungsnetzbetreiber scheint zudem der Zugang zu günstigen Krediten am Kapitalmarkt immer komplizierter zu werden.

c.   Die Bundesnetzagentur: Neue Schaltzentrale der deutschen Energiepolitik

Die Einrichtung einer unabhängigen Regulierungsbehörde gehört in der Geschichte der deutschen Energiepolitik zu einer der offensichtlichsten institutionellen Europäisierungswirkungen, die auch in der Vergangenheit stets als zentraler *„misfit"* zwischen dem EU-Energiebinnenmarktprojekt und dem deutschen Energiemarktmodell angeführt wurde (vgl. Lobo 2011). Für einen sich selbst regulierender Markt der Versorgungsverbände mit ihren engen politischen Verflechtungen, wie er in Deutschland bis in die 1990er Jahre hinein strukturprägend war, erschien eine politisch unabhängige Bundesbehörde mit Eingriffsmöglichkeiten in den Markt nicht nur für die Politik, sondern insbesondere für die regionalen Monopolisten als Gefahr. Insofern verwundert es kaum, dass der deutsche Gesetzgeber als letzter EU-Mitgliedstaat durch die Neufassung des EnWG erst im Jahr 2005 die damalige Regulierungsbehörde für Telekommunikation und Post mit der Regulierung der Strom- und Gasmärkte beauftragte. Mit dem Dritten Binnenmarktpaket wurde der Aufgabenkatalog der BNetzA ein weiteres Mal vergrößert und mit neuen Tätigkeitsprofilen versehen (vgl. Bundesnetzagentur 2013). Wie bereits beschrieben, gehören die Zertifizierung der Übertragungsnetzbetreiber ebenso wie die Abnahme der Netzinvestitionspläne und im Bereich des NABEG sogar das Raumplanungsverfahren zu den neuen Aufgaben (vgl. Held 2011). Mit der EnWG-Novelle wurde die BNetzA zudem zentrale Informationsstelle für den Verbraucherschutz (Bundesnetzagentur 2013: 54–55).

Neben den bereits dargestellten neuen Aufgaben der BNetzA wurde im EnWG auch eine umfassendere Datenübermittlung der Netzbetreiber an die Behörde vorgesehen. Die Ursache hierfür liegt in der zunehmenden Übertragung von Aufgaben hinsichtlich der Systemsicherheit und der Netzstabilität, wie der damalige Präsident der BNetzA, Matthias Kurth, in der Sachverständigenanhörung im Wirtschaftsausschuss des Bundestags zu Protokoll gab (Deutscher Bundestag 2011b: 7). Des Weiteren wurde der BNetzA auch die Aufgabe für die Feststellung einer Kaltreserve infolge des Atom-Moratoriums zuteil. Hier lässt sich eine deutliche Verschiebung der Zuständigkeit von BMWi zu BNetzA beobachten, die mit Sicherheit auch einer „Entpolitisierung" der Debatte über die Systemstabilität und Versorgungssicherheit geschuldet ist. Wie beim Netzausbau wurde auch hier eine zusätzliche Aufgabe an die Behörde übertragen. Schließlich erhielt die BNetzA auch im Bereich der Sanktionsmöglichkeiten gegenüber Netzbetreibern neue Befugnisse. Sollte ein Unternehmen seinen Investitionsverpflichtungen nicht nachkommen, könnte die BNetzA den Bau einzelner Trassenabschnitte über ein Ausschreibungsverfahren an andere Unternehmen vergeben.

Die Übertragung solcher genuin politischen Infrastrukturplanungsaufgaben an die BNetzA infolge des Dritten Binnenmarktpakets kann jedoch auch kritisch gesehen werden. Selbst innerhalb der BNetzA, so merkt ein Gesprächspartner an, habe man nicht die unmittelbare Notwendigkeit gesehen, auch noch in diesem Aufgabenbereich tätig zu werden. Den gesamten Bereich der Infrastrukturplanung und deren Überprüfung an eine ohnehin schon große und noch relativ junge Behörde zu übertragen, könnte in Zukunft auch zu einer Überforderung führen (Interview D 2014). Mehr noch: Netzplanung darf als Akt politischen Handelns beschrieben werden, der sich einer kritischen Öffentlichkeit stellen muss. Die Verlagerung von Verantwortung an eine Behörde kann, etwas überspitzt formuliert, auch als Kapitulation der demokratisch gewählten Akteure vor dieser Aufgabe betrachtet werden. Im nationalen Kontext ist die BNetzA durch die EnWG-Novelle in jedem Fall mit einem Machtzuwachs ausgestattet worden.

Interessant erscheint in diesem Zusammenhang aber auch das zunehmende Tätigwerden der BNetzA auf EU-Ebene, die sich vor allem durch die institutionelle Einbindung in die Gremien der Reguliergruppe ERGEG und die EU-Agentur ACER zeigt. Neben der natürlichen Zugangsfunktion der Bundesregierung über die Gesetzgebungstätigkeiten auf EU-Ebene, hat nun auch die BNetzA über ACER einen rechtlich klar formulierten und direkten kontroll- und weisungsunabhängigen Zugang zu politischen Prozessen in der EU. Dies steigert die Autonomie der Behörde zusätzlich. Das BMWi erscheint somit nicht mehr als der einzige Kanal, um die Entwicklung im EU-Energiebinnenmarkt aus Deutschland heraus zu gestalten. Allerdings gehen damit auch eigenständige Steuerungsmöglichkeiten der BNetzA auf nationaler Ebene verloren, die nun durch Leitlinien und Netzkodizes auf EU-Ebene ausgehöhlt werden. Dies wird allerdings durch die Mitwirkung der BNetzA an der Arbeit von ACER teilweise kompensiert (Held 2011: 104–105). Dass die Bundesregierung während der Verhandlungen über das Dritte Binnenmarktpaket versäumt hatte, eine Stimmengewichtung bei den Entscheidungen innerhalb dieser Gremien zu vereinbaren, dürfte die BNetzA bei der Durchsetzung spezifisch deutscher Interessen dauerhaft vor Probleme stellen (Interview D 2014).

Das Dritte Energiebinnenmarktpaket fordert von den Mitgliedstaaten eine Stärkung der Unabhängigkeit nationaler Regulierungsbehörden. Hinzu kommt die Zuweisung einer Reihe neuer Aufgaben, insbesondere im Rahmen der Netzentwicklung. Versuchen wir diese beiden Bereiche zu trennen und betrachten nur den Aufbau der BNetzA und ihre institutionelle Rolle im Politikbereich Energie, so kann von einer Passfähigkeit der nationalen Ebene mit den Vorgaben der EU gesprochen werden. Dies bedeutet jedoch keineswegs, dass sich keine Veränderung in der deutschen Energiepolitik vollzogen hätte. Auch ohne den expliziten Druck der EU hat die BNetzA eine ganze Reihe neuer Aufgaben zugeteilt bekommen und ist zu einem zentralen Akteur der deutschen Energiepolitik geworden, der auch auf

EU-Ebene tätig wird. Insbesondere im Zuge der EnWG-Novelle und dem Entscheidungsprozess zum NABEG ist dies jedoch als endogener Prozess innerhalb des deutschen Politikgestaltungsprozesses zu betrachten. Die Aufgabenzuweisung an die BNetzA war mit einer Arbeitsentlastung für das BMWi verbunden und könnte auch durch die intensive Beteiligung der BNetzA an der Ausarbeitung von EnWG und NABEG im Jahr 2010 hervorgerufen worden sein.[69]

d.   Verbraucherrechte und Verbraucherschutz

Auch im Bereich des Verbraucherschutzes gehörte die Bundesrepublik in der Vergangenheit eher zu den Nachzüglern beim Erlass von europarechtskonformen Regelungen. Durch die EnWG-Novelle aus dem Jahr 2005 wurde eine Reihe von Normen übernommen, die unter anderem einen zügigen Versorgerwechsel vorsahen und Rechte der Verbraucher festschrieben. Vor allem durch das Engagement des Europäischen Parlaments bei der Gesetzgebung zum Dritten Energiebinnenmarktpaket wurde wiederum der Verbraucherschutz gestärkt, was eine weitere Anpassung des deutschen Rechts erforderlich machte. Während die Beschleunigung des Versorgerwechsels von vier auf drei Wochen keine Umsetzungsprobleme verursachte, waren zwei andere Punkte durchaus strittig: Die Einrichtung einer Schlichtungsstelle sowie die Definition von Energiearmut und entsprechende Maßnahmen zu ihrer Bekämpfung. Für eine unabhängige Stelle sah der deutsche Gesetzgeber bislang die Gerichte als zuständige Instanzen vor. Probleme rund um das Thema Energiearmut sollten im deutschen Verständnis durch die Sozialgesetzgebung gelöst werden.

Bereits durch das Zweite Binnenmarktpaket waren die Mitgliedstaaten aufgefordert worden, Stromkunden einen Zugang zu einem einfachen und unabhängigen Streitbeilegungsverfahren zu ermöglichen. Die Verpflichtung zur Einrichtung geeigneter Stellen wurde nun im Dritten Binnenmarktpaket noch klarer formuliert und machte eine Umsetzung erforderlich. Während in den ersten Referentenentwürfen zur EnWG-Novelle die Einrichtung der Schlichtungsstelle noch ausführlich beschrieben und mit klaren Aufgabenzuordnungen versehen wurde, fielen die meisten Regelungsaspekte im Laufe der Ausarbeitung des Gesetzentwurfes jedoch heraus (Salje 2011: 14). Stattdessen zeichnet sich das letztlich auch im Bundestag verabschiedete Gesetz durch Unklarheit in vielen Regelungsbereichen aus. So schreibt Peter Salje: „Weder wird die Besetzung der Schlichtungsstelle vom Gesetzgeber vorgegeben noch lässt sich erahnen, wie

---

69   Ein Interviewpartner erklärte in diesem Zusammenhang, dass weite Teile des EnWG in der BNetzA geschrieben worden seien. Unter anderem auch, weil es im BMWi an Personal und Sachkompetenz mangelte, um das in der notwendigen Zeit umzusetzen (Interview B 2013).

entsprechende Verfahrensordnungen aussehen könnten" (ebd.: 15). Auch die Verknüpfung mit einem gerichtlichen Verfahren bleibt unklar.

Die Verpflichtung zur Einrichtung einer zentralen Schlichtungsstelle durch die Strombinnenmarktrichtlinie führte zu einem sichtbaren „*misfit*" zwischen der EU-Entscheidung und der institutionellen Regelungspraxis in Deutschland. Insbesondere das zuständige BMWi schien nur geringes Interesse an der Gestaltung eines solchen Streitbeilegungsmechanismus zu haben. Durch die Einfügung eines neuen Paragrafen (§111b EnWG 2011) wurde die Einrichtung einer Schlichtungsstelle zwar gesetzlich verankert, eine klare Aufgabenzuweisung ging damit jedoch nicht einher. Das Schlichtungsverfahren selbst blieb ebenso undefiniert wie seine Finanzierung (vgl. ebd.: 16). Es entsteht also der Eindruck, die Vorgaben der EU-Entscheidung nur im Dienste der Umsetzungsverpflichtung erfüllt zu haben, um damit einem Vertragsverletzungsverfahren auszuweichen, ohne jedoch tatsächlich eine Weiterentwicklung des Schlichtungssystems vorantreiben zu wollen. Als Rückfalloption wurde im EnWG die Zuweisung der Aufgabe an eine Bundesoberbehörde oder Bundesanstalt durch das das BMWi vorgesehen. Nach einem längeren Diskussionsprozess zwischen BMWi, dem für Verbraucherschutz zuständigen BMELV und dem Branchenverband BDEW einigte man sich auf die Einrichtung einer Schlichtungsstelle. Diese wurde entgegen dem Wunsch des BMELV beim BDEW angesiedelt und nahm zum 1. Januar 2013 ihre Arbeit auf (Interview R 2014).[70]

Ein weiterer „*misfit*" findet sich bei der Definition des „schutzbedürftiger Kunden" und der Einleitung von Maßnahmen gegen Energiearmut. Hier fordert der Art. 3 der Strombinnenmarktrichtlinie eine klare Definition vom nationalen Gesetzgeber: „In diesem Zusammenhang legt jeder Mitgliedstaat eine Begriffsbestimmung für ‚schutzbedürftiger Kunde' fest, die sich auf Energiearmut sowie unter anderem auf das Verbot beziehen kann, solche Kunden in schwierigen Zeiten von der Versorgung auszuschließen." (Richtlinie 2009/72/EG, Art. 3.5). Im ersten Eckpunktepapier zur EnWG-Novelle findet sich dazu jedoch lediglich der folgende kurze Satz: „Angesichts der hohen Bedeutung der Versorgung mit Strom und Gas sind alle Haushaltskunden gleichermaßen schutzwürdig" (BMWi 2010: 7). Lediglich ein Verweis auf die Bestimmungen des deutschen Sozialrechts sollte daher als Umsetzungspflicht genügen. Das EnWG wurde in diesem Bereich dementsprechend auch nicht angepasst. Das BMWi sah sich nicht gezwungen, an dieser Stelle weitere Maßnahmen zu ergreifen. In einer kleinen Anfrage der Bundestagsfraktion von Bündnis 90/Die Grünen antwortet die Bun-

---

70 Ob man, wie ein Interviewpartner anmerkte, damit „den Bock zum Gärtner machte" (Interview D 2014), indem die Schlichtungsstelle beim Dachverband der am Streitverfahren beteiligten Unternehmen ansiedelte, bleibt dahingestellt und könnte Gegenstand einer weiteren Untersuchung sein.

desregierung, dass es zum Thema Energiearmut weder eine klare Definition noch ein Handlungskonzept gebe (Deutscher Bundestag 2012a).

Im Bereich Verbraucherschutz zeigte sich eine Reihe von *„misfits"*, die entweder rasch in deutsches Recht übernommen („Zeitraum für Versorgerwechsel"), zögerlich umgesetzt („Schlichtungsstelle") oder bis heute nicht implementiert wurden („schutzbedürftige Kunden"). Die geringe öffentliche Aufmerksamkeit und das scheinbar mangelnde Interesse auf EU-Ebene, in diesem Bereich zu intervenieren, dürften hierfür ausschlaggebend gewesen sein.

4 Zusammenfassung

Die Liberalisierung der Energiemärkte in Europa und das Projekt eines EU-Energiebinnenmarktes stellte in der Vergangenheit einen zentralen Konflikt zwischen Deutschland und der EU in der Energiepolitik dar. Immer wieder wehrten unterschiedliche Bundesregierungen Versuche der Kommission ab, strukturelle Veränderungen auf dem deutschen Energiemarkt durchzuführen. Gleichzeitig gelang es der Kommission auch durch ihre Beharrlichkeit, sukzessive Veränderungen in die deutsche Energiepolitik hineinzutragen. Die Gründung einer Regulierungsbehörde und ein zunehmend wettbewerblich organisierter Markt waren die Folge.

Auch die Prozesse rund um das Dritte Energiebinnenmarktpaket wurden von einem Konflikt der beiden Ebenen geprägt. Im Mittelpunkt stand dabei die eigentumsrechtliche Entflechtung der Energieunternehmen, die von der Kommission als zentrales Instrument zur Durchsetzung von mehr Wettbewerb und höheren Investitionen in die Netzinfrastruktur betrachtet wurde. Während sich die Kommission im Rahmen des Gesetzgebungsverfahrens gegen den Widerstand aus Deutschland und einer Reihe anderer Mitgliedstaaten nicht durchsetzen konnte, gelang ihr auf der Ebene der supranationalen Steuerung über das Wettbewerbs- und Kartellrecht zunächst ein Teilerfolg, der sich durch die freiwillige Verpflichtung von E.ON zum Verkauf seines Übertragungsnetzes äußerte. Aufgrund der Tatsache, dass sich der Großteil der öffentlichen Aufmerksamkeit und auch der politischen Arbeit in den Verhandlungen auf den Themenbereich Entflechtung konzentrierte, konnte in deren Schatten auch eine Reihe weiterer Maßnahmen und Instrumente verabschiedet werden, die insbesondere die Bereiche Netzentwicklung, Marktintegration auf EU-Ebene und Verbraucherschutz betrafen.

Blicken wir nun auf die Auswirkungen der EU-Entscheidungen im nationalen Kontext, so wird unmittelbar ersichtlich, dass wir im Bereich der Entflechtungsfrage vor einem analytischen Problem stehen, das durch das *„misfit"*-Modell nur schwer zu fassen ist: Obwohl im Rahmen der Gesetzgebung keine Entscheidung gefällt wurde, die eine eigentumsrechtliche Entflechtung der vertikal integrierten Unternehmen in Deutschland vorsah, zeichneten sich im Verlauf der Folgejahre erhebliche Veränderungen auf dem deutschen Strommarkt ab. Sowohl E.ON als auch Vattenfall Europe veräußerten ihr Übertragungsnetz, RWE verkaufte seine Mehrheitsanteile. Trotz des Einsatzes der Bundesregierung zur Verhinderung einer gesetzlichen Norm auf EU-Ebene identifizierten doch mehrere Interviewpartner den Auslöser für diesen Veränderungsprozess auf EU-Ebene. Da es sich beim E.ON-Koppelgeschäft am ehesten um einen einzelfallbezogenen Schritt handelte, lässt sich im Rahmen unseres Untersuchungsmodells am ehesten vom Governance-Typus einer „soft norm" auf EU-Ebene sprechen. Das Instrument der eigentumsrechtlichen Entflechtung wurde in diesem Verständnis von Seiten der Kommission zu einem unverbindlichen europäischen Modell erklärt, das keiner Umsetzung bedurfte. Folgt man dieser Erklärung weiter, so traten E.ON und Vattenfall Europe – wenn auch nicht ohne Druck – im nächsten Schritt als Unterstützer einer neuen Policy-Idee auf. Insbesondere E.ON sah die Möglichkeit, auf dem Weg der Gründung einer „Deutschen Netz AG" zumindest noch einen indirekten Einfluss auf die weitere Entwicklung der Netzinfrastruktur üben zu können. Für dieses Modell fand das Unternehmen auch die Unterstützung des BMU und Regierungskoalitionsfraktion der SPD, ohne dass es aber letztlich durchgesetzt werden konnte. Die Wandlung des Instruments „eigentumsrechtliche Entflechtung" innerhalb des Entscheidungsprozesses von einer *„hard law"* zu einer *„soft norm"* erklärt zum einen, warum keine vollständige Übernahme des Modells in Deutschland erfolgte (siehe EnBW), und belegt zum anderen, dass die EU-Ebene dennoch als Auslöser für einen nationalen Veränderungsprozess wirkte, ohne dass staatliche Akteure aus der deutschen Energiepolitik direkt involviert gewesen wären. Insbesondere das BMWi ließe sich in diesem Zusammenhang als Vetospieler innerhalb des Europäisierungsprozesses betrachten, der eine rechtliche Fixierung dieser Norm verhinderte.

Um diesen Argumentationsgang auf seine Plausibilität zu prüfen, wenden wir an dieser Stelle ein kontrafaktisches Erklärungsmodell an und gehen der Frage nach: Was wäre ohne Sektoruntersuchung, Entflechtungsdebatte und E.ON-Koppelgeschäft auf nationaler Ebene in diesem Zeitraum geschehen?

Die Preispolitik der deutschen Stromversorger war auch in der nationalen Debatte in den Jahren 2006 bis 2010 ein präsentes Thema. Ein Problembewusstsein war bei allen relevanten Akteuren in diesem Politikfeld vorhanden. Blickt man jedoch auf die propagierten Policy-Konzepte, so fällt auf, dass diese sich in erster Linie auf eine Stärkung der Kontrollfunktionen durch das Bundeskartellamt und die Bundesnetzagentur bezogen. Selbst die Monopolkommission sprach sich nicht klar für strukturelle Eingriffe in den Strommarkt aus. Lediglich die Oppositionsfraktionen Bündnis 90/Die Grünen und DIE LINKE präferierten ein solches Modell, wobei auch hier zu berücksichtigen ist, dass nicht nachvollzogen werden kann, ob diese Position nicht erst durch das Aufkommen der Debatte in der EU hervorgerufen worden ist. Klar Stellung für einen strukturellen Eingriff bezogen auch Verbraucherschützer, Energiehändler und die Branche der erneuerbaren Energien. Dabei unterschieden sich die Akteure jedoch auch nochmal hinsichtlich der Frage, ob die Folge eine Verstaatlichung der Netze oder lediglich die Verpflichtung zum Verkauf sein sollte. Solange CDU/CSU und SPD sich gegen dieses Instrument sträubten, gab es keine politischen Mehrheiten für eine Strukturveränderung. Auch die vier Versorger selbst hatten ohne die Drohkulisse der Kommission kein Interesse an einer Veräußerung, selbst unter den Bedingungen eines beschleunigten Atomausstiegs und dem Ausbau der erneuerbaren Energien. Wir können entsprechend davon ausgehen, dass die EU-Ebene – auch ohne gesetzgeberische Maßnahmen – einen entscheidenden Anteil an der strukturellen Transformation auf dem deutschen Strommarkt hatte.

Policy-Bereich	Fit/Misfit	Vermittelnde Faktoren	Ergebnis
Impulse zu strukturellen Veränderungen im Strommarkt	Regulatorischer Misfit („soft norm")	- Kommission und BMU als „norm entrepreneurs" - BMWi als „veto player"	Transformation
Entflechtungsvorschriften	Regulatorischer Misfit	- Themenrelevanz bis März 2011 niedrig („Laufzeitverlängerungen") - Themenrelevanz ab März 2011 hoch („Energiewende") - BMWi als nachholender „norm entrepreneur"	Accomodation
Netzentwicklungsplanung	Regulatorischer und institutioneller Misfit		
Rolle Übertragungsnetzbetreiber			
Rolle Regulierungsbehörden			
Verbraucherschutz		- Themenrelevanz dauerhaft niedrig	Accomodation / Inertia

Tabelle 1:   Europäisierungsprozesse im Strombinnenmarkt und bei der Netzentwicklung

Neben der Gestaltung des Verhältnisses von Netzbetrieb und Erzeugung waren mit dem Dritten Energiebinnenmarkt neue Regelungen für die Bereiche Netzentwicklung, Rolle der Übertragungsnetzbetreiber und Regulierungsbehörden sowie im Verbraucherschutz verabschiedet worden. Diese bedurften einer Verarbeitung im deutschen Energierecht. Strukturelle Unterschiede konnten insbesondere im Bereich der Aufsicht über und Zertifizierung von Übertragungsnetzbetreibern, der Netzentwicklung und beim Verbraucherschutz identifiziert werden. Bei der Suche nach vermittelnden Faktoren fällt zunächst auf, dass das federführende BMWi nicht als gestaltungswilliger Akteur, also als *„norm entrepreneur"* in Erscheinung trat. Dies wird unter anderem durch die zögerliche Umsetzung des Binnenmarktpakets deutlich. Relevante Vetospieler konnten zunächst ebenfalls nicht identifiziert werden. Lediglich die Bundesländer sahen ihre Hoheitsrechte im Bereich der Netzentwicklung frühzeitig in Gefahr, wie sich bereits bei den Verhandlungen über das EnLAG im Jahr 2009 gezeigt hatte. Der bedeutsamste Faktor in diesem Kontext war ohne Zweifel die im März 2011 eingeläutete Energiewende. Diese ist in diesem Untersuchungszusammenhang auch nicht als internationale Rahmenbedingung („Reaktorunfall in Japan") zu betrachten, sondern stellte vielmehr einen national vorangetriebenen Prozess dar. Erst über diese endogene Entwicklung und den hohen Stellenwert, der der Energiepolitik in diesem Moment beigemessen wurde, konnte eine Verarbeitung der EU-Normen ohne größere Schwierigkeiten vonstatten gehen.

Das BMWi sah im Rahmen der Energiewende-Gesetzgebung nun die Gelegenheit gekommen, nicht nur das Dritte Binnenmarktpaket ohne starken Einfluss potenzieller Vetospieler umzusetzen, sondern dieses sogar noch um eigene Aspekte zu erweitern und die im Rahmen der Energiewende entstandene „Finalisierungshektik" (Kühling/Pisal 2012: 127) für sich zu nutzen. So wurde insbesondere das Netzentwicklungsinstrument der EU-Ebene übernommen und mit zusätzlichen Bundeszuständigkeiten versehen. Auch die Stärkung der Rolle der Bundesnetzagentur in vielen Bereichen des Politikfelds ist in diesem Zusammenhang zu sehen. Gerade durch die ausgeweiteten Befugnisse der Regulierungsbehörde, die im EU-Kontext nicht in diesem Umfang vorgesehen waren, konnten über diesen Weg auch die Einflussmöglichkeiten potenzieller Vetospieler deutlich reduziert werden.

Die Veränderungen in der deutschen Energiepolitik in Folge des Dritten Energiebinnenmarktpakets wurden im Untersuchungszeitraum lediglich in Fachkreisen, nicht jedoch in einer breiten Öffentlichkeit diskutiert. Dennoch ließ sich in der Untersuchung zeigen, wie stark die EU-Ebene in den Jahren 2008 bis 2011 auf die Struktur des deutschen Strommarktes und insbesondere die weitere Entwicklung des Netzausbaus gewirkt hat.

Während innerhalb der ersten Fallstudie ein von deutscher Seite eher defensiv begleiteter Teilbereich der EU-Energiepolitik im Mittelpunkt stand, wenden wir uns im folgenden Kapitel einem der Bereiche zu, in denen Deutschland seit Jahrzehnten als Taktgeber der Politik auf EU-Ebene agiert hat: Dem Ausbau der erneuerbaren Energien.

Fallstudie II: Erneuerbare-Energien-Politik

Die Erneuerbare-Energien-Politik der EU ist seit ihren Anfängen in den 1990er Jahren stark von deutschen Einflüssen geprägt gewesen. Das deutsche Umweltministerium, deutsche EU-Parlamentarier und nicht zuletzt die in Deutschland rasant gewachsenen Erneuerbare-Energien-Branche forcierten über zwei Jahrzehnte hinweg die Entwicklung eines eigenständigen politischen Ansatzes für grüne Technologien auf EU-Ebene. Spätestens mit Verabschiedung des deutschen Erneuerbare-Energien-Gesetzes im Jahr 2000 wurde die Politikgestaltung in der EU-Ebene auch unter der Maßgabe eines Transfers nationaler Normen auf EU-Ebene und einer Erweiterung der Exportmöglichkeiten für Technologieprodukte über den Binnenmarkt gesehen. Obwohl die Erneuerbare-Energien-Politik der EU also durch deutsche Akteure maßgeblich mitgestaltet wurde, ist das Verhältnis beider Ebenen im Rahmen dieser Thematik als ambivalent zu bezeichnen. Ursächlich hierfür ist der stetige Konflikt zwischen dem Gestaltungsanspruch der Kommission und der Dominanz deutscher Akteure, der sich beginnend mit den Debatten zur Erneuerbare-Strom-Richtlinie im Jahr 2001 über die Auseinandersetzung rund um die Beihilfeleitlinien der Kommission zum Umweltschutz in den Jahren 2013/14 bis heute erhalten hat. Die Kommission hatte in diesem Zusammenhang stets das Ziel, nicht nur als Übersetzerin für deutsche Politik in der EU zu agieren, sondern drängte auf einen eigenen „europarechtskonformen" Ansatz zur Förderung erneuerbarer Energien. Der Wettbewerbs- und Binnenmarktansatz sollte aus ihrer Sicht auch für diesen Teilbereich des Politikfelds Energie gelten. Hier wiederum fürchteten die deutschen Akteure eine Aushöhlung des nationalen Förderkonzeptes, das sich ganz bewusst nicht am Leitbild einer wettbewerblichen Marktintegration, sondern an dem einer gezielten Technologiepolitik („ökologische Industriepolitik") orientierte.

Mit der Entscheidung des Europäischen Rates, bis zum Jahr 2020 einen verbindlichen Anteil erneuerbarer Energien am Energieverbrauch in Höhe von 20 Prozent zu unterstützen, wurde der Erneuerbare-Energien-Politik auf EU-Ebene ein neuer Impuls versetzt. Wie in Kapitel IV dargestellt, hatte die Bundesregierung einen wesentlichen Beitrag zu dieser Festlegung geleistet. In diesem Abschnitt sollen nun die Auswirkungen des „last-minute" Beschlusses vom März 2007 auf die deutsche Politik untersucht werden. Aufgrund des Ablaufs der politischen Entscheidungsprozesse auf den beiden Ebenen können wir in dieser Fallstudie nicht dem kaskadenartigen Modell einer Übertragung des Beschlusses auf EU-Ebene in einen Politikgestaltungsprozess auf EU-Ebene und dessen Implementierung auf nationaler Ebene folgen, wie dies in der Fallstudie zum Energiebinnenmarkt möglich war. Stattdessen widmen wir uns, nach einer kurzen historischen Betrachtung der Interaktionen beider Ebenen, zunächst den bereits im Jahr 2007 eingeleiteten Reformschritten in der deutschen Erneuerbare-Energien-Politik, ehe wir den deutschen Einfluss auf die Erneuerbare-Energien-Richtlinie der EU im Jahr 2008 betrachten. Die Verarbeitung relevanter Bestandteile der Richtlinie im deutschen System stellt den vorletzten Abschnitt dar, bevor abschließend eine zusammenfassende Betrachtung der Europäisierungswirkungen in der deutschen Erneuerbare-Energien-Politik erfolgt.

1 Angriff und Verteidigung: Interaktionsmuster in der Erneuerbare-Energien-Politik zwischen Deutschland und der EU

Mit der Einführung des Stromeinspeisegesetzes im Jahr 1990, seiner Novelle im Jahr 1995 und dem 100.000-Dächer-Solarstromprogramm im Jahr 1999 gehörte Deutschland weltweit zu den Pionieren einer dezidierten Erneuerbare-Energien-Politik (vgl. Radkau 2011; Jänicke 2011). Die bis heute wichtigste Reform wurde jedoch im Jahr 2000 mit der Einführung des „Gesetzes für den Vorrang Erneuerbarer Energien" (kurz: EEG) im Zuge des Programms zur „ökologischen Modernisierung für Arbeit und Umwelt" durch die rot-grüne Bundesregierung unter Gerhard Schröder geschaffen. Das EEG ging in erster Linie auf eine fraktionsübergreifende Initiative einzelner Bundestagsabgeordneter zurück, die mit Unterstützung des BMU eine Gesetzesvorlage erarbeitet hatten (Hirschl 2008: 147).[71] Zentrale Elemente des EEG-Instrumentariums sind seitdem eine staatlich garantierte Förderung von Anlagen über einen Zeitraum von 20 Jahren, ein privilegierter Netzzugang für den aus diesen Anlagen erzeugten Strom sowie technologiespezifisch und degressiv ausgerichtete Fördersätze, die über ein Umlageverfahren vom Endverbraucher an den Anlagenbetreiber weitergeleitet werden. Die Einführung dieses Instruments und der sukzessive Ausbau der erneuerbaren Energien gelten bis heute als Vorbild für zahlreiche ähnlich gestaltete Fördermodelle weltweit.

Auch auf EU-Ebene waren Ansätze zur Entwicklung einer Erneuerbare-Energien-Politik aus den Reihen des Parlaments heraus initiiert worden. Eine erste Richtlinie für den Stromsektor wurde im Jahr 2001 verabschiedet (Richtlinie 2001/77/EG). Innerhalb des Gesetzgebungsprozesses kam es dabei zu erheblichen Konflikten zwischen der Kommission, den Regierungen im Rat und dem Europäischen Parlament. Die Konfliktlinien verliefen zum einen zwischen dem

---

71 Bis heute gilt das EEG als Paradebeispiel für ein „Parlamentsgesetz". Auffällig ist, dass nicht nur in Deutschland, sondern auch in der EU eine Vielzahl der Initiativen im Bereich der Erneuerbare-Energien-Politik aus den Reihen der Abgeordneten initiiert wurde. Auf EU-Ebene gründete sich bereits 1995 mit der Dachorganisation „European Forum for Renewable Energy Sources" (EUFORES) eine fraktionsübergreifende Plattform von EU-Parlamentariern, die seitdem starken Einfluss in diesem Politikfeld übt.

Lager der grundsätzlichen Gegner einer expliziten Erneuerbare-Energien-Politik und deren Befürwortern, zum anderen zwischen den Unterstützern eines binnenmarktkonformen Instruments und den Bewahrern nationaler Fördermechanismen. Insbesondere auf der zweiten Konfliktebene standen die Kommission und Großbritannien auf der einen einer EU-Parlamentsmehrheit und dem deutschen BMU auf der anderen Seite gegenüber. Letztlich blieb die Richtlinie in ihrer Reichweite auf indikative Zielsetzungen für die einzelnen EU-Mitgliedstaaten beschränkt, ohne einen direkten Eingriff in die nationalen Förderkonzepte (vgl. Hirschl 2008; Fischer 2011b). Gezielt hatten die Protagonisten der deutschen Erneuerbare-Energien-Politik darauf gesetzt, das deutsche EEG noch vor einer EU-Richtlinie zu verabschieden, um auf dieser Grundlage proaktiv Einfluss auf den EU-Prozess nehmen zu können und die Bundesregierung als Bewahrerin nationaler Konzepte für sich zu gewinnen (Hirschl 2008: 148).

Neben der genannten Richtlinie für den Stromsektor wurden auf EU-Ebene bereits im Jahr 2003 auch Maßnahmen für die Förderung von Biokraftstoffen im Verkehr eingeleitet. Das Ziel eines EU-weiten Mindestanteils an Biokraftstoffen in Höhe von 5,75 Prozent bis zum Jahr 2010 wurde im Rahmen der Richtlinie 2003/30/EG formuliert. Wie im Strombereich blieb diese Regelung jedoch unverbindlich und sollte lediglich als Anreiz für die Mitgliedstaaten zur Aufstellung nationaler Konzepte wirken. Mit einer weiteren Richtlinie wurde zudem die Befreiung der Biokraftstoffe von der Energiesteuer ermöglicht (Richtlinie 2003/96/EG). Die rot-grüne Bundesregierung hatte sich – gemeinsam mit Frankreich und Spanien – vor allem aus agrarpolitischen Gründen für eine stärkere Rolle der Biokraftstoffe im Rahmen der Erneuerbare-Energien-Politik in der EU eingesetzt und damit einen bereits auf nationaler Ebene diskutierten Politikansatz in die EU übertragen.

Die deutsche Biokraftstoffpolitik konzentrierte sich anfangs einseitig auf Steuerbefreiungen als zentrales Politikinstrument zur Steigerung des Anteils erneuerbarer Energien im Verkehrssektor. Dies führte zu einem rasanten Wachstum des Biokraftstoffmarktes und zu entsprechend hohen Ausfällen bei der Mineralölsteuer. Mit der Einführung des Biokraftstoffquotengesetzes (BioKraftQuG) wurde ab dem Jahr 2006 ein schleichender Instrumentenwechsel vollzogen und zunehmend auch auf verpflichtende Beimischungen gesetzt. Deutschland zählte damit unter den EU-Mitgliedstaaten zu den Vorreitern bei der Umsetzung der EU-Biokraftstoffstrategie und konnte absehbar das Ziel von 5,75 Prozent bis 2010 erreichen.

Während also im Vorfeld der Entscheidung des Europäischen Rates 2007 bereits Rahmenregelungen für die Bereiche Strom und Verkehr bestanden, blieb der Wärme- und Kältesektor bis dahin von einer EU-Regelung unberührt. Auf nationaler Ebene wurden im Wärmemarkt lediglich durch das Marktanreizprogramm (MAP) finanzielle Fördermaßnahmen in überschaubarem Umfang ermöglicht.

Während Deutschland bis 2007 also stets als Antreiber bei der Thematisierung des Bereichs erneuerbare Energien in der EU auftrat, ist der Einfluss der EU auf die nationale Erneuerbare-Energien-Politik bis hierhin als niedrig zu bewerten. In der ersten Phase der Entwicklung des Politikbereichs handelte es sich vorrangig um einen *„upload"* deutscher Konzepte auf die EU-Ebene. Gleichzeitig diente die Erneuerbare-Energien-Politik der EU stets als wichtige Bestätigung für die Einbettung nationalen Handelns in den EU-Kontext.

2 Auswirkungen der Beschlüsse des Europäischen Rates im März 2007 auf die deutsche Erneuerbare-Energien-Politik

Eine zentrale Zielsetzung der deutschen EU-Ratspräsidentschaft im ersten Halbjahr 2007 bestand darin, die EU auf ein verbindliches Erneuerbare-Energien-Ziel in Höhe von 20 Prozent bis 2020 zu verpflichten sowie ein ebenfalls verbindliches Ziel für den Anteil der Biokraftstoffe im Verkehrssektor festzulegen. Der dafür entscheidende Verhandlungsprozess wurde in Kapitel IV bereits thematisiert. Beide Zielfestlegungen fanden sich schließlich in den Schlussfolgerungen des Europäischen Rates vom März 2007 wieder. Dort heißt es:

„Der Europäische Rat bekräftigt das langfristige Engagement der Gemeinschaft für den EU-weiten Ausbau erneuerbarer Energien über 2010 hinaus und betont, dass alle Arten erneuerbarer Energien, wenn sie kosteneffizient genutzt werden, gleichzeitig zur Versorgungssicherheit, zur Wettbewerbsfähigkeit und zur Nachhaltigkeit beitragen; er ist überzeugt, dass es von äußerster Wichtigkeit ist, der Industrie, den Investoren, den Innovatoren und den Forschern ein deutliches Signal zu geben. Daher billigt er unter Berücksichtigung unterschiedlicher individueller Gegebenheiten, Ausgangspunkte und Möglichkeiten die folgenden Ziele:

- Ein verbindliches Ziel in Höhe von 20 % für den Anteil erneuerbarer Energien am Gesamtenergieverbrauch der EU bis 2020;
- Ein in kosteneffizienter Weise einzuführendes verbindliches Mindestziel in Höhe von 10 % für den Anteil von Biokraftstoffen am gesamten verkehrsbedingten Benzin- und Dieselverbrauch in der EU bis 2020, das von allen Mitgliedstaaten erreicht werden muss. Der verbindliche Charakter dieses Ziels ist angemessen, vorausgesetzt, die Erzeugung ist nachhaltig, Biokraftstoffe der zweiten Generation stehen kommerziell zur Verfügung und die Richtlinie über die Kraftstoffqualität wird entsprechend geändert, damit geeignete Mischungsverhältnisse möglich werden.

Von dem Gesamtziel für erneuerbare Energien sollten unter umfassender Einbeziehung der Mitgliedstaaten und unter gebührender Berücksichtigung einer fairen und angemessenen Aufteilung, die den unterschiedlichen nationalen Ausgangslagen und Möglichkeiten, einschließlich des bestehenden Anteils erneuerbarer Energien und des bestehenden Energiemixes […], Rechnung trägt, differenzierte Gesamtziele abgeleitet werden, wobei es den Mitgliedstaaten überlassen bleibt, nationale Ziele für jeden speziellen Sektor der erneuerbaren Energien (Elektrizität, Wärme- und Kälteerzeugung, Biokraftstoffe) zu beschließen, sofern Mindestziele für Biokraftstoffe in jedem Mitgliedstaat erreicht werden.

Damit diese Ziele erreicht werden, verständigt sich der Europäische Rat auf Folgendes:

- Er fordert einen kohärenten Gesamtrahmen für erneuerbare Energien, der auf der Grundlage eines von der Kommission 2007 vorzulegenden Vorschlags für eine neue, umfassende Richtlinie über die Verwendung aller erneuerbarer Energieressourcen ausgearbeitet werden könnte. Dieser Vorschlag sollte mit anderen gemeinschaftlichen Rechtsvorschriften in Einklang stehen und könnte Bestimmungen zu folgenden Aspekten enthalten:
  - Nationale Gesamtziele der Mitgliedstaaten
  - Nationale Aktionspläne mit bereichsbezogenen Zielen und Maßnahmen für deren Erreichung und
  - Kriterien und Bestimmungen, die eine nachhaltige Erzeugung und Nutzung von Bioenergie gewährleisten und Konflikte zwischen verschiedenen Arten der Nutzung von Biomasse vermeiden.
- [...]
- Er fordert die Kommission auf, das Potenzial für grenzüberschreitende und EU-weite Synergien und Vernetzungen im Hinblick auf die Erreichung des Gesamtziels für erneuerbare Energien zu analysieren und dabei auch die Lage der Länder und Regionen zu berücksichtigen, die weitgehend vom EU-Energiemarkt isoliert sind." (Rat der Europäischen Union 2007a: 21–22)

Die Schlussfolgerungen des Europäischen Rates beinhalten einen hohen Detailgrad, führt man sich vor Augen, dass es sich dabei um Strategieformulierungen des höchsten intergouvernementalen EU-Organs und nicht um einen Fachministerrat handelt. Insofern trifft Uwe Puetters Beobachtung eines zunehmenden „deliberativen Intergouvernementalismus" auch auf dieses Fallbeispiel zu (vgl. Puetter 2012). Nachdem sich der Europäische Rat darauf geeinigt hatte, ein verbindliches Erneuerbare-Energien-Ziel zu beschließen, wurden auch dessen Rahmenbedingungen bereits in diesem Forum verhandelt und beschlossen. Die Staats- und Regierungschefs nahmen dementsprechend nicht nur die Initiativfunktion der Kommission ein, sondern traten auch als Gesetzgeber in Erscheinung.

Die verbliebene, vergleichsweise einfache Aufgabe der Kommission bestand nun darin, den somit in seinen Grundzügen bereits existenten Richtlinienentwurf des Europäischen Rates mit Zahlen zu füllen. Während aus den Gipfelbeschlüssen der Staats- und Regierungschefs noch keine Umsetzungsbestimmungen für den nationalen Gesetzgeber resultierten, begann die Bundesregierung doch bereits in vorauseilendem Gehorsam mit der Implementierung entsprechender Maßnahmen. Dieser Prozess soll im Folgenden näher erläutert werden.

2.1 Erneuerbare-Energien-Politik in der Strategieformulierung auf nationaler Ebene im Jahr 2007

Das Meseberg-Programm der Bundesregierung war, wie bereits in Kapitel IV dargestellt, sowohl Ergebnis der innenpolitischen Bestrebungen, eine „integrierte Energie- und Klimapolitik" zu entwickeln, als auch der kurz zuvor beschlossenen neuen EU-Strategie geschuldet. Die Erneuerbare-Energien-Politik spielte in diesem Zusammenhang eine zentrale Rolle. Dies machte Bundesumweltminister Gabriel in seiner Regierungserklärung im April 2007 deutlich:

> „Das Ziel der Europäischen Union, bis 2020 den Anteil der erneuerbaren Energien an der eingesetzten Primärenergie auf 20 Prozent zu steigern, bedeutet für Deutschland, dass wir den Anteil der erneuerbaren Energien vervielfachen müssen. Das bisherige Ausbauziel Deutschlands unter der Vorgängerregierung lag übrigens bei zehn Prozent. Nun müsste auf Basis europäischer und deutscher Gutachten der deutsche Anteil auf 16 Prozent steigen, um den verabredeten durchschnittlichen Anteil von 20 Prozent am Primärenergiebedarf Europas erreichen zu können.
>
> Was heißt das für den Strombereich? Wir werden den Anteil der erneuerbaren Energien an der Stromerzeugung von heute zwölf Prozent deutlich steigern. Die Leitstudie des BMU zeigt, dass wir bis 2020 einen Anteil von 27 Prozent erreichen können.
>
> Der schlafende Riese der erneuerbare Energien ist der Wärmemarkt. Hier besteht der größte Nachholbedarf. Unser Ziel ist es, den Anteil der erneuerbaren Energien an der Erzeugung von Wärme und Kälte von heute sechs Prozent bis 2020 mindestens zu verdoppeln." (Deutscher Bundestag 2007c: 9481–9482)

Während der diesbezügliche Gesetzgebungsprozess in der EU formal noch nicht einmal eingeleitet worden war, formulierte der Bundesumweltminister bereits eine klare Vorstellung von den deutschen Umsetzungsverpflichtungen.[72] Die EU-Festlegung wurde jedoch auch dafür genutzt, die eigenen Ziele aus dem Koalitionsvertrag von 2005 zu erhöhen und sich dabei innenpolitisch nicht angreifbar zu machen. War im Koalitionsvertrag noch von einem Anteil in Höhe von mindestens 20 Prozent im Stromsektor und 10 Prozent als Anteil am Gesamtenergieverbrauch die Rede (CDU/CSU/SPD 2005: 51), sollten diese Zielwerte in Folge der EU-Entscheidungen nun deutlich erhöht werden. Volle Unterstützung für dieses Vorhaben erhielt der Bundesumweltminister auch aus der SPD-Fraktion im Deutschen Bundestag (SPD-Bundestagsfraktion 2007).

---

72   Diese sollten nach Verabschiedung der entsprechenden EU-Richtlinie mit 18 Prozent sogar höher ausfallen, als es Bundesumweltminister Gabriel in seiner Regierungserklärung vorweggenommen hatte.

Neben der sich aus den vermeintlichen EU-Verpflichtungen für die Akteure ableitenden Kausalität, die in der Regierungserklärung von Gabriel und dem Beschluss der SPD-Fraktion verdeutlicht wird, erscheint die enge Verknüpfung der neuen Ausbauziele für die erneuerbaren Energien mit dem nationalen Klimaschutzziel interessant. So leitete Gabriel in seiner Regierungserklärung die neuen Zielwerte für die Erneuerbare-Energien-Politik nicht aus industrie-, energie- oder technologiepolitischen Vorhaben ab, sondern erklärte einen klimapolitischen Budgetansatz von 147 Millionen Tonnen CO2 für eine 30-prozentige Reduktion der Treibhausgasemissionen und von 270 Millionen Tonnen CO2 für ein 40-prozentiges Emissionsminderungsziel bis 2020 als handlungsleitend. Dass der Förderung der erneuerbaren Energien dabei eine wichtige Rolle zukommen sollte, belegt folgende Rechnung, die Gabriel ebenfalls in seiner Erklärung konkretisiert:

- Steigerung des Anteils im Stromsektor auf über 27 Prozent: 55 Millionen Tonnen THG-Minderung;
- Steigerung des Anteils im Wärmesektor auf 14 Prozent: 14 Millionen Tonnen THG-Minderung;
- Steigerung des Anteils der Biokraftstoffe und Maßnahmen zur Effizienz im Verkehr: 30 Millionen Tonnen THG-Minderung (vgl. Deutscher Bundestag 2007c: 9479).

Daraus ergibt sich, abhängig vom deutschen Klimaziel[73], dass ein Drittel bis die Hälfte der Klimaschutzanstrengungen durch den Einsatz erneuerbarer Energien erreicht werden sollten. Die erneuerbaren Energien wurden demnach als zentrales Klimaschutzinstrument wahrgenommen. Faktisch verlief diese Debatte jedoch konträr zur zeitgleich verhandelten Neuregelung des Emissionshandelssystems, das die EE-Förderung zumindest im Stromsektor aus rein klimapolitischen Gründen obsolet machte.[74] Der Klimaschutz musste dementsprechend als symbolisches Begründungsmotiv herhalten.

Im August 2007 veröffentlichte die Bundesregierung schließlich ihre 29 Eckpunkte für ein „integriertes Energie- und Klimaprogramm" (Bundesregierung 2007d). Darin fanden sich wiederum drei Vorhaben, die den Ausbau der erneuerbaren Energien in den kommenden Jahren steuern sollten:

---

73   Hier bestand im April 2007 noch eine gewisse Unklarheit, wie in den Kapiteln IV.4 und der dritten Fallstudie in Kapitel V näher ausgeführt wird.

74   Durch das EU-weite Emissionsbudget würde eine zusätzliche Minderung im Stromsektor eines Landes zu einem niedrigeren Zertifikatpreis und einem zusätzlichen Ausstoß von Treibhausgasemissionen in einem anderen Land oder Wirtschaftssektor führen.

- Punkt 2: Ausbau der erneuerbaren Energien im Strombereich mit der Zielsetzung, den Anteil von rund 13 Prozent auf 25 bis 30 Prozent bis 2020 im Einklang mit den Beschlüssen der Regierungsfraktionen zu erhöhen. Inhalte sollten vor allem die Anpassung der Fördersätze im EEG und eine integrierte Netzplanung zur Umsetzung der Ausbauziele sein. Als federführend wurden BMU, BMWi und BMVBS im Rahmen ihrer jeweiligen Zuständigkeiten benannt.

- Punkt 14: Stärkere Marktdurchdringung der erneuerbaren Energien im Wärmesektor von 6 Prozent auf 14 Prozent. Zentrales Instrument sollte hier die Einführung eines Erneuerbare-Energien-Wärmegesetzes (EEWärmeG) sein, das eine Nutzungspflicht für erneuerbare Energien oder die Kraft-Wärme-Kopplung vorsieht und bei Neubauten oder grundlegenden Sanierungen im Bestand zur Anwendung kommen sollte. Die Federführung würde im Rahmen des EEWärmeG beim BMU liegen.

- Punkt 17: Ausbau von Biokraftstoffen. Die Zielsetzung lautet hier: „Bewertung der Biokraftstoffe nach ihrem Treibhausgasminderungspotenzial und verstärkte Nutzung von Biokraftstoffen der zweiten Generation bei gleichzeitiger Sicherstellung des nachhaltigen Anbaus von Rohstoffen für die Biokraftstoffherstellung." Dafür soll eine Nachhaltigkeitsverordnung erlassen werden, die entsprechend einer Bewertung hinsichtlich der Treibhausgasemissionsminderung Einfluss auf die Besteuerung des Kraftstoffs erhalten soll. Dennoch wird im Bereich der „Maßnahmen" auch vorgeschlagen, eine Erhöhung des Klimaschutzbeitrags der Biokraftstoffe auf 10 Prozent bis 2020 zu erreichen. Dies würde über die Berücksichtigung der Treibhausgasemissionsbilanzen bedeuten, den Volumenanteil der Biokraftstoffe am Gesamtmarkt auf 20 Prozent zu erhöhen. Federführend für diese Maßnahmen sollten BMF, BMU und BMELV sein (ebd.).

Innerhalb weniger Monate wurden Referentenentwürfe für immerhin zehn der 29 Eckpunkte erarbeitet, darunter die drei Vorhaben zum Ausbau der erneuerbaren Energien. Das IEKP-I-Paket erreichte das Bundeskabinett noch im Dezember 2007 (Hierl 2011: 61). Dies bedeutete zugleich, dass dem Gesetzgebungsprozess auf EU-Ebene vorgegriffen wurde, der erst im Januar 2008 durch Kommissionsvorlage des Entwurfs für eine umfassende Erneuerbare-Energien-Richtlinie ihren Anfang nahm. Die Bundesregierung wurde damit zur Vorreiterin des Prozesses. Sie konnte auf diese Weise durch die frühzeitige Festlegung nationaler Regelungen bereits Tatsachen schaffen, die unter Umständen auch den Verhandlungsprozess auf EU-Ebene beeinflussen würden.[75] Dabei drohte jedoch gleichermaßen

---

75 Dies war auch bei den Verhandlungen über die Erneuerbare-Energien-Richtlinie 2001 und das EEG aus dem Jahr 2000 gelungen.

die Gefahr einer Inkompatibilität nationaler Regelungen mit dem bevorstehenden Beschluss auf EU-Ebene. Dies würde wiederum ein weiteres Änderungsverfahren auf nationaler Ebene nach sich ziehen. Zum Verständnis der folgenden Unterkapitel ist es daher wichtig zu berücksichtigen, dass die Gesetzgebungsprozesse auf beiden Ebenen teilweise parallel verliefen. Während wir uns der zeitlichen Abfolge entsprechend nun zunächst den drei relevanten deutschen Verfahren widmen, soll in der Folge auf die Rolle der Bundesregierung bei der Formulierung der Erneuerbare-Energien-Richtlinie in der EU geblickt werden.

2.2 Europäisierungswirkungen bei der Reform der deutschen Erneuerbare-Energien-Politik in den Jahren 2008 und 2009

2.2.1 Die EEG-Novelle 2009: Neue Ausbauziele für die erneuerbaren Energien im Stromsektor

Bereits mit dem Koalitionsvertrag 2005 hatten sich die Regierungsparteien CDU, CSU und SPD auf eine Überarbeitung des EEG geeinigt. Zielsetzung war die Steigerung der wirtschaftlichen Effizienz des Instruments unter Beibehaltung der EEG-immanenten Systemlogik. Dies bedeutete auch, dass mit dem EEG weiterhin keine gezielte Mengensteuerung vorgenommen werden konnte. Stattdessen hing der Ausbaupfad wesentlich von den Vergütungssätzen und dem Investitionswillen der beteiligten Akteure ab.[76] Wäre eine Mengensteuerung gewünscht gewesen, hätte dies einer grundlegenden Reform des Instruments EEG bedurft. Die politische Auseinandersetzung über die EEG-Novelle, die sich im Zeitraum von Mitte 2007 bis Ende 2008 abspielte, konzentrierte sich im Wesentlichen auf die technologiespezifischen Fördersätze für Neuanlagen und die Degression der Sätze über die Folgejahre. Dies bedeutete gleichzeitig, dass kein direkter Einfluss der EU-Entscheidungen wirksam werden sollte. Dennoch kann die EEG-Novelle 2009 nicht ganz ohne den politischen Vorlauf in der EU und dessen indirekte Wirkung erklärt werden. Dies macht Steffen B. Dagger in seiner Studie zur EEG-Novelle 2009 deutlich (vgl. Dagger 2009).

Dagger betrachtet den EEG-Reformprozess mit dem Analysekonzept der „advocacy coalitions". Er geht dabei von zwei relevanten Koalitionen aus: Einer ökologischen Koalition, die insbesondere durch das BMU vertreten wurde, und einer ökonomischen Allianz, die unter anderem durch das BMWi repräsentiert wurde. Mit der Unterstützung der Bundeskanzlerin und den Entscheidungen der EU-Ebene im Rücken, war eine Aufweichung der Erneuerbare-Energien-Förderung,

---

76 Dies zeigte sich insbesondere in den Jahren 2009 bis 2012, in denen die Erzeugung von Strom aus Photovoltaik weit über den zuvor getroffenen Prognosen lag.

wie sie im Reformprozess 2004 etwa von Seiten des BMWi noch gefordert wurde, nicht denkbar. Die Bundesregierung hatte kein Interesse, vor der Klimakonferenz in Bali im Dezember 2009 den Anschein zu erwecken, sie wolle von ihren neuen Zielsetzungen im Bereich der erneuerbaren Energien abweichen. Dieser Vorteil der ökologischen Koalition zeigte sich auch in den Debatten im Bundestag und der Auseinandersetzung im Bundesrat (ebd.: 307–309). Die Vertreter der ökologischen Koalition dominierten erstaunlicherweise in beiden Regierungsfraktionen sowie in den Ländern. So wurden keine Korrekturen an den übergeordneten Zielsetzungen aus dem Entwurf des BMU gefordert. Lediglich Detailregelungen sollten nachjustiert werden. Mögliche institutionelle Vetopunkte waren damit auch ausgeschaltet worden, die aber ohnehin durch die breite Mehrheit der großen Koalition in Bundestag und Bundesrat nur eine untergeordnete Rolle spielten.

Auf zwei Ebenen lassen sich also Zusammenhänge zwischen der EU-Entscheidung und der EEG-Novelle feststellen. Zum einen trug die Festlegung eines verbindlichen Ziels in der EU dazu bei, dass eine Reform der Förderung über die Formulierung des Meseberg-Programms überhaupt in Angriff genommen wurde. Zwar war eine Überarbeitung im Koalitionsvertrag angekündigt. Dass es zu einer Regierungsinitiative kam und dass diese vergleichsweise zügig durch den parlamentarischen Prozess geschleust wurde, war durch die Entscheidung in der EU positiv beeinflusst worden. Zweitens wurde die quantitative Zielfestlegung im deutschen EEG mit dem Argument erhöht, dass die EU-Entscheidung eine Ausweitung des nationalen Ziels erwarten lässt. Wie bereits weiter oben erwähnt, erklärte Bundesumweltminister Gabriel auf der Grundlage der Beschlüsse des Europäischen Rates, dass die Zielsetzung von bislang mindestens 20 Prozent auf einen Anteil von mindestens 27 Prozent bis 2020 erhöht werden müsse. Dieser Richtwert war zwar aus der BMU-Leitstudie von 2007 übernommen worden, konnte argumentativ aber durch die EU-Beschlüsse gestützt werden. Entsprechend fand sich die Zielsetzung auch im EEG-Entwurf des BMU wieder. Dagger schreibt zusammenfassend dem externen Faktor „EU-Beschlüsse" eine entscheidende Rolle bei der EEG-Novelle 2009 zu, die sich auch anhand des zügigen Verlaufs des Gesetzgebungsverfahrens und der ambitionierten Zielsetzungen bestätigen lässt. Für die inhaltliche Ausgestaltung des Gesetzes erscheinen die Beschlüsse des Europäischen Rates jedoch vernachlässigbar.

2.2.2 Das Erneuerbare-Energien-Wärme-Gesetz (EEWärmeG): Ein neuer Ansatz in der deutschen Politik

Mit der Ausarbeitung eines Gesetzes für die Förderung erneuerbarer Energien im Wärmebereich, wie es im Rahmen des Meseberg-Pakets formuliert wurde, beschritt die Bundesregierung ein noch nicht bearbeitetes Terrain. Der Fokus der deutschen Erneuerbare-Energien-Politik lag bislang einseitig auf dem Stromsektor und bezog partiell auch den Verkehrssektor mit ein.[77] Zwar waren über einzelne Verordnungen und Finanzierungsprogramme Fördermaßnahmen für die Steigerung der Energieeffizienz und die Nutzung von erneuerbaren Energien im Gebäudebereich auf den Weg gebracht worden, einen expliziten gesetzlichen Rahmen für die Integration der erneuerbaren Energien in den Wärmemarkt gab es bis zum Jahr 2007 jedoch nicht. Wichtigstes Programm bis dato war das Marktanreizprogramm (MAP), das eine finanzielle Förderung für neue Heizanlagen mit erneuerbaren Energien vorsah. Nun sollte die Nutzung von Wärme in Gebäuden auch einer umfassenden politischen Steuerung unterworfen werden und zur Erreichung des deutschen Emissionsminderungsziels bis 2020 beitragen.

Die systematische Trennung der Erneuerbare-Energien-Politik in die Bereiche Strom, Wärme und Verkehr ist, wie ein Interviewpartner anmerkt, zunächst auf EU-Ebene entwickelt und später in der deutschen Politik übernommen worden (Interview C 2013). Der Ansatz eines „Gesamtziels" in Höhe von 20 Prozent, wie es der Europäische Rat im März festgelegt hatte, umfasste demnach mehr als nur den in der deutschen Debatte so wichtigen Stromsektor. Entsprechend war ein nationaler Anpassungsbedarf gegeben. Zu Beginn des Gesetzgebungsprozesses in Deutschland blieb in diesem Bereich jedoch weitgehend unklar, wie die Rechtsgrundlage in der EU später aussehen würde. Julia Hierl beschreibt in ihrer Dissertation den Werdegang des Gesetzes, aus dem sich Teile der folgenden Darstellung speisen (vgl. Hierl 2011).

Ähnlich wie Dagger im Kontext der EEG-Novelle, spricht auch Hierl von zwei Koalitionen, die sich im Verlauf des EEWärmeG-Verfahrens gegenüberstanden. Zum einen die Klimaschutz-Koalition, der insbesondere das BMU und große Teile der SPD-Fraktion sowie die zivilgesellschaftlichen Akteure aus den Umweltverbänden und die Oppositionspartei Bündnis 90/Die Grünen angehörten. Die Koalition „Wirtschaft und Verbraucher" hingegen setzte sich in erster Linie aus dem BMWi, großen Teilen der CDU/CSU-Fraktion und der Immobilienwirtschaft zusammen. Innerhalb der Regierungsfraktionen verliefen die Grenzen jedoch auch zwischen den jeweiligen Fachpolitikern, zuständig für Umwelt, Bauen oder Wirtschaft (ebd.: 74–76). Anders als bei der Grundkonstruktion des EEG, sollte sich das EEWärmeG nicht an finanziellen Anreizen für die Investoren in EE-Anlagen orientieren, sondern in erster Linie gesetzliche Regelungen mit Verordnungscharakter für die Einbindung erneuerbarer Energien in die Heizsysteme von Gebäuden setzen. Zentraler Konfliktpunkt im Verfahren war

---

77 Auffällig ist in diesem Zusammenhang die Semantik in der deutschen Erneuerbare-Energien-Politik: Das „Erneuerbare-Energien-Gesetz" dient als Rechtsakt lediglich dem Ausbau der Technologien im Stromsektor, wird in der öffentlichen Wahrnehmung jedoch mit der Erneuerbare-Energien-Politik gleichgesetzt wird. Die Entwicklung der erneuerbaren Energien im Wärme-, Kälte- und Verkehrssektor erfährt auch vor diesem Hintergrund kaum Beachtung.

daher die Frage, ob der gesamte Gebäudebestand einer solchen Regelung unterworfen werden sollte oder ob ein Zielwert für Neubauten ausreichen würde.

Im ersten Referentenentwurf aus dem BMU vom Oktober 2007 war das Ziel einer Erhöhung des Anteils erneuerbarer Energien am Wärmeverbrauch auf 14 Prozent bis 2020 festgeschrieben worden. Dies sollte durch eine „überwiegende" Nutzung von erneuerbaren Energien bei einer „grundlegenden Sanierung" in Bestandsgebäuden und bei Neubauten erreicht werden (ebd.: 71). Die Abstimmungsrunden auf der Ebene der Staatssekretäre zwischen BMU und BMWi am 4. Oktober und 7. November 2007 brachten jedoch keine Einigung, so dass zu diesem Zeitpunkt kein Kabinettentwurf vorlag. Bereits am 12. November 2007 fand ein Treffen im Bundeskanzleramt zur weiteren Entwicklung des EEWärmeG statt, zu dem nicht nur die beiden beteiligten Ministerien, sondern auch bereits Vertreter der Koalitionsfraktionen im Bundestag geladen waren. Ein Vorgehen, das während der Großen Koalition und insbesondere im Kontext der Umwelt- und Klimaschutzgesetzgebung häufiger angewendet wurde (ebd.: 84). Damit sollte der parlamentarische Weg des Gesetzes erleichtert werden.

Letztlich war es Kanzleramtschef de Maizière, der einen Kompromiss zwischen den beiden Lagern aushandelte. Dabei wurde deutlich, wie machtvoll die Wirtschaftskoalition in diesem von der Öffentlichkeit und den Medien kaum verfolgten Gesetzgebungsprozess auftreten konnte. Die Alternativen für die ökologische Koalition lauteten schließlich: Herausnahme des Gebäudebestands oder kein EEWärmeG. Letzteres erschien den Umweltpolitikern auch mit Blick auf die Außenwirkung nicht vertretbar. Somit passierte ein deutlich abgeschwächter Gesetzentwurf am 5. Dezember 2007 das Bundeskabinett. Auch von einer „überwiegenden" Nutzung erneuerbarer Energien bei Gebäuden, die nach 2009 gebaut werden sollten, fand sich kein Wort mehr. Vielmehr wurde dieser Passus durch den deutlich unspezifischeren Begriff „einen Anteil" ersetzt.

Im Rahmen des parlamentarischen Beratungsprozess wurde die Stärke der wirtschaftlich orientierten Allianz einmal mehr deutlich. Laut Hierl trat die CDU/CSU-Fraktion für die Belange der Wohnungswirtschaft ein, während die SPD-Fraktion im Wesentlichen die umweltpolitischen Aspekte innerhalb des Gesetzgebungsverfahrens betonte (ebd.: 89–90). Für den Verlauf des Verfahrens war zudem entscheidend, dass es der CDU/CSU-Fraktion gelang, den parlamentarischen Prozess zum EEWärmeG getrennt von den anderen öffentlichkeitswirksamen IEKP-Verfahren, etwa dem EEG oder dem Kraftwärmekopplungsgesetz, zu behandeln.

Die entscheidende Sitzung innerhalb des parlamentarischen Prozesses fand im Vorfeld zur Abstimmung im Umweltausschuss im Mai 2008 statt. Die Änderungsanträge der beiden Regierungsfraktionen spiegelten einmal mehr den Gegensatz zwischen den wirtschaftsorientierten Belangen der CDU/CSU-Fraktion und den eher umweltpolitischen Zielsetzungen der SPD-Fraktion wieder. Letztere konnte schließlich nur verhindern, dass Abwärme nicht generell als „erneuerbare Energie" anerkannt wurde. In allen anderen Punkten (z.B. Nutzungspflicht im Altbaubestand, technologiespezifische Regelungen, „überwiegender Anteil") waren strengere Regelungen gegen den Widerstand innerhalb der Regierungsfraktionen nicht durchsetzbar. Ein weiterer wichtiger Erfolg konnte dennoch erzielt werden, indem die finanzielle Förderung für das Marktanreizprogramm (MAP) des Bundes deutlich aufgestockt werden sollte, so dass für die Jahre 2009-2012 je 500 Millionen Euro, für 2013-2016 je 600 Millionen Euro und 2017-2020 je 700 Millionen Euro zur Verfügung gestellt werden sollten (ebd.: 109). Auch die Belange des Bundesrats wurden innerhalb dieser Beratungen berücksichtigt, so dass das Gesetz durch Zustimmung der Länder am 4. Juli 2008 dem Bundespräsidenten zur Unterzeichnung vorgelegt werden konnte.

Für die Entwicklung des EEWärmeG erscheint die Formulierung eines sektorübergreifenden Ziels auf EU-Ebene als wichtige Voraussetzung, war damit doch erstmals deutlich formuliert worden, dass ein Ausbau im Strom- und Verkehrssektor nicht genügen würde, um ein nationales Endenergieverbrauchsziel zu erreichen. Auch in der Logik des Emissionsminderungsansatzes des IEKP mussten Maßnahmen im Gebäudebereich eingeleitet werden. Dennoch war auf EU-Ebene zum Zeitpunkt der Einleitung des EEWärmeG-Verfahrens nicht klar, welche Regelungen letztlich im nationalen Kontext zu treffen waren. Insofern blieb die Europäisierungswirkung abseits der Tatsache, dass der Wärmesektor einer Regulierung mit einer politischen Zielfestlegung unterworfen wurde, begrenzt.

2.2.3 Das Scheitern des 8. Gesetzes zur Änderung des Bundesimmissionsschutzgesetzes: Die verhinderte Reform der deutschen Biokraftstoffpolitik

Erneuerbare-Energien-Politik im Verkehrssektor wurde bis zum Jahr 2007 mit der Kompensation von erdölbasierten Antriebsstoffen durch Biokraftstoffe gleichgesetzt. Entsprechend wird sowohl in den Schlussfolgerungen des Europäischen Rates als auch im Meseberg-Programm der Bundesregierung von einer gezielten Biokraftstoffpolitik und nicht von einer Erneuerbare-Energien-Politik im Verkehrssektor gesprochen. Da dieser Prozess bereits unter der rot-grünen Bundesregierung seinen Anfang genommen hatte, war über die Jahre eine vergleichsweise komplexe Akteurkonstellation in diesem Politikbereich entstanden. Die daraus resultierende Heterogenität der Interessen wurde im Kontext der durch das IEKP eingeleiteten Reform der Biokraftstoffpolitik deutlich. Gerade auch unter den Bundesministerien und damit innerhalb der Bundesregierung hatten sich zunächst lose Präferenzen über die Jahre deutlich verfestigt. Daraus folgte, dass in diesem Bereich der Erneuerbare-Energien-Politik die langwierigste und konfliktbehaftetste Verarbeitung der EU-Entscheidungen zu beobachten ist.

Während beim Ausbau der erneuerbaren Energien im Strom- und Wärmesektor eine Bipolarität zwischen Umwelt- und Wirtschaftspolitikern zu erkennen war, entwickelte sich die deutsche Biokraftstoffpolitik polyzentrisch. So standen neben der grundsätzlichen Frage eines Ausbaus erneuerbarer Energien im Verkehrssektor auch die Wahl des Instruments und die Technologien bzw. Produkte zur Disposition.

Die Akteurvielfalt wird bereits mit Blick auf die beteiligten Ministerien deutlich: Dazu gehörte allen voran das Bundesministerium der Finanzen (BMF), das die Steuerbefreiungen für Biokraftstoffe – als das bislang zentrale Politikinstrument für die Entwicklung des Biokraftstoffmarktes – stets mit Skepsis begleitete und Ausfälle im Bereich der Mineralölsteuer in Milliardenhöhe naturgemäß kritisch sah. Das BMF galt zwar nicht als biokraftstoffkritischer Akteur. Vielmehr trat das BMF als Gegner des bisherigen Steuerungsinstruments in Erscheinung. Das Bundesministerium für Ernährung, Landwirtschaft und Verbraucherschutz (BMELV) war seit jeher der expliziteste Unterstützer der Biokraftstoffpolitik und maßgeblich daran beteiligt, dieses Thema in die deutsche Strategie für die EU-Ratspräsidentschaft zu integrieren (Interview U 2013). Hintergrund für diese Haltung war in erster Linie die Hoffnung auf positive Auswirkungen für die Entwicklung des ländlichen Raums und die Erweiterung der landwirtschaftlichen Produktpalette. Gemeinsam mit den Bauernverbänden wurde für möglichst hohe Biokraftstoffbeimischungsquoten und Steuerbefreiungen geworben. Dies geschah allerdings stets unter der Prämisse eines Vorrangs für die heimische Produktion. Über den Bereich Kraftstoffe und Mineralölwirtschaft ist bis heute auch das BMWi an der Gestaltung der Biokraftstoffpolitik beteiligt und gilt in diesem Zusammenhang als eher skeptischer Akteur hinsichtlich eines ambitionierten Ausbaupfades. Schließlich arbeitet auch im Bundesministerium für Verkehr, Bau und Stadtentwicklung (BMVBS) eine Abteilung zum Thema Antriebsstoffe. Allerdings hielt sich das BMVBS trotz einer kritischen Grundhaltung gegenüber ausgreifenden Klimaschutzanstrengungen im Verkehrssektor in diesem Themenbereich deutlich zurück. Im Mittelpunkt des Geschehens rund um die Biokraftstoffpolitik stand jedoch das federführende BMU. Das BMU galt viele Jahre als Verfechterin einer ehrgeizigen Biokraftstoffpolitik. Seit dem Aufkommen einer stärker an Nachhaltigkeitsfragen orientierten Debatte rund um erneuerbare Energien im Verkehrssektor unterstützte das BMU die Ausweitung der Biokraftstoffe nur noch unter Vorbehalt (vgl. Brand-Schock 2010: 249–254). Das BMU vollzog innerhalb des Untersuchungszeitraums einen Wandel vom Agenda-Setter zum kritischen Begleiter deutscher und europäischer Biokraftstoffpolitik.

Auch unter den zivilgesellschaftlichen Akteuren und Wirtschaftsverbänden differenzierte sich die Haltung gegenüber den Biokraftstoffen über die Jahre zunehmend aus. So kann auch hier keineswegs von einer vereinfachten Allianzbildung Wirtschaft vs. Umwelt gesprochen werden. Während die Mineralölwirtschaft und die Automobilindustrie die Förderung von Biokraftstoffen seit der Initiierung der Förderpolitik durch die Regierung Schröder kritisch sahen[78], wuchs das Misstrauen bei den zunächst verhalten positiv argumentierenden Umweltverbänden über die Jahre beträchtlich. Interessant war nun zu beobachten, wie sich im Verlauf der Jahre 2007 und 2008 die Argumentationsmuster der wirtschaftlichen Akteure zunehmend denen der Umweltverbände anglichen. Die Forderungen nach strengen Nachhaltigkeitskriterien für die Verwendung von biogenen Treibstoffen wurden auch hier immer lauter. Im Gegensatz dazu unterstützten Bauernverbände und die Biokraftstoffindustrie selbst den Prozess einer Anhebung des Anteils erneuerbarer Energien, allerdings meist unter dem Vorbehalt, dass diese primär aus heimischer Produktion stammen sollten, was wiederum in Konflikt mit der Binnenmarktpolitik der Kommission geraten sollte. Diese unterschiedlichen Positionen spiegelten sich auch im Deutschen Bundestag wider, wo Teile der CDU/CSU-Fraktion vor dem Hintergrund landwirtschaftlicher Interessen für eine Erhöhung des Anteils der Biokraftstoffe einstanden, während der wirtschaftspolitisch orientierte Flügel dies ablehnte. Ähnliche innerfraktionelle Spaltungen ließen sich auch bei SPD und Bündnis 90/Die Grünen feststellen (Brand-Schock 2010; Beneking 2011; Kaup/Selbmann 2013).

Mit Blick auf diese Konstellation ist festzustellen, dass es sich keineswegs um einen eindimensionalen Konflikt zwischen Befürwortern und Gegnern der Biokraftstoffe handelte, sondern ein vielschichtiger Aushandlungsprozess vollzogen wurde, der eher ungewöhnliche Koalitionen zum Vorschein brachte. Eine Einteilung in zwei Koalitionen „Klimaschutz" und „Wirtschaft und Verbraucher", wie sie von Julia Hierl in ihrer Arbeit zum IEKP vorgenommen wird (Hierl 2011), mag auf die Betrachtung der Gesetzgebung rund um die Erhöhung des Anteils erneuerbarer Energien im Wärmemarkt zutreffen. Für die Debatte über die Biokraftstoffe erscheint sie hingegen zu stark simplifizierend. So standen etwa die Klimaschutzinteressen weder für das BMELV noch für die Bauernverbände bei ihrer positiven Haltung gegenüber den Biokraftstoffen im Vordergrund und erklären ihre Positionierung sicherlich nicht in ausreichendem Maße. Interessanter erscheinen die Beiträge von Felix Kaup und Kirsten Selbmann zu unterschiedlichen Diskursnetzwerken in der deutschen Biokraftstoffpolitik

---

78   Auch bei der Darstellung der Automobilindustrie als kohärenter Akteur müssen an dieser Stelle Abstriche vorgenommen werden. So verfolgte Volkswagen beispielsweise eine klar auf den Ausbau der Biokraftstoffe ausgerichtete Strategie (Brand-Schock 2010: 269–270). Zudem favorisierten insbesondere die Mineralölverbände den Ansatz einer Beimischungsquote gegenüber der Steuerbefreiung, da sie bei ersterer einen stärkeren Einfluss auf die Entwicklung des Sektors ausüben konnten.

(Kaup/Selbmann 2013)[79] oder der von Andreas Beneking verwendete Advocacy-Coalition-Ansatz mit drei Gruppen (Beneking 2011). Letzterer argumentiert stichhaltig, dass sich die Akteurkonstellation in der deutschen Biokraftstoffpolitik in die Koalitionen „Breitenförderung", „Effizienz" (bezogen auf die Instrumentenwahl) und „Kontra-Biokraftstoffe" einteilen lasse.

Der eigentliche Wechsel im Instrumentarium der deutschen Biokraftstoffpolitik war bereits vor der Auflage des IEKP vollzogen worden. Mit einer Neuregelung im Energiesteuergesetz wurde vom Gesetzgeber mit Wirkung zum November 2006 beschlossen, eine Teilbesteuerung von Biokraftstoffen einzuführen und damit die vollständige Steuerbefreiung zu beenden. Gleichzeitig wurde am 1. Januar 2007 das Biokraftstoffquotengesetz wirksam, das feste Beimischungsquoten für Diesel und Benzin vorsah und sich am Energiegehalt der jeweiligen Produkte orientierte. Beides war bereits im schwarz-roten Koalitionsvertrag so vorgesehen (CDU/CSU/SPD 2005: 42–43). Damit sollte insbesondere der Staatshaushalt entlastet werden, ohne eine Aufgabe der Biokraftstoffpolitik vorzunehmen. Ab 2009 würde so eine Gesamtquote von 6,25 Prozent erreicht werden, die allerdings bis 2010 noch mit differenzierten Quoten für Biodiesel und Bioethanol unterlegt werden sollte. Problematisch an diesem Wechsel der Politikinstrumente wurde insbesondere auf Seiten der heimischen Produzenten die mangelnde Differenzierung zwischen den unterschiedlichen Biokraftstoffen gesehen, die einem breiten Import von Produkten aus Malaysia oder Indonesien Tür und Tor öffnete. Gleichzeitig, so argumentierte die Biokraftstoffbranche, liefere man sich damit der Preispolitik durch die Mineralölkonzerne aus, die zur Einhaltung der Quote eine eigene Einkaufspolitik entwickelten, was einen Nachteil für die mittelständische Produktion in heimischen Mühlen zur Folge hätte (Brand-Schock 2010: 313–317). Erste unmittelbare Folgen zeichneten sich durch einen Zusammenbrauch des Marktes für reinen Biodiesel (B100) ab, der infolge der Rücknahme von steuerlichen Vergünstigungen bereits 2007 einen Absturz erlebte und seitdem nicht wieder auf die Beine kam.

Nachdem die Meseberg-Klausur im August 2007 eine Fortsetzung der Biokraftstoffpolitik über Quotenregelungen als zentralen Lösungsansatz für den klimapolitischen Beitrag des Verkehrssektors ergeben hatte, legten BMU und

---

79   Kaup und Selbmann (2013) unterscheiden sieben Diskursnetzwerke mit unterschiedlichen Peak-Jahren der öffentlichen Aufmerksamkeit. Zu diesen gehörten: *„Energy securers and growth promoters"* (Akteure: BMWi, BMF; Peak-Jahr: 2005/06; Grundhaltung gegenüber Biokraftstoffen: Pro); *„Agrarian promoters"* (Deutscher Bauernverband, BMELV, BMU; 2005/06; Pro); *„Ecological modernizers"* (BMU, BMBF, Bündnis 90/Die Grünen, SPD; 2006/07; Pro); *„Promoters of development and emerging countries"* (BMZ, Gesellschaft für Internationale Zusammenarbeit; 2005; Pro); *„(Radical) justice demanders"* (Attac, Misereor, Brot für die Welt; 2008; Anti); *„Environmentalists"* (WWF, Greenpeace, BUND, UBA; 2008; Anti); *„Sustainability promoters"* (WBGU, Forschungseinrichtungen; 2008; Pro/Anti).

BMELV im November 2007 einen Fahrplan zur Weiterentwicklung der Biokraftstoffe im Verkehrssektor auf. Zentrale Ziele waren dabei die Erhöhung des Anteils der Beimischung von Bioethanol zu Ottokraftstoff von fünf auf zehn Prozent und von Biodiesel auf sieben Prozent. In einer gemeinsamen Presseerklärung wird die unterschiedliche Schwerpunktsetzung der beiden Ministerien deutlich: Die Stärkung des ländlichen Raums wird aus BMELV-Sicht betont, während im BMU vor allem die nachhaltige Ausgestaltung der Biokraftstoffpolitik hinsichtlich der CO_2-Emissionen im Vordergrund steht. Somit sollte künftig auch verstärkt auf eine nachhaltige Erzeugung geachtet werden, um Fehlentwicklungen zu vermeiden (BMU 2007). Obwohl die „Roadmap Biokraftstoffe" als Ergebnis eines runden Tisches vieler Akteure unter Einbeziehung der Automobil- und Mineralölwirtschaft dargestellt wurde, sollte sich diese harmoniegeleitete Herangehensweise innerhalb kurzer Zeit wandeln.

Im Dezember 2007 präsentierte Bundesumweltminister Gabriel dem Kabinett seinen Entwurf für eine Novelle des BImSchG vor. In diesem Gesetzentwurf sollte der Beitrag der Biokraftstoffe im Verkehrssektor künftig anhand ihres Emissionsminderungspotentials gemessen werden, sodass bis 2015 eine Dekarbonisierung von fünf Prozent und bis 2020 ein Wert von zehn Prozent erreicht werden sollte. Als Konsequenz daraus müssten bis 2020 rund 20 Volumenprozent Biokraftstoffe in den Markt eingebracht werden, um eine energetische Beimischung von 17 Prozent zu erhalten (Hierl 2011: 116). Der Schwenk weg von Volumenbeimischung hin zu Dekarbonisierungspotenzial war den gewachsenen Zweifeln an der Nachhaltigkeit der Biokraftstoffe und der Fokussierung auf den Klimaschutz geschuldet. Erstmals verabschiedete die Bundesregierung auch eine Nachhaltigkeitsverordnung für die Herstellung von Biokraftstoffen, die allerdings aufgrund ihres Rechtscharakters als Verordnung nicht den Bundestag passieren musste. Im Gegensatz zum EEWärmeG war die BImSchG-Novelle vor der Verabschiedung im Kabinett nicht Gegenstand von Diskussionen in und zwischen den Fraktionen oder gar im Bundeskanzleramt gewesen (ebd.: 120).

Die BImSchG-Novelle wurde gemeinsam mit der EEG-Novelle und dem EEWärmeG als erstes IKEP-Gesetzespaket in den Bundestag eingebracht. In der Aussprache zum Gesetzespaket am 21. Februar 2008 widmete Bundesumweltminister Gabriel den größten Teil seiner Ausführungen der von der Öffentlichkeit zunehmend kritisch begleiteten Biokraftstoffpolitik. Interessant sind in diesem Kontext insbesondere die Ausführungen zum Verhältnis zwischen der deutschen Biokraftstoffpolitik und den Entwicklungen auf EU-Ebene zu sehen, die Gabriel folgendermaßen darstellt:

„Heute ändern wir hier im Parlament das Biokraftstoffquotengesetz mit dem Achten Gesetz zur Änderung des Bundes-Immissionsschutzgesetzes. Diese Änderung soll uns, bezogen auf die tatsächliche Verringerung des CO_2-Ausstoßes bei Kraftstoffen, ehrlicher machen. Der Mindestanteil von Biokraftstoffen wird in Zukunft in Deutschland nicht mehr energetisch definiert, wie es bislang in der Europäischen Union und auch in anderen Ländern immer noch der Fall ist, sondern der tatsächliche Klimaschutzbeitrag soll Grundlage für die Anrechenbarkeit des Einsatzes von Biokraftstoffen auf die Quote werden. In Zukunft dürfen Biokraftstoffe nur angerechnet werden, wenn sie mindestens einen Klimaschutzbeitrag von 30 Prozent gegenüber fossilen Kraftstoffen erbringen.

Meine Damen und Herren, die öffentliche Kritik am Einsatz von Biokraftstoffen in der Klimapolitik ist durchaus gerechtfertigt. Natürlich müssen wir darauf achten, dass wir uns nicht selbst täuschen und eine Scheinbilanz für die Senkung von CO_2 vorlegen. Weder darf der Einsatz von Biokraftstoffen in Deutschland und Europa das Abholzen von Regenwäldern beschleunigen und begünstigen, noch dürfen wir die CO_2-Emissionen wissentlich übersehen, die bei der Herstellung von Biokraftstoffen zum Beispiel im Hydrierungsverfahren ausgelöst werden können.

Das hat zur Folge, dass wir den 10-prozentigen Anteil an Biokraftstoffen, wie ihn die Europäische Union haben will, ehrlicherweise auch netto berechnen müssen. Die EU tut dies bislang nicht; sie bezieht sich in ihren Berechnungen nur auf den Energiegehalt und nicht auf den tatsächlichen Klimaschutzbeitrag. Bei Zugrundelegung des Nettoklimaschutzbeitrags müssen wir, um den von der EU verlangten 10-prozentigen Beitrag zu erbringen, dem Volumen nach 20 Prozent Biokraftstoffe beimischen. Mit dem vorgelegten Gesetzentwurf wollen wir also den ersten entscheidenden Schritt tun, um den Einsatz von Biokraftstoffen auf ihren tatsächlichen Klimaschutzbeitrag zu überprüfen." (Deutscher Bundestag 2008a: 15238)

Deutlich wird in diesem Redebeitrag des Bundesumweltministers die zunehmende Skepsis gegenüber dem Einsatz von Biokraftstoffen, die nun weniger aufgrund ihrer Eigenschaft als erneuerbare Energiequellen und ihre Kompensationswirkung für fossile Brennstoffe gewürdigt, sondern in erster Linie mit Blick auf ihre Klimawirkung kritisch betrachtet wurden. Damit einher ging also eine Verschiebung der Begründung für diesen Politikansatz, der sich bereits in Gabriels Regierungserklärung vom April 2007 abgezeichnet hatte. Die Erneuerbare-Energien-Politik wurde in dieser Logik zum Instrument der Klimapolitik, womit das BMU sich insbesondere um einen Kompromiss zwischen der Investitionssicherheit für die Branche und der Unterstützung durch die Umweltverbände bemühte. Entsprechend musste auch der Zielsetzung eine neue Berechnungsmethode zugrunde gelegt werden, die sich am Treibhausgasminderungspotenzial orientieren sollte.

Ruft man sich die Debatten im Vorfeld der Zielsetzungen des Europäischen Rates im März 2007 in Erinnerung, irritiert auch die angeführte EU-Verpflichtung als zweites Begründungsmuster für die Biokraftstoffpolitik, nahm der Bundesumweltminister in diesem Zusammenhang doch eine Umkehr von Ursache und Wirkung vor. Schließlich war es stets deutsches Bestreben in der EU gewesen, ein verbindliches Ziel in Höhe von 12,5 Prozent festzulegen. Abgesehen davon bestand zum Zeitpunkt von Gabriels Rede noch keine Rechtsgrundlage für diese Entscheidung auf EU-Ebene, sondern lediglich eine *„soft norm"*, die sich aus den Beschlüssen des Europäischen Rates ergeben hatte. Diese hätte auch im Gesetzgebungsverfahren auf EU-Ebene noch einmal verändert werden können.

In einer zweiten Verhandlungsarena, die sich um die Entwicklung einer Nachhaltigkeitsverordnung drehte, eröffnete sich zwischenzeitlich ein weiterer Konflikt. So war von Seiten der Bundesregierung zwar eine nationale Nachhaltigkeitsverordnung ausgearbeitet worden, diese musste nun jedoch aufgrund ihrer Binnenmarktwirkung zur Notifizierung in Brüssel vorgelegt werden. Die EU-Kommission erklärte nun, wenige Wochen später, dass diese Verordnung zunächst auf ihre Konformität mit WTO- und EU-Recht überprüft werden müsse und daher noch nicht in Kraft treten könne. Zudem wiesen die Brüsseler Beamten darauf hin, dass zeitgleich im Rahmen ihres Richtlinienentwurfs zur Erneuerbare-Energien-Politik Vorgaben ausgearbeitet würden, die Einfluss auf die nationale Gestaltung hätten. Damit lag die deutsche Verordnung vorläufig auf Eis. Gleichzeitig konnte durch die Blockade ein wesentliches Zugeständnis von Gabriel an die Umweltverbände und Umweltpolitiker nicht eingelöst werden (Interview U 2013).

Um die Maßnahme des BMU dennoch in ein für die Bundesregierung besseres Licht zur rücken, erklärte Gabriel in unmittelbarer Folge: *„Diese Nachhaltigkeitsverordnung Deutschlands soll das Vorbild für die von der EU-Kommission vorgeschlagenen Regelungen zur Nachhaltigkeit beim Biokraftstoffeinsatz sein. Auch die EU-Kommission will ihr Ziel von 10 Prozent Biokraftstoffbeimischung bis 2020 an die Einhaltung dieser Kriterien binden."* (Deutscher Bundestag 2008a: 15238)

Kommunikativ bemühte sich Gabriel also in allen Bereichen um die Korrektur einer, so sein Argument, größtenteils extern auferlegten Politik. Die Verantwortung für die Probleme in der deutschen Biokraftstoffpolitik wurde nach Brüssel verschoben. Schließlich zeigte der Umweltminister aber auch einen Ausweg für die Bundesregierung auf:

> „Insgesamt werden wir im Lichte der existierenden Gutachten und im Rahmen der parlamentarischen Beratungen überprüfen müssen, ob wir unter Einhaltung der genannten Kriterien die ambitionierten Ausbauziele beim Biomasseeinsatz und insbesondere beim Kraftstoffeinsatz erreichen werden. Dazu zählt auch, dass wir die Novelle zur 10. Bundes-Immissionsschutzverordnung zur Einführung von B7 und E10 – Biodiesel- und Bioethanolkraftstoffe – erst dann in Kraft setzen werden, wenn die Zahlen des Verbandes der Automobilindustrie und auch der Automobilimporteure zu den potenziell betroffenen Fahrzeughaltern, deren Fahrzeuge diese Kraftstoffe nicht vertragen, überprüft worden sind." (Deutscher Bundestag 2008a: 15239)

An dieser Stelle im nationalen Gesetzgebungsverfahren ließ sich bereits erkennen, dass es aus Sicht des BMU und seines Ministers durchaus denkbar erschien, bereits wenige Monate nach Beschluss des IEKP-Pakets erste Abstriche an den Klimaschutzplänen in diesem Bereich vorzunehmen. Neben den inhaltlichen Problemen, also der möglicherweise unzureichenden Emissionsminderungsleistung der Biokraftstoffe und der Kritik der Kommission an der deutschen Nachhaltigkeitsverordnung, kam auf tagespolitischer Ebene das Argument einer Vermeidung von Schäden an deutschen Kraftfahrzeugen hinzu, das sich im weiteren Verlauf unter der technischen Norm „E10" in der Debatte wiederfinden ließ. Damit konnte ein Ausweg aus der bereits beschlossenen Biokraftstoffstrategie der Bundesregierung plausibel begründet werden. Die Ursache dieser politischen Problemlage konnte zudem bei der EU-Kommission in Brüssel verortet werden.

Insgesamt erwies sich die Akteurskonstellation im Frühjahr 2008 als äußerst komplex und war von vielen unterschiedlichen Interessen geprägt. Die Umweltverbände wehrten sich zunehmend gegen die Erhöhung des Biokraftstoffanteils. Deutsche Bauernverbände und das BMELV forderten einen stärkeren Fokus auf den nationalen Markt und die Gewährleistung von Investitionssicherheit für die Branche. Das BMU hielt zwar an mengenorientierten Vorgaben fest, erklärte aber eine stärkere Konzentration auf die Klimaschutzdimension für unerlässlich. Entwicklungsorganisationen und die mit ihnen verbundenen Akteure schlossen eine Fortsetzung der Biokraftstoffpolitik mit Verweis auf den negativen Einfluss der Biokraftstoffe auf Lebensmittelpreise und die Probleme bei der Welternährung kategorisch aus. Das BMF hielt an einer raschen Reduzierung der Steuerbefreiung fest. BMELV und selbst das BMWi argumentierten wiederum, dass eine höhere Besteuerung insbesondere für die deutsche Biodieselindustrie das sichere Aus bedeuten würde (vgl. Kaup/Selbmann 2013). Und auch der Bundesrat lehnte in seiner ersten Stellungnahme im Februar 2008 den Gesetzentwurf der Bundesregierung aus ähnlichen Gründen ab (Hierl 2011: 122). Gabriel geriet in dieser Frage also unter mehrfachen Beschuss.

Die Vielschichtigkeit der Debatte spiegelte sich auch innerhalb der Fraktionen des Deutschen Bundestags wider. Die Fachpolitiker der Fraktionen (Haushalt, Entwicklungszusammenarbeit, Umwelt, Landwirtschaft, Wirtschaft) brachten ihre jeweiligen politikfeldbezogenen Positionen in den Prozess ein und versuchten die Gesetzgebung im Dienste ihrer Interessengruppen zu steuern. Während die Auseinandersetzung in der Unionsfraktion zunehmend kritischer gegenüber der Biokraftstoffnutzung wurde, versuchten die Abgeordneten der SPD vor allem ihrem Umweltminister den Rücken freizuhalten (ebd.: 123).

Im April 2008 wurde der Gesetzentwurf aus dem BMU endgültig begraben. Zwei parallele Entwicklungen wurden dafür verantwortlich gemacht: Zum einen die bereits seit längerer Zeit rumorende Tank-und-Teller-Debatte, die in erster

Linie die Konkurrenz der Herstellung von Biokraftstoffen mit der Lebensmittel-produktion in Entwicklungsländern thematisierte und eine durch Nichtregie-rungsorganisationen befeuerte moralische Auseinandersetzung mit den nunmehr als „Agrotreibstoffe" bezeichneten Biomasseprodukten auslöste. Zum anderen, und vermutlich sehr viel wirkungsvoller, erklärten die Automobilhersteller eine wachsende Anzahl ihrer Fahrzeuge für E10-unverträglich. Damit waren die Bei-mischungspläne der Bundesregierung vorerst auf Eis gelegt. Denn, wie Um-weltminister Gabriel ausführte: „Die Umweltpolitik wird nicht die Verantwor-tung dafür übernehmen, dass Millionen von Autofahreren an die teuren Super-Plus-Zapfsäulen getrieben werden" (BMU 2008b). Dies bedeutete zwar nicht das Ende der deutschen Biokraftstoffpolitik. Dennoch war der Gesetzentwurf in seiner derzeitigen Form nicht mehr zu halten. Gabriel zog die Vorlage wenige Tage später nach einer aktuellen Stunde im Bundestag zurück. Eine Reform der deutschen Biokraftstoffpolitik war so vorerst gescheitert.

2.2.4 Zwischenfazit: Europäisierungswirkungen bei der Reform der deutschen Erneuerbare-Energien-Politik in den Jahren 2007 und 2008

Im Rahmen der Untersuchung von Europäisierungsprozessen innerhalb der deut-schen Erneuerbare-Energien-Politik wurden drei sehr unterschiedliche Politikge-staltungsprozesse auf nationaler Ebene betrachtet. Die Reform des EEG für den Stromsektor, die Entwicklung des EEWärmeG für den Wärmesektor sowie das Vorhaben zur Reform der Biokraftstoffpolitik durch eine Änderung des BIm-SchG. Als Auslöser konnte zu diesem Zeitpunkt lediglich die – wenn auch sehr detaillierte – Entscheidung des Europäischen Rates vom März 2007 zur Festle-gung eines verbindlichen Erneuerbare-Energien-Ziels und den Rahmenbedin-gungen seiner Umsetzung identifiziert werden. Mit Blick auf den Policy-Typus ist in diesem Zusammenhang in allen drei Fällen also weiterhin von der Festle-gung einer „soft norm" zu sprechen, die für sich genommen noch keine Umset-zungsverpflichtung in Deutschland implizierte.

Ein Vergleich der deutschen Erneuerbare-Energien-Politik zu Beginn des Jahres 2007 mit den Festlegungen des Europäischen Rates macht deutlich, dass lediglich in zwei Bereichen tatsächliche Varianzen zu identifizieren sind. Dies betrifft zum einen die Konzeption der Erneuerbare-Energien-Politik als Gesamt-konzept, also die Berücksichtigung von Strom, Wärme/Kälte und Biokraftstoffen (Verkehr). Zum anderen fallen die erhöhten Zielsetzungen auf EU-Ebene auf, insbesondere das separate Biokraftstoffziel in Höhe von zehn Prozent, die in dieser Form noch nicht in der deutschen Politik verankert waren. Dennoch stel-len bei Aspekte lediglich einen „misfit" auf sehr niedrigem Niveau dar.

Der systemische Ansatz in der Erneuerbare-Energien-Politik wurde bereits in der Regierungserklärung von Bundesumweltminister Gabriel im April 2007 in den Mittelpunkt gestellt und insbesondere als Argument für zusätzliche Maßnahmen im Wärmebereich angeführt. Lediglich der Verkehrssektor fand in diesem Zusammenhang keine explizite Erwähnung. Mit einer stärkeren Betonung der Klimapolitik als Begründungszusammenhang für die Weiterentwicklung der Erneuerbare-Energien-Politik wurde diese Grundkonzeption auch in den Kabinettsbeschluss zum IEKP aufgenommen.

Richtet sich der Blick nun auf die drei Gesetzesverfahren, so werden doch erhebliche Unterschiede bei der Verarbeitung deutlich. In das EEG konnte eine höhere Zielsetzung problemlos integriert werden. Das BMU wirkte als *„norm entrepreneur"* und wurde von der Bundeskanzlerin unterstützt. Vetospieler traten nicht in Erscheinung oder wurden auch aufgrund der endogenen Politikfeldentwicklung in Deutschland marginalisiert. Durch die bereits im Koalitionsvertrag angekündigte und bislang noch nicht in Angriff genommene Gesetzesreform wirkte sich der Policy-Reformstatus als dritter vermittelnder Faktor ebenfalls positiv auf die Umsetzung aus.

Einen vollständig neuen Politikansatz nahm das BMU mit der EEWärmeG in Angriff. Auch hier leitete sich die Zielsetzung wesentlich aus den EU-Beschlüssen ab oder konnte zumindest mit diesen begründet werden. Im Gesetzgebungsverfahren selbst wurden die vom BMU vorgeschlagenen Inhalte jedoch durch die hohe Zahl an Vetospielern und deren Einfluss erheblich in Frage gestellt. Letztlich konnte nur ein „Rumpfgesetz" verabschiedet werden, das seine Wirkung vor allem auf Neubauten haben sollte. Dies war zu diesem Zeitpunkt aber nicht Gegenstand der EU-Entscheidung und bleibt insofern bei der Betrachtung außen vor, auch wenn erhebliche Zweifel angemeldet werden dürfen, ob mit der bestehenden Gesetzeslage tatsächlich ein Anteil erneuerbarer Energien in Höhe von 14 Prozent am Wärmemarkt erreicht werden kann.

Den komplexesten Fall stellt mit Sicherheit die Reform der deutschen Biokraftstoffpolitik dar. Für die zusammenfassende Analyse muss die Feststellung genügen, dass eine heterogene Akteurkonstellation und eine Veränderung der Rahmenbedingungen auf der Zeitachse für ein Scheitern des Prozesses verantwortlich gemacht werden können. Deutliche Auswirkungen hatten darauf allerdings auch internationale und endogene Kontextfaktoren. Auf internationaler Ebene ist das Aufkommen der Tank-gegen-Teller-Debatte zu nennen. Bei der endogenen Entwicklung innerhalb Deutschlands spielte die aufkommende Besorgnis über die Verträglichkeit der Biokraftstoffe mit den Kraftfahrzeugmotoren eine wichtige Rolle. Das BMU verabschiedete sich als *„norm entrepreneur"* frühzeitig aus dem Prozess, so dass lediglich das BMELV, unterstützt von den Bauernverbänden, und eine Mehrheit des Bundesrats für die Gesetzesreform eintraten. Neben einer Reihe von Vetospielern im System, war auch die bereits im Jahr 2006 erfolgte Policy-Reform ein Faktor, der zu einem gewissen Reformunwillen beitrug. Unter diesen Bedingungen zog das BMU seinen Vorschlag im Frühjahr 2008 zurück, so dass es zunächst zu keiner Veränderung in der deutschen Biokraftstoffpolitik kam.

Während sich die deutsche Erneuerbare-Energien-Politik im Nachgang zu den Entscheidungen des Europäischen Rates einer teilweisen Reform unterzogen hatte, stand eine Umsetzung der Beschlüsse auf EU-Ebene noch aus. Zwar hatte der Europäische Rat hier bereits klare Vorgaben formuliert, deren Verrechtlichung sollte dennoch im Zuge eines ordentlichen Gesetzgebungsverfahrens erfolgen. Die Rolle der deutschen Akteure innerhalb dieses Prozesses wird nun im folgenden Abschnitt untersucht.

3 Der deutsche Einfluss auf den Verhandlungsprozess zur Erneuerbare-Energien-Richtlinie der EU

Während in Berlin über das IEKP und die ersten Reformschritte im Bereich der Erneuerbare-Energien-Politik diskutiert wurde, begann zeitgleich die EU-Kommission in Brüssel mit der Ausarbeitung ihres Richtlinienentwurfs für den Ausbau der erneuerbaren Energien in der EU. Der Europäische Rat vom März 2007 hatte hierfür, wie bereits beschrieben, zwar nur einen geringen Spielraum gelassen. Die Kommission bemühte sich jedoch darum, diesen zu nutzen.

Bereits Mitte des Jahres 2007 war innerhalb der DG TREN deutlich geworden, dass es sich um eine Richtlinie handeln sollte, die alle drei Sektoren (Strom, Wärme/Kälte, Verkehr) umfassen und nationale Ziele definieren würde.[80] Auch die Vorlage der Richtlinie als Teil eines umfangreicheren Pakets zur nachhaltigen Transformation des EU-Energiesystems war bereits zu diesem Zeitpunkt beschlossen.

Im Vorfeld der Veröffentlichung des Kommissionsentwurfs am 23. Januar 2008 bemühte sich die Kommission in einem Dialog mit den Regierungen darum, möglichst viele Konfliktpunkte bereits frühzeitig auszuräumen (Interview J 2014). Im Mittelpunkt standen dabei zwei Themen: Zum einen die Aufteilung des 20-Prozent-Ziels auf nationale Ziele. Zum anderen die Gestaltung eines Instrumentenmixes auf EU-Ebene, durch den eine Erreichung der nationalen Ziele erleichtert werden sollte.

Die Berechnung der nationalen Zielsetzungen stellte die Bundesregierung vor geringe Probleme, hatte man doch bereits im Verlauf des Jahres 2007 die eigenen Ziele angehoben und diesem Prozess bereits vorgegriffen. Die Kommission stellte im Zusammenhang mit der Richtlinienausarbeitung eine Berechnungsmethode vor, die auf weitgehenden Konsens stieß.[81] Wie ein in das Dossier

---

80   Ein Gesprächspartner aus der Kommission erklärte, dass zunächst drei einzelne Richtlinienentwürfe ausgearbeitet wurden, Kommissionspräsident Barroso sich jedoch frühzeitig einschaltete und forderte, dass es einen „umfassenden" Richtlinienentwurf geben sollte, wie er auch vom Europäischen Rat gefordert worden war (Interview J 2014).

81   Dabei wurde der Ausbaustatus 2005, das Entwicklungspotenzial, das BIP und eine Reihe weiterer Faktoren für die Erarbeitung der nationalen Zielsetzungen genutzt (vgl. Howes 2010).

involvierter Kommissionsbeamter anmerkte, war die Detailliertheit der Gipfelbe-schlüsse vom März 2007 für diesen Themenkomplex hilfreich, da Regierungen im Falle einer Ablehnung des Kommissionskonzepts erklären mussten, welche alternativen Modelle sie vorschlagen würden, um auf ein gemeinsames EU-weites 20-Prozent-Ziel zu kommen. Schwieriger gestaltete sich der Abstimmungsprozess mit Blick auf den Einfluss der EU-Ebene bei der Förderung erneuerbarer Energien. Wie bereits im Verhandlungsprozess zur Richtlinie aus dem Jahr 2001, hatte eine Reihe von Akteuren versucht, die Idee eines Zertifikatesystems in den Politikprozess einzuspeisen und fand dabei in der DG TREN breite Unterstützung. Insbesondere die britische Regierung bemühte sich hinter den Kulissen darum, ihr nationales Zertifikatesystem weitgehend auf die EU zu übertragen und somit das eigene System zu stützen. Auch die größeren Energieversorgungsunternehmen im Dachverband Eurelectric sprachen sich für die Einrichtung eines solchen, aus ihrer Sicht kostengünstigen Instruments aus (Futterlieb/Mohns 2009: 39–40). Allerdings hatte man innerhalb der Kommission nicht vergessen, dass die Auseinandersetzung über die Einrichtung eines EU-weiten Quotensystems bereits im Aushandlungsprozess zur Richtlinie aus 2001 auf allen Ebenen gescheitert war. Insbesondere die deutsche Bundesregierung und das Europäische Parlament hatten sich damals dezidiert gegen ein solches Modell ausgesprochen (Hirschl 2008). Diesmal waren es insbesondere die deutsche und die spanische Regierung, die sich bereits vor der Veröffentlichung des Richtlinienentwurfs vehement gegen Harmonisierungsschritte bei der Förderung stellten und damit schließlich auch Energiekommissar Piebalgs weitgehend auf ihre Seite holen konnten (Futterlieb/Mohns 2009: 39). Das BMU hatte bereits im Vorfeld der Veröffentlichung eine Studie in Auftrag gegeben, die sich mit den Folgewirkungen einer (Teil-)Harmonisierung der Fördersysteme auf das deutsche EEG auseinandersetzen sollte und zu einem für Deutschland negativen Ergebnis kam (vgl. Fouquet 2007). Aus der Bundesregierung, namentlich dem BMWi und seiner Umgebung, wurden zwar auch Stimmen laut, die ein solches Instrument befürworteten (vgl. Interview J 2014). Die Federführung bei diesem Dossier lag jedoch klar beim BMU.

Der Richtlinienentwurf sah letztlich nur die stark abgeschwächte Version eines Zertifikatesystems vor, durch die ein freiwilliger Handel mit Herkunftsnachweisen („*guarantees of origin*" – GoO) etabliert werden sollte. Auf diesem Weg, so argumentierte man in der Kommission, würde ein Interessenausgleich zwischen den Flexibilitätswünschen einiger Mitgliedstaaten bei der Zielerreichung und dem Schutz nationaler Fördersysteme gewährleistet werden.[82] Ob-

---

82   Die freiwillige Teilnahme am Handelssystem war nur wenige Tage vor der Veröffentlichung des Dokuments in den Entwurf eingefügt wurde. Wenige Wochen zuvor enthielt der Text noch ein obligatorisches Zertifikatesystem.

wohl die Richtlinie zahlreiche weitere wichtige Bestandteile beinhaltete, sollte sich die deutsche Verhandlungsstrategie einseitig auf die Verteidigung des Erneuerbare-Energien-Gesetzes gegen Angriffe der Kommission konzentrieren. Vorgaben zur Berechnung der Zielsetzung, die Berichtspflichten oder Vorgaben für den Verkehrssektor waren dabei von sekundärer Bedeutung.

Die deutsche Bundesregierung, vertreten durch das BMU, zeigte sich jedoch auch mit dem abgeschwächten Entwurf des Herkunftsnachweissystems der Kommission noch unzufrieden. Eine Gefahr sah man in einer sukzessiven Unterwanderung des deutschen EEG durch einen Ausverkauf der Herkunftszertifikate und damit einer Steigerung der Kosten für die nationale Zielerfüllung. Gemeinsam mit den Regierungen aus Polen und dem Vereinigten Königreich legte die deutsche Bundesregierung im Juni 2008 in der Arbeitsgruppe des Energieministerrats ein Positionspapier vor, das die Vorschläge der Kommission endgültig begraben sollte. Dass man im BMU dabei die Unterstützung zweier Regierungen erhielt, die aus völlig unterschiedlichen Motiven die Kommissionsvorlage ablehnten, darf rückblickend als kluger Schachzug gewertet werden. In ihrem gemeinsamen Papier stellten die Regierungen dar, dass der Entwurf der Kommission nur ein höheres Maß an Unsicherheit erzeugen würde und daher nicht mit ihrer Unterstützung rechnen könne.[83] Stattdessen schlugen die Regierungen drei Flexibilitätsmechanismen vor, mit denen die Mitgliedstaaten untereinander Vereinbarungen schließen könnten, um Fördersysteme zusammenzulegen, Überproduktion rechnerisch zu transferieren oder gemeinsame Projekte zu initiieren. Die Ausarbeitung dieser Modelle war zuvor vom deutschen BMU in Auftrag gegeben worden (Interview F 2014). Der Grundtenor der Vorschläge stieß auch bei einer Mehrheit der Regierungen im Rat auf positive Resonanz und somit fanden die drei Kooperationsmechanismen Eingang in die finale Version der Richtlinie.

Dem BMU war es auf diesem Weg gelungen, das deutsche Fördersystem vorläufig gegen Einflüsse aus Brüssel zu verteidigen. Gleichzeitig hatte man es geschafft, eine verbindliche Zielfestlegung für den Ausbau der erneuerbaren Energien in der EU zu vereinbaren und damit Maßnahmen in den 26 anderen EU-Mitgliedstaaten einzufordern, die durch ein konstantes Monitoringsystem über nationale Aktionspläne überwacht werden sollten. Die in Art. 4 dargestellten Berichtspflichten der nationalen Regierungen gegenüber der Kommission wurden durch das Europäische Parlament weiter verschärft und um einen Fragenkatalog ergänzt, der die Mitgliedstaaten dazu verpflichtete, detaillierte Angaben über geplante Maßnahmen und Entwicklungspfade beim Ausbau der erneuerbaren Energien zu machen.

---

83 Das BMU hatte nach Aussage mehrerer Interviewpartner gezielt die britische und polnische Regierung angesprochen und dabei auf die absehbaren Mehrkosten des von der Kommission vorgeschlagenen Modells für ihre Energiemärkte verwiesen (vgl. Interview F 2014; Interview J 2014).

Bis zu dieser Stelle erscheinen die Transaktionskosten für eine Umsetzung der genannten Regelungen in Deutschland niedrig. Ein *„misfit"* wurde somit bereits im Vorfeld verhindert. Zwar konnte auch das deutsche Modell einer Einspeisevergütung nicht über das Europarecht auf andere Staaten übertragen werden, dies war jedoch auch nicht das primäre Anliegen der Bundesregierung. Man verließ sich hierbei auf die indirekte Diffusionswirkung durch die Attraktivität des Systems. Mit den Kooperationsmechanismen behielten die Mitgliedstaaten selbst die Kontrolle über den Harmonisierungsgrad ihrer jeweiligen Fördersysteme. Durch die Annahme verbindlicher Ziele und Berichtspflichten mussten andere Mitgliedstaaten nun jedoch zumindest der gleichen Richtung folgen, die Deutschland bereits vor einigen Jahren eingeschlagen hatte.

Ungeklärt blieb an dieser Stelle noch die Frage nach erneuerbaren Energien in den anderen beiden Bereichen: Wärme/Kälte und Verkehr. Die Kommission verzichtete darauf, quantitative Ziele für den Wärmesektor vorzuschlagen und überließ die Aufteilung der Ausbaupfade zwischen den unterschiedlichen Teilbereichen des Energiesystems den Mitgliedstaaten. Lediglich Vorgaben für die Aus- und Weiterbildung von Architekten und ähnliche Standardisierungen wurden in den Gesetzestext übernommen. Im Gegensatz dazu entzündete sich eine kontroverse Debatte über die erneuerbaren Energien im Verkehrssektor. Die Kommission war in ihrer Vorlage bereits von den biokraftstoffzentrierten Formulierungen des Europäischen Rates abgewichen und hatte lediglich ein 10-Prozent-Ziel für den Anteil erneuerbarer Energien am Gesamtenergieverbrauch im Verkehrssektor vorgeschlagen. Damit war bereits eine Formulierung gewählt worden, die den Blick auch auf andere regenerative Energieträger im Verkehrssektor lenkte. Daneben sollten nur solche Biokraftstoffe angerechnet werden, die eine deutliche Treibhausgasemissionsminderung gegenüber fossilen Kraftstoffen erbringen würden. Der wachsende öffentliche Protest gegen den Einfluss der Biokraftstoffförderung auf Lebensmittelsicherheit und den Schutz der Regenwälder hatte auch hier seine Wirkung gezeigt.

Aus deutscher Perspektive waren die Vorschläge der Kommission akzeptabel. Vor dem Hintergrund des Scheiterns der nationalen Biokraftstoffgesetzgebung im April 2008 lag der Fokus entsprechend auf einer Konsolidierung der EU-Politik, so dass zumindest auf dieser Ebene die Entwicklung des Biokraftstoffmarktes abgesichert werden könnte. Forderungen aus Großbritannien, Dänemark oder den Niederlanden, den Anteil der Biokraftstoffquote vor dem Hintergrund der zweifelhaften Nachhaltigkeitsbilanz abzusenken, wurden von der Bundesregierung jedoch weiterhin abgelehnt. Der Erhalt der 10-Prozent-Quote im Verkehrssektor war aus ihrer Sicht ein wichtiger Bestandteil der Erneuerbare-Energien-Richtlinie. Unterstützung erhielten die Deutschen dabei auch aus den mittel- und osteuropäischen Staaten, die sich um den Absatzmarkt für ihre landwirtschaftlichen Produkte sorgten (Interview U 2013).

Erheblicher Widerstand gegen die Vorschläge der Kommission und ihrer Unterstützer aus Deutschland und einer Reihe anderer Mitgliedstaaten wurde im Europäischen Parlament geäußert. Der zuständige Berichterstatter Claude Turmes setzte sich auch im abschließenden informellen Trilog mit den Regierungen im Rat dafür ein, strengere Nachhaltigkeitskriterien zu formulieren. Auch die Zielsetzung selbst sollte bereits 2014 dahingehend überprüft werden, ob sie unter Maßgabe der neuesten wissenschaftlichen Erkenntnisse in einer nachhaltigen Art und Weise erreicht werden könnte.

Dass die Debatte über die Biokraftstoffe und ihren Einfluss auf Umwelt und Fragen der globalen Ernährungssicherheit zunehmend Bedeutung einnahm, zeigte auch die Tatsache, dass sich der Europäische Rat im März 2008 innerhalb seiner Schlussfolgerungen zur Energiepolitik noch einmal mit dem Thema beschäftigte. So lautet der kurze Absatz zur Nachhaltigkeit von Biokraftstoffen:

> „22. Zur Erreichung des ehrgeizigen Ziels für die Nutzung von Biokraftstoffen ist es von wesentlicher Bedeutung, wirksame Nachhaltigkeitskriterien zu entwickeln und zu erfüllen, die künftig auch für die Nutzung anderer Formen von Biomasse für die Energiegewinnung entsprechend den auf der Frühjahrstagung 2007 des Europäischen Rates angenommenen Schlussfolgerungen zugrunde gelegt werden konnten, und die kommerzielle Verfügbarkeit von Biokraftstoffen der zweiten Generation zu gewährleisten." (Rat der Europäischen Union 2008)

Die Bundesregierung hatte es geschafft, eine Ausweitung der Nachhaltigkeitsprüfung auch auf Biomasse in die Schlussfolgerungen zu bringen. Gleichzeitig wurde weiterhin von einem Ziel für die Nutzung von Biokraftstoffen und nicht von einem Anteil erneuerbarer Energien im Verkehrssektor gesprochen. So ließ sich unter den Mitgliedstaaten also im Frühjahr noch keine fundamentale Abkehr von der klassischen Herangehensweise beobachten.

Da sich die Medienberichterstattung im Laufe des Jahres 2008 verstärkt auf die hohen Lebensmittelpreise und ihre Rückkopplungen zu den Energiemärkten konzentrierten, widmete auch der Europäische Rat im Juni 2008 diesem Themenkomplex einen eigenen Abschnitt, in dem unter anderem auf die sozialen Folgen der Herstellung von Biokraftstoffen in Entwicklungsländern eingegangen wird. Maßgeblich für diese Entwicklung war nicht zuletzt ein Bericht der Weltbank (vgl. Mitchell 2008), der vor den desaströsen Folgen einer Fortsetzung der Biokraftstoffpolitik warnte.[84] Somit wurde vor den letzten Verhandlungen über

---

84 Die Debatte über den Bericht der Weltbank wurde durch die Tatsache verstärkt, dass die Studie über längere Zeit zurückgehalten wurde. Der englische Guardian veröffentlichte dennoch eine Vorabversion, in der US-amerikanische und europäische Biokraftstoffpolitik für die Lebensmittelknappheit in einigen Regionen der Welt direkt verantwortlich gemacht wurde (Chakrabortty 2008). Ohne an dieser Stelle eine seriöse Analyse der Studieninhalte leisten zu können, sei zumin-

die Erneuerbare-Energien-Richtlinie der Druck auf eine Abkehr von den Formulierungen des Europäischen Rates vom März 2007 noch einmal höher. Dies hatte zur Folge, dass die Energie- und Umweltminister auf ihrem informellen Treffen im Juli 2008 endgültig von einer einseitigen Ausrichtung der Erneuerbare-Energien-Politik im Verkehrssektor auf Biokraftstoffe abwichen und einer Erweiterung des Ansatzes auf andere Technologien und Antriebsstoffe, wie von der Kommission vorgeschlagen, zustimmten (Gammelin 2008b).

Auch der Berichterstatter des Europäischen Parlaments, Claude Turmes, und die Regierungen der bereits genannten nordwesteuropäischen Staaten hatten sich dafür eingesetzt, einige Schranken für die Nutzung von Biokraftstoffen der ersten Generation in den Richtlinientext einzubringen. Dazu gehörte eine Aufwertung der Rolle von Elektromobilität und Wasserstoff bei der Anrechnung auf die Ziele und die Einfügung zusätzlicher ökologischer und sozialer Nachhaltigkeitskriterien, die hinsichtlich der Effekte indirekter Landnutzungsänderungen im weiteren Verfahren von der Kommission im Rahmen des Komitologieverfahrens ausgearbeitet werden sollten (Art. 17-19). Die konkrete Formulierung der Detailregelungen wurde damit noch nicht entschieden und konnte somit Teil einer politischen Auseinandersetzung außerhalb der Debatte über die Erneuerbare-Energien-Richtlinie werden. Eine Verlagerung des Konflikts in die Zukunft im Dienste einer schnellen Kompromissfindung war die Folge (vgl. Müller/Slominski 2013). Die komplizierten Auseinandersetzungen über die Einbeziehung von indirekten Landnutzungsänderungen und die Korrektur der Zielsetzungen in den Jahren 2012 und 2013 gehen auch auf die Unbestimmtheit im Rahmen der Richtlinienformulierung 2008 zurück.

Obwohl der Verhandlungsprozess über die Erneuerbare-Energien-Richtlinie zu den wichtigsten energiepolitischen EU-Dossiers der vergangenen Jahre gehörte, erntete sie zum Zeitpunkt ihrer Ausgestaltung im Jahr 2008 vergleichsweise wenig Aufmerksamkeit. Dies hatte im Wesentlichen zwei Gründe: Zum einen waren die zentralen Details der Richtlinie bereits durch den Europäischen Rat vorgezeichnet worden und entsprechend kaum verhandelbar. Zum anderen richtete sich der Blick vieler Akteure verstärkt auf die parallel zu bearbeitende Emissionshandelsrichtlinie, die insbesondere für die Interessenvertreter der Wirtschaft zu diesem Zeitpunkt als die entscheidende Verhandlungsarena identifiziert wurde. Während sich die Erneuerbare-Energien-Richtlinie lediglich auf Verpflichtungen der Mitgliedstaaten zum Ausbau regenerativer Technologien konzentrierte, wurden im Emissionshandel quasi-distributive Entscheidungen getroffen, die für Unternehmen erheblich

---

dest angemerkt, dass die Methodik der Studie in vielen Gesprächen mit Experten in Zweifel gezogen wurde. In jedem Fall wurde die „Weltbank-Studie" in der Folgezeit zum Referenzpunkt für alle Gegner der europäischen Biokraftstoffpolitik, die sich sowohl in umwelt- und entwicklungspolitischen Organisationen, als auch in der Lebensmittelindustrie oder bei den großen Mineralölkonzernen finden lassen (Liebrich 2008).

relevanter erschienen. So ist auch zu erklären, warum die umweltpolitischen Akteure – auf deutscher Seite insbesondere dem Ressortprinzip folgend: das BMU – den Verhandlungsprozess zur Erneuerbare-Energien-Richtlinie weitgehend unbehelligt vom BMWi gestalten durften.

Nachdem mit der politischen Verabschiedung des Klima-Energie-Pakets durch den Europäischen Rat im Dezember 2008 das zentrale Gesetzgebungsverfahren zur Erneuerbare-Energien-Politik für den Zeitraum bis 2020 abgeschlossen war, fielen die Reaktionen in Deutschland durchweg positiv aus. So konnte sich Bundesumweltminister Gabriel damit rühmen, ehrgeizige Ziele in Europa rechtlich umgesetzt und damit ein deutsches Modell implementiert zu haben, ohne Änderungen am EEG vornehmen zu müssen. Insbesondere zufrieden zeigte sich der Bundesumweltminister auch mit der Festlegung von Nachhaltigkeitskriterien für Biomasse, die den von der Kommission gestoppten Vorlagen aus dem BMU aus seiner Sicht weitgehend entsprächen (BMU 2008c). Mit diesen Beschlüssen im Rücken, konnte auch eine wiederholte Auseinandersetzung mit der Biokraftstoffpolitik im nationalen Kontext gelingen.

4 Die Verarbeitung der Richtlinie 2009/29/EG in der deutschen Erneuerbare-Energien-Politik

Im Verlauf des Jahres 2008 war es der Bundesregierung gelungen, einen Einfluss der EU-Entscheidungen auf die deutsche Erneuerbare-Energien-Politik zu verhindern und gleichzeitig ehrgeizige Ziele auf EU-Ebene zu verankern. Entsprechend stehen in diesem Abschnitt zwei zentrale Prozesse im Mittelpunkt, für die ein Auslöser in Brüssel zu finden ist: Der zweite Anlauf zur Reform der deutschen Biokraftstoffpolitik sowie der Einfluss der Monitoring-Pflichten auf die deutsche Energiepolitik. Der Vollständigkeit halber wird abschließend noch auf das Europarechtsanpassungsgesetz Erneuerbare Energien verwiesen.

4.1 Die Biokraftstoffpolitik der Bundesregierung: Ein neuer Anlauf im Sommer 2008

Nach dem Scheitern des ersten Anlaufs zu einer Reform der deutschen Biokraftstoffpolitik im April 2008 begann das BMU wenige Wochen später mit dem erneuten Versuch, einen Konsens über eine Reform des Politikbereichs zu erzielen. Da der finale politische Beschluss zur Erneuerbare-Energien-Richtlinie erst im Dezember 2008 gefällt wurde, kann zu diesem Zeitpunkt zwar noch nicht von einer direkten rechtlichen Wirkung der EU-Entscheidung auf die nationale Gesetzgebung gesprochen werden. Dennoch hatte sich die Beschlusslage bereits im Sommer 2008 auf EU-Ebene so weit konkretisiert, dass eine klarere Vorstellung der später umzusetzenden Regelungen auf politischer Ebene bestand.

Julia Hierl beschreibt die Situation nach dem Scheitern der 8. Novelle des BImSchG folgendermaßen: Obwohl der SPD-Umweltminister eine politische Niederlage einräumen musste, bestand insbesondere unter den Agrarpolitikern der CDU/CSU-Fraktion ein Interesse daran, die Biokraftstoffpolitik weiter voranzutreiben, so dass sie den Umweltminister dazu drängten, baldmöglichst einen neuen Gesetzgebungsentwurf vorzulegen. Gabriel wiederum sah vor allem aufgrund seiner Verantwortung für die Umsetzung des IEKP die Notwendigkeit, auch Maßnahmen im Verkehrssektor zu ergreifen. In einem gemeinsamen Treffen mit der Arbeitsgruppe Umwelt der CDU/CSU-Fraktion stellte er einige Alternativen vor. Dazu gehörte unter anderem auch eine Erhöhung des Anteils erneuerbarer Energien im Stromsektor, um damit die Ausfälle im Verkehrssektor zu kompensieren, ein Vorschlag, der wiederum von den Unionsabgeordneten abgelehnt wurde (Hierl 2011: 144–148).

Zentrales Anliegen des BMU war es nun, die Tank-Teller-Debatte aufzugreifen, strenge Nachhaltigkeitskriterien zu definieren und eine Absenkung der Quote festzulegen, um die wachsende Kritik an den Biokraftstoffen auch auf Seiten der Automobilhersteller und Autofahrer aufzunehmen. Damit bewegten sich Umweltminister Gabriel und sein Ministerium deutlich weg von den Vorgaben des IEKP. Gleichzeitig reagierten sie auf die gerade von Umwelt- und Entwicklungs-NGOs formulierten Anforderungen an die Biokraftstoffpolitik. Einen ersten Entwurf veröffentlichte das BMU im Juli 2008. Dieser sah bis Ende 2009 eine temporäre Absenkung der Quote auf 4,8 Prozent vor, um Zeit zur Entwicklung von Nachhaltigkeitskriterien zu gewinnen und dann später die Quote wieder auf den bereits beschlossenen Wert von 6,25 Prozent anzuheben. Importe sollten so lange ausgeschlossen werden, bis eine Nachhaltigkeitsverordnung in Kraft treten würde. In einer ersten Staatssekretärsrunde erhielt das BMU lediglich aus dem BMVBS volle Unterstützung für diesen Vorschlag. BMF, BMWi und BMELV erklärten, dass sie einer Quotenabsenkung zustimmen würden, wenn garantiert sei, dass künftig nur zertifizierte Biokraftstoffe auf diese angerechnet werden könnten. BMWi und BMELV gaben zu erkennen, dass aus ihrer Sicht allerdings auch eine Aussetzung der Besteuerung für heimischen Biodiesel wichtig sei, um diesen Markt auch künftig zu erhalten. Dies lehnte hingegen das BMF aus haushaltspolitischen Gründen ab. Wieder einmal zeigte sich eine komplexe und heterogene Interessenlage unter den Ministerien, ohne dass zu diesem Zeitpunkt die letztlich entscheidenden Bundestagsfraktionen bereits in den Prozess eingebunden gewesen wären (ebd.: 154–156).

Ähnlich wie unter den Ministerien, war auch das Meinungsbild innerhalb der Fraktionen und unter den Abgeordneten der beiden Regierungsfraktionen sehr geteilt. Abgeordnete mit einem agrarpolitischen Hintergrund favorisierten hohe Quoten mit heimischen Produkten, Entwicklungspolitiker strenge Nachhaltigkeitskriterien oder, noch besser, ein Ende der Biokraftstoffpolitik, Verkehrspolitiker orientierten sich in eine ähnliche Richtung und Umweltpolitiker wollten feste Treibhausgasminderungsziele unter Verwendung von Biokraftstoffen durchsetzen.

Die Debatte über die Neuregelungen für die Biokraftstoffpolitik erschien höchst komplex, so dass eine Lösung im Koalitionsausschuss erzielt werden musste. Bundesumweltminister Gabriel erklärte im Vorfeld deutlich, dass er in dieser Debatte keinen neuerlichen Konflikt mit der Automobil- und Mineralölwirtschaft heraufbeschwören wolle und eine Senkung der Quote bevorzugte (Beneking 2011). Das BMF, ebenfalls SPD-geführt, schloss wiederum eine drastische Senkung der Biodieselbesteuerung aus. Mit dieser Kombination – niedrige Quote und hohe Besteuerung – sah insbesondere das BMELV unter Horst

Seehofer eine Fortsetzung des Einbruchs der Biokraftstoffproduktion in der deutschen Landwirtschaft bestätigt und lehnte dies grundsätzlich ab. In seiner Position wurde er von der CDU/CSU-Fraktion weitgehend unterstützt. Die Kompromissfindung wurde im Koalitionsausschuss auf diese zwei zentralen Punkte reduziert: Höhe der Quote gegenüber Steuerbefreiung. Eine klassische Einigung in der Mitte sah letztlich vor, die Quote im Jahr 2009 auf 5,25 Prozent und in den Folgejahren auf 6,25 Prozent festzulegen und eine langsamere Erhöhung der Besteuerung von Biodiesel vorzunehmen.

Die Bearbeitung der Biokraftstoffgesetzgebung im Koalitionsausschuss verlagerte die inhaltliche Debatte aus den Reihen der Parlamentarier auf die Ebene der Parteivorsitzenden und Minister. Damit erhöhten sich gerade mit Blick auf die Erfahrungen rund um den Vorgängerentwurf die Chancen auf eine erfolgreiche Verabschiedung deutlich. Am 22. Oktober 2008 verabschiedete das Bundeskabinett schließlich einen Entwurf zum „Gesetz zur Veränderung der Förderung für Biokraftstoffe", das gleichzeitig die Quotenregelungen im BImSchG und die Energiebesteuerungsgesetzgebung verändern sollte. Neben der Absenkung der Quoten und der steuerlichen Anpassung für Biodiesel fand sich auch eine Aussetzung der Pflicht zur E10-Beimischung, eine Veränderung der Berechnungsgrundlage hin zu Treibhausgasminderungen ab 2015 und die Formulierung von Nachhaltigkeitskriterien für importierte Palm- und Sojaöle. Letzteres sollte jedoch ein weiteres Mal zu einem Konflikt mit der EU-Kommission führen.

Die Kommission teilte am 19. Januar 2009 mit, dass der Entwurf der Bundesregierung zum Ausschluss von importiertem Palm- und Sojaöl bis zur Abfassung einer Nachhaltigkeitsverordnung nicht mit dem laufenden Gesetzgebungsverfahren auf EU-Ebene kompatibel sei und daher zurückgezogen werden müsse. Dies brachte den komplizierten Kompromiss innerhalb der Bundesregierung und zwischen den Fraktionsvorsitzenden der Regierungsparteien ins Wanken, denn der Ausschluss importierter Biokraftstoffe war für den Landwirtschafts- und Wirtschaftsflügel vor allem wegen des Interesses an der Förderung der heimischen Biokraftstoffindustrie zentral. Aber auch für die umwelt- und entwicklungspolitisch engagierten Abgeordneten war die Entscheidung über eine strenge Nachhaltigkeitsverordnung im Interesse des Umwelt- und Klimaschutzes ein wichtiges Kriterium für die Zustimmung zum neuen Gesetzentwurf. Man einigte sich schließlich darauf, bereits im Gesetzentwurf festzulegen, dass unmittelbar nach Inkrafttreten der Richtlinie auf EU-Ebene ein nationales Zertifizierungssystem aufzubauen sei, das den Nachhaltigkeitsanforderungen gerecht werden würde. Damit wurden zwar nicht alle Zweifel beseitigt, der Druck, insbesondere von Seiten der Wirtschaft, möglichst schnell eine gültige Rechtsgrundlage zu schaffen, überwog schließlich. Der Aufschub der Nachhaltigkeitsregelungen war einer der Gründe, warum der Gesetzentwurf bei der Abstimmung im Deutschen Bundestag im April 2009 auf einige Stimmen aus der SPD-Fraktion verzichten musste. Im Ergebnis wurde er jedoch von einer Mehrheit der Bundestagsabgeordneten akzeptiert.

Auf massiven Widerstand stieß der Gesetzentwurf im nächsten Schritt allerdings im Bundesrat. Die Länder zeigten sich sowohl mit der Absenkung der Quote als auch mit der sukzessiven Beendigung der Steuerbefreiung nicht einverstanden und legten im Mai 2009 Einspruch gegen den Beschluss des Bundestags ein. Neben den deutlich formulierten landwirtschaftlichen Interessen, die in der Stellungnahme durchschienen, kritisierten die Ländervertreter vor allem die Abkehr von den IEKP- und den EU-Zielsetzungen durch diese Maßnahme. Die Länderregierungen konnten jedoch im Bundestag nicht ausreichend mobilisieren, so dass der Einspruch des Bundesrats im Juni 2009 mit einer absoluten Mehrheit der Stimmen im Bundestag zurückgewiesen wurde.

Noch im Jahr 2009 wurde schließlich die deutsche Nachhaltigkeitsverordnung für Biokraftstoffe (Biokraft-NachV), basierend auf den in der EU-Richtlinie festgelegten Kriterien, verabschiedet. Deutschland legte als erster EU-Mitgliedstaat ein solches Konzept auf, das von der Bundesanstalt für Landwirtschaft und Ernährung (BLE), die dem BMELV unterstellt ist, überwacht wird. Nicht erfasst werden dabei die indirekten Landnutzungsänderungen, die noch über mehrere Jahre Gegenstand der Debatte in der EU-Biokraftstoffpolitik sein sollten (vgl. Fischer/Röhrkasten 2013).

Die Biokraftstoffpolitik gehört zu den komplexesten und vielschichtigsten Themen innerhalb der deutschen Energiedebatte. Der doppelte Anlauf zur Neufassung der 8. Novelle des BImSchG zeigt dies trefflich. Gerade für Bundesumweltminister Gabriel zählte dieses Kapitel zu den unangenehmeren Aufgabenbereichen seiner Amtszeit. Die wichtige Rolle des Verkehrssektors im Klimaschutz auf der einen Seite, die komplexe Debatte über die Nutzungskonkurrenzen und Nachhaltigkeit auf der anderen Seite, ergänzt durch die vielen unterschiedlichen Interessen innerhalb der Bundesregierung und der Regierungsfraktionen verdeutlichten die Schwierigkeit dieses Prozesses. Abgesichert wurde die deutsche Biokraftstoffpolitik letztlich über die Festlegungen in Brüssel, wobei die Intervention der Kommission mit Blick auf die deutsche Nachhaltigkeitsverordnung in dieser Form sicherlich unerwartet kam.

Dass die Brüsseler Regelungen das Leben auch für zukünftige Umweltminister zumindest erleichtern sollte, bewies Gabriels Amtsnachfolger Norbert Röttgen wenige Monate nach seinem Antritt. In einer Pressemitteilung vom Oktober 2010 zur bevorstehenden Einführung von E10 zum Jahreswechsel erklärt Röttgen gemeinsam mit dem ADAC-Präsidenten Peter Meyer: „Ein wirksamer Klimaschutz ist nur möglich, wenn alle Bereiche des täglichen Lebens einen Beitrag liefern. Dies gilt auch für Kraftstoffe. Die EU hat beschlossen, den Anteil an Biokraftstoffen im Verkehrsbereich zu erhöhen. Das soll jetzt in Deutschland umgesetzt werden" (BMU 2010a). Der Verweis auf die Verantwortung der EU für diesen Gesetzesakt darf bereits zu diesem Zeitpunkt als Vorsichtsmaßnahme vor der sicherlich neu aufbrandenen Biokraftstoffdebatte in Deutschland verstanden werden, der sich Röttgen damit frühzeitig zu entziehen versuchte.

4.2 Der erste Erneuerbare-Energien-Aktionsplan der Bundesregierung: Ein neues Planungsinstrument auf nationaler Ebene

Ein völlig neues Instrument für die deutsche Erneuerbare-Energien-Politik wurde durch Art. 4 der EE-Richtlinie 2009/28/EG geschaffen. Die Mitgliedstaaten werden darin verpflichtet, bis Juli 2010 einen nationalen Aktionsplan zu erstellen, in dem dargelegt wird, auf welche Weise sie ihr nationales Erneuerbare-Energien-Ziel für 2020 zu erreichen gedenken. Für die Bundesregierung bedeutete dies, ihr nationales Ziel in Höhe von 18 Prozent erneuerbare Energien am Gesamtendenergieverbrauch bis 2020 zu konkretisieren. Die Kommission hatte zuvor einen Fragebogen erarbeitet, der als Leitlinie für den Aktionsplan dienen sollte. Mit der Verpflichtung zur Aufstellung eines nationalen Aktionsplans nutzte die EU-Ebene ein Instrument, das als *„mandated participatory planning"* zu bezeichnen ist und in unserer einleitend dargestellten Einteilung unterschiedlicher Policy-Typen als Mischform aus *„hard law"* und *„soft norm"* interpretiert werden kann (vgl. Newig/Koontz 2014). Der Nationalstaat wurde durch dieses Instrument dazu gezwungen, sich mit der Entwicklung im Bereich der erneuerbaren Energien auseinanderzusetzen und einen öffentlich einsehbaren Plan aufzustellen, ohne dass daraus rechtlich verbindliche Maßnahmen resultieren würden.

Die Ausarbeitung des Aktionsplans fiel in die Zuständigkeit des BMU. Nach der Zuleitung an die beteiligten Ministerien wurde der Aktionsplan am 4. August 2010 vom Bundeskabinett verabschiedet. Nachdem sich das Meseberg-Paket in seiner Grundlogik noch an der Menge vermiedener Treibhausgasemissionen orientiert hatte, wurde die Bunderegierung nun vor die Aufgabe gestellt, einen energiebezogenen Fahrplan zu entwickeln und entsprechende Maßnahmen für die Ausweitung des Anteils erneuerbarer Energien zu erläutern.

Das BMU rechnete in seinem Aktionsplan (auf der Berechnungsgrundlage der in der EE-Richtlinie beschriebenen Formeln) mit einer Ausweitung des Anteils erneuerbarer Energien auf 19,6 Prozent am Bruttoendenergieverbrauch, also einer Übererfüllung des Ziels in Höhe von 1,6 Prozent. Die einzelnen Prognosen für die Sektoren im Jahr 2020 lauteten: 38,6 Prozent im Stromsektor, 15,5 Prozent bei Wärme und Kälte sowie 13,2 Prozent im Verkehrssektor (Bundesregierung 2010: 2).

Der im BMU verfasste Aktionsplan wird mit folgenden Worten eingeleitet:

> „Durch seinen umfangreichen und detaillierten Charakter stellt der Nationale Aktionsplan ein zentrales Dokument der Bundesregierung zur nationalen Förderung der erneuerbaren Energien dar und unterstützt die politischen Ziele von Versorgungssicherheit, Klimaschutz und Wettbewerbsfähigkeit, Förderung von Technologie und Innovation sowie der Sicherung und des Ausbaus von Arbeitsplätzen in Deutschland. [...] Die Bundesregierung geht [...] in ihrer Erwartung der Entwicklung der erneuerbaren Energien bis 2020 von einem höheren Wert als dem verbindlichen nationalen Ziel von 18% nach der Richtlinie aus. Hierbei ist zu betonen, dass es sich bei diesem Wert von 19,6% erneuerbare Energien in 2020 um die derzeit erwartete Entwicklung und nicht um ein nationales Ziel der Bundesregierung handelt. Die Maßnahmen und Instrumente, die erforderlich sind, um das nationale Ziel von 18% erneuerbare Energien zu erreichen, sind im Kern bereits etabliert." (Bundesregierung 2010: 1–2)

Vor dem Hintergrund der Debatte über die Gestaltung politischer Instrumente in den einzelnen Sektoren, die in den vorangegangenen Kapiteln diskutiert wurden, dürfen die Inhalte des Aktionsplans durchaus erstaunen. Die erklärende Variable in diesem Zusammenhang findet sich im Bereich der Energieeffizienz. In den beiden vorgelegten Szenarien zum nationalen Aktionsplan geht die Bundesregierung im Referenzszenario von einer Steigerung der Energieproduktivität in Höhe von jährlich 1,7 Prozent zwischen 2008 und 2020 aus. In dem für die Festlegung der Entwicklungspfade entscheidenden „Szenario mit zusätzlichen Energieeffizienzmaßnahmen" wird dieser Wert auf 2,3 Prozent jährlich erhöht. So wird selbst im Referenzszenario von Annahmen ausgegangen, die weit über den bisher erreichten Effizienzsteigerungen in Deutschland liegen.

Diese Diskrepanz wird von der Bundesregierung im Aktionsplan durchaus wahrgenommen und durch folgenden Absatz entschärft:

> „Bei der Darstellung von Zielen und erwarteten Zielpfaden ist eine differenzierte Betrachtung notwendig. Zentrale Ziele der Bundesregierung sind die verbindlichen Ziele der Richtlinie, nämlich das nationale Gesamtziel von 18% und das Mindestziel von 10% im Verkehrsbereich. Hierfür hat sich die Bundesregierung bereits vor Erstellung des Nationalen Aktionsplans nationale Sektorziele für 2020 gesetzt und diese in ihren maßgeblichen Förderinstrumenten gesetzlich verankert (§1 EEG, §1 EEWärmeG): Im Jahr 2020 sollen mindestens 30% erneuerbare Energien im Strombereich und 14% im Bereich Wärme/Kälte erreicht werden. Im Verkehrssektor soll der Anteil von Biokraftstoffen am Kraftstoffverbrauch ab 2020 auf 7% Netto-Treibhausgasminderung steigen; dies entspricht ca. einem Anteil von 12% energetisch. Ferner sollen bis 2020 1 Million mit Strom aus erneuerbaren Energien betriebene Elektrofahrzeuge realisiert werden. Diese Ziele der Bundesregierung haben weiterhin Bestand und werden im Rahmen des nationalen Energiekonzepts überprüft

und ggf. angepasst. Die gesetzlichen sektorbezogenen Zielbestimmungen für den Strombereich und für den Bereich Wärme/Kälte werden im Falle einer Änderung sodann auch unverzüglich hieran angepasst.

Die Ziel- bzw. Sektorpfade [...] sind erwartete Entwicklungen der erneuerbaren Energien bis 2020 und übertreffen das nationale Gesamtziel und die existierenden Sektorziele der Bundesregierung. Da es sich somit hierbei nicht um die Zielpfade zur verbindlichen Zielerreichung handelt, sondern um Entwicklungspfade zu einem deutlichen Übertreffen des nationalen Ziels, betrachtet die Bundesregierung diese demnach als unverbindliche Schätzwerte und nicht als neue Sektorziele." (Bundesregierung 2010: 12)

Fasst man diesen Teil des Aktionsplans zusammen, so lauten die zentralen Aussagen:

1. Die Bundesregierung hat bereits Ziele im Bereich Stromerzeugung und Wärme/Kälte festgelegt.
2. Als verbindlich werden nur das Bruttoendenergieverbrauchsziel in Höhe von 18 Prozent und das Verkehrsziel in Höhe von 10 Prozent erachtet.
3. Abseits der formulierten Zielsetzungen wird die reale Entwicklung ohnehin deutlich positiver ausfallen.

Geht man nun auf die Frage ein, welche Wirkungen die Verpflichtung zur Einreichung eines Aktionsplans auf die Entwicklung des Politikfelds in Deutschland hatte, so lassen sich an dieser Stelle einige Rückschlüsse ziehen.

Als ein relevantes Ergebnis erscheint die Verpflichtung zur Veröffentlichung von Mengenzielen in der deutschen Erneuerbare-Energien-Politik. Sowohl das EEG als auch das neue EEWärmeG enthalten keine gezielte Mengensteuerung, so dass die Festlegung einer bestimmten Zielmenge für ein Zieljahr der Logik der Instrumentenkonstruktion widerspricht. Letztlich entscheiden Investoren über den Anteil erneuerbarer Energien im Strom- und Wärmesektor, so lange keine gezielten regulatorischen Vorgaben gemacht werden. Die Nennung von Zielen in den einleitenden Paragrafen der entsprechenden Gesetzestexte muss somit lediglich als Intention wahrgenommen werden, die nicht mit einer tatsächlichen Steuerung unterlegt ist. Die EU-seitige Verpflichtung, Mengenprognosen und -zielpfade über einen Zeitraum von zehn Jahren zu formulieren, veränderte somit die Debatte über die Erneuerbare-Energien-Politik in Deutschland.

Eine weitere interessante Beobachtung betrifft den Umfang der angestrebten Zielerreichung. Zum einen korrelieren die gesetzlich verankerten – und wie eben beschrieben, weitgehend unwirksamen – Zielsetzungen in den entsprechenden nationalen Gesetzen nicht mit der notwendigen Erreichung des nationalen Gesamtziels. Erst durch eine überaus optimistische Annahme über die Entwicklung der Energieeffizienz kann von entsprechenden Anteilen ausgegangen werden, die schließlich deutlich über den im Gesetzestext niedergelegten Zielwerten liegen. Zum anderen werden keine zusätzlichen Maßnahmen benannt, wie diese deutliche Ausweitung der Anteile bis 2020 erreicht werden soll. Neue Zielpfade ersetzen in diesem Kontext scheinbar die Nennung zusätzlicher Instrumente.

Schließlich muss die Veröffentlichung des Aktionsplans auch mit Blick auf die Rolle der Akteure untersucht werden, die von dieser Veröffentlichung profitierten und sie daher forcierten. In diesem Zusammenhang fällt zunächst der Blick auf das federführende BMU, das mit den Inhalten des Aktionsplans Werbung in eigener Sache zu betreiben versuchte. Die zentrale Botschaft, die der seit einigen Monaten im Amt befindliche neue Umweltminister Norbert Röttgen in einer Presseerklärung zu vermitteln versuchte, lautete: Deutschland ist auf einem guten Weg und besitzt die Instrumente für den Weg in ein regeneratives Zeitalter. Und: 38,6 Prozent im Stromsektor sind erreichbar (BMU 2010b). Mit dieser Botschaft sollte auch ein Signal für die Diskussionen innerhalb der Bundesregierung über die Aufstellung eines Energiekonzepts im Herbst des Jahres 2010 gesetzt werden (Michaeli 2010b). Insbesondere eine Laufzeitverlängerung für Atomkraftwerke erschien in diesem Zusammenhang als überflüssig, was wiederum die Argumentationslinie des BMU bestärkte.

Auch die Wirkung des Aktionsplans in der Öffentlichkeit muss im Kontext der innenpolitischen Debatte betrachtet werden. Als Beispiel kann hier eine Kurzstudie des Berliner Ecologic-Instituts angeführt werden, in der eine erste Bewertung des Aktionsplans vorgenommen wird (Umpfenbach/Sina 2010). Interessanterweise widmen sich die Autoren in erster Linie der Planung der Bundesregierung im Bereich der Stromerzeugung und merken mit Blick auf die andere Anwendungsbereich lediglich an: „Während insbesondere im Bereich Wärme und Kälte Zweifel angezeigt sind, ob das bisher angekündigte Instrumentarium ausreichen wird, um die Ziele zu erreichen, kann die Erreichung des EE-Ziels im Strombereich als sehr wahrscheinlich eingestuft werden" (ebd.: 9). Eine Thematisierung der Entwicklung im Verkehrssektor wird dabei vollständig außen vor gelassen. Anhand dieses Beispiels wird deutlich, wie stark die Energiedebatte in Deutschland auf den Stromsektor fixiert erscheint und wie sehr es an einer ernsthaften Auseinandersetzung mit den Entwicklungen in den anderen Sektoren mangelt.

Die Aufstellung des Aktionsplans für den Ausbau der erneuerbaren Energien stellt ein neues Steuerungsinstrument in der deutschen Energiepolitik dar, das durch die Beschlussfassung zur Erneuerbare-Energien-Richtlinie begründet wurde. Die Verpflichtung zur Abgabe von Aktionsplänen sollte in erster Linie der Kontrolle derjenigen Mitgliedstaaten dienen, die bislang keine gezielte Erneuerbare-Energien-Politik betrieben hatten. Dies war in Deutschland nicht der Fall. Dennoch konnte das BMU die Aufstellung des Plans nutzen, um die Erfolge der eigenen Politik herauszustellen und gleichzeitig eine weitere Beschäftigung mit dem Themenbereich zu fordern. Es verwundert daher auch kaum, dass aus einem „Schätzwert", wie er im Aktionsplan explizit formuliert wird, ein „EE-Ziel" wurde, wie es die Autoren der Ecologic-Studie nennen. Die Abgabe des Aktionsplans bot für das BMU als *„norm entrepreneur"* demnach eine ideale Gelegenheit, die deutsche Energiedebatte mit neuen Zielen zu bestücken.

4.3 Das Europarechtsanpassungsgesetz Erneuerbare Energien

Die meisten nationalen Umsetzungsverpflichtungen, die mit der EU-Erneuerbare-Energien-Richtlinie verbunden waren, hatte die Bundesregierung bereits im Zuge der Umsetzung des IEKP vorgenommen. Dazu gehörten insbesondere die Entwicklung des EEWärmeG und die Anpassung der Biokraftstoffpolitik. Durch die Übermittlung des Nationalen Aktionsplans war eine weitere Verpflichtung erfüllt worden. Zudem hatte sich die Bundesregierung im Verhandlungsprozess in Brüssel dafür eingesetzt, möglichst wenige Veränderungen an der nationalen Erneuerbare-Energien-Politik vornehmen zu müssen. Dennoch fanden sich einige Bereiche in der Erneuerbare-Energien-Richtlinie, die einer Umsetzung in nationales Recht bedurften. Diese wurden durch das „Gesetz zur Umsetzung der Richtlinie 2009/28/EG zur Förderung der Nutzung von Energie aus erneuerbaren Quellen" (Europarechtsanpassungsgesetz Erneuerbare Energien – EAG EE) verarbeitet.

Im BMU-Referentenentwurf zum EAG EE vom Mai 2010 wurde eine 1:1 Umsetzung der Richtlinie in nationales Recht vorgeschlagen. Diese betrifft lediglich die rechtlichen Grundlagen für die mögliche Einführung eines Herkunftszertifikatesystems für Strom aus erneuerbaren Quellen, die Ausweitung der Bereichsgeltung des EEWärmeG auf Wärme und Kälte, die Vorbildfunktion öffentlicher Gebäude und die Qualifizierungsmaßnahmen von Installateuren und Handwerkern (vgl. BMU 2010c). Zum Gegenstand der politischen Debatte sollte sich jedoch nur die Verpflichtung der öffentlichen Hand entwickeln, bei grundlegenden Renovierungen den Einsatz erneuerbarer Energien in ihren Gebäuden vornehmen zu müssen. Insbesondere die Länder wehrten sich gegen eine allzu ausgreifende Verpflichtung, die ihre Haushalte und die Haushalte der Kommunen übermäßig belasten würde. Gleichzeitig forderten sie die Bundesregierung zu einer Erhöhung und langfristigen Absicherung der Mittel im Rahmen des Marktanreizprogramms (MAP) auf. Der Bundesrat hatte diese wesentlichen Punkte in einer Stellungnahme zum Gesetzentwurf formuliert (Bundesrat 2010).

Die Bundesregierung lenkte die Debatte über das EAG EE zudem in eine neue Richtung, da sie die kurzfristig geplanten Kürzungen bei der Photovoltaik-Förderung im EEG im Rahmen des EAG EE verabschieden lassen wollte. Dafür gab sie den Regierungsfraktionen eine Formulierungshilfe mit an die Hand, die von diesen in den Prozess eingespeist wurde. Neben diesen Änderungen gelang es den Regierungsfraktionen schließlich, die anteilige Nutzungspflicht für erneuerbare Energien im öffentlichen Gebäudebestand leicht zu senken und Ausnahmeregelungen für überschuldete Kommunen zu schaffen. Mit diesen Änderungen nahm der Bundestag das Gesetz an. Die Länder verzichteten in der Folge auf einen Einspruch (Bundesrat 2011a, b).

Gleichzeitig wurde die Chance ausgelassen, wachsende Inkonsistenzen zwischen der deutschen Erneuerbare-Energien-Politik und ihren rechtlichen Verpflichtungen auf EU-Ebene zu beseitigen. So blieb weiterhin offen, ob die EE-Richtlinie nicht auch eine Anwendung der Nutzungspflicht für erneuerbare Energien im Gebäudebestand vorsieht (vgl. Lehnert/Vollprecht 2009: 314). In jedem Fall hätte eine solche Neuregelung die Wahrscheinlichkeit erhöht, die im Nationalen Aktionsplan skizzierte Entwicklung im Wärme-/Kältesektor mit entsprechenden Maßnahmen zu unterlegen. Deutlich wurde jedoch im Zuge der Debatte über das EAG EE, dass letztlich keiner der relevanten beteiligten Akteure verstärktes Interesse an Änderungen des bestehenden Rechtsrahmens besaß.

Die minimalen Anpassungen an der deutschen Erneuerbare-Energien-Politik durch das EAG EE zeigen auch, dass nach Beschlussfassung zur EE-Richtlinie auf der Ebene der *„hard laws"* kein grundlegender *„misfit"* zwischen den EU-seitigen Anforderungen und der deutschen EE-Politik bestand.

5 Zusammenfassung

Während die Fallstudie zum Strombinnenmarkt einen kaskadenartigen Top-down-Prozess von der EU-Ebene auf nationale Steuerungsinstrumente hervorbrachte und die deutsche Bundesregierung vor allem als defensiver Akteur in den EU-Verhandlungen auftrat, zeigte sich im Bereich der Erneuerbare-Energien-Politik ein komplett anderes Bild. Deutschland war zunächst maßgeblich an der Festlegung eines verbindlichen Erneuerbare-Energien-Ziels unter Einschluss eines verbindlichen Biokraftstoffziels im Rahmen der Verhandlungen im Europäischen Rat vom März 2007 beteiligt. Ohne auf eine rechtliche Umsetzung auf EU-Ebene zu warten, begannen die deutschen Akteure damit, den niedrigen „*misfit*" mit Blick auf die Zielhöhe und den systematischen Zugang zu den drei Sektoren Strom, Wärme/Kälte und Verkehr zu bearbeiten. Die bis dahin als „*soft norms*" formulierten Vorlagen des Europäischen Rates wurden vom BMU als „*norm entrepreneur*" aufgegriffen und in den nationalen Gesetzgebungsprozess eingespeist. Erste Festlegungen erfolgten im Zusammenhang mit dem IEKP-Programm im Herbst 2007 und wurden in drei konkrete Gesetzgebungsvorhaben übertragen (EEG, EEWärmeG, 8. Änd. BImSchV). Innerhalb der drei Verfahren nutzte das BMU als federführendes Ministerium das Argument der Zielformulierung innerhalb der EU, um die nationalen Legislativvorschläge mit höheren Zielen auszustatten. Dabei verliefen die drei Gesetzgebungsprozesse jedoch sehr unterschiedlich. Ausschlaggebend hierfür waren in erster Linie die Relevanz verschiedener vermittelnder Faktoren, die in den Teilbereichen zur Geltung kamen. Während das EEG von einer breiten Koalition nationaler Akteure, einem hohen Akzeptanzgrad in der nationalen Politik und einer ohnehin notwendigen Reform getragen wurde, traf dies auf die beiden anderen Verfahren nicht zu. Im Rahmen des EEWärmeG konnten zwar die zentralen „Europäisierungsaspekte", Zielformulierung und Behandlung des Sektors, erfüllt werden. Zweifel dürfen jedoch hinsichtlich der Wirksamkeit des Instruments anmeldet werden. Eine komplexe Sachlage entwickelte sich im Rahmen der Biokraftstoffgesetzgebung. Hier wurde der Beschluss im Europäischen Rat zwar ebenfalls als Ausgangspunkt genommen. Die komplizierten Diskussionen unter den Ministerien im nationalen System verhinderten jedoch eine unmittelbare Umsetzung in nationales Recht. Auch die Bedeutung des Politikbereichs im nationalen Kontext hatte sich zwischenzeitlich hin zum Negativen gewandelt. Die auf EU-Ebene formulierte *„soft norm"* genügte nicht, um eine Veränderung in der nationalen Biokraftstoffpolitik durchzusetzen.

Der im Januar 2008 von Seiten der Kommission vorgelegte Richtlinienentwurf erfuhr von Beginn an große Beachtung beim deutschen BMU. Zum einen wollte man im Rahmen des Gesetzgebungsverfahrens die Errungenschaften vom März 2007 absichern, zum anderen sollte kein darüberhinausgehender Einfluss der EU auf die nationale Steuerung in Deutschland erfolgen. Die Koalitionsbildung mit den Regierungen aus Großbritannien und Polen zur Verhinderung eines Herkunftsnachweissystems belegt diese gestaltende Rolle des BMU, die sich gleichzeitig im Alternativvorschlag freiwilliger Kooperationsmechanismen zeigte. Mit starker Unterstützung des BMELV wurde zudem das Biokraftstoffziel auf EU-Ebene abgesichert, obwohl sich auf nationaler Ebene bereits ein Scheitern des Gesetzgebungsverfahrens abzeichnete. Hier sollte bewusst eine Regelung geschaffen werden, die einen weiteren, diesmal erfolgreichen Anlauf im nationalen System absichern würde. Mit der Etablierung einer verbindlichen Quote auf EU-Ebene wurde zudem die Instrumentendebatte im nationalen Kontext beeinflusst, in dem weiterhin auch die Steuerbefreiungen als Lösungsansatz im Spiel waren.

Policy-Bereich	Fit/Misfit	Vermittelnde Faktoren	Ergebnis
Zielsetzungen im Bereich erneuerbare Energien	Regulatorischer Misfit (niedrig)	BMU als „norm entrepreneur"	Absorption
Maßnahmen Strom	Fit	-	-
Maßnahmen Wärme/Kälte	Regulatorischer Misfit (niedrig)	-BMU als „norm entrepreneur" -Deutscher Bundestag als institutioneller Vetopunkt	Accomodation
Maßnahmen Verkehr	Regulatorischer Misfit (niedrig)	1. Phase (2007/08): - BMELV/BMU als „norm entrepreneurs" - BMWi als „veto player" - Bundestag als institutioneller Vetopunkt 2. Phase (2008/09): - BMU als „norm entrpreneur"	Retrenchment / Accomodation
Aktionsplan Erneuerbare Energien	Regulatorischer Misfit	- BMU als „norm entrepreneur"	Absorption

Tabelle 2:   Europäisierungsprozesse in der deutschen Erneuerbare-Energien-
Politik

Noch vor der Verabschiedung der Richtlinie in der EU startete Bundesumweltminister Gabriel einen zweiten Anlauf zur Reform der deutschen Biokraftstoffpolitik, diesmal mit mehr Vorsicht und einem beinahe abgeschlossenen EU-
Rechtsetzungsverfahren im Rücken. Zentral war in diesem Kontext die Formulierung von Nachhaltigkeitsanforderungen, insbesondere der Treibhausgasmin-
derungsleistungen, durch Biokraftstoffe, über die auch der nationale Ansatz
legitimiert werden konnte. Unter Berücksichtigung agrarpolitischer und klimapolitischer Interessen in den deutschen Ministerien und dem Bundestag wurde
schließlich ein Kompromiss gefunden, der eine weitgehende Übereinstimmung
mit den auf EU-Ebene gefassten Normen beinhaltet. Um allerdings das Ziel in
Höhe von zehn Prozent erneuerbare Energien im Verkehrssektor erreichen zu
können, müssen auch in Deutschland weitere Maßnahmen eingeleitet werden.

Eine letzte Europäisierungswirkung, ausgehend von der Richtlinie 2009/28/
EG findet sich in der Aufstellung eines nationalen Erneuerbare-Energien-
Aktionsplans, der in Deutschland durch das BMU erarbeitet wurde. Das BMU trat
dabei als *„norm entrepreneur"* in Erscheinung und nutzte die Umsetzung dieser
EU-Vorgabe geschickt, um die sich aus den Berechnungen ergebenden positiven
Botschaften für die Entwicklung der erneuerbaren Energien in den nationalen
Politikgestaltungsprozess einzuspeisen. Insbesondere bei der Erarbeitung des
Energiekonzepts durch die schwarz-gelbe Bundesregierung spielten die Prognosen
aus dem Aktionsplan eine wichtige Rolle und konnten schließlich auch in der
Energiewende-Debatte als Argumente für einen schnelleren Ausstieg aus der
Kernenergie genutzt werden.

Fallstudie III: Die Reform des Emissionshandelssystems und die Europäisierung der deutschen Klimapolitik

Die Formulierung eines europäischen Klimaziels für die Periode bis zum Jahr 2020 stellte ein wichtiges – wenn nicht sogar das zentrale – Element der strategischen Beschlüsse des Europäischen Rates vom März 2007 dar. Mit einem unilateralen Emissionsminderungsziel in der Größenordnung von 20 Prozent gegenüber dem Basisjahr 1990 und dem Angebot, dieses Ziel unter Bedingungen auf 30 Prozent zu erhöhen, sollten gleichermaßen der Weg zu einer *„low-carbon-economy"* beschritten und andere Industrie- und Schwellenländer dazu angehalten werden, im Rahmen eines rechtsverbindlichen internationalen Vertrags vergleichbare Maßnahmen zu ergreifen. Damit reagierten die Staats- und Regierungschefs auch auf die gewachsene Problemwahrnehmung rund um das Thema Klimawandel.

Für die Entscheidung auf dem Märzgipfels 2007 war jedoch auch die Genese der EU-Klimapolitik in den Jahren zuvor maßgeblich. Die Umsetzung der Bestimmungen des Kyoto-Protokolls in den Jahren 2001 bis 2004 und die Einrichtung des EU-Emissionshandelssystems im Jahr 2003 verschoben die Debatte weg von nationalen Maßnahmen und hin zu einem genuin europäischen Ansatz in der Klimapolitik (vgl. Oberthür/Pallemaerts 2010). Die Entwicklung eines marktbasierten Steuerungsinstruments zur Minderung der Treibhausgasemissionen in der EU verlief dabei keineswegs konfliktfrei. So wurde beispielsweise in den Anfangsjahren der EU-Klimapolitik von Seiten der Kommission noch die Einführung einer EU-weiten CO_2-Steuer propagiert. Erst als sich abzeichnete, dass aufgrund des Einstimmigkeitsgebots innerhalb der EU mit Blick auf Besteuerungsfragen hier kein Kompromiss zu erreichen war und das Kyoto-Protokoll dem Emissionshandel als eines von mehreren „flexiblen Instrumenten" Anerkennung verlieh, einigte man sich auch innerhalb der EU im Grundsatz darauf, dieses klimapolitische Steuerungsinstrument zu übernehmen.

Deutschland gehörte in der Anfangsphase der EU-Klimapolitik keineswegs zu den expliziten Unterstützern einer Verlagerung der Verantwortung für diesen Politikbereich auf EU-Ebene. Eine ganze Reihe von Argumenten sprach aus deutscher Sicht gegen einen solchen Schritt. Zu nennen ist hier die gute nationale

Ausgangsposition in den Klimaverhandlungen, die sich in erster Linie aus den Emissionsminderungsleistungen in Folge der deutschen Wiedervereinigung ergeben hatte. Außerdem wurden Bedenken aufgrund der im europäischen Vergleich CO2-lastigen Stromerzeugung sowie der stark industriell geprägten Wirtschaftstruktur Deutschlands geäußert, für die eine Bepreisung von CO2-Emissionen in der EU Wettbewerbsnachteile erwarten ließ. Die Entwertung der klimapolitischen Vorleistungen, der Kontrollverlust über die nationale Klimapolitik und die Sorgen vor einer „Überregulierung" der deutschen Industrie und Stromwirtschaft führten dazu, dass Deutschland bei der Einrichtung eines EU-Governance-Systems in der Klimapolitik auf der Bremse stand. Das Konzept der freiwilligen Selbstverpflichtungen durch Unternehmen und Verbände erschien aus deutscher Perspektive opportuner. Lediglich im BMU waren zu einem frühen Zeitpunkt auch die Chancen einer Übertragung von Zuständigkeiten in diesem Bereich an die EU gesehen worden (Interview C 2013).

Erst mit der aktiven Rolle, die Deutschland bei der Entwicklung einer „integrierten Energie- und Klimapolitik" in der EU in den Jahren 2006/07 einnahm, sollte sich hier eine grundsätzliche Verschiebung der Positionen ergeben. Die ersten Erfahrungen mit dem Emissionshandelssystem und die nun entstandene Sorge vor Wettbewerbsnachteilen bei nationalstaatlichen Regulierungsansätzen in der Klimapolitik führten dazu, dass nun stärker auf ein harmonisiertes Konzept in der Klimapolitik gesetzt wurde. In dieser Fallstudie wird nun untersucht, wie sich deutsche Akteure in den Prozess der Herausbildung eines neuen Steuerungsmusters in der EU-Klimapolitik einbrachten. Daran anschließend soll die Verarbeitung der Entscheidungen auf nationaler Ebene untersucht werden. Bevor jedoch in diese Analyse eingestiegen wird, soll in einem kurzen Abriss auf die Interaktion der beiden Ebenen im Vorfeld der Entscheidungen in den Jahren 2007 und 2008 geblickt werden.

1 Die Einrichtung des EU-Emissionshandelssystems und die deutsche Klimapolitik vor 2007

Die internationalen Klimaverhandlungen im Rahmen der UNFCCC wurden bereits zu einem frühen Zeitpunkt aktiv von deutschen Regierungen begleitet. Die Ausrichtung des ersten Treffens der Parteien zur UN-Klimarahmenkonvention im März 1995 in Berlin unter Leitung der damaligen deutschen Umweltministerin Angela Merkel zeugte vom Willen der Bundesrepublik, ein internationales Abkommen zum Klimaschutz mitzugestalten. Auch die Tatsache, dass Deutschland bereits 1990 mit einem CO_2-Minderungsziel in Höhe von 25 Prozent bis 2005 in die Verhandlungen über ein verbindliches Klimaschutzabkommen eintrat, sollte belegen, dass man eine führende Rolle in den internationalen Verhandlungen einnehmen wollte (vgl. Matthes 2010: 13; Wurzel 2010: 460).[85] Gleichzeitig hatte Deutschland bereits Anfang der 1990er Jahre zugestimmt, dass die EU als regionale Wirtschaftsgemeinschaft mit einem europäischen Emissionsminderungsziel als eigenständiger Akteur in den Verhandlungen auftreten sollte. Bereits 1997 verpflichtete sich die Europäische Gemeinschaft auf ein verbindliches Minderungsziel in Höhe von 8 Prozent im Zeitraum 2008-12 gegenüber 1990. Im Anschluss an diesen Prozess auf internationaler Ebene wurde das Ziel innerhalb der EG aufgeteilt und ergab für Deutschland die – nach Luxemburg – zweithöchste Minderungsverpflichtung: minus 21 Prozent für 2008-12 gegenüber 1990 (Oberthür/Pallemaerts 2010: 33–34).

Sowohl in der EU als auch in Deutschland dauerte es bis zum Jahrtausendwechsel, ehe in Folge außenpolitischer Zielsetzungen auch innenpolitische Steuerungsinstrumente und Ansätze zur Umsetzung der Verpflichtungen entwickelt wurden. Auf EU-Ebene startete die Kommission im Jahr 2000 mit dem „European Climate Change Programme" (ECCP) einen Diskussionsprozess mit den Regierungen, Verbänden, Unternehmen und zivilgesellschaftlichen Akteuren, wie europäische Maßnahmen zur Minderung der CO2-Emissionen gestaltet werden könnten (vgl. ebd.: 37). Ein zentraler Punkt innerhalb dieses Konsultations-

---

85 Rüdiger K.W. Wurzel merkt an, dass die internationale Umweltpolitik zu den wenigen Bereichen der internationalen Politik gehörte, in denen Deutschland bereits in den 1980er Jahren Bereitschaft zeigte, eine globale Führungsrolle einzunehmen (vgl. Wurzel 2010).

prozesses war die Einrichtung eines gemeinsamen Emissionshandelssystems, das die Erfüllung der internationalen Verpflichtungen der EU erleichtern sollte.

Das Thema Klimawandel war von der deutschen Umweltpolitik im internationalen Vergleich vergleichsweise früh aufgegriffen worden. Bereits die schwarz-gelbe Bundesregierung unter Bundeskanzler Helmut Kohl hatte ein nationales Klimaschutzziel in Höhe von 25 Prozent CO_2-Minderung bis 2005 gegenüber 1990 beschlossen, legte den Schwerpunkt bei der Umsetzung allerdings auf freiwillige Selbstverpflichtungen. Das Ziel wurde in dieser Form zu auch in den Koalitionsvertrag zwischen SPD und Bündnis 90/Die Grünen 1998 übernommen, was allerdings auch deutlich machte, dass im Bereich der Klimapolitik kaum neue Impulse durch den Regierungswechsel zu erwarten waren. Weder für die SPD noch für die vorrangig auf einen baldigen Atomausstieg und die Förderung erneuerbarer Energien fokussierte Fraktion von Bündnis 90/Grünen schien eine Veränderung des nationalen Klimaziels zu den politischen Prioritäten zu gehören (Endress 2010: 88).[86] Eher skeptisch blickte man auch auf die Entwicklungen in der EU, wo sich zunehmend ein Konsens über die Einrichtung eines Emissionshandelssystems („*EU emissions trading scheme*" – EU-ETS) abzeichnete. Selbst das deutsche BMU war anfangs keineswegs davon überzeugt, dass ein marktbasiertes Instrument als zentrale Lösung für die Klimaproblematik eingerichtet werden sollte. Erst als sich innerhalb des BMU die Stimmen mehrten, die eher die Chancen eines europaweiten Mengensteuerungsinstruments, als dessen Risiken betonten, sprach sich das Ministerium ab dem Jahr 2000 explizit für eine Einführung des EU-ETS aus.[87] Damit begannen sich auch innerhalb der Bundesregierung die Positionen zu verschieben. Gegen den Widerstand von Bundeskanzler Gerhard Schröder, aus dem BMWi und aus der deutschen Industrie gelang es Umweltminister Jürgen Trittin unter Mithilfe seiner Partei Bündnis 90/Die Grünen und den Umweltpolitikern der SPD, die abwehrende Haltung Deutschlands gegenüber der Einführung des Emissionshandels auf EU-Ebene aufzuweichen. Eine deutlich positivere Haltung wurde schließlich 2002 auch im zweiten Koalitionsvertrag von SPD und Bündnis 90/Die Grünen gegenüber dem EU ETS formuliert (ebd.: 88–89). Der ungelöste Konflikt zwischen BMU und BMWi (bzw. BMWA) sollte allerdings die Debatte über die deutsche Klimapolitik in den Folgejahren prägen.

Als die EU-Kommission im Jahr 2001 ihren Gesetzgebungsvorschlag für die Einrichtung des Emissionshandelssystems vorlegte, gehörte die deutsche Bundesregierung noch immer zu den Skeptikern unter den Mitgliedstaaten. Ins-

---

86   Dies belegt auch die Tatsache, dass die Verfehlung des deutschen Klimaziels für 2005 vom grünen Bundesumweltminister Trittin rasch abgehakt wurde und keine zusätzlichen Maßnahmen eingeleitet wurden, an dieser Stelle korrigierend einzugreifen (Interview S 2014).

87   Auch hier sprach die Verfehlung des nationalen Ziels für eine Verlagerung der Verantwortung auf EU-Ebene (ebd.).

besondere ihre CO_2-intensive Stromerzeugung und der vergleichsweise hohe Anteil industrieller Produktion bedingten die Sorge vor hohen Strompreisen und einer Abwanderung der Industrie. Zu den Unterstützern gehörten neben der EU-Kommission in erster Linie Großbritannien, die skandinavischen Staaten und die Niederlande (ebd.: 88). Die Ausgestaltung des Systems stellte die beteiligten Akteure aufgrund der vielen hochkomplexen systemischen Fragestellungen vor enorme Herausforderungen. So mussten einerseits grundsätzliche Fragen wie die Funktionslogik und die Reichweite des Systems geklärt werden. Ebenso strittig waren der Kreis der betroffenen Anlagen sowie die Zuteilungsmethode der Zertifikate. Schließlich spielten auch Themen wie die Einbindung des internationalen Kreditsystems aus dem Kyoto-Protokoll eine Rolle. In einer Bewertung der ersten ETS-Richtlinie aus dem Jahr 2003 kamen viele Beobachter rückblickend zu dem Ergebnis, dass es den deutschen Akteuren kaum gelang, die Verhandlungen in ihrem Sinne zu beeinflussen (Interview C 2013). Dies lag einerseits daran, dass die interne Abstimmung innerhalb der Bundesregierung konfliktlastig und langwierig war. Somit konnten erst viel zu spät deutsche Forderungen in den Verhandlungsprozess eingespeist werden. Andererseits hielten die deutsche Industrie und mit ihr auch das BMWi zu lange an einer grundsätzlich ablehnenden Haltung fest, die es ihr nicht ermöglichte, das System mitzugestalten. In der im Oktober 2003 verabschiedeten ETS-Richtlinie sollten sich schließlich nur wenige Forderungen des deutschen Wirtschaftsflügels wiederfinden. Lediglich das BMU erschien mit dem Ergebnis weitgehend zufrieden, waren die Beamten des Ministeriums doch in vielen Punkten mit den Forderungen der Kommission und deren Positionen einverstanden gewesen.

Ein zentrales Merkmal der ersten beiden Phasen des EU-ETS (2005-2007 und 2008-2012) war die starke Stellung, die den Mitgliedstaaten weiterhin durch die Aufstellung Nationaler Allokationspläne (NAP) zukam. In diesen erfassten die Mitgliedstaaten die in ihrem Hoheitsgebiet betroffenen Anlagen und deren Emissionen, entwickelten Gesetze für die Zuteilung der Emissionszertifikate und richteten für die praktische Zuteilung verantwortliche Behörden ein. Bereits im Jahr 2000, also einige Zeit vor der Einführung des EU-ETS, hatte die Bundesregierung beschlossen, das BMU mit der Einsetzung einer Arbeitsgruppe zum Emissionshandel zu betrauen. Die AG Emissionshandel (AGE) sollte, unter Einbeziehung der beteiligten Ministerien sowie der relevanten Akteure aus der Industrie, der Stromwirtschaft, von NGOs und Gewerkschaften, als Plattform für den Austausch und die Ausarbeitung von Regelungen dienen. Während des Verhandlungsprozesses zur EU-ETS-Richtlinie wurde beschlossen, dieser Arbeitsgruppe nicht nur die Verantwortung für die Ausgestaltung des nationalen Plans zur Umsetzung der Kyoto-Verpflichtungen, sondern auch die Implementierung der Anforderungen aus der EU-ETS-Richtlinie anzuvertrauen. Dem BMU kam in diesem Zusammenhang als verantwortlichem Ministerium eine Schlüsselrolle bei der Auswahl der beteiligten Akteure und der Informationsweiterleitung zu (Endress 2010: 120–121).

Die Steuerung der AGE durch das BMU und die große Zahl der Teilnehmer stieß insbesondere in der deutschen Industrie auf Missfallen, gelang es doch selten, innerhalb der AGE gemeinsame Positionen zu formulieren. Mit ihrem Anliegen, einen spezifischen Arbeitskreis für die tatsächlich vom Emissionshandel betroffenen Sektoren zu schaffen, trafen die Unternehmen sowohl im BMWA als auch im Bundeskanzleramt auf offenen Ohren (Lobo 2011: 233). Bundeskanzler Gerhard Schröder wies daraufhin das BMU an, eine separate Arbeitsgruppe der zuständigen Staatssekretäre unter Einbeziehung der betroffenen Sektoren zu gründen, die sich gezielt mit dem deutschen Allokationsplan für das EU-ETS auseinandersetzen sollte. Unter Leitung der beiden Staatssekretäre Baake (BMU) und Adamowitsch (BMWA) wurden auf Vorschlag des BDI dreizehn Strom- und Energieunternehmen und Verbände zu dieser Steuerungsgruppe geladen (Endress 2010: 121–122; Corbach 2007).[88] Doch auch die Arbeit der Staatssekretärrunde erschien insbesondere aus Sicht des BMWA unbefriedigend. Je näher der Abgabetermin für den NAP rückte, desto drängender wurden die Forderungen der Industrie, unter klaren Rahmenbedingungen arbeiten zu können. Letztlich musste die Frage Ende März 2003 in der Koalitionsrunde im Kanzleramt entschieden werden.

Während der NAP nach längeren Debatten unter den Ministerien noch im Jahr 2004 und damit rechtzeitig in Brüssel eingereicht wurde, musste die EU-ETS-Richtlinie in deutsches Recht übernommen werden und auch der NAP musste in detaillierterer Fassung eine nationale Rechtsform erhalten. Die Richtlinie wurde durch das Treibhausgasemissionshandelsgesetz (TEHG) umgesetzt. Mit dem TEHG wurde unter anderem die Deutsche Emissionshandelsstelle (DEHSt) beim Umweltbundesamt gegründet, die künftig für die administrative Bearbeitung aller Fragen rund um den ETS zuständig sein sollte. Die Zuteilungsregeln wurden im Zuteilungsgesetz (ZuG) festgehalten. Es gelang Bundestag und Bundesregierung in diesem Zusammenhang frühzeitig, den Wunsch der Länder nach einem stärkeren Einfluss auf die Gestaltung der Regelungen zurückzudrängen. Zwar hatte der Bundesrat 2004 eine Reihe grundsätzlicher Änderungen und Einflussmöglichkeiten geltend gemacht. Diese wurden im Gesetzgebungsverfahren jedoch zurückgewiesen (Endress 2010: 123). Die zentralen Konflikte über die deutschen Regelungen innerhalb des EU-ETS wurden – ebenso wie über die deutsche Verhandlungsposition zur Gestaltung des ETS auf EU-Ebene – zwi-

---

88   Kritikpunkte an der Zusammensetzung waren insbesondere der Ausschluss von Umwelt-NGOs und zivilgesellschaftlichen Gruppen. Ebenso die geringe Transparenz der internen Prozesse (Endress 2010: 122).

schen den beiden zuständigen deutschen Ministerien und nicht im Bundestag oder zwischen Bundes- und Länderebene ausgetragen (ebd.: 124).

Der NAP I in der Fassung des ZuG 2007 diente in erster Linie dazu, das deutsche Ziel innerhalb des EU-Burden-Sharing-Agreements zum Kyoto-Protokoll (also minus 21 Prozent für 2008-12 gegenüber 1990) zu definieren und zwischen den vom Emissionshandel betroffenen und nicht betroffenen Sektoren aufzuteilen.[89] So sollten die deutschen CO_2-Emissionen von 859 Mio. Tonnen im Durchschnitt der Jahre 2005-07 auf 844 Mio. Tonnen im Durchschnitt der Jahre 2008-12 sinken. In einem zweiten Schritt wurden Zuteilungsregeln für die unter das ETS fallenden Anlagen festgelegt. Die Minderungsleistung dieser Sektoren sollte noch geringer ausfallen: Von 505 Mio. Tonnen 2000-02 auf 503 Mio. Tonnen 2005-07. Endress merkt in seiner Arbeit zu Gestaltung des Emissionshandels in Deutschland und der EU an, dass die entscheidende Frage in diesem Zusammenhang, nämlich die übergeordnete Reduktionsquote, einzig und alleine in der Administration entschieden und vom Bundestag nicht in Frage gestellt wurde (ebd.: 129). Interessanterweise gelang es jedoch dem Bundestag, gegen den Willen der Regierung, eine gesetzlich klar festgelegte Trennung zwischen den ETS- und Nicht-ETS-Sektoren mit separaten Zielen durchzusetzen, so dass die Regierung Emissionsbudgets nicht flexibel zwischen den Sektoren verschieben konnte (ebd.).

Der Umfang des Emissionsbudgets für die vom ETS betroffenen Sektoren, also der Energiewirtschaft und der Industrie, gehörten zu den umstrittensten Teilen der ETS-Implementierung in Deutschland. Das BMU befand sich hierbei in der Agenda-Setter-Funktion und schlug im Januar 2004 ein Budget in Höhe von 488 Mio. Tonnen CO2 für 2005-2007 vor. Dies wurde auf der Grundlage der Kyoto-Verpflichtungen in Kombination mit der realen Aufteilung der deutschen Emissionen zwischen ETS- und Nicht-ETS-Sektoren begründet, was erwartungsgemäß vehementen Protest bei der Industrie und im BMWA hervorrief. Während der BDI einen Vorschlag einreichte, der sich auf ein Budget von 500 Mio. Tonnen bezog, ging das BMWA noch weiter und forderte sogar 520 Mio. Tonnen mit einer Flexibilitätsoption nach oben (Gründinger 2012: 65). Wieder einmal musste das Bundeskanzleramt zwischen den Ministerien vermitteln, so dass ein Kompromiss zustande kam, der weit über dem Vorschlag des BMU und sogar noch über dem BDI-Entwurf rangierte. Im Ergebnis standen die bereits erwähnte 503 Mio. Tonnen CO_2 für den ETS-Sektor für die Phase 2005-07. Auch wenn das Resultat in der Summe für das BMU und auch für die EU-Kommission unbefriedigend erschien, lag der zentrale Erfolg beider Akteure in der Einrichtung des Systems selbst und

---

89 Leicht vereinfacht lässt sich die Unterscheidung folgendermaßen treffen: Vom Emissionshandel abgedeckt wird die gesamte Stromerzeugung und industrielle Produktion. Nicht in den Emissionshandel eingebunden sind Gebäudewärme, der Dienstleistungssektor, Verkehr und Landwirtschaft.

weniger in dessen vorläufiger Minderungsleistung, wie ein leitender Beamter gegenüber Endress bestätigte (Endress 2010: 127).[90] Das EU-ETS sollte in seiner ersten Phase vorrangig als Test genutzt werden, um erst in den Folgejahren tatsächliche Emissionsminderungen zu erbringen.

Der NAP I und in größerem Umfang noch das ZuG 2007 enthielten eine Reihe von Detailaspekten, die jedoch im Rahmen dieser Untersuchung nicht darzustellen sind. Daher beziehen wir uns auf eine Analyse von Endress, der zusammenfassend feststellt, dass sich das federführende BMU trotz seiner Agenda-Setter-Funktion in kaum einer Frage gegen das vom Bundeskanzleramt unterstützte BMWA durchsetzen konnte (vgl. ebd.: 124–155). Deutlichstes Beispiel an dieser Stelle dürfte der Umfang der freien Zuteilung von Zertifikaten an die Unternehmen gewesen sein. Hier setzte sich das BMWA mit seiner Forderung nach einer vollständigen Gratisversorgung der Unternehmen ohne Abstriche durch. Hinzu kam, dass die Stromversorgungsunternehmen zusätzlich über „*early action*"-Gutschriften für frühe Modernisierungsmaßnahmen entschädigt wurden.[91] Die kommunalen Versorger wiederum konnten von der Privilegierung der Kraft-Wärme-Kopplung profitieren (Lobo 2011: 234). Und dennoch, trotz aller Geschenke: Der größte Erfolg, die Installation des Systems und eine detaillierte Erfassung der deutschen Emissionen, sollten sich in der Folgezeit als wichtigste Pfadabhängigkeit für die weitere Entwicklung des Emissionshandels in Deutschland herausstellen.

Während die erste Phase des ETS mit der Formulierung des Richtlinienvorschlags begann, mit dem Entscheidungsprozess auf EU-Ebene fortgesetzt wurde und auf nationaler Ebene mit der Aufstellung des ersten NAPs endete, fand die zweite Phase des ETS nahezu komplett auf nationaler Ebene statt. In der ETS-Richtlinie 2003/87/EG war bereits festgelegt worden, dass das ETS zum 1. Januar 2008 in seine zweite Phase eintreten soll, die bis zum Ende des Jahres 2012 reichen würde. Die Mitgliedstaaten wurden von der Kommission aufgefordert, auch für diese Phase einen entsprechenden Allokationsplan zu erarbeiten. Im Dezember 2005 wurde ein unverbindliches Leitlinienpapier der Kommission veröffentlicht, das zu einer Abgabe der NAP bis Ende Juni 2006 aufforderte.

Mit dem Regierungswechsel im Jahr 2005 hatten sich die Vorzeichen für die deutsche Klimapolitik erheblich verändert. Drei Entwicklungen erscheinen in diesem Zusammenhang als zentral: Erstens wirkten sich die Veränderungen in der Ressortbesetzung auf die nationale Politikgestaltung aus. Die vorher im BMWA und Bundeskanzleramt ETS-kritische SPD übernahm das BMU, wäh-

---

90   Endress gibt diese Einschätzung aus einem Gespräch mit dem zuständigen Abteilungsleiter im
     BMU, Franz-Josef Schafhausen, wieder.
91   Indirekt wurde über diesen Mechanismus die emissionsintensive Braunkohle in Ostdeutschland
     gestützt.

rend das BMWi der CSU zufiel. Zudem wurde Angela Merkel eine deutlich positivere Haltung gegenüber dem EU-ETS zugeschrieben, als dies noch unter ihrem Vorgänger Gerhard Schröder der Fall war. Zweitens führten die ersten Erfahrungen mit den realwirtschaftlichen Auswirkungen des Emissionshandels dazu, dass auch unter den wirtschaftspolitischen Akteuren eine deutlich positivere Grundhaltung gegenüber dem Instrument eingenommen wurde. Dies spiegelte sich auch im Koalitionsvertrag wider. Drittens hatte das Thema Klimawandel selbst an Bedeutung gewonnen. Dies war nicht nur der Tatsache geschuldet, dass in den Jahren 2008-12 eine erste Abrechnung durch das Kyoto-Protokoll erfolgte, sondern generell ein größeres öffentliches Interesse – gemessen an der entsprechenden Medienberichterstattung – erreicht wurde, das allerdings noch unterhalb des Niveaus der Folgejahre blieb (vgl. Endress 2010: 156–157).

Nahezu harmonisch verlief im Weiteren die Ausarbeitung des NAP II innerhalb der Bundesregierung. In erster Linie durch die Verschiebung der Machtkonstellation vom BMWi hin zum BMU und den Informationsvorsprung des BMU konnte sich das SPD-geführte Ministerium stärker in den Gestaltungsprozess einbringen (Gründinger 2012: 38). Mit Blick auf die Bewertung von NAP I waren sich die beteiligten Ministerien zumindest in einer Frage einig: Die Komplexität des Aushandlungsprozesses zum NAP musste minimiert werden. Hinzu kam, dass mit Bekanntgabe der deutschen Emissionsentwicklung der Jahre 2003 und 2004 auch der Fehlschlag des Instruments der freiwilligen Selbstverpflichtung durch die deutsche Industrie offensichtlich wurde (Endress 2010: 158). Damit war ein Argument mehr gefunden, das für den Emissionshandel und eine stärkere Stringenz bei der Gestaltung des Instruments sprach. Der Vorschlag des BMU, das Budget für die deutschen CO_2-Emissionen auf jährlich durchschnittlich 482 Mio. Tonnen (und damit 13 Mio. Tonnen unterhalb des im ZuG 2007 vorgesehenen Niveaus) zu reduzieren, wurde innerhalb der Bundesregierung nicht grundsätzlich in Frage gestellt. Dies hing auch mit der stärkeren politischen Kontrolle des BMWi durch das Bundeskanzleramt zusammen, das in dieser Frage nun keine destruktiven Positionen mehr duldete. Damit fiel das BMWi als zentrales Sprachrohr für die deutsche Industrie vorerst aus (ebd.: 162–163).

Innenpolitisch wurde die Debatte über den NAP II Mitte des Jahres 2006 zunächst durch die Veröffentlichung neuer Emissionsdaten für die Jahre 2003 und 2004 beeinflusst, die deutlich höher lagen, als zunächst erwartet. Vor diesem Hintergrund forderte das BMU eine nachträgliche Korrektur des deutschen NAP II, der allerdings bereits bei der Kommission eingereicht worden war. In einer revidierten Fassung des deutschen NAP II wurde nun der ETS-relevante Teil des Emissionsbudgets auf 465 Mio. Tonnen gesenkt. Völlig unerwartet für die deutschen Akteure lehnte die Kommission jedoch auch diese überarbeitete Fassung ab. Die Bundesregierung befand sich dabei in guter Gesellschaft: Immerhin 20 der 25 nationalen Pläne waren zur Korrektur in die Hauptstädte zurückgeschickt worden, da sie aus Sicht der Kommission nicht mit der zuvor etablierten Methodologie und den Gesamtzielen der EU korrespondierten. Mit Blick auf den deutschen NAP II kritisierte die Kommission in erster Linie das zu hohe Emissionsbudget für die Jahre 2008-12. Statt der bereits revidierten 465 Mio. Tonnen sollten maximal 453 Mio. Tonnen pro Jahr in Form von Zertifikaten in den Markt gebracht werden. Diese Zahl lag nicht nur unterhalb der Vorstellungen des BMU, sondern auch unterhalb der Forderungen zahlreicher Umweltverbände. Durch diesen Schritt der Kommission sah man sich auch innerhalb des BMU vor den Kopf gestoßen (ebd.: 163–165).

Die Zurückweisung der Allokationspläne stellte für die Kommission jedoch auch ein Wagnis dar. Die beiden parallel verlaufenden Prozesse einer Reform des Emissionshandels für die Zeit ab 2013 und der Auseinandersetzung mit den Regierungen über ihre Allokationspläne hätte auch zu einer vollständigen Blockade der EU-Klimapolitik führen können. Zudem brachte man das BMU als klassischen Verbündeten innerhalb des deutschen Regierungssystems in die Bredouille (Gründinger 2012: 88). Obwohl dieses Manöver Risiken barg, war die Kommission zumindest im Fall Deutschland erfolgreich. Die Bundesregierung änderte die Zahlen ihres NAP II ein drittes Mal. Die Tatsache, dass sich der Konflikt zwischen Brüssel und Berlin in Grenzen hielt, war vor allem dem Terminkalender der nun anstehenden EU-Ratspräsidentschaft Deutschlands geschuldet. Innerhalb der Bundesregierung war man sich über die Gefahr im Klaren, ambitionierte Klimapolitik zu fordern und eigenen Verpflichtungen nur eingeschränkt nachzukommen. Diesen Faktor hatte die Kommission mit Sicherheit einkalkuliert und sah sich gestärkt aus dem Prozess hervortreten.

Entschädigt wurden die deutschen Unternehmen schließlich bei den Detailregelungen des NAP II. Dies betraf in erster Linie die umfangreichen Kompensationsmöglichkeiten durch internationale Kredite (CDM/JI), die in diesem Zusammenhang erstmals gestattet wurden. Auch bei der Festlegung der Quote frei zugeteilter Zertifikate nutzte die Bundesregierung ihren Spielraum und entschied sich im ZuG 2012 für 10 Prozent Versteigerung gegenüber 90 Prozent freier Zuteilung (Lobo 2011: 234). Allerdings zeigte sich an dieser Stelle auch eine veränderte Positionierung der Bundesregierung: Wurden im ersten NAP noch die Forderungen der Stromversorger und der energieintensiven Industrie gleichwertig behandelt, musste die Energiewirtschaft diesmal zurückstecken. Die Debatte über ungerechtfertigte Zusatzgewinne („*windfall profits*") durch den Emissionshandel spielte hierfür eine zentrale Rolle. Vor dem Hintergrund der rumorenden wettbewerbspolitischen Debatte, wie sie in der ersten Fallstudie zum Strombinnenmarkt bereits beschrieben wurde, standen die Karten für eine weitere freie Zuteilung von Zertifikaten an die Energiewirtschaft nicht übermäßig gut.

Dennoch bemühten sich die vier großen Elektrizitätsunternehmen massiv wie nie zuvor darum, bei der Aufstellung des NAP II und dem sich anschließenden Gesetzgebungsprozess zum ZuG 2012 ihre individuellen Interessen durchzusetzen. Lobo beschreibt in diesem Zusammenhang einen intensiven Konkurrenzkampf um jedes einzelne frei zugeteilte Zertifikat und eine Kannibalisierung der Branche untereinander, die sich insbesondere zwischen den Unternehmen mit einem hohen Anteil an Braunkohle im Strommix und demzufolge höheren Kosten durch das ETS (RWE, Vattenfall) und den eher von Gas und Atom geprägten Unternehmen (E.ON, EnBW) abspielte (ebd.: 235–237). Zeitgleich wurden immer wieder Analysen über die Höhe der von den Konzernen eingestrichenen Zusatzgewinne aus der ersten Handelsperiode des ETS publik. Die öffentliche Wahrnehmung der Stromversorger als Profiteure des Emissionshandels und Abzocker der Kunden festigte sich gerade in dieser Zeit und erschwerte den Zugang der Unternehmen zu politischen Entscheidungsträgern erheblich.

Die zunehmende Verschiebung der klimapolitischen Steuerung auf EU-Ebene entwickelte sich, wie hier einleitend dargestellt, zu einem konstanten Konfliktfeld zwischen deutschen Akteuren und der Kommission. Ausgehend von der Verabschiedung des Kyoto-Protokolls im Rahmen des UNFCCC-Prozesses, wurde zwar zunächst auf EU-Ebene beschlossen, ein gemeinsames Auftreten in den internationalen Verhandlungen und die Schaffung eines gemeinsamen Klimaschutzinstruments zu gewährleisten. Während sich Deutschland grundsätzlich mit einer abgestimmten Vorgehensweise arrangieren konnte, gehörte die Bundesregierung doch über Jahre hinweg zu den skeptischen Akteuren, was die Entwicklung des EU-ETS betraf. Der grundsätzliche Widerstand gegen zentrale Konstruktionselemente des Instruments in der frühen Phase und die Uneinigkeit innerhalb der Bundesregierung während des Verhandlungsprozesses zur ersten ETS-Richtlinie führten zu einer stark eingeschränkten Rolle Deutschlands als gestaltendem Akteur. Die Reichweite des Systems sowie Fragen der Verbindlichkeit und der anzuwendenden Handelsmechanismen wurden größtenteils gegen die Vorstellungen der Bundesregierung – allen voran gegen das BMWi/ BMWA – und die deutsche Industrie entwickelt. Der Einfluss auf die nationale Politikgestaltung war in dieser Phase entsprechend groß, so dass von einem deutlichen *„misfit"* zwischen der auf freiwilligen Selbstverpflichtungen basierenden Systematik der deutschen Klimapolitik und dem marktbasierten Instrument des Emissionshandels gesprochen werden kann (Skjaerseth/Wettestad 2008: 287). Industrie, BMWA und Bundeskanzleramt agierten im Rahmen der Aufstellung des ersten NAPs als zentrale „veto players". BMU und EU-Kommission unterstützten sich in dieser Phase gegenseitig und erreichten immerhin die Etablierung des Systems auf EU-Ebene und eine Institutionalisierung auf nationaler Ebene über das TEHG und das ZuG 2007. Die zweite Phase war durch den Regierungswechsel und die deutlich positivere Grundstimmung gegenüber dem EU-ETS geprägt, die eine weitgehend konfliktfreie Gestaltung des NAP II innerhalb des deutschen Regierungssystems zur Folge hatte. Erst die Intervention der EU-Kommission führte wiederum zu einer Kontroverse, deren Behebung vor allem den Kontextfaktoren der anstehenden deutschen EU-Ratspräsidentschaft und der veränderten öffentlichen Wahrnehmung geschuldet war. Zusammenfassend kann konstatiert werden, dass sich die deutsche Klimapolitik durch das EU-Burden-Sharing und die Etablierung des EU-ETS innerhalb weniger Jahre fundamental verändert hatte und im Rahmen der vom ETS betroffenen Sektoren lediglich über die Aufstellung der NAPs noch eine nationale Steuerungskomponente wahren konnte.

2 Auswirkungen der Beschlüsse des Europäischen Rates vom März 2007 auf die deutsche Klimapolitik

Die neue Zielausrichtung der EU-Klimapolitik stellte neben der anvisierten Integration der bislang weitgehend getrennt behandelten Politikfelder Energie und Klima zweifelsohne den wichtigsten Gegenstand der Schlussfolgerungen des Europäischen Rates vom März 2007 dar. Die wiederholte Betonung des Zwei-Grad-Ziels als globaler Richtmarke für europäisches Handeln sowie die Quantifizierung des eigenen Beitrags der EU in der Form eines konditionierten Ziels von 20 bzw. 30 Prozent Treibhausgasemissionsminderung bis 2020 bildeten den Grundstock für den weiteren Verhandlungsprozess über die Reform des klimapolitischen Instrumentariums. Die zentralen Aussagen über die weitere Ausgestaltung der klimapolitischen Aspekte finden sich jedoch nicht im Energieaktionsplan 2007-2009, sondern im Text der Ratsschlussfolgerungen davor. So sei es wichtig, „hinsichtlich der Beiträge der Mitgliedstaaten einen differenzierten Ansatz" zu verfolgen, „der von Fairness und Transparenz geprägt ist und den nationalen Gegebenheiten sowie den relevanten Basisjahren des ersten Verpflichtungszeitraums des Kyoto-Protokolls Rechnung trägt" (Rat der Europäischen Union 2007a: 12). Daneben sollte eine Umsetzung durch Gemeinschaftsmaßnahmen unter Einschluss einer Vereinbarung über die interne Lastenteilung erfolgen. Der Europäische Rat betonte zudem die zentrale Rolle des Emissionshandels innerhalb dieses Konzepts und forderte die Kommission dazu auf, Aspekte wie eine höhere Transparenz, eine Stärkung des Systems oder eine mögliche Erweiterung auf neue Anwendungsbereiche bzw. Sektoren zu prüfen. Insgesamt formulierte der Europäische Rat ein klares Bekenntnis zum Emissionshandel, dessen Überarbeitung im Mittelpunkt der klimapolitischen Aspekte der neuen „integrierten Energie- und Klimapolitik" der Union stehen sollte. Ähnlich wie im Bereich der Erneuerbare-Energien-Politik waren Instrument und Zielfestlegung also bereits von den Staats- und Regierungschef in Grundzügen definiert worden. Ein größerer Spielraum bestand jedoch noch hinsichtlich der Detailregelungen im EU-ETS.

Für die Bundeskanzlerin und den Bundesumweltminister war die Festlegung der Emissionsminderungsziele auf EU-Ebene nicht nur europapolitisch von enormer Bedeutung. Dieser Schritt hatte auch Folgen für die innenpolitische Auseinandersetzung mit Teilen einer noch immer skeptischen Wirtschaft. Diese hatte zwar zwischenzeitlich den Emissionshandel als Steuerungsinstrument akzeptiert, blickte jedoch skeptisch auf die ehrgeizigen Zielsetzungen. Ohne einen internationalen Vertrag waren diese aus ihrer Sicht nicht ohne massive Wettbewerbsnachteile zu erreichen. Mit einem EU-weit harmonisierten Konzept konnte die Bundesregierung zumindest die Bedenken hinsichtlich einer Benachteiligung innerhalb des Binnenmarkts aufgreifen.

Die Klimapolitik bestimmte die nationale Debatte in Deutschland im Verlauf des Jahres 2007 wie kaum ein anderes Thema. Die von der Süddeutschen Zeitung bereits als „Klimakanzlerin" (u.a. Bauchmüller 2007) titulierte Regierungschefin hatte damit auch ein öffentlichkeitswirksames Thema für sich gefunden. Welche Auswirkungen die „im emotionalen Überschwang ihrer Ratspräsidentschaft" (Jung/Nelles/Neukirch/u. a. 2007) gefassten Ziele auf die Gestaltung der nationalen Energie- und Klimapolitik haben sollten, blieb zunächst jedoch unklar.

Die Einführung eines vom Verlauf der internationalen Verhandlungen abhängigen, konditionierten nationalen Treibhausgasminderungsziels in Höhe von 40 Prozent bis 2020 in der Regierungserklärung von Bundesumweltminister Sigmar Gabriel im April 2007, die positiv verlaufenen Debatten während des dritten Energiegipfels der Bundesregierung mit der deutschen Wirtschaft und der internationale Erfolg beim G8-Gipfel in Heiligendamm im Verlauf des Sommers 2007 hatten zur Folge, dass die Bundesregierung während ihrer Kabinettsklausur im brandenburgischen Meseberg die Grundzüge des „integrierten Energie- und Klimaprogramms" aufstellte. Dieses sollte sich, auch dies geht aus der Regierungserklärung Gabriels hervor, erstmals in der Geschichte deutscher Umweltpolitik an Emissionsbudgets ausrichten (vgl. Deutscher Bundestag 2007c). Damit übernahm die Bundesregierung die bereits aus den Erfahrungen mit der Aufstellung der NAP bekannte Systematik einer klimapolitischen Mengenlogik. Das Umweltbundesamt wurde damit beauftragt, eine entsprechende Analyse über die Klimaschutzwirkung des Pakets und seiner Einzelmaßnahmen anzufertigen (vgl. Umweltbundesamt 2007). Auch die Bedeutung des Emissionshandels wird innerhalb des IEKP an vorderster Stelle betont. So heißt es hier:

> „3. Die Bundesregierung kann bei der Umsetzung des Energie- und Klimaprogramms auf den im Emissionshandel erreichten Ergebnissen aufbauen. 58 % der CO_2-Emissionen entfallen auf den emissionshandelspflichtigen Sektor. Mit dem verabschiedeten und in Kraft getretenen Zuteilungsgesetz 2012 wird erreicht, dass in der zweiten Handelsperiode 2008-2012 die CO_2-Emissionen der Anlagen um 57 Mio. t gegenüber der ersten Handelsperiode 2005-2007 abgesenkt werden." (Bundesregierung 2007d: 4)

Bemerkenswert an diesem Passus erscheint, dass die von der Kommission eingeforderte Reduzierung des Emissionsbudgets im NAP II nun plötzlich als zentrales Element eigener klimapolitischer Anstrengungen angeführt wird. Bezeichnend für die deutsche Klimapolitik bleibt an dieser Stelle allerdings auch, dass sich im IEKP-Maßnahmenpaket kein dezidiertes Klimaziel für Deutschland findet. So lieferte die Regierungserklärung vom April 2007 zwar die Erkenntnis, dass Deutschland sich, wie die EU, ein konditioniertes Ziel in Höhe von 30 bzw. 40 Prozent für 2020 auferlegt. Das Paket selbst würde jedoch lediglich eine „Annäherung" liefern, wie Bundesumweltminister Gabriel am 11. September 2007 im Bundestag konstatierte:

> „Ich glaube, dass man auf dieses Paket der Bundesregierung mit Blick auf das, was andere bislang auf den Weg gebracht haben, sehr stolz sein kann. Wir wissen, dass wir von den 40 Prozent bis 2020 mit dem Klimapaket „nur" 35 bis 36 Prozent abbilden können. Die übrigen 4 bis 5 Prozent werden wir in den Beratungen der kommenden Jahre über die Fragen, welche Förderprogramme wir zusätzlich auf den Weg bringen können, was im Gebäude- und Energiebereich weiter zu tun ist und wie wir mit der dritten Handelsperiode im europäischen Emissionshandel vorankommen, angehen müssen. Aber 90 Prozent unseres Ziels bilden wir mit dem Meseberger Klima- und Energiepaket ab." (Deutscher Bundestag 2007f: 11425) [92]

Zusammenfassend wirkten die klimapolitischen Schlussfolgerungen des Europäischen Rates als „*soft norm*" bestärkend auf die nationale Klimapolitik Deutschlands. Die konditionierte Festlegung der EU auf ein 20/30 Prozent Treibhausgasminderungsziel wurde von der Bundesregierung in ihrer Festlegung auf ein entsprechendes 30/40 Prozent-Ziel übernommen. Bundeskanzlerin und Bundesumweltminister konnten die Ergebnisse aus Brüssel nutzen, ohne dass es potenziellen „*veto players*" möglich erschien, an diesem Punkt zu intervenieren. Die internationalen Entwicklungen sowie die öffentliche Wahrnehmung des Themas trugen zusätzlich dazu bei, wirksamen Widerstand zu verhindern. Auch auf der Ebene des Systemdesigns der nationalen Klimapolitikstrategie wurde mit Blick auf die Verwendung von Emissionsbudgets ein aus der Emissionshandelssystematik entliehener Ansatz gewählt. Zudem zeigte sich, dass die Reform des Emissionshandels nun eine zentrale Rolle für die Weiterentwicklung der deutschen Klimapolitik spielen sollte, da immerhin 58 Prozent der deutschen Emissionen durch das System abgedeckt wurden (vgl. Bundesregierung 2007d: 4). Die Rolle der Bundesregierung bei der Reform des EU-ETS ist daher zentraler Gegenstand des folgenden Abschnitts.

---

92 Auch wenn Gabriel in seiner Rede einmal mehr von einem deutschen Ziel in Höhe von 40 Prozent spricht, war dies keineswegs Beschlusslage der Bundesregierung, sondern stand weiterhin unter dem Vorbehalt eines verbindlichen internationalen Vertrags. Der Redebeitrag gibt rein formal nur eine persönliche Auffassung des Ministers, nicht aber die Position der Bundesregierung wieder.

3 Die Rolle deutscher Akteure bei der Reform des EU-Emissionshandelssystems und der Neugestaltung der EU-Klimapolitik

Obwohl eine politische Beschlussfassung über die Reform der EU-Klimapolitik erst mit dem Märzgipfel 2007 erfolgte, hatten die Vorarbeiten für eine dritte Handelsperiode im EU-ETS bereits im Jahr 2005 im Zuge eines Konsultationsprozesses begonnen, den die EU-Kommission unter dem Dach des ECCP eingeleitet hatte. Der Startschuss für den Gesetzgebungsprozess durch die Staats- und Regierungschefs war jedoch für die Zielausrichtung entscheidend. Nicht nur innerhalb der Kommission, sondern auch unter den Mitgliedstaaten, den Wirtschaftsverbänden und den Umwelt-NGOs bestand ein grundsätzlicher Konsens über die Notwendigkeit einer Überarbeitung und Verbesserung der Funktionsweise des ETS. Im Januar 2008 veröffentlichte die Kommission schließlich ihre Vorschläge im Rahmen des Klima-Energie-Pakets[93]. Obwohl die EU-Klimapolitik zwischenzeitlich auch durch eine Reihe von teils kleinteiligen Regulierungsbausteinen angereichert worden war, blicken wir in der folgenden Untersuchung auf die zwei zentralen Legislativverfahren zur Reform der supranationalen Top-down-Steuerung zur Emissionsvermeidung, durch die eine Zielerfüllung auf EU-Ebene gewährleistet werden sollte: Diese umfassten zum einen den Richtlinienentwurf für eine Überarbeitung des EU-Emissionshandelssystems (Europäische Kommission 2008a) und zum anderen einen Vorschlag über Entscheidung zur Lastenteilung in den nicht vom Emissionshandel betroffenen Sektoren, mit der die jeweiligen Verpflichtungen der Mitgliedstaaten festgelegt werden sollten (Europäische Kommission 2008b).

Zwischen den EU-Institutionen bestand zu einem frühen Zeitpunkt grundsätzliche Einigkeit darüber, dass ein Kompromiss über das gesamte Klima-Energie-Paket bis Ende des Jahres 2008 erreicht werden sollte (vgl. Cruce 2011; Skjaerseth/Wettestad 2010). Drei Argumente wurden für diese Entscheidung ins Feld geführt: Erstens stand mit dem Klimagipfel von Kopenhagen Ende des Jahres 2009

---

93 Zu diesem Paket gehörten neben dem Richtlinienentwurf zur Reform des Emissionshandels auch Vorschläge für eine Richtlinie zur Förderung der erneuerbaren Energien, eine Entscheidung zur Lastenteilung im Nicht-ETS-Bereich und eine Richtlinie über die Abscheidung und Speicherung von CO2 (CCS) (vgl. Fischer 2009b).

ein zentrales Ereignis des internationalen Klimaprozesses vor der Tür, für das die EU mit einem kohärenten Gesamtkonzept in Vorleistung gehen wollte. Gleichzeitig drohte aber die aufziehende Wirtschaftskrise, den klimapolitischen Elan der Regierungen zu stoppen, was gerade auch auf Seiten der umweltpolitisch motivierten Akteure für eine schnelle Beendigung des Verfahrens sprach (Cruce 2011: 7; Interview H 2014). Zweitens wurde im Mai 2009 ein neues EU-Parlament gewählt, was zu einer zeitweiligen Lähmung des Gesetzgebungsprozesses geführt hätte. Drittens sah der politische Kalender für die zweite Jahreshälfte 2008 die EU-Ratspräsidentschaft Frankreichs vor. Staatspräsident Sarkozy hatte sich bereits kurz nach seiner Wahl vorgenommen, mit der Verabschiedung des Klima-Energie-Pakets einen ersten außenpolitischen Erfolg zu verbuchen. Hinzu kam, dass das Vertrauen in das Verhandlungsgeschick der im ersten Halbjahr 2009 folgenden tschechischen Ratspräsidentschaft und deren Interesse an einer schnellen Ergebnisfindung für die klimapolitische Gesetzgebung generell nicht sonderlich stark ausgeprägt war (vgl. Ludlow 2009; Endress 2010).

Die Kommission war auf den Verhandlungsprozess zum Klima-Energie-Paket so gut vorbereitet, wie zuvor bei nur wenigen Dossiers in der Geschichte des Politikfelds (Interview H 2014). Der entscheidende – und erstaunlicherweise kaum kritisch diskutierte – Schritt innerhalb des Kommissionvorschlags war die Zentralisierung des Emissionshandelssystems in Brüssel. Der Umweltrechtler Michael Rodi (2009) beschreibt seine Beobachtungen in diesem Zusammenhang folgendermaßen:

> „Die wohl wesentliche Erkenntnis der ‚Experimentierphase‘[94] lag jedoch in den Defiziten einer fehlenden Harmonisierung hinsichtlich der Mengenabgrenzung sowie des Allokationsverfahrens. Für einen Markt, dessen Funktionieren entscheidend von der Voraussehbarkeit relevanter Eckdaten und damit einhergehender Planbarkeit abhängt, war das ‚Gift‘; zudem wurde das System so in erheblichem Maße für Lobby-Einflüsse auf nationaler Ebene geöffnet. […] Es ist kaum vorstellbar, dass dies der Kommission nicht bewusst war. Deshalb lässt sich die Vermutung nicht von der Hand weisen, dass in dieser Hinsicht die ‚Experimentierphase‘ auch eine politische Funktion hatte. Den Mitgliedstaaten wurde die Zustimmung zu diesem neuen und neuartigen Instrument der europäischen Umweltpolitik dadurch versüßt, dass sie im Glauben sein konnten, die wesentlichen inhaltlichen Entscheidungen selbst treffen zu können. Die Kommission konnte diesem (teilweise etwas skurrilen) „bunten Treiben" in Ruhe zusehen und sich Gedanken machen, wie das Verfahren künftig zentral ausgestaltet werden könnte." (Rodi 2009: 192–193)

Blickt man auf die konfliktreichen und schwierigen NAP-Verhandlungen, die in diesem Abschnitt einleitend skizziert wurden, so wird deutlich, warum ein gene-

---

94   Gemeint sind hier die beiden ersten Phasen des EU-ETS: 2005-07 und 2008-12.

reller Konsens unter den Akteuren mit Blick auf eine weitere Harmonisierung und Zentralisierung bestand. Inwiefern dies einer langfristigen Strategie der EU-Kommission entsprach, sei dahingestellt. In Gesprächen mit Kommissionbeamten war in jedem Fall von einer gewissen „Faszination" die Rede, mit der beobachtet wurde, wie die Regierungen mit dem Wunsch nach einer stärkeren Harmonisierung des Systems an die Kommission herantraten (Interview H 2014).

Die deutsche Bundesregierung wollte im Gegensatz zur letzten großen Verhandlungsrunde über das EU-ETS im Jahr 2003 diesmal den Prozess aktiv mitgestalten. Auch wenn sie unter allen Mitgliedstaaten anfangs noch die größten Vorbehalte gegen eine Harmonisierung und Zentralisierung des Systems hegte, akzeptierte sie letztlich doch harmonisierte Regeln, eine einheitliche Methodologie und die Abschaffung der Nationalen Allokationspläne.[95] Allerdings war aus deutscher Sicht auch eine vollständige Auktionierung der Zertifikate für den Stromsektor erforderlich (Deutscher Bundestag 2008b: 4). Uneinigkeit zwischen den beiden zentralen Ministerien, BMU und BMWi, bestand vor allem hinsichtlich der Frage einer freien Zuteilung für die energieintensive Industrie. Hier wurde aus dem BMWi weiterhin eine vollständige freie Zuteilung auch in der dritten Handelsperiode ins Spiel gebracht (Endress 2010: 190). Die ersten Vorboten der Wirtschaftskrise und die daraus resultierende Gefahr für deutsche Industrieunternehmen bestärkten die Bundesregierung in der Annahme, Ausnahmeregelungen für diese Branchen beibehalten zu müssen.

Die Rahmenbedingungen der Verhandlungen über das Klima-Energie-Paket sprachen für eine starke Agenda-Setting-Rolle der EU-Kommission mit Blick auf die technische Ausgestaltung der Steuerungsinstrumente in der EU-Klimapolitik. Die generell hohe Aufmerksamkeit gegenüber dem Thema Klimawandel verhinderte zunächst eine grundlegende Blockadehaltung einzelner Akteure, was den Prozess wiederum erheblich erleichterte. Daneben erwiesen sich die politischen Vorarbeiten des Europäischen Rates, ein hoher Zeitdruck auf die Verhandlungsparteien und eine generelle Konsensorientierung in zentralen Systemfragen als zuträglich für eine Übernahme der Kommissionsvorschläge. Innerhalb der Generaldirektion Umwelt hatte man sich frühzeitig Gedanken über den Verlauf des Verhandlungsprozesses gemacht und eine Szenarioplanung unter dem Titel *„reverse engineering"* entwickelt, die vom gewünschten Ergebnis her gedacht, die mögliche Verhandlungsmasse für die Mitgliedstaaten identifizierte. Bereits vor Beginn der Verhandlungen, so ein Gesprächspartner aus der Kommission, sollten die Auktionserlöse aus dem Emissionshandel als *„bargaining chip"* genutzt werden, um so zu vermeiden, dass die umweltpolitische Integrität des Gesamtsystems in den Verhandlungen zur Disposition gestellt würde (Interview H 2014).

---

95   Die Skepsis gegenüber einer supranationalen Steuerung resultierte innerhalb des BMU vor allem aus einer Abstimmungsniederlage, die die Bundesregierung bei einer Detailfrage zu Beginn der Einführung des ETS erlitten hatte, wie ein Gesprächspartner anmerkte (Interview H 2014).

Im Verhandlungsprozess wurde den Regierungsvertretern der Mitgliedstaaten schnell deutlich, dass die Kommissionsvorschläge für die Überarbeitung noch komplexer und detailreicher ausgefallen waren als die Vorlage zu den ersten beiden Phasen des ETS im Jahr 2003. Dies war im Wesentlichen der Systemevolution über die vergangenen Jahre und der Vielzahl der dabei neu aufgeworfenen Umsetzungsfragen geschuldet. Erstmals sollte auch eine klare Aufteilung der Reduktionsleistung zwischen dem ETS und den nicht vom ETS betroffenen Sektoren mit Blick auf das 2020-Ziel erfolgen. Ausgehend von dem zuvor festgelegten Reduktionsziel (20 Prozent bis 2020 gegenüber 1990) und der im Jahr 2005 noch ausstehenden 14 Prozent Minderungsleistung bis 2020, sollten im Emissionshandel 21 Prozent und in den verbleibenden Sektoren 10 Prozent gemindert werden. Die deutliche Verlagerung der Anstrengung auf den Emissionshandel rief kaum Proteste unter den Mitgliedstaaten hervor und war durch eine detaillierte ökonomische Folgenabschätzung der Kommission gedeckt. In dieser wurden die günstigsten Vermeidungsoptionen vorrangig im ETS-Sektor identifiziert. Zudem erschien die stärkere Belastung des ETS-Sektors aufgrund der einfacheren politischen Steuerbarkeit opportun.

Die wichtige Frage der Harmonisierung und Zentralisierung des Systems wurde ohne größere Konflikte im Rat behandelt. Die Kommission hatte vorgeschlagen, künftig nur noch mit einem gesamteuropäischen Budget zu arbeiten und damit nationale Eingriffsmöglichkeiten auszuschließen. Die Mitgliedstaaten sollten lediglich für die Durchführung der Versteigerungen verantwortlich sein und damit Zugriff auf die Erlöse erhalten. Auch diese Vereinfachung des Systems blieb nahezu unwidersprochen. Damit war das Ende der NAP bereits früh besiegelt und die zentrale Diskussion über Emissionsbudgets und Zuteilungsfragen auf EU-Ebene gewandert.

Obwohl die übergeordneten systemischen Fragen weitgehend ohne einen politischen Konflikt gelöst werden konnten, standen am Ende des Prozesses in den Ratsarbeitsgruppen und dem Umweltministerrat vier Fragen im Mittelpunkt, die sich nur auf der Ebene der Staats- und Regierungschefs lösen ließen:

- Der Umgang mit „carbon leakage", also der Vermeidung einer Abwanderung europäischer Industrieunternehmen in Drittstaaten aufgrund hoher Preise für Emissionszertifikate;
- die Einbeziehung und Anrechenbarkeit internationaler Mechanismen umweltverträglicher Entwicklung (CDM/JI) im EU-ETS und bei den Verpflichtungen der Mitgliedstaaten in der Lastenteilungsentscheidung;
- spezifische Ausnahmeregelungen für mittel- und osteuropäische Kraftwerke (Art. 10c);
- die Verteilung der Auktionserlöse aus dem EU-ETS.

Diese vier Themen sollten Gegenstand der Verhandlungen beim Gipfel der Staats- und Regierungschefs im Dezember 2008 sein. Die Verlagerung der Entscheidung in den Europäischen Rat hatte der französische Staatspräsident und amtierende EU-Ratspräsident Nicolas Sarkozy im Oktober 2008 angekündigt, um dadurch einen politischen Beschluss über das Gesamtpaket noch im Jahr 2008 gewährleisten zu können (Ludlow 2009). Das hatte einerseits zur Folge, dass eine Entscheidung im Konsens der 27 Staats- und Regierungschefs herbeigeführt werden musste; ein Beschluss im Umweltministerrat hätte unter Umständen auch mit einer qualifizierten Mehrheit gefällt werden können. Andererseits war mit dieser Entscheidung der Einfluss des Europäischen Parlaments erheblich beschränkt worden: nicht nur aufgrund der zeitlichen Restriktion, sondern auch aufgrund der ohnehin schon schwierigen Konsensfindung unter den Staats- und Regierungschefs (Cruce 2011: 8; Fischer 2009b: 122–124).

Bei den bis zuletzt offenen Streitpunkten handelte es sich, ganz im Sinne der Kommission, vorrangig um Fragen der Zuteilung von Zertifikaten und Auktionserlösen. Im Mittelpunkt stand dabei zunächst die kostenlose Allokation von Zertifikaten an Strom- und Industrieunternehmen, die bislang im nationalen Rahmen gelöst worden war. Hier lag auch für die deutsche Bundesregierung einer ihrer Verhandlungsschwerpunkte: der Schutz energieintensiver Industrieunternehmen im internationalen Wettbewerb. Vergünstigungen für die von „Carbon Leakage" betroffenen Sektoren waren aus deutscher Perspektive Dreh- und Angelpunkt der ETS-Verhandlungen, nachdem die grundsätzlichen Systemfragen als geklärt erschienen (Ludlow 2009: 3). Im Wesentlichen auf Druck des BMWi mit Unterstützung des Bundeskanzleramts wurden von deutscher Seite quantifizierte Kriterien festgelegt, nach denen einzelne Sektoren für eine vollständige freie Zuteilung von Zertifikaten in Frage kommen würden.[96] Für die übrigen Industriesektoren wurde ein Einstieg in die Auktionierung bzw. ein Ausstieg aus der freien Zuteilung vorgesehen, der mit einer Quote von 70 Prozent freier Zuteilung in 2013 begann und in 2020 rund 20 Prozent erreichen sollte.[97] Der ursprüngliche Vorschlag der Kommission hatte vorgesehen, diese Fragen in einem Komitologieverfahren unter Berücksichtigung der internationalen Klimaverhandlungen zu einem späteren Zeitpunkt zu definieren. Dies erschien insbesondere der Bundeskanzlerin jedoch zu unsicher, so dass die Kriterien bereits in die Richtlinie aufgenommen wurden.

Ein weiteres wichtiges Thema, die Einbeziehung des Luftverkehrs in das EU-ETS, war in ein eigenes Verfahren außerhalb der Verhandlungen über das

---

96 So sollten zukünftig Handelsintensität und Energiepreissensitivität als Kriterien für ganze Sektoren herangezogen werden.

97 Auf Seiten der Kommission war ursprünglich davon ausgegangen worden, dass eine vollständige Auktionierung bereits im Jahr 2020 notwendig sei. Dieses Datum wurde im Verhandlungsprozess bis auf 2027 hinausgeschoben.

Klima-Energie-Paket verlagert worden und hatte bereits Anfang des Jahres 2008 einen Abschluss gefunden. Hinzu kam, dass eine Vielzahl von technischen Fragen im Rahmen der Richtlinie zur zukünftigen Bearbeitung an Komitologieausschüsse verwiesen wurde, so dass sich die verhandelnden Akteure auf die übergeordneten Fragen selbst konzentrieren konnten.[98]

Auch eine Lösung für die nicht unter das Regime des ETS fallenden Sektoren und die klimapolitischen Verpflichtung der Mitgliedstaaten in diesem Kontext wurde ohne größere Kontroversen erzielt. In der Rechtsform einer Entscheidung (*„Effort-Sharing-Decision"* – ESD) auf EU-Ebene wurde das verbleibende Emissionsminderungsziel in Höhe von 10 Prozent zwischen 2005 und 2020 auf die 27 EU-Mitgliedstaaten in nationale Ziele aufgeteilt. Dabei hatte die Kommission eine Systematik entwickelt, nach der dem wirtschaftlichen Entwicklungsgrad, dem Ausbaustand der erneuerbaren Energien und den bisherigen Emissionsminderungsleistungen Rechnung getragen wurde, so dass sich Einzelziele mit einer Reduzierung der Emissionen von 20 Prozent (Luxemburg, Dänemark, Irland) bis zur Begrenzung des Zuwachses bei den Emissionen auf 20 Prozent über dem Niveau von 2005 (Bulgarien) ergaben. Für Deutschland wurde ein Reduktionsziel in Höhe von 14 Prozent vereinbart. Die Mitgliedstaaten sollten individuell für ihre nationale Zielerreichung in den betroffenen Bereichen (Verkehr, Gebäude, Landwirtschaft u.a.) zuständig sein, würden aber durch EU-weite Regelungen, etwa in den Bereichen Energieeffizienz oder Emissionsstandards, unterstützt. Eine Verpflichtung für die Erfüllung nationaler Ziele sollte jährlich ab 2013 erfolgen. Allerdings wurde ein Vorziehen oder Nachbringen von Leistungen aus anderen Jahren zwischen 2013 und 2020 erlaubt. Auch im Kontext der ESD wurde nach lautstarken Forderungen der Mitgliedstaaten die Nutzung von internationalen Krediten durch die Regierungen in Höhe von 3-4 Prozent zulässig.

Blickt man auf die Konstellation der Akteure, die in den Verhandlungsprozess zur neuen ETS-Richtlinie und der Effort-Sharing-Entscheidung maßgeblich involviert waren, so fallen deutliche Verschiebungen im Gegensatz zu den früheren Verhandlungen auf. Zunächst ist die Rolle der Kommission und dabei insbesondere die der Generaldirektion Umwelt hervorzuheben. Die umfangreichen Vorarbeiten und ein intensiver Konsultationsprozess in den großen europäischen Hauptstädten garantierten, dass die zentralen Elemente des Kommissionsvorschlags übernommen wurden. Hinzu kam, dass aufgrund des Zeitdrucks durch die anstehenden Europawahlen und den Klimagipfel keine grundsätzlichen Veränderungen am Kommissionsentwurf möglich waren. Die Kommission sah sich gegenüber den Regierungen und dem Europäischen Parlament daher klar im Vorteil. Eine domi-

---

98 Hierzu gehörten die Aufstellung der „Carbon Leakage Liste", die Formulierung von „Benchmarks" für die Zuteilung der Zertifikate nach Effizienzstandards oder eine Verordnung zur Gestaltung der Auktionen.

nante Rolle kam allerdings auch der französischen Ratspräsidentschaft zu, die in allen Fragen die Fäden in der Hand hielt und in erster Linie auf bilateralem Wege versuchte, Kompromisse zu schließen, anstatt den institutionalisierten Weg der Ratsarbeitsgruppen oder des AStV zu beschreiten (vgl. Ludlow 2009).

Auf der Ebene der deutschen Akteure ist die dominante Stellung des BMU in der Anfangsphase und des Bundeskanzleramts in der Endphase der Verhandlungen zu konstatieren. Die Beamten des BMU waren intensiv in den Ausgestaltungsprozess der Richtlinie involviert und agierten dabei mit einem besonderen Fokus auf die umweltpolitische Integrität des Instruments (Interview V 2014). Aus Sicht eines Beobachters des Prozesses verfolgte gerade das BMU ein Spiel mit doppeltem Boden: Auf nationaler Ebene wurden die Sorgen der deutschen Industrie mit Blick auf ihre Wettbewerbsfähigkeit aufgenommen und eine Bearbeitung in Aussicht gestellt. In Brüssel bemühte sich das Ministerium, die Entscheidungen über Themen wie „Carbon Leakage" und die freie Zuteilung so weit europäisch zu gestalten, dass es bei der Umsetzung der Vorgaben keinen nationalen Einfluss auf diese Debatte mehr geben könnte und das Ministerium selbst nach Abschluss der Verhandlung regierungsintern nicht wieder unter Druck geraten würde, wie dies im Zuge der NAP-Aufstellung geschehen war (Interview C 2013). Das Kanzleramt und die Kanzlerin selbst setzten sich insbesondere in der Endphase des Aushandlungsprozesses vehement für den Schutz der energieintensiven Industrie ein. Aus deutscher Sicht war der Umgang mit *„carbon leakage"* der zentrale Verhandlungsgegenstand innerhalb des Klima-Energie-Pakets (Interview G 2014). In dieser Frage war es dem BMWi und dem BDI gelungen, die Bundeskanzlerin klar auf ihre Seite zu ziehen und sich für eine frühzeitige Festlegung der Kriterien und eine Streckung der freien Zuteilung über 2020 hinaus einzusetzen (Interview O 2014).

In diesem Zusammenhang fällt allerdings auf, dass Deutschland keineswegs zu den klimapolitisch ehrgeizigsten Mitgliedstaaten im Verhandlungsprozess gehörte. So hatte der Europäische Rat zwar einmal mehr seine Verpflichtung zu einer Erhöhung des Ziels auf 30 Prozent wiederholt, sollte es zu einem internationalen Kompromiss kommen. Eine Vorbereitung auf die technische Umsetzung dieser Vereinbarung wurde von deutscher Seite jedoch nicht gefordert. Lediglich der schwedische Ministerpräsident, unterstützt von zahlreichen Umweltverbänden, mahnte an, dass hierfür frühzeitig ein Konzept entwickelt werden sollte (Ludlow 2009: 18). Auch die Kommission hatte ein geregeltes Verfahren für den Fall einer Erhöhung des Klimaziels in ihren Richtlinienentwurf eingebracht. Dieses wurde aber bereits in den ersten Verhandlungsrunden durch die Regierungen gestrichen.

Auch auf der Ebene der nichtstaatlichen Akteure hatte sich die Konstellation seit den letzten Verhandlungen stark verändert. Eurelectric wurde im Vergleich zu früheren Verhandlungen tatsächlich als Stimme der europäischen Stromwirtschaft wahrgenommen. Die Europäische Allianz energieintensiver Unternehmen sprach weitgehend einheitlich für ihren Sektor. Zugleich zeigten sich diese Akteure zunehmend kompromissbereit, beteiligten sich konstruktiv an der Gestaltung der Rahmenbedingungen und stellten das System als solches nicht mehr in Frage, wie noch wenige Jahre zuvor. Auch die Expertise im Umgang mit ETS-relevanten Fragestellungen hatte deutlich zugenommen. Dies galt nicht nur für die Unternehmensverbände, sondern auch für Umweltschutzorganisationen oder andere zivilgesellschaftliche Akteure. Mit dem Netzwerk CAN-Europe hatten sich die NGOs bereits Jahre zuvor eine gemeinsame Plattform für die Beteiligung an klimapolitische relevanten Dossiers gebildet (vgl. Endress 2010: 186–212). Insgesamt, so ein Interviewpartner, sei das Niveau der Professionalisierung in der Auseinandersetzung mit ETS-Gestaltungsfragen im Kontext des Klima-Energie-Pakets deutlich gestiegen (Interview L 2014). Obwohl sich die Debatte auf EU-Ebene verlagert hatte, blieben die Regierungen allerdings in den meisten Fällen die zentralen Ansprechpartner für einzelne Großunternehmen. Dies gelang im Fall Deutschlands mit mehr (energieintensive Industrie) oder weniger (Stromwirtschaft) großem Erfolg. Erstaunlicherweise kam es dabei auch erstmals zu transnationalen Bündnissen. So bemühte sich in der Endphase der Verhandlungen über die ETS-Richtlinie etwa der deutsche Stromversorger RWE darum, die polnische Regierung in emissionshandelsrelevanten Fragen mit fachlicher Expertise zu unterstützen (Interview V 2014).

Die erfolgreiche Verabschiedung des Klima-Energie-Pakets mit seinen beiden Kernstücken, der in diesem Kapitel besprochenen Reform der ETS-Richtlinie und der Effort-Sharing-Entscheidung sowie dem in der zweiten Fallstudie erörterten Richtlinie zum Ausbau der erneuerbaren Energien gehörte zu den Höhepunkten in der Entwicklung des „integrierten" Politikfelds. Mit dieser Entscheidung wurden die Strukturen der EU-Energie- und Klimapolitik in ihrer Nachhaltigkeitsdimension bis zum Jahr 2020 festgelegt.[99] Das Projekt einer integrierten Energie- und Klimapolitik, für das die deutsche Ratspräsidentschaft 2007 den Grundstein gelegt hatte, wurde durch die erfolgreiche Arbeit der französischen Ratspräsidentschaft im zweiten Halbjahr 2008 zu einem vorläufigen Abschluss gebracht. Dass ausgerechnet diese beiden Kernländer des europäischen Integrationsprozesses für die Festlegung eines zehnjährigen Rahmens in diesem Politikfeld verantwortlich zeichneten, war kein Zufall, sondern einer zunehmend engen Kooperation und einem Interesse an den Themen selbst geschuldet (Ludlow 2009: 23–27).

---

99   Für den Bereich des ETS sogar darüber hinaus, denn die in der Richtlinie vorgesehene lineare Reduktionsquote von 1,74 Prozent pro Jahr sollte rechtlich auch darüber hinaus gelten, während für die Effort-Sharing-Entscheidung und die Erneuerbare-Energien-Richtlinie das Jahr 2020 als vorläufiger Endpunkt festgelegt wurde. Wie Felix Chr. Matthes bemerkt, würde – abseits einer Bewertung der politischen Plausibilität dieser Überlegungen – bis zum Jahr 2050 somit eine Minderung der CO2-Emissionen in Höhe von etwa 75 Prozent gegenüber 1990 innerhalb der ETS-Sektoren erfolgen (vgl. Matthes 2010: 25)

Aus dem Blickwinkel der Integrationstheorien erscheinen die Neuregelung des ETS und damit auch die Umsetzung deutlich strengerer Reduktionsziele für die gesamte Europäische Union als ein interessantes Phänomen, das in den folgenden Jahren auch Auswirkungen auf die nationalstaatliche Steuerung in der Klimapolitik haben sollte. So widerspricht die erfolgreiche Verabschiedung des Klima-Energie-Pakets, insbesondere aber die Reform des Emissionshandels, den Grundannahmen der immer wieder angeführten Politikverflechtungsthese von Fritz Scharpf, wonach das faktische Einstimmigkeitsgebot im Zusammenspiel mit unterschiedlichen nationalen Präferenzen einen solchen Integrationsschritt unwahrscheinlich macht (vgl. Scharpf 2010b). Neben dem sicherlich relevanten externen Druck durch die Fortschritte im internationalen Klimaprozess und der selbst gewählten Vorreiterrolle der EU, wirkte eine Reihe von spezifischen Faktoren, wie sie Patrick Müller und Peter Slominski in einem Beitrag zum Entscheidungsprozessen rund um das ETS anführen (Müller/Slominski 2013). Die Autoren argumentieren, dass neben Kompensationszahlungen insbesondere die zeitliche Verschiebung von Wirkungsmechanismen eine wichtige Rolle für die Zustimmung der Akteure spielte. Betrachtet man das Ergebnis der Verhandlungen, so erscheint dieser Rückschluss als plausibel. Einerseits wurden die mittel- und osteuropäischen Staaten durch eine Solidarklausel bei der Verteilung der Auktionserlöse zufrieden gestellt. Andererseits wurden „schmerzhafte" Folgen des Emissionshandels, wie die volle Einpreisung durch die Versteigerung von Zertifikaten für die Industrie über einen Phase-in-Mechanismus in die zweite Hälfte der ohnehin erst im Jahr 2013 beginnenden achtjährigen Handelsperiode verlagert. Aus der Perspektive des Jahres 2008 war damit ein Zeitraum benannt, der für die meisten Beteiligten in ferner Zukunft lag und daher auf der Ebene der „politics" ungefährlich erschienen. Auch die Verschiebung von Zuteilungsfragen und kleineren Strukturentscheidungen in das Komitologieverfahren senkte die politischen Transaktionskosten einer Kompromissfindung.[100] Gerade die konfliktreichen Erfahrungen deutscher Akteure rund um die Aufstellung der NAPs und nicht zuletzt die Intervention der Kommission mit Blick auf NAP II dürften die Beteiligten dazu verleitet haben, den Weg des geringsten Widerstands und damit die Verlagerung der Entscheidung in die Zukunft in Kauf zu nehmen. Ähnliches gilt für die Harmonisierung und Zentralisierung des ETS, durch die potentielle Vetospieler im nationalen Regierungssystem ihrer Einflussmöglichkeiten beraubt wurden. Das Aufschieben kostspieliger Maßnahmen – insbesondere die volle

---

100   Die Bedeutung der Verschiebung von Zuteilungsfragen in nachgeordnete Komitologieverfahren bestätigte auch ein Interviewpartner, der damals für die deutsche Delegation an den Verhandlungen beteiligt war. Die französische Ratspräsidentschaft unterstützte dieses Verfahren ebenfalls, um einen erfolgreichen Abschluss des Verhandlungsprozesses gewährleisten zu können (Interview G 2014).

Auktionierung in der Industrie und eine Entscheidung über die weitere Verknappung der Emissionsmenge – in die Zukunft kann als spezifisches Phänomen des ETS-Kompromisses interpretiert werden, das vor allem von deutschen Akteure propagiert wurde. Als praktisches Beispiel dient die Formulierung der Kriterien für die Benennung der von „carbon leakge" betroffenen Sektoren: Die zeitliche und räumliche Verlagerung der Entscheidung, welche Sektoren sich letztlich auf der „Carbon-Leakage-Liste" finden würden, auf einen Zeitpunkt Ende 2009 und in einen Komitologieausschuss auf EU-Ebene, machten diesen Kompromiss sowohl für die Bundesregierung als auch für die Industrie und Umweltverbände akzeptabel (ebd.: 1435–1438). In diesem Sinne galt also: So lange nichts entschieden ist, würde es auch keine Verlierer geben. Der eigentliche politische Gewinn – eine verbindliche Entscheidung über europäische Klimaziele für 2020 herbeigeführt zu haben – konnte schließlich für die Regierungen auf der Habenseite verzeichnet werden. Hinzu kam die selbstauferlegte Pfadabhängigkeit, die sich bereits aus den quantitiativen Festlegungen vom März 2007 ergeben hatte. Vergleicht man den veränderten wirtschaftspolitischen Kontext der Jahre 2007 und 2008, so wäre eine ähnliche Festlegung der übergeordneten Ziele im Jahr 2008 kaum mehr denkbar gewesen (Cruce 2011: 25).

Die hier angeführten Faktoren, die einen Kompromiss auf EU-Ebene begünstigten, sollten jedoch auch Gefahren für die weitere Funktionsfähigkeit des Instruments Emissionshandel mit sich bringen. Zum einen verspricht die zeitliche Verlagerung von Entscheidungen über Verteilungsfragen innerhalb des Systems keineswegs langfristige Entspannung, sondern ist vielmehr mit einem niedrigeren Kompensationspotential für potentielle Veto-Spieler zu einem späteren Zeitpunkt verknüpft, als dies etwa beim größeren Gesamtpaket im Jahr 2008 der Fall war. Dies sollte sich etwa bei der Debatte über eine Anhebung des Klimaziels auf 30 Prozent in den Folgejahren zeigen. Zum anderen wurden dem Nationalstaat wesentliche Steuerungsmöglichkeiten innerhalb des Systems entzogen. Die Formulierung eines EU-weiten Emissionsbudgets für das ETS und die vollständige Harmonisierung der Zuteilungsregeln führte unweigerlich zu einer eingeschränkten Steuerungsmöglichkeit innerhalb der ETS-Sektoren im nationalen Rahmen. Jede zusätzlich eingesparte Tonne CO_2 in Deutschland würde aufgrund der Budgetlogik somit in einem anderen EU-Mitgliedstaat ausgestoßen. Damit war die Bedeutung nationaler Klimapolitik erheblich eingeschränkt worden, was sich zu einem späteren Zeitpunkt als Gegenstand einer neuen innenpolitischen Auseinandersetzung in Deutschland herauskristallisieren sollte. Auch die Tatsache, dass der politische Beschluss zur neuen ETS-Richtlinie zunächst keine Veränderung beim Preis für Emissionszertifikate nach sich zog, kann als Signal dafür gewertet werden, dass die Zielsetzung für 2020 weder ambitioniert ausgestaltet war, noch der Glaube an langfristige Knappheit im System allzu groß erschien.

4 Die Auswirkungen der EU-Entscheidungen auf die deutsche Klimapolitik

Sowohl in den Medien als auch bei der Debatte im Deutschen Bundestag wurde die Verabschiedung des Brüsseler Klima-Energie-Pakets weit weniger enthusiastisch begrüßt, als dies beim Zielsetzungsgipfel im März 2007 der Fall gewesen war. Einen erheblichen „Schaden für den Ruf als Klima-Kanzlerin" konstatierte etwa der Tagesspiegel (Dehmer/Meier 2008). Vor allem die lockeren Zuteilungsregelungen innerhalb des Emissionshandels sorgten für Kritik an der Verhandlungsführung der Bundesregierung. Auch bei der Aussprache im Bundestag am 18. Dezember 2008, also wenige Tage nach den Entscheidungen in Brüssel, wurde dieser Punkt von der Opposition immer wieder betont. So merkte Bärbel Höhn, energiepolitische Sprecherin von den Bündnis 90/Grünen an, dass die Bundesregierung „das Klimapaket nicht verbessert, sondern verwässert" habe. Im Zusammenhang mit der ETS-Richtlinie wurde der hohe Anteil an möglichen CDM/JI-Projektgutschriften und die freie Zuteilung für die deutsche Industrie und die Stromwirtschaft in mittel- und osteuropäischen Staaten angegriffen (Deutscher Bundestag 2008c: 21177). Michael Kauch von der FDP hingegen kritisierte die Scheckbuchdiplomatie der Bundeskanzlerin, die statt des vom Bundestag geforderten einheitlichen Mechanismus nun unterschiedliche Zuteilungssysteme in Ost und West etabliert habe (ebd.: 21181).

Blickt man auf die deutsche Debatte über die Architektur der EU-Klimapolitik im weiteren Verlauf des Jahres 2009, so wird deutlich, dass sich diese nicht etwa mit den Folgewirkungen für Deutschland auseinandersetzte, sondern vielmehr die Auswirkungen auf die EU und die Rolle der EU beim nun anstehenden Klimagipfel in Kopenhagen thematisierte. Der Verlust einer nationalen Steuerungsfunktion im Bereich der vom Emissionshandel abgedeckten Sektoren wurde zu diesem Zeitpunkt an keiner Stelle erwähnt.

In Folge der Bundestagswahlen im September 2009 kam es in Deutschland zum Regierungswechsel. Die FDP wurde zum neuen Koalitionspartner von CDU und CSU und erhielt die Ressortzuständigkeit für das BMWi. Im Koalitionsvertrag von CDU/CSU und FDP wurde zum Erstaunen vieler Beobachter geradezu stillschweigend festgelegt, dass nun nicht mehr ein konditioniertes 30/40 Prozent Emissionsminderungsziel für Deutschland gelte, sondern man sich vielmehr unilateral einer Reduktion der Treibhausgasemissionen in Höhe von 40 Prozent verpflichtet sah. Ein Interviewpartner führte diesen, weder von den Medien noch von der Fachöffentlichkeit wahrgenommenen Kurswechsel auf den Wunsch des neuen Bundesumweltministers Norbert Röttgen zurück, der sich von diesem Schritt eine bessere Ausgangsposition für den internationalen Klimaverhandlungsprozess auf dem Gipfel in Kopenhagen versprach (Interview C 2013). In seiner ersten Regierungserklärung vom 11. November 2009 bestätigte und begründete Röttgen diesen Schritt:

> „Wir müssen das Ziel erreichen, die Emissionen bis 2050 weltweit um 50 Prozent zu reduzieren. Die Industrieländer haben hierbei eine Vorreiterrolle: historisch begründet, wegen ihres Anteils an den Emissionen, aber auch aufgrund ihrer finanziellen Leistungsfähigkeit. Darum war es ein Erfolg, dass sich die Staats- und Regierungschefs beim letzten Europäischen Rat dafür ausgesprochen haben, dass die Industrieländer ihre Emissionen um 80 bis 95 Prozent reduzieren, und sich dem Ziel verpflichtet haben, den Beitrag zu leisten, der nötig ist, um weitgehend treibhausgasneutrale Gesellschaften zu werden. Bis 2020 gilt es, die Emissionen in der Größenordnung von 30 Prozent zu reduzieren. Wir brauchen diesen schrittweisen Prozess. Wir können nicht 30 Jahre weitermachen wie bisher und darauf verweisen, wir müssten das Reduzierungsziel ja erst 2050 erreichen. Wir müssen jetzt anfangen; sonst haben wir keine Chance, das Ziel bis 2050 zu erreichen. Diese Koalition hat sich vorgenommen und im Koalitionsvertrag begründet, dass Deutschland die CO2-Emissionen bis 2020 sogar um 40 Prozent reduziert. [...] Wir sagen: Unter dieser Regierung wird Deutschland seine Emissionen unkonditioniert um 40 Prozent reduzieren. Wir sind auf diesem Gebiet ambitionierter als die Vorgängerregierung.“ (Deutscher Bundestag 2009: 149)

Obwohl die Regierungsparteien im Wahlkampf nicht offensiv mit zusätzlichen Anstrengungen in der Umweltpolitik geworben hatten, wurde die klimapolitischen Ambitionen der Bundesrepublik Deutschland mit dem Koalitionsvertrag aus dem Jahr 2009 zumindest deklaratorisch nach oben verschoben. Dies lässt sich vor allem mit dem anstehenden Klimagipfel in Kopenhagen und der Medienaufmerksamkeit erklären. Dass dieser Schwenk öffentlich kaum thematisiert wurde, hatte auch damit zu tun, dass sich das konditionierte Ziel der Vorgängerregierung in der Alltagsrhetorik längst zu einem unilateralen Ziel gewandelt hatte, das vom Umweltminister auch immer wieder angeführt wurde, nur zu keinem Zeitpunkt von der Regierung beschlossen worden war.[101]

Die Anhebung des Klimaziels wurde jedoch auch durch einen Prozess gestützt, der für die Parteien im Mittelpunkt des energie- und klimapolitischen Teils der Koalitionsverhandlungen stand: Die Laufzeitverlängerungen für die

---

101 In der Antwort der Opposition auf die Regierungserklärung von Röttgen führt der umweltpolitische Sprecher der SPD-Fraktion, Ulrich Kelber, an, dass es Röttgen selbst gewesen sei, der eine unilaterale Festlegung der Großen Koalition verhindert habe (Deutscher Bundestag 2009).

deutschen Atomkraftwerke und die Entwicklung eines deutschen Energiekonzepts. Die Festlegung eines unkonditionierten 40 prozentigen Emissionsminderungsziels wurde in diesem Zusammenhang als frühzeitige Konzession an die Umweltpolitiker beider Parteien verstanden, denen vor diesem Hintergrund eine Zustimmung zu den Laufzeitverlängerungen erleichtert werden sollte. Denn, so heißt es im Koalitionsvertrag: „Die Kernenergie ist eine Brückentechnologie, bis sie durch erneuerbare Energien verlässlich ersetzt werden kann. Andernfalls werden wir unsere Klimaziele, erträgliche Energiepreise und weniger Abhängigkeit vom Ausland nicht erreichen" (CDU/CSU/FDP 2009: 29). Für den weiteren Verlauf der Debatte sollte auch nicht vernachlässigt werden, dass innerhalb des Koalitionsvertrags die Bedeutung des Emissionshandels als „vorrangiges Klimaschutzinstrument" betont wird. Die Koalitionäre stellten zwar eine Überprüfung des IEKP in Aussicht, ohne aber Zeitplan oder Inhalte zu erwähnen.[102]

Vor diesem Hintergrund einer nachträglichen Anhebung des nationalen Klimaziels sollen nun in den folgenden Abschnitten die Veränderungen in der deutschen Klimapolitik analysiert werden, die sich durch die Beschlüsse in der EU-Klimapolitik ergeben hatten und die nun verarbeitet werden mussten. Zunächst steht die Auswirkung der Reform des Emissionshandels und der Lastenteilungsentscheidung in der nationalen Klimapolitik-Steuerung im Mittelpunkt. In einem weiteren kurzen Kapitel wird der Rechtsetzungsprozess zum neuen TEHG dargestellt.

4.1 Die Auswirkungen der EU-Entscheidungen auf die Formen klimapolitischer Steuerung in Deutschland

Die reformierte Struktur der Klimapolitik auf EU-Ebene in Folge der Verabschiedung des Klima-Energie-Pakets 2008 sollte auch Auswirkungen auf die nationalen Steuerungsmöglichkeiten in der Klimapolitik der Mitgliedstaaten haben. Wie bereits dargestellt, wurde dieser Zusammenhang anfangs von den zentralen Akteuren in Regierung und Parlament nicht thematisiert. Stattdessen standen in erster Linie die Rolle der EU in der internationalen Klimapolitik und die freie Zuteilung von Zertifikaten im Mittelpunkt der Debatte. Dazu trug auch bei, dass die EU-Entscheidungen erst zum Jahr 2013 tatsächlich Wirkung entfalten sollten. Eine „Politisierung" der Abgabe von Steuerungsmöglichkeiten durch die Harmonisierung und Zentralisierung des Emissionshandels war dementsprechend im Jahr 2009 nur schwer möglich. Zudem war eine überwältigende Mehr-

---

102 So wird im Koalitionsvertrag lediglich angemerkt: „Wir werden die Maßnahmen im Integrierten Energie- und Klimaprogramm 2010 auf ihre Wirksamkeit überprüfen und ggf. nachsteuern" (CDU/CSU/FDP 2009: 26).

heit der Akteure tendenziell eher erleichtert, die Diskussionen über die Gestaltung der Klimapolitik für die vom Emissionshandel betroffenen Sektoren nach Brüssel verlagert zu haben.

Erst im Oktober 2009, also noch während der Koalitionsverhandlungen zwischen CDU/CSU und FDP, veröffentlichte das Umweltbundesamt eine umfangreiche Studie unter dem Titel „Konzeption des Umweltbundesamtes zur Klimapolitik. Notwendige Weichenstellungen 2009", in der einige Warnungen an die Politik hinsichtlich der weiteren Entwicklung der deutschen Treibhausgasemissionen enthalten waren (Umweltbundesamt 2009). So wird unter anderem auf einen zentralen Aspekt der Reform hingewiesen: „Die EU hat sich dafür entschieden, für die Emissionen des Emissionshandelssektors eine EU-weite Obergrenze einzusetzen und einzelstaatliche Minderungsverpflichtungen auf den Nichtemissionshandelssektor zu beschränken. Für den Emissionshandelssektor besteht damit keine nationale Minderungsverpflichtung. Das Territorialprinzip, welches Minderungsverpflichtungen eindeutig den Nationalstaaten zuweist, bleibt jedoch für den Bereich außerhalb des Emissionshandels bestehen" (ebd.: 52). Weiter heißt es: „Wirkungsabschätzungen des IEKP zeigen unterschiedlich hohe Emissionsminderungen der Treibhausgase. Ihnen gemein ist allerdings, dass eine Minderung von 40 % selbst bei optimaler Umsetzung nicht erreicht wird. Allerdings zeigen zahlreiche Studien, dass dieses Ziel mit ambitionierter Klimaschutzpolitik erreichbar ist. Um in der Praxis – unabhängig von wechselhaften energiewirtschaftlichen Rahmenbedingungen – eine Emissionsminderung um insgesamt 40 % mit einer Sicherheitsmarge [...] zu erreichen, soll die Bundesregierung die bisher beschlossenen Maßnahmen **(30 bis 35%)** konsequent realisieren und neue Maßnahmen entwickeln und schnellstens umsetzen. Beides muss mindestens zu einer weiteren Emissionsminderung von 10% führen" (fett im Original; ebd.: 53).

Damit thematisierte das Umweltbundesamt erstmals zwei wesentliche Aspekte des neuen Steuerungsrahmens: Zunächst resultierte die Einführung einer EU-weiten Emissionsobergrenze im Zuge der ETS-Reform in einer Verschiebung der relevanten politischen Steuerungsebene für die vom Emissionshandel betroffenen Sektoren von der nationalen auf die EU-Ebene. Damit würden, beginnend im Jahr 2013, knapp über die Hälfte der deutschen Emissionen durch das ETS erfasst und einer EU-weiten Deckelung unterliegen. In Folge dieser Änderung würden Angebot und Nachfrage innerhalb der EU die Entscheidung darüber fällen, in welchen Anlagen Treibhausgasemissionen verursacht werden und in welchen nicht. Obwohl es dem deutschen Gesetzgeber nun zwar weiterhin gestattet wäre, zusätzliche Emissionsminderungsleistungen zu erbringen, etwa durch einen verstärkten Ausbau erneuerbarer Energien oder durch neue Grenzwerte für den Treibhausgasausstoß fossil befeuerter Kraftwerke, würde diese stets an einem anderen Ort innerhalb der EU durch steigende Emissionen ausgeglichen werden. Das auf EU-Ebene politisch festgelegte Emissionsbudget bliebe davon unberührt. Die Einleitung zusätzlicher nationaler Maßnahmen würde zudem die Gefahr bergen, dass eine sinkende Nachfrage nach Zertifikaten auch einen sinkenden Preis und damit niedrigere Klimaschutzinvestitionen in anderen EU-Mitgliedstaaten zur Folge hätte. Vor diesem Hintergrund wäre eine nationale Steuerung des Emissionsbudgets zwar theoretisch noch denkbar. Sie wäre jedoch mit Blick auf die Vermeidung von Emissionen ineffektiv und würde unter Umständen Emissionsminderungsanstrengungen in anderen Mitgliedstaaten untergraben (vgl. Cló/Battles/Zoppoli 2013; Geden/Fischer 2014).

Neben der Wirkungslosigkeit nationaler Anstrengungen innerhalb des Emissionshandels thematisierte die UBA-Studie noch einen zweiten Aspekt: die unzureichende Stringenz der IEKP-Maßnahmen mit Blick auf das politisch deklarierte nationale Klimaziel in Höhe von 40 Prozent bis 2020 gegenüber 1990. Die konstatierte Lücke von 5-10 Prozent Emissionsminderung, die zwischen der UBA-Projektion von 30-35 Prozent (unter Berücksichtigung der ETS-Effekte aus der EU) und der nationalen Zielsetzung liegt, müsste also durch zusätzliche nationale Maßnahmen geschlossen werden, wollte man das deutsche Ziel auch tatsächlich erreichen. Mit Blick auf die Funktionsweise des Emissionshandels müssten diese Maßnahmen also vorrangig in den Nicht-ETS-Bereichen (Verkehr, Gebäude, Landwirtschaft) erzielt werden, da Maßnahmen innerhalb des Emissionshandels lediglich eine Verschiebung innerhalb der EU zur Folge hätten. Dass damit eine enorme Herausforderung beschrieben wurde, belegt ein Blick in die bisherige Emissionsminderungsbilanz der Bundesrepublik.

Zwischen den Jahren 1990 und 2010 hat Deutschland seine jährlichen Treibhausgasemissionen um etwa 25 Prozent reduziert. Etwa 8-9 Prozent dieser Anstrengungen sind auf die Effekte der Wiedervereinigung zurückzuführen. Ein wesentlicher Teil der weiteren Emissionsminderungsleistung hat der Ausbau der erneuerbaren Energien im Stromsektor erbracht (6-7 Prozent). Weitere 10 Prozent Minderungsleistung wurde zu einem nicht unwesentlichen Teil durch Effizienzsteigerungen in den vom Emissionshandel betroffenen Sektoren erreicht. Taxiert man die nationale Zielsetzung zwischen 2010 und 2020 dementsprechend auf 15 Prozent und zieht die Wirkungen der Wiedervereinigung von den bisherigen Leistungen ab, so wird deutlich, wie groß die Anstrengung tatsächlich noch ausfällt: Die reale Emissionsminderung aus den 20 Jahren zwischen 1990 und 2010 ohne Wiedervereinigung müsste noch einmal in den zehn Jahren zwischen 2010 und 2020 erreicht werden (vgl. Karapin 2012: 13–16). Nicht zu vergessen ist dabei, dass der Großteil der Minderungsleistung bisher in den heute vom Emissionshandel betroffenen Sektoren erreicht wurde. Das Reduktionsziel der EU in Höhe von 20 Prozent würde dementsprechend nur einen kleinen Teil beitragen können. Der Großteil des nationalen Ziels müsste also im Nicht-ETS-Bereich geleistet werden. Hinzu kam bereits der absehbare Effekt der Wirtschaftskrise auf die Emissionsbilanz der EU: Insbesondere in Südeuropa, aber auch im Rest der EU, waren infolge des Konjunktureinbruchs Stromverbrauch und industrielle Produktion zurückgegangen, so dass ein niedriger Zertifikatepreis zu einer steigenden deutschen Emissionsbilanz führen sollte. Insbesondere eine vermehrte Verstromung von Braunkohle in Deutschland ist eine heute sichtbare Folge.

Auch wenn die hier dargestellten Rechenexperimente nur Annäherungen darstellen, so wird zweierlei deutlich: Zum einen die günstige Ausgangslage für Deutschland bei der Formulierung klimapolitischer Ziele und das hohe Ambitionsniveau, das durch ein 40 Prozent-Ziel formuliert wurde, verglichen mit den bisherigen genuin klimapolitischen Emissionsminderungsleistungen, zum anderen die Schwierigkeiten, die für nationale Akteure durch die Harmonisierung des EU-ETS bei der Erreichung von nationalen Klimazielen bestehen.

Die Erreichbarkeit des nationalen Klimaziels unter den Bedingungen eines weitgehend harmonisierten EU-ETS sollte sich in den kommenden Jahren zum zentralen klimapolitischen Dissens innerhalb Deutschlands entwickeln. Für die deutschen Akteure ergaben sich zur Verarbeitung dieses Ebenenkonfliktes drei Handlungsoptionen: Erstens könnte eine Anhebung des EU-weiten Minderungsziels auf 30 Prozent und damit eine stärkere Fokussierung auf die Emissionsminderungsleistung des ETS für Abhilfe sorgen. Voraussetzung hierfür wäre eine entsprechende Beschlussfassung auf EU-Ebene, die aber, da es sich um eine strategische Richtungsentscheidung handelt, im Konsens der Staats- und Regierungschefs entschieden werden müsste. Zweitens könnte eine überproportionale Emissionsminderungsleistung des Nicht-ETS-Sektor durch die Einleitung entsprechender Regelungen im Gebäudebereich, dem Verkehr und der Landwirtschaft dafür sorgen, dass das deutsche Klimaziel ohne zusätzlichen Emissionsausstoß in anderen EU-Mitgliedstaaten erreicht würde. Oder, drittens, bliebe die Einführung zusätzlicher nationaler Maßnahmen innerhalb des ETS-Sektors eine Option, auch wenn damit keine realen Emissionsminderungen innerhalb der EU erzielt werden würden bzw. der daraus resultierende negative Preiseffekt in anderen EU-Mitgliedstaaten zum Tragen kommen würde.

Auch wenn die dargestellten Mehrebenen- und Systemkonflikte in der Fachöffentlichkeit und der Administration sicherlich bereits während der Beschlussfassung auf EU-Ebene absehbar waren, wurden sie doch öffentlich kaum thematisiert. Erst im Laufe der Jahre 2009 und 2010 mehrten sich die Stimmen, die davor warnten, dass es zu einer Verfehlung des deutschen Emissionsziels kommen könnte. Neben der bereits erwähnten UBA-Studie hatte auch der Umweltökonom Felix Christian Matthes vom Öko-Institut in einer Studie im Auftrag des BMU Mitte 2010 auf die Zusammenhänge hingewiesen. Im Kapitel zur Komplementarität unterschiedlicher klimapolitischer Instrumente führt Matthes aus: „Für das niedrige Cap (-21% ggü. 2005) und eine hohe Umsetzungsrate des Erneuerbare-Energien-Ziels im Stromsektor (2/3-Variante) müssten nur noch sehr geringe Emissionsminderungsbeiträge (16%) über den EU ETS erbracht werden. Dies könnte zu einem Preisverfall und möglicherweise zu langfristig kontraproduktiven Anreizwirkungen führen" (Matthes 2010: 38). Die Folge einer niedrigen Zielsetzung im Bereich der Emissionsminderung durch das ETS auf EU-Ebene und der Fokussierung auf den Ausbau der erneuerbaren Energien im Stromsektor könnte, so wird dies also bereits 2010 dargestellt, EU-weit zu niedrigeren Zertifikatepreisen führen. Somit wird deutlich, dass nicht nur ein Konflikt zwischen dem deklaratorischen nationalen Klimaziel und dem Instrumentarium der EU-Klimapolitik bestand, sonder dass sich auch ein Instrumentenkonflikt zwischen dem national gesteuerten Ausbau der erneuerbaren Energien und der Systemlogik des EU-ETS ergab (vgl. van den Bergh/Delarue/D'haeseleer 2013).

Die Behandlung des Themas war auf politischer Ebene zunächst von Unsicherheit über die Notwendigkeit der Einleitung zusätzlicher Maßnahmen geprägt. Von Seiten der parlamentarischen Opposition wurde in einem ersten Schritt darauf gedrängt, die Bundesregierung zu einer Initiative auf EU-Ebene und einer Anhebung des EU-weiten Klimaziels auf 30 Prozent zu bewegen. Die Oppositionsparteien nutzten die Gelegenheit, die Bundesregierung als europapolitisch handlungsunfähig darzustellen. Durch die Forderung nach einem engagierten Eintreten für ein 30-Prozent-Ziel gelang es ihnen, eine Sollbruchstelle innerhalb der Bundesregierung aufzudecken. Denn obwohl sich Bundesumweltminister Röttgen frühzeitig für eine Anhebung des EU-Klimaziels ausgesprochen hatte, war dieser Schritt mit Bundeswirtschaftsminister Brüderle und seinem Nachfolger Phillip Rösler nicht durchzusetzen. Die FDP hatte sich klar gegen eine Anhebung des EU-Klimaziels positioniert und dies zwischenzeitlich zu einem wichtigen Aspekt ihrer Profilierung innerhalb der Bundesregierung erhoben: Es sollten keine zusätzlichen Klimaschutzmaßnahmen ohne Leistungen anderer Industrie- und Schwellenländer erfolgen. Zwar stand man zum nationalen Klimaziel in Höhe von 40 Prozent. Von einer Anhebung des EU-Ziels war im Koalitionsvertrag jedoch nicht die Rede gewesen. Gleichzeitig erschien die Forderung nach einer Anpassung des EU-Klimaziels für die Opposition auch als ein einfaches Manöver, denn ein Erfolg auf EU-Ebene war selbst unter der Voraussetzung einer veränderten Haltung der Bundesregierung nicht absehbar. Die Gruppe der mittel- und osteuropäischen Mitgliedstaaten wehrte sich auf EU-Ebene vehement gegen eine solche Maßnahme und wurde in zunehmendem Maße auch von den Krisenstaaten in Südeuropa unterstützt. Ohne einen Konsens im Europäischen Rates war ein 30 Prozent-Ziel jedoch nicht zu beschließen. Auf nationaler Ebene konnte im engeren Sinne die FDP und damit die Bundesregierung für die Problematik verantwortlich gemacht werden. Gleichzeitig war die Aussichtslosigkeit eines Kompromisses auf EU-Ebene jedoch auch den klimapolitisch engagierten Akteuren bewusst.

Mit Blick auf die parlamentarische Ebene forderte schließlich die SPD-Fraktion im Bundestag im Oktober 2010 in einem Antrag die Einführung eines nationalen Klimaschutzgesetzes, durch das die Erreichung des nationalen Klimaschutzziels gewährleistet und einem unabhängigen Monitoring unterworfen werden sollte (Deutscher Bundestag 2010). Damit wurde ein Modell propagiert, das bereits seit 2008 in Großbritannien Anwendung findet. Diese Initiative, die jedoch selbst nicht mit einem Konzept zur Umsetzung des Klimaziels ohne Änderung der ETS-Richtlinie aufwartete, wurde von der Regierungskoalition erwartungsgemäß abgelehnt. Auch ein gemeinsamer Antrag von SPD und Grünen zum engagierten Einsatz der Bundesregierung für ein 30-Prozent-Ziel auf EU-Ebene wurde von den Koalitionsfraktionen zurückgewiesen (Deutscher Bundestag 2012b).

Ebenso wenig wie die Reform des Emissionshandels führte die Entscheidung über die Lastenteilung unter den Mitgliedstaaten in den Nicht-ETS-Bereichen zu einer Auseinandersetzung über die neuen Grenzen nationaler Steuerung in der Klimapolitik. Das deutsche Minderungsziel in Höhe von 14 Prozent bis 2020 gegenüber 2005 für die Bereiche Verkehr, Gebäude und Landwirtschaft fand keinen Eingang in die politische Diskussion. Dies mag einerseits der Tatsache geschuldet sein, dass erst beginnend mit dem Jahr 2013 Umsetzungsergebnisse gegenüber der Kommission gemeldet werden mussten. Zum anderen hätte dies eine Regulierung in denjenigen Sektoren zur Folge gehabt, die aus parteipolitischer Sicht als gefährlich galten. Weder neue Vorschriften im Verkehrssektor noch ein kostspieliges Gebäudesanierungsprogramm erschienen den beteiligten Akteuren opportun (Geden/Tils 2013).[103]

Schließlich verschoben die Ausarbeitung des Energiekonzepts im Herbst 2010 und die Energiewende im Frühjahr 2011 die ohnehin niedrige Aufmerksamkeit weg von der Umsetzung nationaler Klimaziele und hin zur Debatte über den Atomausstieg und die Rolle der erneuerbaren Energien in einem zukünftigen Energiesystem. Die Klimapolitik geriet dabei zunehmend ins Hintertreffen, konnte sie doch nur schwer in der Argumentationslinie gegen eine Laufzeitverlängerung genutzt werden (Interview E 2014).

4.2 Die Umsetzung der ETS-Richtlinie in nationales Recht

Da im Mittelpunkt der Reform des EU-ETS eine Verlagerung von Zuständigkeiten von der nationalen auf die EU-Ebene stand, interessiert bei der Analyse von Europäisierungswirkungen in erster Linie die politische Verarbeitung dieser Veränderung im nationalen Kontext. Eine Gelegenheit für die Auseinanderset-

---

103 Erst im Kontext der Überprüfungen nationaler Reformmaßnahmen während des Europäischen Semesters wurde ein Statusbericht zur Entwicklung der deutschen Nicht-ETS-Emissionen für die Kommission veröffentlicht, der von einer Verfehlung des Ziels ausgeht, sollten nicht zusätzliche Maßnahmen ergriffen werden (Donat u. a. 2013).

zung mit diesem Prozess bot sich im Rahmen der rechtlichen Umsetzung über ein neues TEHG in Deutschland.

Während die ETS-Richtlinie selbst einen relativ weit gefassten zeitlichen Umsetzungsrahmen für die Überführung in nationales Recht beinhaltete,[104] war durch die Einbindung des Luftverkehrs in das ETS durch die Richtlinie 2008/101/EG zum 1. Januar 2012 ein Sachverhalt geschaffen worden, der einer früheren Umsetzung bedurfte. Die Umsetzungsfrist für die Richtlinie zur Einbeziehung des Luftverkehrs war bereits am 2. Februar 2010 abgelaufen, als die Bundesregierung mit der Arbeit an einem nationalen Rechtsakt begann. Vor diesem Hintergrund war die Vorlage des Regierungsentwurfs am 4. März 2011 als vergleichsweise spät anzusehen, wollte man beide Richtlinien doch gemeinsam behandeln. Dem Vorschlag der Bundesregierung ging einerseits ein interner Konflikt über Härtefallregelungen in der Ressortabstimmung zwischen BMU und BMWi voraus. Andererseits wurden wichtige Leitliniendokumente der Kommission erst im Laufe des Jahres 2010 veröffentlicht, die Einfluss auf die nationale Gesetzgebung haben sollten.

Die erste Beratung im Deutschen Bundestag am 7. April 2011 machte bereits deutlich, wie wenig Handlungsspielraum dem deutschen Gesetzgeber bei der Umsetzung der Richtlinie eigentlich noch geblieben war. Die parlamentarische Staatssekretärin im BMU, Ursula Heinen-Esser, stellte den Abgeordneten den Regierungsentwurf vor, wobei sie deutlich machte, dass die zentralen politischen Gestaltungsfragen des Gesetzes lediglich im Bereich der Einbeziehung von Kleinanlagen und der organisatorischen Aufteilung der Emissionsüberwachung durch Bund und Länder zu finden seien. Die Deutsche Emissionshandelsstelle (DEHSt) sollte im Vergleich zu den Länderbehörden zusätzliche Aufgaben übernehmen, um einen einheitlichen Vollzug zu gewährleisten. Schließlich stellte sich die Frage, ob der Rechtsakt zur Zuteilung der Zertifikate, in dem es jedoch ebenfalls kaum nationalen Spielraum gab, gemeinsam mit dem Deutschen Bundestag beschlossen werden sollte oder in Form einer Regierungsverordnung erlassen würde. Das BMU hatte auf Druck der Regierungsfraktionen im Vorfeld reagiert und in seinem Entwurf bereits eine parlamentarische Beteiligung vorgeschlagen (vgl. § 10 TEHG).

Die erste Beratung im Bundestag zeigte die geringe Handlungsmöglichkeit des nationalen Gesetzgebers im Bereich des Emissionshandels mehr als deutlich. Entsprechend kreiste die Diskussion weniger um die Inhalte des TEHG als um die Frage, warum sich nur Teile der Bundesregierung in Brüssel für ein 30-Prozent-Klimaziel einsetzten. Der Abgeordnete Hermann Ott von Bündnis 90/Die Grünen merkte an dieser Stelle als einer der ersten Akteure an, welche Diskrepanz doch zwischen dem nationalen 40-Prozent-Ziel und dem EU-weiten

---

104   In Art. 2 wird der 31.12.2012 als Umsetzungsfrist benannt.

20-Prozent-Ziel läge. Ersteres sei ohne eine Erhöhung des letzteren nicht zu erreichen. Interessant ist in diesem Zusammenhang festzustellen, dass auch die Umweltpolitiker von CDU und CSU einem 30-Prozent-Ziel auf EU-Ebene durchaus positiv gegenüberstanden, wie der CDU-Abgeordnete und umweltpolitischer Sprecher der Fraktion, Andreas Jung, in seinem Beitrag zu verstehen gab (Deutscher Bundestag 2011c).[105]

Auch die Expertenanhörung zum TEHG im Umweltausschuss des Bundestags am 11. April 2011 war von dem gegenseitigen Hinweis auf die Grenzen der eigenen Gestaltungsmöglichkeiten geprägt. Kontrovers wurde lediglich die Optionslösung für Kleinemittenten aus der ETS-Richtlinie diskutiert, nach der Anlagen mit einem jährlichen Ausstoß von weniger als 25.000 Tonnen Kohlendioxidäquivalent durch eine Ersatzzahlung und die Erbringung vergleichbarer Emissionsminderungsmaßnahmen auf Antrag von der Teilnahme am ETS ausgenommen würden. Während BMWi, BDI und DIHK eine solche Ausnahmeregelung im deutschen TEHG gefordert hatten, sahen sowohl Felix Chr. Matthes vom Öko-Institut als auch Jürgen Hacker vom Bundesverband Emissionshandel und Klimaschutz die Umsetzung im TEHG als nicht praktikabel an und zweifelten generell an der Notwendigkeit dieser Maßnahme. Ein zweiter kontrovers diskutierter Gegenstand war die Aufteilung der Zuständigkeit für Genehmigung und Überwachung im ETS zwischen den BImSch-Behörden auf Landesebene und der DEHSt auf Bundesebene. Während Hacker für eine stärkere Konzentration auf Bundesebene plädierte, sprach sich der Vertreter des DIHK, Armin Rockholz, für eine weitgefasste Zuständigkeit der Landesbehörden aus (Deutscher Bundestag 2011d).

Die Diskussion zwischen Bund und Ländern sollte sich jedoch nicht nur auf die behördlichen Zuständigkeiten bei der Umsetzung des ETS in Deutschland beschränken. Bei der Sitzung des Bundesrats am 15. April 2011 wurde ein weiteres zentrales Thema zur Sprache gebracht, das sich mit den Erlösen aus der Versteigerung im ETS und deren Verteilung auseinandersetzt. So hatte die Bundesregierung vorgeschlagen, die gesamten Erlöse aus den nationalen Versteigerungen künftig in den neu aufgelegten „Energie- und Klimafonds" fließen zu lassen, mit dem Investitionen im Zuge der Aufstellung des Energiekonzepts, vor allem aber Energieeffizienzmaßnahmen finanziert werden sollten. Während dieser Aspekt für sich genommen schon für Auseinandersetzungen im Bund-Länder-Verhältnis sorgte, kam noch ein zweiter Punkt hinzu: Die Ausgaben für den Erwerb der Zertifikate würden als Betriebsausgaben des Unternehmens anerkannt werden und entsprechend zu Einnahmeausfällen im Bereich der Körper-

---

105　Im Wortlaut: „Die Umweltpolitiker der Union stehen mit Überzeugung und großer Geschlossenheit hinter dem Eintreten des Bundesumweltministers für ein Aufstocken des EU-Ziels auf 30 Prozent."

schafts- und Gewerbesteuer führen, die sich nach Aussage der hessischen Umweltministerin Lucia Puttrich im Zeitraum 2013 bis 2020 auf 7 bis 18,6 Milliarden Euro belaufen würden. Ihre zu Protokoll gegebene Erklärung zu diesem Thema beendete die Ministerin mit der folgenden Aussage: „An den Prämissen ,Beteiligung der Länder an den Versteigerungserlösen' und ,Kompensation der Steuerausfälle bei Ländern und Gemeinden' wird das Gesetz im weiteren Gesetzgebungsverfahren zu messen sein. Die Länder werden aufmerksam beobachten, wie der Bundestag mit dieser Frage, die den Solidargedanken in unserem föderalen Gemeinwesen betrifft, umgeht" (Bundesrat 2011c: 219).

Die Bundesregierung reagierte auf die Aufteilung der Zuständigkeiten mit dem Argument, die bereits von der EU-Kommission attestierte bürokratische Überfrachtung in der deutschen ETS-Umsetzung nicht weiter erhöhen zu wollen. Der Frage der Verteilung der Auktionserlöse wurde mit dem Verweis auf die Einigung zwischen Bund und Ländern im Kontext des Energiekonzepts und der vorrangigen Verwendung der Erlöse im kommunalen Bereich entgegnet (ebd.: 220).

Auch der Bundestag ging nicht auf die Änderungswünsche der Länder ein, sondern übernahm die Vorschläge der Regierung. Lediglich die Einführung einer Härtefallregelung nach Zustimmung der EU-Kommission und eine Ausweitung der Kleinemittentenoption auf mehr Anlagen und eine flexiblere Erbringung von Ersatzmaßnahmen wurden durch die Regierungsfraktionen eingebracht. Letztlich wurde das Gesetz am 9. Juni 2011 vom Bundestag mit den Stimmen der Regierungsfraktionen, gegen die Stimmen der Linken und bei Enthaltung von SPD und Grünen, angenommen.

Obwohl der federführende Umweltausschuss, der Wirtschafts- und der Finanzausschuss des Bundesrats eine Anrufung des Vermittlungsausschusses gefordert hatten und auch von Seiten der Länder Nordrhein-Westfalen, Hamburg und Schleswig-Holstein entsprechende Anträge vorlagen, beschloss das Plenum des Bundesrates am 8. Juli 2011, diesem Anliegen nicht zu folgen. Auch die Zustimmungspflichtigkeit des Gesetzes durch den Bundesrat wurde nicht festgestellt, obwohl Hamburg und Schleswig-Holstein diese aufgrund der Übertragung der Zuständigkeit für Emissionsüberwachung an die DEHSt als notwendig angesehen hatten. Das Gesetz konnte damit ohne eine öffentlich geführte Auseinandersetzung nach nur drei Monaten Beratung in Kraft treten.

5 Zusammenfassung

Die deutsche Klimapolitik, so wurde in den vorangegangenen Kapiteln deutlich, war spätestens seit der Einführung des EU-Emissionshandels im Jahr 2005 einem massiven Europäisierungsdruck ausgesetzt. Die regulatorischen Veränderungen von einer freiwilligen Selbstverpflichtung zur Arbeit mit Emissionsbudgets durch den ersten Allokationsplan wiesen einen erheblichen *„misfit"* auf, der Konflikte innerhalb des deutschen Regierungssystems hervorrief. Während in der ersten Phase des Emissionshandels die zentralen Aushandlungsprozesse zwischen den beteiligten Ministerien abliefen, zeigte sich in der zweiten Phase ab 2006 ein deutlicher Konflikt zwischen der EU-Kommission und der deutschen Bundesregierung über das Emissionsbudget. Diesmal war es vor allem der externe Druck der anstehenden EU-Präsidentschaft, der zu einer erfolgreichen Verarbeitung des *„misfits"* führte. Ähnlich wie in Fallstudie 1 zum Energiebinnenmarkt, agierte die deutsche Politik in der frühen Phase der Gestaltung des Politikfelds grundsätzlich ablehnend und defensiv gegenüber Veränderungen. Dies hatte zur Folge, dass Entscheidungen umgesetzt werden mussten, an deren Entstehung deutsche Akteure nur marginal beteiligt waren.

Wie bereits in Kapitel IV dargestellt, war die deutsche Bundesregierung im Rahmen ihrer EU-Ratspräsidentschaft maßgeblich an den klimapolitischen Festlegungen des März-Gipfels 2007 beteiligt. Zentrale Elemente der Beschlussfassungen wurden auf Betreiben der Bundeskanzlerin und des Bundesumweltministers auch in die nationale Strategieformulierung übernommen. Dazu gehörte allem voran die konditionierte Zielsetzung, der zur Folge sich nationale bzw. EU-weite Emissionsminderungsleistungen an den Ergebnissen des internationalen Klimaprozesses orientieren sollten. Die Formel 20/30 wurde im nationalen Kontext in eine 30/40-Formel ohne maßgeblichen Einfluss von Vetospielern übernommen, war aber auch schon im Vorfeld der EU-Entscheidung in der Diskussion.

Mit Beginn der Verhandlungen über die dritte Handelsperiode im Emissionshandel konzentrierte sich die deutsche Bundesregierung in erster Linie auf das Thema *„carbon leakage"*. Damit wurden die Forderungen der deutschen Industrie erfüllt, die vor dem Hintergrund der aufziehenden Wirtschaftskrise für eine Wahrung der Wettbewerbsfähigkeit eintrat. Klar quantifizierbare Kriterien für die freie Zuteilung von Emissionszertifikaten und ein Aufschub der vollen Auktionierung auf die Zeit nach 2020 wurden in erster Linie auf deutsches Betreiben hin in die Ausarbeitung der Richtlinie integriert. Ohne wahrnehmbare Widerstände auf EU-Ebene konnte sich die Kommission hingegen mit ihrer Forderung nach einer nahezu vollständigen Zentralisierung und Harmonisierung des EU-ETS durchsetzen.

Policy-Bereich	Fit/Misfit	Vermittelnde Faktoren	Ergebnis
Anpassung nationaler Zielsetzungen	Regulatorischer Misfit	Niedrige Themenrelevanz	Absorption / Inertia
Verpflichtung im Nicht-Emissionshandelsbereich			

Tabelle 3:   Europäisierungsprozesse in der deutschen Klimapolitik

Die Verarbeitung der beiden wichtigen Policy-Entscheidungen auf EU-Ebene – der Reform des Emissionshandels und der Entscheidung zur Lastenteilung in nicht vom Emissionshandel betroffenen Sektoren – in der deutschen Klimapolitik ist analytisch im Rahmen unseres Europäisierungskonzepts nicht ganz problemlos zu fassen. Zunächst ist mit Blick auf die Zielfestlegung zumindest bis zum Jahr 2009 von einer hohen Passfähigkeit zwischen den beiden Ebenen zu sprechen. Die beschlossenen Emissionsminderungsleistungen in der EU erschienen etwa deckungsgleich mit den nationalen Zielen in Deutschland, so dass auf dieser Ebene keine Anpassung erforderlich wurde. Auf der Ebene der Instrumente lässt sich dahingegen in beiden Bereichen (ETS und Nicht-ETS) ein *„misfit"* auf niedrigem Niveau erkennen. Wenn wir die Jahre 2006/07 als *status quo* betrachten, so gehörten Verhandlungen über Emissionsbudgets und Zuteilungsregeln zum Steuerungsmuster deutscher Klimapolitik, auch wenn zugegebenermaßen der Einfluss der Kommission auf diesen Prozess bereits ausgeprägt schien. Mit dem Beschluss zur ETS-Richtlinie wurden die genannten Einflussmöglichkeiten auf nationaler Ebene komplett aufgehoben. Somit ist ein Veränderungsdruck auf die deutsche Klimapolitik in diesem Bereich zu konstatieren, der als supranationale hierarchische Steuerung interpretiert werden kann. Interessanterweise wurde der Sachverhalt einer Aufhebung nationaler Einflussmöglichkeiten auf die Steuerung innerhalb des Emissionshandels zu keinem Zeitpunkt Gegenstand einer innenpolitischen Debatte. Selbst im Rahmen des Gesetzgebungsverfahrens zum TEHG kam dies nur indirekt zur Sprache. Maßgeblich für diese Entwicklung erscheint der hohe Konsens unter den Akteuren innerhalb des deutschen Systems über die Notwendigkeit dieses Schrittes. Der Weg zur EU-weiten Harmonisierung des ETS wurde von allen Ministerien und Fraktionen im Deutschen Bundestag mitgetragen und explizit unterstützt. Selbst unter den Wirtschafts- und Umweltverbänden herrschte – wenn auch aus unterschiedlichen Gründen – breite Unterstützung für die Verlagerung der Entscheidungs- und Gestaltungsebene des ETS nach Brüssel. Die Auflösung nationaler Regelungsbefugnis in diesem Bereich wurde als Veränderung in der deutschen Klimapolitik von einer breiten Gruppe an „norm entrepreneurs" mitgetragen, ohne dabei den daraus resultierenden Kontrollverlust zu thematisieren. Vetospieler traten nicht auf den Plan. Maßgeblich für den breiten Konsens dürfte das Interesse an einer Konfliktminimierung und damit eine geringe Relevanz der Wirkungsmechanismen innerhalb des deutschen Systems gewesen sein.

Etwas anders erscheint die Verarbeitung der Entscheidung über die Emissionsminderungsverpflichtung in den Sektoren außerhalb des ETS. In diesem Zusammenhang bestand eine echte Verpflichtung zur Leistungserbringung der Bundesrepublik gegenüber der EU, auch wenn dies keine Umsetzungspflicht im Sinne einer Richtlinie zur Folge hatte. Betrachtet man auch hier den Status quo des Jahres 2007, so wird deutlich, dass eine systematische Trennung zwischen ETS und Nicht-ETS im deutschen System bislang nicht existent war. Die vom ETS betroffenen Emissionsquellen wurden durch die NAP I und II reguliert. Eine explizite Bearbeitung der verbleibenden ca. 50 Prozent der deutschen Emissionen als Nicht-ETS-Emissionen erfolgte nicht. Auch das IEKP nahm keine analytische Trennung vor. Mit der Entscheidung zur Lastenteilung im Rahmen des Klima-Energie-Pakets wurde ein Minderungsziel in Höhe von 14 Prozent bis 2020 gegenüber 2005 beschlossen. Ein expliziter politischer Ansatz zur Verarbeitung dieses Ziels wurde in das deutsche System jedoch nicht aufgenommen. Insofern ist von einem regulatorischen „misfit" zu sprechen, der bislang in der deutschen Klimapolitik nicht behoben wurde. Als maßgeblich hierfür dürften drei Aspekte anzuführen sein: Erstens sollte der lineare Verpflichtungspfad bis 2020 erst mit dem Jahre 2013 beginnen. Insofern bestand kein unmittelbarer Verarbeitungsdruck. Zweitens traten keine „norm entrepreneurs" auf, die explizite Maßnahmen zur Erfüllung der Verpflichtung gefordert hätten. Auch aus dem traditionell engagierten BMU kam diesbezüglich keine Initiative. Dies wiederum dürfte, drittens, mit der Tatsache zusammenhängen, dass durch das IEKP eine kräftezehrende Policy-Reform eingeleitet wurde, an deren neuerlicher Überarbeitung kein unmittelbares Interesse unter allen Akteuren innerhalb des Politikfelds bestand. Insofern wurde die deutsche Verpflichtung gegenüber dem EU-Ziel für 2020 im Nicht-ETS-Bereich bis zum Jahr 2014 geradezu ignoriert. Wir können bei der Verarbeitung der EU-Entscheidung also von einer Verzögerung („inertia") sprechen, da eine Bearbeitung noch aussteht.[106]

---

106 Eine Thematisierung wurde erst durch den „Klimaschutzplan 2020" durch Bundesumweltministerin Barbara Hendricks in Aussicht gestellt (BMUB 2014).

Eine, im Rahmen der Europäisierungsforschung interessante Entwicklung vollzog sich mit der Bundestagswahl 2009 und der Amtsübernahme der neuen Bundesregierung aus CDU/CSU und FDP. Im Zuge der Koalitionsverhandlungen Ende 2009 wurde ein unkonditioniertes Klimaziel in Höhe von 40 Prozent Emissionsminderung bis 2020 festgelegt, das Bundesumweltminister Röttgen mit der Verantwortung Deutschlands für den internationalen Klimaprozess begründete. Während bislang hinsichtlich der Zielfestlegungskategorie zwischen der nationalen und der EU-Ebene eine hohe Passfähigkeit bestand, entwickelte sich in Folge dieser Entscheidung ein *„misfit"* bezüglich der Minderungsleistung. Diese Unstimmigkeit wäre unter den Bedingungen der alten Klimapolitik-Governance problemlos zu verarbeiten gewesen. Mit Blick auf die Harmonisierung und Zentralisierung des EU-ETS wäre zur Zielerreichung wahlweise eine Veränderung der Beschlusslage auf EU-Ebene, eine Inkaufnahme ineffektiver Maßnahmen durch zusätzliche nationale Regulierung innerhalb des ETS oder durch eine Verlagerung der Minderungsleistung in den Nicht-ETS-Sektor denkbar. Während dieser Steuerungskonflikt zunächst nicht thematisiert wurde, entwickelte sich ab 2010 eine Debatte, die in erster Linie die Verantwortung der Bundesregierung für die Erhöhung des EU-Ziels thematisierte. Eine tatsächliche Verarbeitung dieses nachträglich durch nationale Beschlüsse entstandenen *„misfits"* erfolgt nicht, so dass das deutsche Klimaziel auf Dauer deklaratorischen Charakter besitzen dürfte.

Kapitel VI: Die deutsche Energiewende und ihre europapolitische Dimension: Zwischen Renationalisierung und EU-Rahmensetzung 2011 bis 2015

Der Reaktorunfall im japanischen Kernkraftwerk Fukushima-Daiichi am 11. März 2011 diente in Deutschland als Initialzündung für die Einleitung eines energiepolitischen Transformationsprozesses, der zwar konzeptionell bereits in den Jahren zuvor angelegt war, nun aber erstmals auf einer breiten gesellschaftlichen Basis begründet werden sollte. Unter dem Begriff „Energiewende" beschloss die Bundesregierung Ende Mai 2011 ein langfristig angelegtes Energiekonzept, das nicht nur eine Zielarchitektur für die folgenden Dekaden bis 2050 bestätigte, sondern auch einen Verzicht auf die Atomenergie bis 2022 festlegte. Bereits kurz nach dem Reaktorunfall in Japan hatte die Bundesregierung ein Moratorium beschlossen und sieben Atomreaktoren unmittelbar vom Netz genommen.

Die Beschlüsse zur Energiewende erfolgten zunächst im Kontext einer nationalen Strategieformulierung, die, getragen von einem breiten Konsens unter den im Bundestag vertretenen politischen Parteien, auch in der Gesellschaft hohe Zustimmungswerte verzeichnen konnte (BDEW 2013). Vor dem Hintergrund der in den vorangegangenen Kapiteln analysierten Europäisierungswirkungen in der deutschen Energie- und Klimapolitik und dem Engagement Deutschlands bei der Gestaltung einer gemeinsamen europäischen Energie- und Klimapolitik kann diese unilaterale Strategieformulierung allerdings auch erstaunen. Hatte die deutsche Bundesregierung nicht wenige Jahre zuvor noch für eine „integrierte EU-Energie- und Klimapolitik" und eine verstärkte Abstimmung von Entscheidungen in der EU geworben?

In diesem abschließenden empirischen Kapitel soll zunächst die Rolle der EU-Ebene in der Konzeption der deutschen Energiewende betrachtet werden. In einem zweiten Schritt wird das Verhalten deutscher Akteure in der EU-Energie- und Klimapolitik ab Anfang 2011 analysiert. Ein dritter Abschnitt widmet sich dem Regierungswechsel 2013 und der Verarbeitung europäischer Einflußfaktoren in der Neuaufstellung der nationalen Energiewendepolitik. In einem vierten Abschnitt wird die Strategie der Bundesregierung bei der Neufestlegung eines EU-Rahmens für die Energie- und Klimapolitik bis 2030 dargestellt.

In diesem Abschnitt geht es nun vor allem um das Zusammenspiel zwischen den Ebenen unter der Voraussetzung einer veränderten nationalen Strategieformulierung. Die Zielsetzung dieses Abschlusskapitels ist die Entwicklung eines rudimentären Erklärungsansatzes für die Energiewende-Europapolitik der ersten Jahre, die Analyse der Konflikte sowie Möglichkeiten und Grenzen nationaler Strategieformulierung im Kontext einer zunehmend europäisierten Energie- und Klimapolitik.

1 Der Faktor „Europa" im Kontext der Energiewende-Beschlüsse

Mit der Amtsübernahme der schwarz-gelben Bundesregierung unter Bundeskanzlerin Merkel im Dezember 2009 wurde die Energiepolitik einmal mehr zu einem parteipolitisch heftig umstrittenen Politikfeld. Sowohl die Nichtbehandlung der Atomfrage als auch die starke Fokussierung auf das Thema Klimaschutz hatten unter der Großen Koalition in den Jahren 2005 bis 2009 zu einer zweitweisen Befriedung des Konflikts geführt. Durch die nun im Koalitionsvertrag angekündigte Laufzeitverlängerung für die deutschen Atomkraftwerke wurde die Aufmerksamkeit der zivilgesellschaftlichen Akteure sowie der drei Oppositionsparteien SPD, Bündnis 90/Die Grünen und DIE LINKE einmal mehr auf die energiepolitischen Vorhaben der Bundesregierung gelenkt. Mit der Entwicklung einer langfristig ausgerichteten Strategie unter dem Titel „Energiekonzept" im September 2010 und der damit einhergehenden Verlängerung der Kernkraftwerkslaufzeiten entbrannte der gesellschaftspolitische Konflikt über die Nutzung der Atomenergie aufs Neue. Unter Berücksichtigung einer zunehmenden Polarisierung, die durch das Aufbrechen des acht Jahre alten „Atomkonsenses" der rot-grünen Regierung unter Bundeskanzler Gerhard Schröder ausgelöst worden war, wirkte die Havarie im Atomkraftwerk Fukushima wie ein Funke am Pulverfass. Der Spiegel berichtete wenige Wochen nach dem Reaktorunfall, dass Bundeskanzlerin Merkel die erneute Umkehr in der Atompolitik am nächsten Morgen mit den Worten „Das war's!" einleitete (Dohmen u. a. 2011), die sofortige Abschaltung der ältesten sieben Reaktoren („Atommoratorium") und die Einrichtung der Ethik-Kommission „Sichere Energieversorgung" anordnete. Der Beschluss der Bundesregierung vom 6. Juni 2011 und die Annahme des Gesetzespakets zur Energiewende durch den Deutschen Bundestag am 30. Juni 2011 waren die Folge. Innerhalb von nur knapp drei Monaten wurden die Laufzeitverlängerungen revidiert, ein gesetzlich geregelter Ausstieg aus der Atomenergie auf den Weg gebracht und das gesellschaftliche „Gemeinschaftswerk Energiewende" verankert.[107]

---

[107] Der Weg zur deutschen Energiewende und die Entwicklungen innerhalb des politischen Systems im Verlauf des Jahres 2011 sind nicht Gegenstand der vorliegenden Analyse. Für eine weitergehende Betrachtung sei an dieser Stelle auf Fischer (2012) und Haunss/Dietz/Nullmeier (2013) verwiesen.

Zunächst soll nun der Blick auf die europäische Dimension in den energie- und klimapolitischen Strategieformulierungsprozessen der Jahre 2010 und 2011 gelenkt werden. Welche Bezüge auf Entwicklungen in der EU und welche Anleihen bei EU-Konzeptionen hat die deutsche Energiepolitik genommen?

Die Aufmerksamkeit von Medien und Öffentlichkeit im Rahmen der Entwicklung des Energiekonzepts 2010 konzentrierte sich zunächst in erster Linie auf die atompolitischen Aspekte des Konzepts. Tatsächlich hatten sich hier die Wirtschafts- und Energiepolitiker der CDU/CSU sowie der FDP-Wirtschaftsminister Rainer Brüderle gegen die Umweltpolitiker der CDU/CSU und den neuen Bundesumweltminister Norbert Röttgen durchgesetzt. Beinahe übersehen wurde dabei, dass die Bundesregierung neben den Laufzeitverlängerungen auch ein detailliertes Programm zur Transformation des Energiesystems bis zum Jahr 2050 ausgearbeitet hatte, das explizite Referenzen zu Entwicklungen auf EU-Ebene und eine europäische Einbettung thematisierte (BMWi/BMU 2010: 28–31). Neben der aktiven Rolle, die Deutschland in einer zunehmend europäisch gestalteten Energie- und Klimapolitik spielen sollte, erscheint die langfristige energie- und klimapolitische Steuerung bis zum Jahr 2050 als Novum in der deutschen Debatte.

Der Europäische Rat vom Oktober 2009 hatte sich im Vorfeld des Kopenhagener Klimagipfels erstmals offiziell zu einem 80-95 Prozent Emissionsminderungsziel für das Jahr 2050 bekannt (Rat der Europäischen Union 2009: 3).[108] Dieses langfristige Planungsziel wurde nun sowohl von der deutschen Umweltpolitik als auch von der Kommission auf EU-Ebene übernommen (Interview S 2014). Auf nationaler Ebene wurden, abgeleitet aus der Zielsetzung für 2050, unterschiedliche Szenarien berechnet, in denen die Rolle der erneuerbaren Energien, der Energieeffizienz und des Einsatzes der Atomkraft als „Brückentechnologie" bewertet wurde. Das deutsche Energiekonzept erwies sich damit noch als weitgehend klimapolitik-induziertes Energieplanungsprogramm, das kompatibel mit den zeitgleich entwickelten technologieneutralen „Roadmaps" der EU-Kommission erschien (Fischer/Geden 2012).[109] Hier lag insofern eine hohe Passfähigkeit mit der Entwicklung der EU-Energie- und Klimapolitik vor. Die Einbindung des langfristigen Klimaziels als europäischer *„soft norm"* war insbesondere vom BMU betrieben worden und findet sich erstmals im Koalitionsvertrag 2009 wieder (CDU/CSU/FDP 2009: 25–26).[110]

---

108 Dieses Ziel wurde bei genauerem Hinsehen aber weiterhin konditional formuliert. So soll die EU das Ziel in Höhe von 80-95 Prozent als Teil der Gruppe „Industrieländer" verfolgen (vgl. Geden 2012).

109 Die EU-Kommission veröffentlichte im Verlauf der Jahre 2011 und 2012 drei Strategiepapiere, die jeweils ein Dekarbonisierungsziel von 80 Prozent bis 2050 mit seinen Auswirkungen auf Wirtschaft, Energie und Verkehr thematisierten.

110 Im BMU sah man die Eingliederung eines langfristigen Dekarbonisierungsziels als notwendig an, um insbesondere Investitionsentscheidungen in der Energiewirtschaft und den Umgang mit

Der Reaktorunfall im japanischen Fukushima im März 2011 führte in Deutschland zu einer intensivierten Auseinandersetzung über die Notwendigkeit eines gesellschaftlichten Konsenses in der Energiepolitik. Die Empfehlungen der Ethikkommission „Sichere Energieversorgung" richteten sich insofern weniger an der Gestaltung politischer Steuerungsinstrumente zur Erreichung von Zielsetzungen aus. Die Ethikkommission unter den beiden Ko-Vorsitzenden Klaus Töpfer und Matthias Kleinert bemühte sich stattdessen darum, einen breiten Konsens über Fragen der Nachhaltigkeit und Versorgungssicherheit im nationalen Kontext herzustellen. Die Vielschichtigkeit dieser Aufgabe spiegelte sich auch in der Zusammensetzung der Kommission und den umfangreichen Positionsabwägungen im Abschlussbericht wider.[111] Bezeichnend erscheint jedoch, dass die EU-Ebene in den vierseitigen Empfehlungen der Ethikkommission nicht thematisiert und stattdessen die Entwicklung eines nationalen Gesellschaftsprojekts in den Vordergrund gestellt wird (vgl. Ethik-Kommission 2011: 4–7). Eine Ursache mag darin gelegen haben, dass sich die öffentliche Auseinandersetzung nun in erster Linie auf die Gewährleistung von Versorgungssicherheit unter den Bedingungen der unmittelbaren Abschaltung von neun Reaktoren beschränkte. Zudem wurden in zunehmendem Maße Fragen der beschleunigten Infrastrukturentwicklung thematisiert, die unter anderem durch die Umsetzung des Dritten Energiebinnenmarktpakets ohnehin bearbeitet wurden (vgl. Kap. V Fallstudie 1). Auffällig erscheint neben der wenig europäischen Ausrichtung eine starke Hinwendung der Ethikkommission zum Stromsektor, der, bedingt durch die Atomfrage, noch stärker als in den Jahren zuvor Fixpunkt der energiepolitischen Steuerung wurde. Je mehr die Konzentration sich jedoch auf diesen Sektor richtete, desto weniger fielen Entwicklungen im Gebäude- und Verkehrssektor ins Auge.

Mit Blick auf die in den Kapiteln zuvor dargestellten Entwicklungen der Jahre 2007 bis 2010 erstaunt, wie wenig die seitdem veränderten Steuerungsmuster im EU-Mehrebenensystem Einzug in die Energiewende-Debatte hielten. Die Schwierigkeiten einer nationalen Strategieformulierung unter den Bedingungen einer zunehmenden Integration in den Strombinnenmarkt und einer bereits beschlossenen Zentralisierung und Harmonisierung des Klimapolitik-Regimes auf EU-Ebene wurden nur an wenigen Stellen thematisiert. Eine Reihe von Autoren, darunter Fischer und Geden (2011), Fischer (2011), Weimann (2012), mahnten im Verlauf der Jahre 2011 und 2012 eine stärkere Berücksichtigung der bereits bestehenden Strukturen in die EU-Energie- und Klimapolitik an. Gleichzeitig

---

Kohlekraftwerken vor dem Hintergrund einer langfristigen Zielsetzung zu „professionalisieren" (Interview V 2014).

111 So waren neben den beiden Ko-Vorsitzenden Klaus Töpfer und Matthias Kleiner auch Vertreter von Verbänden, Umweltschutzorganisationen, Kirchen, Gewerkschaften und der Wissenschaft in die Kommission eingebunden.

diente der Verweis auf die Notwendigkeit einer „Einbettung der Energiewende in ein europäisches Gesamtkonzept" im weiteren Verlauf der politischen Debatten einer Reihe von Akteuren als Argument, um die Beendigung eines nationalen Alleingangs zu fordern (vgl. Sinn 2012). Insbesondere die volkswirtschaftlichen Ineffizienzen nationaler Steuerung wurden dabei als zentrales Begründungsmuster für die häufig proklamierte Aussichtslosigkeit der Umsetzung eines nationalen Transformationsprogramms verwendet.[112]

Ein tatsächlicher Mehrebenenkonflikt lässt sich in den ersten Jahren der Energiewende-Implementierung innerhalb Deutschlands nur in sehr begrenztem Umfang konstatieren. Dass jedoch mittelfristig Steuerungsprobleme auftreten könnten, wurde erstmals von der unabhängigen Experten-Kommission der Bundesregierung zum Monitoring der Energiewende festgehalten. Die vier Wissenschaftler unter Leitung des Umweltökonomen Andreas Löschel widmeten in ihrem ersten Bericht den Interdepenzen zwischen der nationalen und der EU-Ebene ein eigenes Kapitel und mahnten eine bessere Koordinierung der Transformationsprozesse an (Expertenkommission 2012: 114–121). Im Mittelpunkt ihrer Ausführungen stand einmal mehr die Klimapolitik, die sie neben dem Atomausstieg als zweites Oberziel des Energiewende-Prozesses identifizierten. Abseits der bereits im Kapitel zur Europäisierung der deutschen Klimapolitik dargelegten Interaktion zwischen dem EU-ETS und den nationalen Emissionsminderungszielen thematisierte die Expertenkommission auch die negativen Auswirkungen des Preisverfalls im EU-ETS auf die Finanzierung des Energie- und Klimafonds, der sich aus den Erlösen der Auktionierung von Zertifikaten speist. Über diesen sollten Maßnahmen im Bereich der Energieeffizienz und der Forschungsförderung finanziert werden. Somit ließen sich nur über einen höheren Zertifikatepreis die vorgesehenen Projekte auch tatsächlich verwirklichen. Zur Erreichung des deutschen Emissionsminderungsziels stellte die Expertenkommission wiederum die bereits bekannten zwei Optionen in den Raum: Entweder sollte die Bundesregierung eine Reform des EU-ETS und eine Erhöhung des EU-Klimaziels anstreben oder eine Verlagerung der deutschen Anstrengungen in die nicht vom ETS abgedeckten Sektoren in Angriff nehmen. Eine nationale Regelung zur Begrenzung der ETS-Emissionen wurde explizit nicht vorgeschlagen.

Erstmals thematisierte die Expertenkommission auch die Interaktion zwischen den energiepolitischen Entscheidungen in Deutschland und der Entwicklung des Energiebinnenmarkts öffentlich. Die Folgen der abrupten Abschaltung der deutschen Atomkraftwerke für die Energieversorgungssicherheit der Nachbarstaaten, die Auswirkungen des EEG auf die Großhandelspreise und das zu-

---

112 Eine gute Zusammenstellung der Argumente, warum aus unterschiedlichen Motiven eine stärkere Fokussierung auf die europäische Ebene thematisiert wurde, findet sich bei Gawel/ Strunz/Lehmann (2014).

nehmende Auftreten von Ringflüssen über die Netze der Nachbarstaaten Polen und Tschechien wurden als zentrale Themen für weitere bi- und multilaterale Kooperationsformate identifiziert (ebd.: 119–121).

Auch wenn das Energiewende-Konzept nicht zu einem unmittelbaren Konflikt mit der EU-Ebene führte, so wird in der Zusammenstellung deutlich, dass der in der Energiewendestrategie angelegte starke Transformationsdruck auf dem Stromsektor eben jenen Teil des Energiesystems trifft, der in den vergangenen Jahren am stärksten von Europäisierungsprozessen betroffen war. Weder Klimaschutzziele noch die Entwicklung von Marktregeln oder der Netzausbau ließen sich ohne eine EU-weite oder mindestens regionale Abstimmung bearbeiten.

Die Tatsache, dass Europa im Kontext der Strategieformulierung und der Identifizierung erster Implementierungsschritte eine nachgeordnete Rolle spielte, war unter anderem der Tatsache geschuldet, dass kein unmittelbarer Veränderungsdruck mehr von Seiten der EU ausgeübt wurde, da über das Klima-Energie-Paket und die Reformen im Rahmen der Energiebinnenmarktgesetzgebung die wesentlichen Maßnahmen bereits in den Jahren zuvor beschlossen und in Deutschland umgesetzt worden waren. Eine erneute Verarbeitung von EU-Entscheidungen im nationalen System stand entsprechend nicht auf der Tagesordnung. Interessanter erscheint daher die Frage, wie sich die deutsche Bundesregierung in Folge ihrer Energiewende-Beschlüsse auf EU-Ebene verhielt und mit welcher Strategie sie sich bemühte, die Weiterentwicklung der EU-Energie- und Klimapolitik zu beeinflussen. Dieser Zusammenhang steht im Mittelpunkt der folgenden Abschnitte.

2 Die Energiewende-Europapolitik der Bundesregierung 2011-13

Der Reaktorunfall von Fukushima im März 2011 war nicht nur in Deutschland mit großer Betroffenheit zur Kenntnis genommen worden, sondern stellte auch ein Ereignis dar, über das Medien und Öffentlichkeit in anderen EU-Mitgliedstaaten berichteten. Die Einleitung der Energiewende blieb jedoch ein zunächst unmittelbar auf Deutschland begrenztes Ereignis.[113] Vor diesem Hintergrund soll im ersten Abschnitt nun der Frage nachgegangen werden, warum es im Frühjahr 2011 nicht zu einer erneuten Strategieformulierung auf EU-Ebene wie im März 2007 kam und wie Deutschland in der Folge seine nationalen Beschlüsse in der EU kommunizierte. In zwei weiteren Abschnitten wird das Verhalten deutscher Akteure im Verhandlungsprozess zur Weiterentwicklung der EU-Energie- und Klimapolitik untersucht. Dabei steht vor allem die Kohärenz des Handelns auf nationaler und auf EU-Ebene im Mittelpunkt der Betrachtung.

2.1 Die Rolle des Reaktorunfalls von Fukushima in der EU-Energie- und Klimapolitik

Die Reaktorhavarie in Japan war auch zentraler Gegenstand der Debatten in und zwischen den Brüsseler Institutionen im Frühjahr 2011. Auf dem Treffen der Staats- und Regierungschefs am 24./25. März 2011 standen Entwicklungen in Japan und politische Folgen des Unfalls auf der Tagesordnung. Unter Berücksichtigung der Grundannahmen des Multiple-Streams-Modells bot das Ereignis auf den ersten Blick ein optimales Gelegenheitsfenster, um auch in der Energie- und Klimapolitik der EU ein erneutes Agenda-Setting zu betreiben (vgl. Kingdon 2003). Ein bemerkenswerter Unterschied zeigte sich jedoch innerhalb der drei relevanten Ströme, die anhand divergierender Entwicklungen auf nationaler und auf EU-Ebene dargestellt werden können. Während die Problemwahrnehmung in Deutschland neben den Gefahren der Atomenergie eine generelle Abneigung gegen das fossil-nukleare Energiesystem zum Ausdruck brachte, sah eine Mehr-

---

113 Lediglich in Italien, Belgien und der Schweiz wurden unmittelbar nach der Reaktorkatastrophe Änderungen an der Atompolitik angekündigt.

heit der Akteure in Brüssel die Ereignisse in Japan lediglich als Anlass, eine neue Risikobewertung der Nukleartechnik vorzunehmen. Bereits auf dem Problemstrom finden sich also unterschiedliche Betrachtungsweisen, die auf EU-Ebene durch die Einleitung eines Stresstests bei dem rund 140 Reaktoren in 14 Mitgliedstaaten so lange bedient werden konnten, bis sich das Gelegenheitsfenster wieder schloss und andere Themen auf die Agenda rückten.

Große Unterschiede zwischen dem Handeln der Akteure auf beiden Ebenen lassen sich auch im Policy-Strom feststellen. Die Debatte über einen deutschen Atomausstieg und die Entwicklung von Strategien, Konzepten und Modellen zu dessen rascher Umsetzung war vergleichsweise weit gediehen. Bereits in der Ausarbeitung des Energiekonzepts 2010 wurde die Atomenergie lediglich als eine technische Option innerhalb des Transformationsprozesses („Brücke") thematisiert, die aus Sicht relevanter Akteure unter den gesetzten Rahmenbedingungen ökonomisch sinnvoll erschien und sich insbesondere positiv auf den Staatshaushalt auswirken sollte (vgl. Becker 2011; Luhmann 2012). Alternativkonzepte hierzu standen allerdings bereits im Raum und waren unter anderem im Rahmen der Erstellung des Energiekonzepts in Modellen dargelegt worden. Völlig anders sah die Situation auf EU-Ebene aus. Unter Bezugnahme auf Art. 194 AEUV wird den Mitgliedstaaten die Entscheidungshoheit über ihren nationalen Energiemix garantiert, so dass die Kommission in ihrem Handeln auf Maßnahmen zum Klimaschutz und die Gestaltung der Regeln auf dem Energiebinnenmarkt beschränkt blieb. Die Rolle der Atomenergie war in diesem Zusammenhang nicht Gegenstand eines kommissionsseitig entwickelten Transformationskonzepts, sondern vielmehr Bestandteil eines möglichen Dekarbonisierungspfades, über den die Mitgliedstaaten individuell zu entscheiden hatten. Das Problem „Reaktorunfall" passte in diesem Zusammenhang also zu keiner der von der Kommission im Vorfeld erarbeiteten Policy-Optionen, die nun erfolgversprechend hätten eingebracht werden können.

Schließlich unterschied sich auch die Entwicklung auf dem Politics-Strom zwischen den beiden Ebenen. Während in Deutschland nunmehr eine strukturelle Mehrheit in Bundesregierung, Bundestag und Bundesrat einen Ausstieg aus der Kernenergie befürwortete und die regierenden Koalitionsparteien um die anstehenden Landtagswahlen bangten, lag eine vergleichbare Situation in der EU nicht vor. Zwar wagte es keine Regierung, sich unter den gegebenen Umständen offensiv für die Atomenergie stark zu machen. Eine grundsätzliche Veränderung in der energiepolitischen Ausrichtung ließ sich jedoch nur in wenigen Mitgliedstaaten erkennen. Zumeist ebbte das Interesse an den Ereignissen in Fukushima rasch ab. Ganz entscheidend für das Ausbleiben der Nutzung des Gelegenheitsfenster Fukushima erschien auch der Mangel an *„policy entrepreneurs"* in der EU, die sich für eine stärkere Rolle der EU in der Transformationsfrage stark machten und eine Verkopplung des Problemstroms mit einer Policy-Option ins

Spiel brachten. Interessanterweise gab es auch von Seiten der deutschen Bundesregierung keine Initiative, ihr Energiewende-Projekt gleichsam auf EU-Ebene zu propagieren. Ein Anliegen der Bundesregierung im Jahr 2011 war es vielmehr, negative Einflüsse der EU auf das nationale Projekt Energiewende zu vermeiden.

Diese kurze Zusammenstellung der Entwicklungen im Frühjahr 2011 macht deutlich, wie unterschiedlich sich die Situation auf beiden Ebenen entwickelte. Das Gelegenheitsfenster auf EU-Ebene schloss sich mit dem Beschluss des Europäischen Rates, eine Sicherheitsüberprüfung der Kernkraftwerke in der EU vorzunehmen. Die überwiegende Mehrheit der Akteure gab sich mit diesem Maßnahmenpaket zufrieden. Die Bundesregierung trat als Akteur nicht in Erscheinung und war zunehmend mit der Ausgestaltung des nationalen Transformationskonzepts beschäftigt.

2.2 Erste Ansätze der Energiewende-Kommunikation in der EU

Vor dem Hintergrund der kompetenzrechtlichen Ausgestaltung der EU-Energiepolitik und der Präferenzen einzelner Mitgliedstaaten verwundert es kaum, dass die Reaktorkatastrophe von Fukushima für ein EU-weites Agenda-Setting nicht nutzbar gemacht werden konnte. Aus europäischer Perspektive wurde nun allerdings immer häufiger die Frage gestellt, welche Auswirkungen der nationalen Strategieformulierung Deutschlands auf die Weiterentwicklung der EU-Energie- und Klimapolitik zu erwarten seien. Interessant war in diesem Zusammenhang zu beobachten, dass die überwiegende Mehrheit der Interviewpartner in Brüssel das unilaterale Handeln der deutschen Bundesregierung negativ bewertete. Der Vorwurf eines deutschen „Narzissmus und Autismus" (Interview B 2013) oder die Heraufbeschwörung eines „richtigen Clashs" in der EU (Interview I 2014) beschrieben die extremsten Positionen mit Blick auf das deutsche Agieren im Zuge der Energiewende. Kritik wurde von nahezu allen Interviewpartnern geübt. Diese richtete sich allerdings weniger auf die Inhalte der Entscheidung, als auf die mangelnde Kommunikationskultur der Bundesregierung in Brüssel. Insbesondere die Inkaufnahme von Versorgungssicherheitsproblemen durch die eilige Abschaltung der deutschen Atomkraftwerke stand dabei im Mittelpunkt. Mit dem Beharren auf der vertraglich zugesicherten Souveränität beim Energiemix lieferte die Bundesregierung in diesem Zusammenhang auch eine Vorlage für ein wieder stärker auf nationale Präferenzen ausgerichtetes Handeln der Mitgliedstaaten in den Folgejahren.

Die Bundesregierung begann erste Ansätze einer Kommunikation ihrer Entscheidungen gegenüber den anderen EU-Mitgliedstaaten erst nach dem Atommoratorium. Zunächst wurde Staatssekretär Jochen Homann aus dem BMWi nach Brüssel geschickt, um die Position der Bundesregierung zu erläutern und

Fragen der Mitgliedstaaten zu beantworten (Interview I 2014). Erst im September 2011 reiste auch der neue Bundeswirtschaftsminister Phillip Rösler zum Energieministerrat nach Brüssel und stellte die deutsche Energiewende-Politik vor (Interview K 2014). Zwischenzeitlich hatte sich der deutsche Atomausstieg allerdings preistreibend im gekoppelten Markt mit Frankreich und den Benelux-Staaten ausgewirkt, so dass die Regierungen zunehmend Erklärungen von der Bundesregierung einforderten (ebd.).[114] Auch von Seiten der Kommission wurde die Bundesregierung aufgerufen, ihre Schritte zu kommunizieren und ins Bewusstsein gerufen, dass Deutschland keine isolierte Insel sei, sondern als größter Stromproduzent und -verbraucher im Binnenmarkt eine besondere Verantwortung wahrnehmen müsse (ebd.). Die durchaus berechtigte Sorge auf Seiten der Kommission bestand darin, dass sich der Fokus energiepolitischer Strategiegestaltung nun wieder stärker nach Innen kehren würde und die Entwicklung des EU-Energiebinnenmarkts außen vor bliebe.

Deutsche Akteure, allen voran die Bundesregierung, Bundestagsabgeordnete und die Umweltverbände, bemühten sich in der Folgezeit darum, Schadensbegrenzung zu betreiben und die Kompatibilität der Energiewende-Entscheidung mit der Struktur der EU-Energie- und Klimapolitik darzustellen. Erstmals zeigte sich hier jedoch die wachsende Ausdifferenzierung der Positionierungen innerhalb der Bundesregierung. Während das BMU eine aktive Kommunikationsstrategie betrieb und Werbung für das deutsche Transformationskonzept machte, war das BMWi in Brüssel kaum sichtbar. Dies sollte auch Folgen für die Politikgestaltung auf EU-Ebene in zwei zentralen Bereichen haben, wie in den nächsten Abschnitten dargestellt wird.

2.3 Die Bundesregierung als Akteur in der Politikgestaltung auf EU-Ebene

Wie einleitend bereits beschrieben, lag seit dem Jahr 2010 der Schwerpunkt europäischer Energie- und Klimapolitik auf der Überwachung einer ordnungsgemäßen Umsetzung der Beschlüsse des Dritten Binnenmarktpakets und des Klima-Energie-Pakets auf nationaler Ebene. Die Rahmenbedingungen für die Dekade bis 2020 waren damit weitgehend ausformuliert. Im Zentrum der energiepolitischen Arbeit der Kommission bis zum Jahr 2011 stand vor allem die Weiterentwicklung der EU-Energieaußenpolitik (Interview K 2014). In der Zwischenzeit hatten sich jedoch aus ganz unterschiedlichen Gründen zwei größere Problemlagen ergeben, die Beachtung von Seiten der Kommission fanden. Dies betraf zum einen die klimapolitischen Anstrengungen der EU in Verbindung mit

---

114 Auch wenn der Preisanstieg letztlich ein temporär begrenztes Phänomen darstellte, wurde dies im Moment der Entscheidung von den anderen Akteuren als problematisch eingestuft.

einer Reform des Emissionshandels und zum anderen das Ausbleiben von Erfolgen im Bereich der Energieeffizienz, welche die Kommission durch die Einleitung eines Gesetzgebungsverfahrens bearbeiten wollte. In beiden Fällen ging die Kommission zunächst davon aus, dass Deutschland ein großes Interesse an einer Behandlung der Themen auf EU-Ebene haben sollte. Eine Reform des Emissionshandels würde die Erreichung des nationalen Klimaziels erleichtern. Die Einleitung zusätzlicher Maßnahmen bei der Energieeffizienz erschien kompatibel mit den nationalen Zielsetzungen im Rahmen der Energiewende-Architektur. In beiden Bereichen sollte sich jedoch zeigen, dass sich mit dem BMWi ein relevanter deutscher Akteur dazu entschlossen hatte, seine Niederlage auf nationaler Ebene durch eine umso engagiertere Rolle als blockierende Kraft in der deutschen Europapolitik zu kompensieren.

Die Ausweitung der EU-Emissionsminderungsverpflichtungen jenseits der zugesagten 20 Prozent bis 2020 war spätestens seit dem gescheiterten UN-Klimagipfel von Kopenhagen ein Vorhaben der Generaldirektion Klima in der EU-Kommission gewesen, das die neue dänische Klimakommissarin Connie Hedegaard mit großem Engagement vorantrieb. Aus ihrer Sicht stellte eine Erhöhung des EU-weiten Emissionsminderungsziels auf 30 Prozent eine gute Gelegenheit dar, Europas Vorreiterrolle in der Klimapolitik zu festigen, ohne dabei größere volkswirtschaftliche Anstrengungen zu fordern. Noch im Jahr 2010 veröffentlichte die Kommission daher eine Mitteilung über Optionen zur Erhöhung des EU-Klimaziels auf 30 Prozent, die in der Folge vom Umweltministerrat diskutiert wurden (Europäische Kommission 2010b). Auch der deutsche Bundesumweltminister Norbert Röttgen trat frühzeitig für diese Anpassung ein und warb gemeinsam mit seinen britischen und französischen Amtskollegen in Meinungsbeiträgen für Zustimmung (Borloo/Huhne/Röttgen 2010).[115] Auf den vorbereitenden Sitzungen des Umweltministerrats wurde der Kommission und den Protagonisten einer klimapolitischen Vorreiterrolle allerdings sehr schnell deutlich gemacht, dass die größte Wirtschaftskrise in der Geschichte der EU nicht den richtigen Anlass für eine Ausweitung der klimapolitischen Bemühungen lieferte. Auch innerhalb der Bundesregierung erhielt Röttgen für seine Position keine Unterstützung. Ähnlich unbefriedigend verliefen die Diskussionen über die von Seiten der Kommission vorgelegten „Roadmaps 2050", die unter anderem aufgrund eines Vetos der polnischen Regierung nicht in die Beschlussfassungen der entsprechenden Ministerräte übernommen wurden (vgl. Fischer/Geden 2012).

Nach diesem Fehlschlag konzentrierte sich die Kommission in den Folgemonaten lediglich auf Reparaturarbeiten am EU-ETS, das zwischenzeitlich durch den Preisverfall vollständig an Steuerungsimpulsen für Investitionsentscheidun-

---

115 Der entsprechende Artikel wurde unter anderem in der Frankfurter Allgemeinen Zeitung und der Financial Times veröffentlicht.

gen im Energiesektor eingebüßt hatte. Mit einem Zertfikatepreis um fünf Euro pro Tonne konnte nicht mehr von einem Einfluss des Instruments auf Emissionsminderungsmaßnahmen gesprochen werden.[116] Neben der Wirtschaftskrise waren vor allem die Übertragung überschüssiger Zertifikate aus der zweiten Handelsperiode und die übermäßige Inanspruchnahme von internationalen Krediten aus CDM-Projekten Ursache für diese Entwicklung. Doch auch hier wurde der Kommission signalisiert, dass es keine Mehrheit für eine strukturelle Reform unter den Mitgliedstaaten geben würde. Schließlich beschränkte sich die Generaldirektion Klima auf eine minimalinvasive Lösung: Im Rahmen des sogenannten „Backloading" sollte eine begrenzte Anzahl an Zertfikaten vor der Versteigerung zurückgehalten und erst gegen Ende der Handelsperiode in den Markt eingebracht werden. Dadurch erhoffte man sich zumindest einen temporären preissteigernden Effekt, wie er ja unter anderem auch von der Expertenkommission zum Monitoring der Energiewende gefordert worden war. Die Kommission legte einen entsprechenden Entwurf für eine Verordnung im Frühjahr 2013 vor, in der Hoffnung mit diesem minimalen Eingriff zumindest den Anschein von Handlungsfähigkeit in der Klimapolitik zu wahren. Doch selbst zu dieser Entscheidung konnte sich die Bundesregierung nicht durchringen. Das BMU forderte eine Zustimmung, das BMWi lehnte ab und das Bundeskanzleramt betrachtete das Thema als nicht relevant genug, um eine Beschlussfassung gegen den Wirtschaftsminister, Vizekanzler und Parteivorsitzenden des Koalitionspartners durchzusetzen (Interview V 2014). Sowohl innen- wie außenpolitisch war diese Stimmenthaltung der Bundesregierung nur schwer zu erklären, warben zwischenzeitlich doch selbst Energieversorgungsunternehmen wie E.ON für ein Backloading. Der Bundeswirtschaftsminister, der nach Ansicht vieler Interviewpartner ohnehin gleichermaßen mit einer ETS- wie einer EU-Aversion agierte (Interview O 2014; Interview K 2014; Interview P 2014), hatte sich hier früh festgelegt und behielt diese Position bis zum Regierungswechsel Ende 2013 bei. Aus Sicht der Kommission war diese Entwicklung sehr bedenklich, trugen die Deutschen damit einen innenpolitisch scheinbar nicht mehr lösbaren Konflikt nun nach Brüssel (Interview H 2014).

Ähnlich verlief die Debatte über die EU-Energieeffizienzrichtlinie. Nachdem im Rahmen des März-Gipfels 2007 lediglich ein indikatives 20 Prozent-Ziel für die Energieeffizienz festgelegt worden war, beobachtete die Kommission die Entwicklung in den Mitgliedstaaten und entschied sich 2011 aufgrund der mangelnden Aussichten auf eine Erreichung des Einsparziels dazu, die Mitgliedstaaten über den Weg der Rechtsetzung zu verstärkten Reformschritten zu bewegen. Wiederum trat die Bundesregierung mit zwei konträren Positionen auf. Das

---

116 Im Rahmen der Kalkulationen zum Klima-Energie-Paket war die Kommission im Jahr 2008 noch von einem Preis von etwa 30 Euro pro Tonne ausgegangen.

BMU unterstützte die Vorhaben der Kommission, während das BMWi sich darum bemühte, die im Richtlinienentwurf festgelegten Verpflichtungen so weit wie nur möglich zu entschärfen.[117] Aus dem Bundeskanzleramt war wiederum keine Einmischung zu erkennen. Dies führte in der Folge dazu, dass die Richtlinie weitgehend ohne deutschen Einfluss verhandelt wurde. Da es über ein gesamtes Jahr hinweg keine Einigung über eine Position unter den Ressorts gab, konnten die Regelungsinhalte kaum beeinflusst werden. Erst einen Tag vor der entscheidenden Sitzung des AStV hatte die Bundesregierung eine Position gefunden, die allerdings noch immer sehr stark an die ursprüngliche Haltung des BMWi erinnerte (Interview M 2014). Letztlich beinhaltete der Kompromiss zwischen Rat und Europäischem Parlament nur wenige verbindliche Maßnahmen, die wiederum durch Anrechnungsmöglichkeiten von Einsparungen aus der Vergangenheit aufgeweicht werden konnten. Auch hier spiegelte sich die ambitionierte Strategieformulierung im nationalen Kontext nicht in der Haltung der Bundesregierung auf EU-Ebene wider.

2.4 Zusammenfassung: Die Energiewende und die EU im Zeitraum 2011 bis 2013

Mit den Entscheidungen zum Atommoratorium im März 2011 und den Beschlussfassungen zur Energiewende im Mai und Juni 2011 richteten sich die Bundesregierung und eine Mehrheit der relevanten deutschen Akteure verstärkt an einer Gestaltung nationaler Zielsetzungen und Rahmenbedingungen aus. Wie in den vorangegangenen Abschnitten dargelegt, wurden bereits EU-weit harmonisierte Steuerungsinstrumente im Politikfeld Energie und Klima vernachlässigt oder bewusst ignoriert. Die komplexe Bearbeitung der vielschichtigen innenpolitischen Konfliktlage ließ eine strukturierte Einbeziehung der europäischen Gestaltungsebene kaum zu. Gleichzeitig wurden keine Initiativen entwickelt, die ein erneutes Agenda-Setting auf EU-Ebene in den Mittelpunkt stellten. Sogar eine Kommunikation der nationalen Entscheidungen in der EU blieb mangelhaft und erfolgte erst mit einigen Monaten Verzögerung.

Waren die Vernachlässigung der EU-Ebene in der nationalen Strategieformulierung und die mangelnde Kommunikation in der EU noch mit der hohen innenpolitischen Relevanz und dem Druck auf die Akteure zu erklären, muss das Agieren der Bundesregierung im Rahmen der EU-Legislativverfahren der Jahre

---

117 Dies führte so weit, dass das BMU eine Veranstaltung zur Energieeffizienzrichtlinie in der Ständigen Vertretung der Bundesrepublik veranstaltete und dabei Zielsetzungen der Bundesregierung für den Bereich Energieeffizienz vorstellte, während noch immer keine Verhandlungsposition Deutschlands im Rat existierte (Interview K 2014).

2012 und 2013 aus einer anderen Perspektive betrachtet werden. Hier zeigte sich eine deutliche Verschiebung der innenpolitischen Konfliktlinien zwischen den beiden federführenden Ministerien BMU und BMWi auf die EU-Ebene. Ganz bewusst wurden die Reform des Emissionshandels und die Entwicklung eines neuen Rechtsrahmens für die Steigerung der Energieeffizienz durch das BMWi ausgebremst. Dies ist auch als Reaktion auf die in Folge der Energiewende inhaltlich stark beschränkten Handlungsmöglichkeiten des BMWi im nationalen Kontext zu verstehen, das sich nun darum bemühte, einen weiteren regulierenden Eingriff durch die EU zu verhindern. Doch nicht nur die Blockade durch das BMWi, sondern auch die passive Rolle des Bundeskanzleramts waren für eine ausbleibende oder zögerliche Positionierung der Bundesregierung in den Verhandlungen verantwortlich. Sowohl im Vorfeld des März-Gipfels 2007 als auch während der Verhandlungen zum Klima-Energie-Paket war der Einfluss der Bundeskanzlerin entscheidend für die Formulierung deutscher Positionen und die Durchsetzung derselben in den EU-Verhandlungen gewesen. Auf der Agenda der Bundeskanzlerin schien das Thema Gestaltung der EU-Energie- und Klimapolitik aber an Bedeutung verloren zu haben. Das BMWi unter Führung des Parteivorsitzenden des kleineren Koalitionspartners und Vizekanzlers konnte somit erfolgreich seine defensiven Positionen in der Europapolitik durchsetzen.

3 Energiewende und Energiewende-Europapolitik nach dem Regierungswechsel 2013

Im Vorfeld der Bundestagswahl im September 2013 wurde die Umsetzung der Energiewende zu einem Wahlkampfthema das zwar von allen politischen Parteien programmatisch bearbeitet wurde, insgesamt aber auf verhaltenes Interesse in der Bevölkerung stieß. Durch den rechtlich verankerten Atomausstieg fiel das in der Bevölkerung emotional besetzte Thema „Atomenergie" als Unterscheidungsmerkmal zwischen den Parteien aus. Stattdessen standen vor allem die Kostenkontrolle, die verschobene Reform des Erneuerbare-Energien-Gesetzes und das Management der Energiewende im Mittelpunkt der parteipolitischen Positionierungen.

Das Wahlergebnis vom 18. September 2013 legte zwei rechnerische Alternativen zur Koalitionsbildung nahe, die zuvor auch von den Parteien in Betracht gzogen worden waren. Sowohl Bündnis 90/Die Grünen als auch die SPD traten in Sondierungsgespräche mit CDU und CSU ein. Es dürften letztlich nicht die energiepolitischen Themen gewesen sein, die einen Ausschlag für den Beginn von Koalitionsverhandlungen zwischen CDU/CSU und SPD gegeben hatten. Dennoch wurde ihr Ausgang von vielen Beobachtern mit Spannung erwartet. Im Mittelpunkt des energie- und klimapolitischen Teils der letztlich verabschiedeten Koalitionsvereinbarung standen dabei einerseits die Reform des EEG, das erstmals einen gesetzlich verbindlichen Ausbaukorridor mit Ober- und Untergrenzen und damit eine Mengensteuerungsdimension erhalten sollte, und andererseits die Entwicklung eines neuen Strommarktdesigns, mit dem vor allem Versorgungssicherheitsaspekte in einer sich verändernden Erzeugungslandschaft berücksichtigt werden sollten. Beibehalten wurden auch die nationalen Zielsetzungen im Bereich des Klimaschutzes. Nicht eingeführt wurde hingegen ein Klimaschutzgesetz, das Beim potenziellen Koalitionspartner Bündnis 90/Die Grünen hoch im Kurs stand (CDU/CSU/SPD 2013).

Mit Blick auf die deutsche Europapolitik für die Energiewende sollten im Zuge der Koalitionsverhandlungen drei Entscheidungen besondere Bedeutung erlangen: Erstmals seit der rot-grünen Regierungszeit unter Gerhard Schröder wurde eine grundsätzliche Neuverteilung der Ressortzuständigkeiten im Bereich Energie vorgenommen. Das BMWi wurde mit der Gesamtzuständigkeit für die Energiewende betraut und erhielt vom BMU die Federführung für die Bereiche der erneuerbaren Energien und der Energieeffizienz. Entsprechend sollte sich das BMU auf die Bereiche Klimaschutz und Reaktorsicherheit beschränken. Kompensiert wurde das Ministerium mit einer Zuständigkeit für den Baubereich. Mindestens ebenso bedeutsam sollte die Ressortverteilung unter den Koalitionspartnern ausfallen. Beide Ministerien gingen an die SPD und wurden mit Vizekanzler und Wirtschaftsminister Sigmar Gabriel und Umweltministerin Barbara Hendricks besetzt. Die Angleichung der deutschen Ministerialstruktur an die Aufgabenverteilung in der EU sollte unter anderem bislang zähe Ressortabstimmungsprozesse ererleichtern. Auch die in der vorangegangenen Legislaturperiode augenfällige parteipolitische Profilierung durch Konfrontation der beiden Minister konnte durch die SPD-Zuständigkeit für den gesamten Themenbereich beendet werden. Auf institutioneller Ebene sollte sich diese Entscheidung als merklicher Fortschritt bei der effizienten Gestaltung einer Energiewende-Europapolitik erweisen.

Neben der neuen Ressortzuteilung fielen zwei weitere Entwicklungen im Rahmen der Koalitionsverhandlungen ins Auge. Zum einen musste parallel zur Regierungsbildung in Brüssel bereits um die Zukunft des EEG und dabei vor allem um die „besonderen Ausgleichsregelungen" für die deutsche Industrie gerungen werden. Die Kommission hatte 2013 bereits unmittelbar nach den Bundestagswahlen deutlich gemacht, dass sie ein Verfahren gegen Deutschland wegen Verstößen gegen das Beihilferecht eröffnen würde und forderte eine Neugestaltung der gesetzlichen Rahmenbedingungen. Die parallel zu den Koalitionsverhandlungen abgehaltenen Gespräche mit der Generaldirektion Wettbewerb der Kommission fanden auch ihren Niederschlag im Text des Koalitionsvertrags, in dem an mehreren Stellen auf die Notwendigkeit der Europarechtskonformität der Neuregelungen im Bereich der Erneuerbare-Energien-Politik hingewiesen wurde. Zum anderen veränderte sich die Haltung der Bundesrepublik bei der Frage des „Backloadings" in den EU-Verhandlungen zur Reform des Emissionshandelssystems noch während der Koalitionsverhandlungen. Deutschland trat erstmals offen für eine Reform ein. Auch dies dürfte in der deutschen Geschichte ein einmaliger Vorgang gewesen sein. Beide Verfahren werden in den nächsten Abschnitten einer genaueren Betrachtung unterzogen.

3.1 Der Kampf um die EEG-Reform: Die Kommission in doppelter Rolle

Für die am 17. Dezember 2013 im Bundestag vereidigte Bundesregierung und insbesondere für Bundeswirtschaftsminister Gabriel begann die Amtszeit mit einem Paukenschlag. Nur einen Tag später, am 18. Dezember 2013, leitete EU-Wettbewerbskommissar Joaquin Almunia offiziell ein Beihilfeverfahren gegen Deutschland ein, in dessen Mittelpunkt die besonderen Ausgleichszahlungen im Rahmen des deutschen EEGs standen. Dass es zu einer Auseinandersetzung mit der Kommission über das EEG und seine Regelungsinhalte kommen würde, war bereits seit längerem klar und spiegelte sich in der Betonung der „Europarechtskonformität" neuer Regelungen zum EEG im Koalitionsvertrag wider. Wie schnell die Kommission nach der Regierungsbildung allerdings diese Schritte einleiten würde, kam überraschend.

Das EEG stand seit seiner Geburtsstunde 2001 unter kritischer Beobachtung aus Brüssel. Wie bereits in vorangegangenen Kapiteln beschrieben, konnten sich die Unterstützer des deutschen Einspeisegesetzes in zahlreichen Verfahren, ob im EuGH-Verfahren PreussenElektra oder bei den Harmonisierungsversuchen im Zuge der Erneuerbare-Energien-Richtlinien 2001 und 2009, erfolgreich gegen den Einfluss der Kommission wehren. Im Grundsatz prallten zwei Philosopien aufeinander: Deutsche Industriepolitik zum Ausbau der erneuerbaren Energien gegen die Vorstellung eines einheitlichen europäischen Strommarktes ohne staatliche Interventionen, den die Kommission über viele Jahre hinweg vertrat. Im Verlauf des Jahres 2014 sollten sich in diesem Verhältnis auf unterschiedlichen Ebenen wegweisende Grundsatzentscheidungen ergeben.

Die Tatsache, dass die Situation zwischen EU-Kommission und Bundesregierung im Dezember 2013 eine neue Eskalationsstufe erreichte, hatte sich bereits seit längerem abgezeichnet. Deutlich wurde die Zuspitzung der Situation, als der damalige Bundeswirtschaftsminister Phillip Rösler im November 2012 zu einem Besuch nach Brüssel aufbrach, bei dem ihm von Seiten der Kommission deutlich gemacht wurde, dass eine dringende Reform des EEG an der Tagesordnung sei. Gerade die besondere Ausgleichsregelung, von der immerhin rund 2000 deutsche Betriebe durch vergünstigte EEG-Beiträge profitierten, stellte für die GD Wettbewerb eine unerlaubte staatliche Beihilfe dar. Würde Deutschland eine europarechtskonforme Lösung für dieses Thema finden, so die Beamten in Brüssel, könne man von der Einleitung eines umfangreicheren Verfahrens absehen. Für Brüssel war klar: Die Unternehmen profitierten durch günstige Strompreise und vergünstigte EEG-Zahlungen doppelt vom deutschen System und waren damit gegenüber ihren europäischen Konkurrenten im Vorteil. Diese fünf Milliarden Euro schwere Subvention der deutschen Wirtschaft könne nicht auf Dauer akzeptiert werden.

Während sich Wirtschaftsminister Rösler darauf zurückzog, die Einmischung Brüssels in nationale Angelegenheiten zu kritisieren, war beim zuständigen und mit EU-Prozessen vertrauten Bundesumweltminister Peter Altmaier rasch die Einsicht eingekehrt, dass in dieser Konstellation großes Ungemach drohte. Sollte die Kommission schließlich die Ausnahmeregelungen des EEG für eine staatliche Beihilfe erachten, könnte dies im schlimmsten Fall zu einer Rückzahlungsverpflichtung der Unternehmen in Milliardenhöhe mit unsicherem Ausgang für den Industriestandort Deutschland führen. Mit seinen EEG-Reformvorschlägen vom

Januar 2013 unter dem Titel „Strompreisbremse" scheiterte Altmaier jedoch an den mittlerweile im Wahlkampfmodus befindlichen Oppositionsparteien mit ihrer Ländermehrheit im Bundesrat. Die Kommission wurde vertröstet, drängte aber weiterhin auf eine Lösung des Problems. Es war letztlich der Einmischung des Bundeskanzleramts und der politischen Zurückhaltung des EU-Kommissars geschuldet, dass das Beihilfeverfahren nicht zum Gegenstand des deutschen Bundestagswahlkampfes wurde. Der Brief aus Brüssel vom 18. Dezember 2013 durfte dennoch niemanden überraschen, der sich eingehender mit dem Prozess beschäftigte.

Der politische Druck, der durch die Eröffnung des Beihilfeverfahrens auf die neue Bundesregierung ausgeübt wurde, ist in seiner Tragweite aus heutiger Sicht kaum zu überschätzen. Als erste unmittelbare Konsequenz war es dem Bundesamt für Wirtschaft und Ausfuhrkontrolle (BAFA) nicht mehr gestattet, Ausnahmebescheide an die deutsche Industrie auszustellen. Die daraus resultierende Rechtsunsicherheit für die Unternehmen übte enormen Druck auf die deutsche Politik aus, eine rasche Neuregelung des EEG zu veranlassen. Auf politischer Ebene wiederum war die Bundesregierung noch immer mit der Neusortierung der Ministerien beschäftigt und erwies sich somit nur als begrenzt handlungsfähig. So siedelte die für das EEG zuständige Abteilung aus dem ehemaligen BMU in das erweiterte BMWi über. Damit nicht genug, stellten zwei weitere Verfahren auf EU-Ebene die grundsätzliche Aufstellung des deutschen EEG in Frage: Zum einen hatte sich die EU-Kommission dazu entschlossen, einen neuen Leitlinienkatalog für Umwelt- und Energiebeihilfen zu erarbeiten, der insbesondere die nationale Förderung erneuerbarer Energien künftig einheitlicher regeln sollte. Ein langsames Auslaufen der Einspeisetarife zu Gunsten von Auktionen war ein zentraler Bestandteil dieses Papiers, das von Energiekommissar Oettinger und Wettbewerbskommissar Almunia vorbereitet wurde. Die Kommission hatte nach EU-Wettbewerbsrecht die alleinige Zuständigkeit für die Ausarbeitung der Leitlinien und musste diese nicht durch Rat und Parlament absegnen lassen. Zum anderen war ein Verfahren vor dem Europäischen Gerichtshof anhängig, in dem es um die Frage der Öffnung nationaler Fördersysteme ging. Im „Åland-Fall" hatte ein finnisches Unternehmen auf Inanspruchnahme der schwedischen Förderung für erneuerbare Energien geklagt. In einem ersten Schritt stimmte der dem Verfahren zugeteilte Generalanwalt des EuGH der Klage in den meisten Punkte zu und erklärte somit, dass eine Diskriminierung ausländischer Produzenten von Strom aus erneuerbaren Energien durch nationale Fördersysteme künftig nicht mehr gestattet sein dürfe. Wäre diese Argumentation auch im Urteil bestätigt worden, hätte sich das EEG in seiner damaligen Ausgestaltung kaum halten lassen. Unter der Bedingung dieser komplexen Verhandlungssituation war das BMWi nun gefordert, innerhalb kürzester Zeit eine grundlegende Reform des EEG vorzulegen.

Die Akteurkonstellation, der sich Bundeswirtschaftsminister Gabriel im ersten Halbjahr 2014 ausgesetzt sah, erforderte zwar ein geschicktes Verhandlungsmanagement durch seinen neuen Staatssekretär Rainer Baake, und sein Ministerialbüro, es bot neben den bekannten Risiken auch eine Reihe von Chancen. Zu diesen zählten insbesondere die Unkenntnis der innenpolitischen Akteure über den exakten Verhandlungsverlauf zwischen EU-Kommission und Bundesregierung sowie der Zeitdruck, der durch eine anstehende Entscheidung der Kommission mit potenziell negativen Folgewirkungen ausgeübt wurde. Ein Verhandlungsergebnis wurde von Seiten aller Akteure vorgezogen. Doch auch für die Kommission war das Verfahren nicht risikofrei, wären die erheblichen wirtschaftlichen Konsequenzen für die deutsche Industrie doch auch der EU-Kommission angelastet worden.

Erste Leitlinien für die EEG-Reform stellte Wirtschaftsminister Gabriel bereits im Januar 2014 dem Bundeskabinett vor. Weitere Konkretisierungen erfolgten im Februar, stets in enger Abstimmung mit der Generaldirektion Wettbewerb in Brüssel, der Gabriel im Verlauf des ersten Halbjahres 2014 mehrere Besuche abstattete. Die Ausformulierung des EEG erfolgte zwischen Februar und Juni, unterbrochen von einem Treffen zwischen Gabriel, Bundeskanzlerin Merkel und den Ministerpräsidenten am 1. April 2014, bei dem die Zustimmung der Länder im Bundesrat abgesichert werden sollte.

Die Beratungen im Bundestag vom Juni 2014 zeigten schließlich, wie erfolgreich die EU-Ebene als Korsett für EEG-Reform genutzt werden konnte. Gabriel präsentierte den Abgeordneten im Bundestag und den Länderregierungen im Bundesrat einen Gesetzentwurf, dessen Inhalt nach Aussage des BMWi kaum mehr geändert werden könne, da dieser bereits eng mit der Kommission abgestimmt war. Lediglich in einzelnen Detailfragen bestünde noch ein Verhandlungsspielraum, so der Minister. Lediglich in einzelnen Detailfragen bestünde noch Handlungsspielraum. Auf diesem Weg wurden mit politischem Druck Regelungsinhalte in das EEG eingefügt, die keineswegs Gegenstand des Beihilfeverfahrens waren. Unklar blieb weiterhin, was die Kommission der Bundesregierung tatsächlich abverlangt hatte und welche Aspekte die Bundesregierung mit dem Argument der Kompromissfindungnotwendigkeit mit der Kommission ohne Gegenwehr durch die beiden Kammern gebracht hatte. Deutlich wurde jedoch, dass auch die neuen Leitlinien der Kommission und ihre Vorstellungen über die zukünftige Ausgestaltung von Fördersystemen erheblichen Einfluss auf das neue EEG hatten.

Ein unerwartet positives Signal erreichte die Unterstützer des EEG am 1. Juli 2014 von Seiten der EU. Der Europäische Gerichtshof in Luxemburg war in seinem Urteil im Fall „Åland" nicht dem Generalanwalt gefolgt, sondern hatte sich dafür ausgesprochen, dass aus klimapolitischen Gründen auch in Zukunft eine Abschottung der nationalen Fördersysteme mit dem EU-Recht kompatibel sei (EuGH 2014). Auch wenn sich die Urteilsbegründung an vielen Stellen durch mehr neue Fragen als Antworten auszeichnete, war zumindest ein abrupter Systemwechsel durch europäisches Richterrecht verhindert worden.

Der Systemwechsel sollte stattdessen inkrementell durch die Reform des EEG und die Zusage der Bundesregierung an eine weitere Überarbeitung bis zum Jahr 2017 erfolgen. Die offensichtlich dem Beihilfeverfahren der Kommission geschuldete Neuregelung der besonderen Ausgleichsregelung stellte sich letztlich als Veränderung in der Systematik, nicht im Umfang der Freistellungen heraus. Weitaus entscheidender aus europäischer Sicht erwies sich hingegen die Einführung von Ausschreibungen für neue Erneuerbare-Energien-Projekte im Pilotverfahren und die Zusage, diese bei erfolgreichem Test als Standardmethode in das EEG ab 2017 einzuführen und das System teilweise für nicht-deutsche Produzenten zu öffnen. Die Bundesregierung hatte sich somit gegenüber der Kommission Zeit erkauft, einen Systemwechsel jedoch nicht gänzlich verhindern können. Der Streit über diese Reform dürfte demnach zum Ende der Legislaturperiode für Bundeswirtschaftsminister Gabriel erneut aufflammen (vgl. Müller/Kahl 2015).[118]

In einer Grundsatzfrage sollte der somit vorläufig gelöste Konflikt zwischen Bundesregierung und EU-Kommission noch ein juristisches Nachspiel haben: Die Bundesregierung reichte noch im Sommer 2014 eine Klage gegen die Beihilfeentscheidung der Kommission vor dem EuGH ein, im Zuge derer grundsätzlich darüber geurteilt werden sollte, ob das EEG eine staatliche Beihilfe darstelle oder nicht. Eine Klärung dieser Rechtsfrage dürfte auch in Zukunft Bedeutung für das Verhältnis zwischen der Kommission und den Unterstützern einer Beibehaltung des deutschen EEG haben.

Die EEG-Reform im europäischen Mehrebenensystem im Verlauf der Jahre 2013 und 2014 zeigte einmal mehr deutlich, wie vielschichtig die Verknüpfung politischer Prozesse beider Ebenen und ihrer Akteure ausgestaltet ist. Der hierarchische Druck durch die Kompetenz der Kommission für das Wettbewerbsrecht, die starke Stellung der Bundesregierung als Akteur auf beiden Ebenen, der Verlust an Steuerungsmöglichkeiten durch Bundestag und Bundesrat sowie die weitgehend unabhängige Einflussnahme des Europäischen Gerichtshof auf Verfahren im nationalen wie im EU-Kontext erwiesen sich als einflussreich. Gleichzeitig präsentierte sich in diesem Zusammenhang die EU-Kommission unabsichtlich als wichtiger Einflussfaktor bei der Auflösung nationaler Blockaden zwischen Parteien und Ländern im innerdeutschen Zwei-Ebenen-System. So wäre eine EEG-Reform ohne das Schreckensszenario des Beihilfeverfahrens der Kommission im nationalen Kontext erheblich schwieriger und nur nach langwierigen Abstimmungen erfolgt. Dies wäre in früheren EEG-Reformverfahren hilf-

---

118   Mit Blick auf die Zusammenhänge von EuGH-Urteil, EEG-Reform und Beihilfeleitlinien sei insbesondere auf die Beiträge von Kahles, Lünenbürger/Münchmeyer und Pause in Müller/Kahl (2015) verwiesen.

reich gewesen, in denen nur durch Kompensationszahlungen für einzelne Akteursgruppen Einigungen erzielt worden waren.

3.2 Das nationale Klimaziel und die neue Positionierung der Bundesregierung zu Korrekturmaßnahmen am Emissionshandelssystem

Mit Blick auf die Themen Klimaschutz und Emissionsminderung sorgte der Koalitionsvertrag nur für wenige Überraschungen. So hielt die neue Bundesregierung am nationalen 40 Prozent Emissionsminderungsziels bis 2020 fest, nahm keine Änderung an der Systematik der Zielgestaltung vor und wiederholte auch die langfristige Zielsetzung in Höhe von 80 bis 95 Prozent bis 2050. Auch wenn die Entwicklung eines Klimaschutzgesetzes ihren Weg nicht in den Koalitionsvertrag fand, so wurde doch zumindest die Aufstellung eines Klimaschutzplans mit Blick auf das Jahr 2050 vereinbart. Vergleichsweise detailliert gingen die Koalitionspartner auch auf die Entwicklungen in der EU ein: Möglichst zeitnah sollte eine Reparatur des EU-Emissionshandelssystems erfolgen und eine neue Zielsetzung für 2030 in der EU vorgenommen werden. Deutlich gemacht wurde jedoch gleichzeitig, dass es sich bei dieser Reparatur um eine Einzelmaßnahme handeln sollte, bei der die Wettbewerbsfähigkeit der deutschen Industrie berücksichtigt werden müsse (CDU/CSU/SPD 2013: 36-37). Eine Sorge, die insbesondere von der stark vertretenen Gruppe der Wirtschafts- und Energiepolitiker in der Koalitionsarbeitsgruppe vorgebracht wurde.

Überrascht wurden die meisten Beobachter, wie schnell die Vereinbarungen der Koalitionsverhandlungen ihre Übertragung in konkrete Politik fanden. War es der CDU/CSU/FDP-geführten Bundesregierung über ein Jahr hinweg nicht gelungen, eine Position zum Legislativvorschlag der Kommission mit Blick auf das sogenannte „Backloading" zu formulieren, handelte die neue Bundesregierung aus CDU/CSU und SPD noch bevor sie im Amt vereidigt wurde. Die Blockadehaltung des bisherigen Wirtschaftsministers Rösler wurde aufgelöst und Deutschland konnte im Ministerrat für die Entnahme von 900 Millionen Zertifikaten aus dem Emissionshandelssystem stimmen. Wie einflussreich die Bundesregierung in der Thematik „Backloading" tatsächlich war, zeigte sich am Tempo, mit dem das Gesetzgebungsverfahren nach dem deutschen Placet Fahrt aufnahm und die Maßnahme greifen konnte. Unterstützung erhielt die Kommission aus Deutschland auch für ihren nächsten Legislativvorschlag vom Frühjahr 2014, in dem sie für die Einführung einer Marktstabilitätsreserve im Emissionshandel ab 2019 warb. Mit diesem Modell eines Fonds, vergleichbar mit einer Zertifikate-Zentralbank, sollte dauerhaft für eine Preisstabilisierung innerhalb des Emissionshandels gesorgt werden. Mit deutscher Unterstützung und gegen die Stimmen

Polens sowie einiger mittel- und osteuropäischer Staaten wurde auch dieser Gesetzgebungsvorschlag schließlich im Mai 2015 von Ministerrat und Europäischem Parlament angenommen.

Während die Bundesregierung auf EU-Ebene wieder als Akteur mit einer klimapolitischen Agenda in Erscheinung trat, hatten sich die Probleme der europäisierten nationalen Klimapolitik zwischenzeitlich nicht aufgelöst. Schlimmer noch: Sie verschärften sich weiter. Das zwischenzeitlich in BMUB umbenannte Bundesumweltministerium veröffentlichte 2014 erste Zahlen, die ohne zusätzliches Handeln ein deutliches Verfehlen des nationalen 40-Prozent-Klimaziels vorhersagten. An der grundsätzlichen Problematik der Inkompatibilität nationaler Zielsetzungen und einer EU-Steuerung der Klimapolitik hatte sich zwischenzeitlich nichts geändert. Lediglich mehr Zeit bis zum Zieljahr 2020 war verstrichen. Zur Ausgangslage gehörten die Diskrepanz zwischen nationalem und EU-Emissionsminderungsziel (40 vs. 20 Prozent gegenüber 1990) und die Einbindung in das territorial indifferente EU-Emissionshandelssystem, eine Zunahme der deutschen Stromerzeugung durch vermehrte Exporte sowie die Effekte der Abschaltung einiger deutscher Atomkraftwerke.[119] Nachdem die notwendige Anpassung der nationalen Zielarchitektur in Folge der Reformen der EU-Klimapolitik unter den Vorgängerregierungen nicht erfolgt war, entschied sich auch die neue Bundesregierung entgegen der systeminhärenten Logik für die Einleitung weiterer Maßnahmen in den ETS-relevanten Sektoren.

Mit der Lageanalyse und der Ausarbeitung eines neuen Maßnahmenpakets beschäftigte sich Umweltministerin Barbara Hendricks im Verlauf des Jahres 2014. Nachdem die deutschen Treibhausgasemissionen im Jahr 2013 gegenüber dem Vorjahr angestiegen waren, zeigte sich der Handlungsbedarf einmal mehr deutlich. Die prognostizierte „Lücke" zwischen Zielsetzung für 2020 und einem erwartbaren Entwicklungspfad der Emissionen lag zwischenzeitlich bei fünf bis acht Prozent. Lediglich eine Minderung von 33 Prozent gegenüber 1990 war zu erwarten. Mit dem Beschluss des Bundeskabinetts vom 3. Dezember 2014 unter dem Titel „Aktionsprogramm Klimaschutz 2020" sollte diese Lücke geschlossen werden (BMUB 2014b). Im Mittelpunkt standen dabei ein Aktionsplan Energieeffizienz, Maßnahmen für den Verkehrssektor sowie ein zusätzlicher Beitrag des Stromsektors in der Größenordnung von 22 Mio. Tonnen CO_2 bis 2020. Während sich alle beteiligten Akteure im Grundsatz über die Notwendigkeit von Maßnahmen in den erstgenannten Sektoren einig waren, entwickelten sich die 22 Mio. Tonnen Minderungsleistung des Stromsektors zu einem politisch höchst

---

119   Daten der Europäischen Umweltagentur aus dem Jahr 2015 belegen, dass die Emissionsminderungsleistung innerhalb der vom Emissionshandel abgedeckten Sektoren in Deutschland im Verlauf des vergangenen Jahrzehnts unterdurchschnittlich ausfiel. Während die EU ihre Emissionen innerhalb des ETS zwischen 2005 und 2014 um 24 Prozent gesenkt hatte, fielen die deutschen ETS-relevanten Emissionen lediglich um 11 Prozent (European Environment Agency 2015: 20).

umstrittenen Thema. Es sollte letztlich die Aufgabe von Wirtschaftsminister Gabriel sein, geeignete Maßnahmen für die zusätzlichen Emissionsminderungen des Stromsektors zu entwickeln.

Die Positionierungen der beteiligten Akteure hinsichtlich zusätzlicher Minderungsmaßnahmen innerhalb des Stromsektors fielen wenig überraschend sehr unterschiedlich aus. Während auf Seiten der Umweltverbände insbesondere die symbolische Bedeutung des deutschen Klimaziels und die Notwendigkeit des Ausstiegs aus der Kohleverstromung in den Mittelpunkt gestellt wurden, wiesen die Unternehmen der Strombranche und der Industrie nun erstmals deutlich auf die konzeptionelle Problematik der nationalen Klimazielsetzung innerhalb des EU-Emissionshandelssystems hin. Zusätzliche Maßnahmen innerhalb Deutschland würden demnach an einer anderen Stelle in Europa durch steigende Emissionen ausgeglichen werden. Der gesamteuropäische Emissinsminderungseffekt eines Klimaschutzinstruments auf nationaler Ebene wäre somit gleich Null. Die Kosten müsste jedoch der deutsche Verbraucher tragen. Eine Debatte über die grundsätzliche Ausgestaltung des deutschen Klimaziels wurde jedoch im Zuge der Klimazielkontroverse der Jahre 2014 und 2015 nicht initiiert.

Das BMWi bemühte sich um eine Schließung der 22-Millionen-Tonnen-Lücke in einem Konsens mit Umweltverbänden und der Stromwirtschaft. Eine erste Konzeption der zuständigen Abteilungen, die vom Ökoinstitut in Berlin ausgearbeitet worden war, sah eine Lösung im Einklang mit der Logik des EU-Emissionshandels vor (BMWi 2015b). Demnach sollten Kraftwerksbetreiber für ihren Treibhausgasausstoß bis zum Jahr 2020 zusätzliche Emissionszertifikate einreichen, die in der Folge von der Bundesregierung gelöscht werden würden. Damit wäre verhindert worden, dass die Emissionsminderungsleistung Deutschlands zu einem Mehrausstoß innerhalb der EU führen würde. Nach langwierigen Verhandlungen mit Industrie und Gewerkschaften wurde der Vorschlag von Wirtschaftsminister Gabriel verworfen und stattdessen das Konzept der „Klimareserve" entworfen. In diesem Zusammenhang verpflichteten sich die Betreiber der deutschen Braunkohlekraftwerke eine festgelegte Anzahl von Blöcken in eine Notreserve zu überführen, die im Falle einer Versorgungslücke in Anspruch genommen werden könnte, ansonsten aber keinen Strom erzeugen würde. Für die Vorhaltung der Kraftwerke sollte eine Entschädigung gezahlt werden. Nach 2020 würden die Kraftwerke schließlich dauerhaft vom Netz genommen (BMWi 2015c). Aus Sicht der beteiligten Gewerkschaften und Unternehmen erwies sich diese Lösung als zustimmungsfähig. Auf Seiten der Umweltverbände und der parlamentarischen Opposition wurde hingegen heftige Kritik an der Sozialisierung der Kosten für die Abschaltung und der ungewissen Zielerreichung durch die Maßnahmen laut. Die Idee der Löschung von Zertifikaten innerhalb des Emissionshandelssystems wurde nicht weiter verfolgt.

Das Thema Klimapolitik erlangte im Zeitraum 2013 bis 2015 wieder einen deutlich höheren Stellenwert, als dies unter der Vorgängerregierung der Fall gewesen war. Dies zeigte sich in erster Linie am aktiven Eintreten der Bundesregierung auf europäischer und internationaler Ebene. Deutschland wurde einmal mehr zum klimapolitischen Antreiber innerhalb der EU. Wie später zu zeigen sein wird, galt dies auch für die Verhandlungen über einen neuen europäischen 2030-Politikrahmen. Weiterhin unaufgelöst blieb hingegen die Frage der Umgang mit der europäisierten nationalen Klimapolitik. Weder eine Debatte über die nationale Zielarchitektur noch eine volle Einbeziehung der Existenz des Emissionshandels in die nationale Konzeption wurde in den ersten Amtsjahren der Großen Koalition erreicht. Die Frage des nationalen Ziels für den Nicht-ETS-Bereich kam in diesem Bezugsrahmen ebenfalls nicht zur Geltung. Die Neugestaltung der EU-Klimapolitik in Folge der Beschlüsse des Europäischen Rates vom Oktober 2014 und des Klimaabkommens von Paris 2015 könnten hierfür jedoch einmal mehr Anlass bieten.

3.3 Ein neues Design für den deutschen Strommarkt und die Einbeziehung Europas

Bereits im Koalitionsvertrag vom Dezember 2013 war neben der EEG-Reform die Neuregelung des Strommarktdesigns zum zweiten großen Thema für die erste Phase des Regierungshandelns in der neuen Legislaturperiode erhoben worden. Zentrales Anliegen sollte die Gestaltung der Rahmenbedingungen für den konventionellen Kraftwerkspark unter der Bedingung eines kontinuierlichen Wachstums der erneuerbaren Energien im Strommarkt sein. Zunehmend wurden in diesem Zusammenhang Fragen nach der Versorgungssicherheit und nach der Wirtschaftlichkeit fossiler Kraftwerke gestellt, die nun in einer Reform des EnWG und begleitender Gesetze geregelt werden sollten. Die Möglichkeit der Einführung eines deutschen Kapazitätsmarktes stand dabei als zentrales Thema im Raum.

Auch wenn die Debatte über das Strommarktdesign primär national und ohne wesentliche Impulse von der EU-Ebene geführt wurde, konnte die faktische Integration in den EU-Energiebinnenmarkt nicht außen vor gelassen werden. Hinzu kam, dass in anderen Mitgliedstaaten, allen voran in Frankreich, die Gestaltung eines Kapazitätsmarktes schon weiter fortgeschritten war als in Deutschland. Auch auf Seiten der EU-Kommission bestand ein hohes Problembewusstsein hinsichtlich der drohenden Fragmentierung des Strommarktes, sollten die einzelnen Mitgliedstaaten jeweils individuelle Systeme zur Sicherung der Stromversorgung entwickeln. Erst vergleichsweise spät veröffentlichte die Kommission im Sommer 2015 ein entsprechendes Konsultationspapier zur weiteren Gestaltung des Strommarktdesigns für den EU-Energiebinnenmarkt (Europäische Kommission 2015).

Die sich verändernden Erzeugungsstrukturen auf dem deutschen Strommarkt blieben schon aufgrund der engen Vernetzung mit den europäischen Nachbarn keine rein nationale Frage. Insbesondere für die östlichen Nachbarstaaten Polen und Tschechien entwickelten sich die sogenannten Ringflüsse aus dem deutschen Norden nach Süddeutschland und Österreich über das polnische und tschechische Netz zu einem wachsenden Problem. Dieses Thema gelangte im Verlauf der Jahre 2013 und 2014 auch zunehmend auf die politische Agenda in Deutschland. Bemerkenswert ist in diesem Zusammenhang, dass erstmals in der jüngeren deutschen Geschichte aktive Impulse aus dem BMWi zur gemeinsamen Problembearbeitung mit den Nachbarstaaten ausgingen. Der für Energiethemen zuständige Staatssekretär Rainer Baake organisierte in den Folgejahren einen Dialogprozess mit den „zwölf elektrischen Nachbarn" Deutschlands, in dem gemeinsame Herausforderungen und Lösungsansätze für Veränderungen im Strommarkt skizziert wurden.[120] Höhepunkt der Arbeit des zwischenzeitlich als „Baake-Prozess" bezeichneten Formats waren zwei gemeinsame Erklärungen, die im Rahmen des Energieministerrates vom 8. Juni 2015 unterzeichnet wurden (BMWi 2015). In diesen Papieren verständigten sich die Unterzeichner darüber, eine weitere Flexibilisierung des Strommarkts auf Angebot- und Nachfrageseite vorantreiben zu wollen, ihre Netze weiter auszubauen und Versorgungssicherheit zukünftig verstärkt im europäischen Verbund zu betrachten. Neben der Erklärung der elektrischen Nachbarn wurde auch eine Vereinbarung im Rahmen des Pentalateralen Forums getroffen, die sich in erster Linie auf die weitere Integration der Strommärkte in der Region stützte. Dass dieser Prozess seine wesentlichen Impulse von Deutschland ausgehend erhielt, wurde auch im gegenüber den Auswirkungen der deutschen Energiewende zunehmend skeptischen Ausland mit Überraschung und Zufriedenheit zur Kenntnis genommen. Für die weitere Entwicklung des Strommarktdesigns innerhalb der EU sollte sich auch als entscheidend erweisen, dass die Kommission an der Gestaltung der Erklärungen und im Rahmen des gesamten Prozesses aktiv einbezogen wurde.

Innerhalb Deutschlands konzentrierte sich die Debatte rund um das Strommarktdesign weiterhin vor allem auf die Grundsatzfrage, ob die Einführung eines Kapazitätsmarktes notwendig und, wenn ja, wie dieser auszugestalten sei. Der Dialogprozess mit den Nachbarstaaten erschien in diesem Zusammenhang eher als Randnotiz. Die Entscheidung von Wirtschaftsminister Gabriel sich letztlich gegen die Einführung eines solchen Kapazitätsmarktes auszusprechen, kann aber nicht völlig losgelöst von den europäischen Entwicklungen betrachtet werden. Entschei-

---

120 Zu diesen zählten Belgien, Niederlande, Luxemburg, Frankreich, Deutschland, Österreich, die Schweiz, Norwegen, Schweden, Dänemark, Polen und die Tschechische Republik.

dend dürfte zwar letztlich das Kostenargument gewesen sein. Die Tatsache, dass sich die Annäherung an die Nachbarstaaten und die Entwicklung eines Konzepts auf EU-Ebene abzeichnete, bestärkte innerhalb des BMWi aber zumindest diejenigen Akteure, die sich für ein Abwarten und eine mittelfristige europäische Lösung der Fragestellung aussprachen. Sollte es in absehbarer Zukunft zu einem europäischen Gesamtkonzept kommen, wären aus deutscher Sicht geringere Anpassungsleistungen und mehr Gestaltungsspielraum absehbar, als dies nach der Einführung eines nationalen Systems der Fall gewesen wäre. Hinzu kam, dass mit der nationalen Zurückhaltung in der Kapazitätsmarktfrage auch die Unterstützung der Kommission für weitere Schritte gesichert wurde, blickte diese doch mit Skepsis auf die Entwicklung in Frankreich und anderen Mitgliedstaaten.

Im Bereich der Strommarktentwicklung zeichnete sich in den ersten Jahren nach der Regierungsübernahme 2013 eine deutliche Annäherung der nationalen und der EU-Ebene ab. Das aktive Auftreten der Bundesregierung gegenüber den Nachbarstaaten, die Suche nach gemeinsamen Lösungen und die abwartende Haltung mit Blick auf die Entwicklung einer europäischen Konzeption hinsichtlich des Strommarktdesigns stellten eine Abkehr vom bisherigen Pfad des weitgehend autarken und bestenfalls reaktiven Gestaltens energierechtlicher Rahmenbedingungen dar. Mit Blick auf die Verwerfungen im europäischen Strommarkt hinsichtlich der Zunahme von Ringflüssen und der Neugestaltung von Strompreiszonen dürfte sich dieser Ansatz auch als überaus wertvoll erweisen, verhindert er doch ein politisches Auseinanderdriften der Mitgliedstaaten in diesen Fragen. Ob es allerdings gelingen wird, weitreichende Vereinbarungen innerhalb der EU zu diesem Themenkomplex zu finden, darf an dieser Stelle durchaus bezweifelt werden.

4 Déjà-vu in Brüssel: Deutschlands Rolle in den Verhandlungen über einen neuen Rahmen für die Energie- und Klimapolitik bis 2030

Die Frage, ob sich Geschichte tatsächlich wiederholt, wird auch im Rahmen dieses Buches nicht final beantwortet werden können. Zumindest für die europäische Energie- und Klimapolitik darf mit Sicherheit behauptet werden, dass viele Ereignisse und Verhandlungsprozesse aus dem Jahr 2007 in 2014 eine Wiederholung fanden: Gemeint ist dabei in erster Linie das Verfahren zur Festlegung gemeinensamer Zielsetzungen für die Transformation des europäischen Energiesystems in einer weiteren Dekade. Die Tatsache, dass die Beschlüsse des Europäischen Rates vom März 2007 eine enorme Dynamik bei der Gestaltung rechtlicher Rahmenbedingungen in der EU und den Mitgliedstaaten ausgelöst hatten, dürfte heute als unbestritten gelten. Deutschland präsentierte sich im Jahr 2007 als wesentlicher Impulsgeber für die Festlegung der Zielsetzungen und profitierte als Mitgliedstaat mit ähnlichen Zielsetzungen von der Kompatibilität der Beschlüsse auf beiden Ebenen. Wenig überraschend hatte die nunmehr auch parteipolitisch in gleicher Zusammensetzung wie 2007 agierende Bundesregierung ein hohes Interesse an der Fortsetzung der quantitiven Zieltrias in den Bereichen Emissionsminderung, Ausbau erneuerbarer Energien und Steigerung der Energieeffizienz. Dass ausgerechnet Angela Merkel als einzige der 27 Staats- und Regierungschefs die 2007 die Festlegung der Ziele vereinbart hatten auch 2014 noch im Amt war, darf in diesem Zusammenhang in seiner Wirkung nicht unterschätzt werden. Hinzu kam, dass Wirtschaftsminister Gabriel auch im Vorfeld der Zielsetzungen 2007 als Umweltminister eine aktive Rolle spielte. Unter diesen Rahmenbedingungen war die deutsche Bundesregierung einmal mehr dazu prädistiniert, mit dem bestehenden Erfahrungsschatz ein achtbares Verhandlungsergebnis zu erzielen.

Auf vielen anderen Ebenen unterschied sich der Verhandlungsprozess jedoch ganz wesentlich von dem der Jahre 2006 und 2007. Die wohl wichtigste Erkenntnis war die, dass die beteiligten Akteure bereits Erfahrung mit den Auswirkungen einer ersten Phase verbindlicher Zielsetzungen auf EU-Ebene für die Energie- und Klimapolitik gesammelt hatten und eine entsprechend empirisch bestärkte Präferenzbildung erfolgte. Auch die politischen Rahmenbedingungen sollten entscheidend sein. So waren die Folgen der Wirtschafts- und Finanzkrise in vielen Mitgliedstaaten ebenso wirksam wie die Frustration über die mangelnden Fortschritte in den internationalen Klimaverhandlungen. Positiv zeigte sich hingegen, dass sich die EU mit Blick auf die Erreichung der bisherigen Zielsetzungen zumindest in den Bereichen Emissionsminderung und erneuerbare Energien weitgehend auf dem Sollpfad befand. Dies sollte eine Fortsetzung tendenziell begünstigen. Auch auf der Ebene der beteiligten Akteure zeigten sich Veränderungen, die vor allem für den Ablauf des Prozesses von entscheidender Bedeutung sein sollten. Durch die Europawahlen und die sich daraus ergebende Neuzusammensetzung des Europäischen Parlaments und der EU-Kommission erwiesen sich beide EU-Organe im Verlauf des Jahres 2014 als nur sehr begrenzt handlungsfähig. Insbesondere die unterstützende Rolle der Kommission fiel für die Vorbereitung des Europäischen Rates im Oktober 2014 weitgehend aus, da zu diesem Zeitpunkt noch immer keine neuen Kommissare im Amt waren. Dafür sollte ein anderer Akteur erstmals in den Verhandlungsprozess eingreifen: Der ständige Präsident des Europäischen Rates, Hermann Van Rompuy, hatte dieses Amt im Dezember 2009 übernommen und bereite seitdem mit seinen Mitarbeitern die Sitzungen der Staats- und Regierungschefs inhaltlich vor. Eine Funktion, die bislang die rotierende Ratspräsidentschaft – im ersten Halbjahr 2007 die deutsche Ratspräsidentschaft – innehatte. Die diplomatische Arbeit, die 2007 von deutschen Ministerien und der Kommission übernommen worden war, musste in diesem Kontext das Team von Van Rompuy leisten.

Für die Einschätzung der deutschen Rolle im Verhandlungsprozess zu den neuen EU-Zielen in der Energie- und Klimapolitik erwies sich als entscheidend, dass die Bundesregierung vergleichsweise spät in den Gestaltungs- und Verhandlungsprozess einstieg. Die Kommission eröffnete den Prozess im März 2013 mit einem Grünbuch, das als Konsultation für alle Akteure des Politikfelds gedacht war (vgl. Europäische Kommission 2013). Aufgrund der noch existierenden koalitionsinternen Spannungen zwischen BMWi und BMU gelang es der Bundesregierung nicht, sich auf eine gemeinsame Position zum Grünbuch zu verständigen. Erst mit Amtsantritt der neuen Bundesregierung im Dezember 2013 begann auch hier ein Positionsfindungsprozess, der insofern stark verspätet erfolgte, als dass die Kommission bereits im Januar 2014 ihre Vorlage für den 2030-Rahmen veröffentlichte, in der sie auch auf die bis dahin bekannten Positionen der Mitgliedstaaten zurückgriff.

Im Mittelpunkt der Diskussionen über den neuen 2030-Rahmen standen die Fortsetzung der aus 2007 bekannten Zielarchitektur von Emissionsminderung, Ausbau erneuerbarer Energien und Energieeffizienz, ihre quantitative Ausgestaltung und ihre Rechtsverbindlichkeit auf nationaler wie auf EU-Ebene. In ihrem Grünbuch ließ die Kommission eine Präferenz für ein Emissionsminderungsziel in Höhe von 40 Prozent und ein Erneuerbare-Energien-Ziel in Höhe von 30 Prozent bis 2030 erkennen. Mit Blick auf ein Energieeffizienzziel wurde auf die erst kürzlich verabschiedete Energieeffizienzrichtlinie und die anstehende Überprüfung im Jahr 2014 verwiesen. Mit Blick auf die Rückmeldungen zur Konsultation wurde deutlich, dass zwar eine Mehrheit der Mitgliedstaaten und beteiligten Akteure das Emissionsminderungsziel in dieser Form unterstützten, hinsichtlich des Erneuerbare-Energien-Ziels jedoch durchaus unterschiedliche Vorstellungen existierten. Eine relevante Gruppe an Regierungen um Großbritannien und die mittel- und osteuropäischen Staaten sprachen sich für einen technologieneutralen Ansatzes aus, der keine Notwendigkeit für ein neues Erneuerbare-Energien-Ziel vorsah. Eine kleinere Gruppe an Mitgliedstaaten unterstützte hingegen die Fortsetzung der bekannten Architektur mit einem Erneuerbare-Energien-Ziel in Höhe von mindestens 30 Prozent. Dieser Position folgte auch die Bundesregierung in ihrer ersten Stellungnahme zum Thema im Frühjahr 2014.

In ihrer Mitteilung vom Januar 2014, die gleichermaßen als Vorlage für den Europäischen Rat im Oktober dienen sollte, entschied sich die Kommission für einen Zwischenweg, der allerdings mehr neue Fragen als Antworten lieferte (Europäische Kommission 2014a). So schlug die Kommission zwar wie erwartet vor, die bekannte Systematik im Bereich der Emissionsminderungspolitik beizubehalten und aus dem bisherigen Ziel in Höhe von 20 Prozent bis 2020 ein Ziel von 40 Prozent bis 2030 zu machen. Im Bereich der Erneuerbare-Energien-Politik sprach sie sich jedoch für ein Ausbauziel von 27 Prozent bis 2030 aus, das lediglich auf EU-Ebene rechtsverbindlich ausgestaltet werden sollte. Mit diesem Mittelweg sollten einerseits die Intressen der „technologieneutralen" Mitgliedstaaten befriedigt werden, indem ein Ziel unterhalb des Business-as-usual-Szenarios (30 Prozent) und ohne nationale Verbindlichkeit formuliert wurde, andererseits die Erneuerbare-Energien-Politik der EU durch eine Zielvorgabe fortgesetzt würde. In ihrer Mitteilung verzichtete die Kommission auch auf die weitere Ausformulierung des kontrovers diskutierten Effizienzziels mit dem Verweis auf einen Vorschlag im Sommer 2014.

Die Erarbeitung einer deutschen Haltung zu den vielen offenen Fragen begann im Januar und Februar 2014 mit Hochdruck. Aus internen Berichten der Ministerien geht hervor, dass drei Aspekte im Vordergrund standen: Erstens die Ausarbeitung einer gemeinsamen Strategie mit Großbritannien, Frankreich und anderen Staaten, um die Regierungen in Mittel- und Osteuropa, insbesondere aber die polnische Regierung, von der Notwendigkeit einer frühzeitigen Festlegung auf ein verbindliches 40 Prozent-Emissionsminderungsziel zu überzeugen. Zweitens die Entwicklung einer Allianz von Mitgliedstaaten, die sich für ein robustes Erneuerbare-Energien-Ziel einsetzen würden, auch wenn die Übertragung auf nationale Ziele bereits zu einem frühen Zeitpunkt nicht mehr als realistisch eingeschätzt wurde. Drittens eine Betonung der Bedeutung des Themas Energieeffizienz und ein Drängen gegenüber der Kommission, hierfür möglichst zeitnah ambitionierte Ziele vorzuschlagen. Einen ersten Dringlichkeitsbrief hatte Wirtschaftsminister Gabriel noch im Dezember 2013 mit seinen Amtskollegen aus Frankreich, Italien und fünf weiteren Mitgliedstaaten an die Kommission geschickt, in dem die Bedeutung des anvisierten Erneuerbare-Energien-Ziels für 2030 betont wurde. Wie kompliziert die Verhandlungssituation bereits zu diesem Zeitpunkt war, lässt sich an der Tatsache erkennen, dass weder auf eine Zielhöhe noch auf die Übertragung auf nationale Ziele verwiesen wurde. Eine Zustimmung Frankreichs wäre andernfalls kaum möglich gewesen.

Einen ersten Blick auf den Zwischenstand der Debatte erlaubte der Europäische Rat vom 20. und 21. März 2014. Kommissionspräsident Barroso stellte die Mitteilung zum 2030-Rahmen vor und die Staats- und Regierungschefs positionierten sich wenig überraschend zwischen den beiden Extrempositionen der dänischen Ministerpräsidentin Helle Thorning-Schmidt und des polnischen Ministerpräsidenten Donald Tusk. Während Thorning-Schmidt für rasche Entscheidungen und eine Fortsetzung der bekannten Zielarchitektur mit neuen ambitionierten quantiativen Zielsetzungen warb, favorisierte Tusk eine abwartende Haltung der EU. Diese sollte so lange nicht entscheiden, bis die internationalen Klimaverhandlungen messbare Ergebnisse lieferten und die Gefahren neuer Zielsetzungen für die europäische Wettbewerbsfähigkeit absehbar seien. Für den weiteren Prozess als bedeutsam erwies sich rückblickend der kaum öffentlich kaum wahrgenommene Vorschlag Angela Merkels, die Kommission und den ständigen Präsidenten des Europäischen Rates mit der Erarbeitung der Beschlussvorlage für den Oktober-Gipfel zu beauftragen. Da die Kommission aufgrund der Europawahlen und der eigenen Neubesetzung politisch weitgehend handlungsunfähig sein würde, lag die Last der Kompromissfindung nun in erster Linie bei Herman Van Rompuy und seinen Mitarbeitern. Diesem gelang es in der Folgezeit – ähnlich der deutschen Präsidentschaft 2007 – die zentralen inhaltlichen Diskussionen von der Ebene der Arbeitsgruppen und Fachministerräte auf die Ebene der Sherpas für den Europäischen Rat zu verlagern und so einen stärkeren Einfluss auf die Vorbereitung der Beschlussfindung zu nehmen.

Zwischen den beiden Gipfeln des Europäischen Rates im März und Oktober entwickelte sich eine rege Energie- und Klimapolitikdiplomatie, die an den bereits skizzierten grundsätzlichen Fragestellungen allerdings wenig veränderte. Lediglich zwei Ereignisse sollten dem Verhandlungsprozess noch einmal neue Impulse verleihen. Zum einen die Vorlage der Energieeffizienz-Review der Kommission, die im Kern eine Fortschreibung des indikativen Ziels in der Größenordnung von 30 Prozent bis 2030 empfahl, für diese zurückhaltende Position und die veraltete Szenarienentwicklung allerdings auch heftige Kritik von Seiten der Umweltorganisationen einstecken musste (vgl. Europäische Kommission 2014c). Immerhin war damit aber ein Energieeffiizenzziel als Politikvorschlag auf dem Tisch. Zum anderen hatte sich die Krise zwischen Russland und der

Ukraine ausgeweitet, so dass auch das Gasgeschäft dabei einmal mehr in Mitleidenschaft gezogen wurde. Die trilateralen Gespräche zwischen russischen, ukrainischen und EU-Vertretern zur Neuaushandlung der Bedingungen für Transit und Gaslieferung zeigten nur überschaubare Fortschritte. Die Kommission veröffentlichte in diesem Zusammenhang im Sommer 2014 eine „Europäische Energiesicherheitsstrategie" deren wesentlicher Inhalt eine Gefahrenanalyse hinsichtlich russischer Lieferausfälle darstellte (Europäische Kommission 2014b). Somit bot sich einmal mehr die Chance, Sicherheitsthemen mit der klimapolitischen Transformationsagenda zu verknüpfen und eine Paketlösung zu entwickeln. Ein weitgehend neues Thema wurde insbesondere von den Regierungen Spaniens und Portugals im Vorlauf des Oktober-Gipfels immer wieder auf die Tagesordnung gebracht: Der Ausbau der Netzinfrastruktur und die Festlegung eines Interkonnektionssziels. Die beiden Staaten der iberischen Halbinsel sahen sich nunmehr seit Jahrzehnten durch die französische Regierung von der Teilnahme am Binnenmarkt ausgeschlossen und hatten zudem im Zuge der Wirtschaftskrise enorme Überkapazitäten im Strom- und Gasbereich entwickelt, für die sich keine nationalen Abnehmer mehr fanden. Mit der Festlegung eines Interkonnektionsziels würde sich die aus ihrer Sicht notwendige europäische Verpflichtung zur weiteren Integration der Märkte auch praktisch entstehen.

Es waren nicht die Fachministerräte, deren Arbeit sich im Herbst 2014 als entscheidend für die Entwicklung des 2030-Rahmens herausstellen sollte, sondern es war das Verhandlungsteam um Herman Van Rompuys Stabschef Didier Seeuws, das zwar gelegentlich die italienische Ratspräsidentschaft in die inhaltlichen Diskussionen einbezog, diese aber mit ausgewählten Regierungsvertretern weitgehend selbstständig führte. Im September 2014 tauchte erstmals ein „Non-Paper" aus dem Kabinett von Van Rompuy auf, das wesentliche Elemente des Kompromisses im Oktober vorzeichnen sollte. Van Rompuys Team orientierte sich dabei inhaltlich an den Kommissionvorschlägen vom Januar. Die quantitative Zielarchitektur wurde in der Systematik 40/27/30 vorgestellt, wobei das Emissionsminderungsziel bereits klar auf 43 Prozent Emissionshandel und 30 Prozent Nicht-Emissionshandelssektoren aufgeteilt blieb. Der lineare Reduktionsfaktor im Emissionshandel sollte, wie im Kommissionsvorschlag vorformuliert, künftig 2,2 Prozent betragen. Das Erneuerbare-Energien-Ziel wurde ebenfalls in seiner Ausgestaltung beibehalten und sollte künftig nur noch auf EU-Ebene verbindlich sein. Das indikative Energieeffizienzziel hingegen wurde auf 30 Prozent angehoben, um einerseits den Forderungen aus einer Reihe von Mitgliedstaaten, darunter Deutschland, nachzukommen, andererseits um Verhandlungsmasse gegenüber den erbitterten Gegnern dieses Ziels, wie etwa Großbritannien, zu haben. Zusätzlich schlug das Team um Van Rompuy ein Interkonnektionsziel in Höhe von 15 Prozent bis 2030 vor, das vor dem Hintergrund von Kosteneffektivität und Sicherheitsfragen weiter analysiert werden sollte.

Die deutsche Position hatte sich zwischenzeitlich auch weiter ausdifferenziert und wurde in einem internen Papier der Bundesregierung für den Verhandlungsprozess ausgeführt. Auch wenn die Punkte offiziell gemeinsam von BMWi und BMUB entwickelt wurden, präsentierte sich doch das BMWi als handlungsleitender Akteur. Interessanterweise waren es vorrangig die aus dem ehemaligen BMU in das BMWi integrierten Abteilungen, die nun die Strategie für die Verhandlungen ausformulierten. Die Bundesregierung zeigte sich mit dem Van Rompuy-Papier durchaus zufrieden, beinhaltete es doch die zentrale Forderung nach einer Fortsetzung der Drei-Ziele-Logik. Priorität sollte nun die Beibehaltung dieser Architektur und nach Möglichkeit eine Korrektur auf 40/30/30 haben. Aufgegeben worden war mittlerweile die Übertragung der Ziele für den Ausbau der erneuerbaren Energien und Energieeffizienz auf nationale Ebene. Stattdessen sollte ein neu zu gestaltender Governance-Mechanismus als Absicherung dienen. Interessant an der Positionierung der Bundesregierung erscheint auch ein interner Vermerk, in dem es heißt: Bei Effizienz sei die Zahl (30 Prozent) wichtiger, bei der Erneuerbare-Energien-Politik hingegen die Verbindlichkeit (wenn auch nur auf EU-Ebene). Insbesondere bei der Energieeffizienz wurde auf ein späteres Nachverhandeln gesetzt. Als rote Linie für den Verhandlungsprozess wurde zudem ein Ergebnis formuliert, das letztlich einen technologieneutralen Ansatz festschreiben würde und somit Atom und erneuerbare Energien auf eine Stufe gestellt hätte. Ebenfalls interessant ist die deutsche Forderung nach der Einführung einer Marktstabilitätsreserve für das Emissionshandelssystem bereits im Jahr 2017, war doch wenige Monate zuvor im Koalitionsvertrag mit Blick auf das „Backloading" die Betonung der Einmaligkeit des Eingriffs in das System hervorgehoben worden.

Die Tage vor dem Oktober-Gipfel waren durch die bereits erprobten Drohungen aus Mittel- und Osteuropa geprägt, das Gesamtpaket platzen zu lassen, wenn nicht einzelne Forderungen berücksichtigt würden. Den engeren Beobachtern des Prozesses war jedoch klar, dass bereits kurze Zeit vor Beginn des Gipfels alle wesentlichen Streitpunkte gelöst worden waren. Lediglich der britische Premier Cameron musste noch von der Ausgestaltung des Energieeffizienzziels überzeugt werden. Die mittel- und osteuropäischen Regierungen erhielten hingegen großzügige Ausgleichsleistungen über diverse Fonds des Emissionshandelssystems.

Die Schlussfolgerungen des Europäischen Rates vom 23. und 24. Oktober enthielten im Wesentlichen drei Kernbotschaften:

1. Die Zielarchitektur wird im bestehenden Dreiklang fortgesetzt und um das Interkonnektionsziel ergänzt. Damit hatte sich die deutsche Position klar durchgesetzt.

2. Die neue Formel lautet 40/27/27, womit alle Ziele am unteren Ende des bislang im Verhandlungsprozess thematisierten Umfangs ausfielen. Damit konn-

ten sich insbesondere die Vertreter Großbritanniens und der mittel- und osteuropäischen Staaten rühmen, wobei für erstere nur die beiden Zielsetzungen in den Bereichen erneuerbare Energien und Energieeffizienz ein Problem darstellten. Aus deutscher Sicht wurde zumindest ein „mindestens" vor jedes der Ziele gesetzt, um eine spätere Neuverhandlung zu ermöglichen, was allerdings in einem Europäischen Rat der 28 mit faktischem Einstimmigkeitsgebot einer allzu optimistischen Hoffnung gleichkommen dürfte.

3. Das neue Zauberwort der Vereinbarung lautet „Flexibilität". Sowohl bei der Ausgestaltung der nationalen Zielsetzungen im Nicht-Emissionshandelsbereich als auch bei erneuerbaren Energien und Energieeffizienz soll eine flexible Governance die Umsetzung bis 2030 gewährleisten. Damit wurde letztlich eine Verlagerung der Verantwortung für die Entwicklung konkreter Maßnahmen auf Fachministerräte der Zukunft beschlossen, die sich nun Gedanken über die exakte Gestaltung eines solchen Governance-Instruments machen dürfen, das gleichermaßen Flexibilität wie Verbindlichkeit gewährleistet.

Verglichen mit den Verhandlungen des Jahres 2007 war die Komplexität im Vorfeld des Gipfels 2014 enorm angewachsen. So hatte sich nicht nur die Energie- und Klimapolitik der EU weiter ausdifferenziert. Auch die Mitgliedstaaten selbst hatten ein klareres Verständnis von Kosten, Nutzen und Auswirkungen einzelner Entscheidungen. Vor diesem Hintergrund ist die Tatsache, dass es zu einer Vereinbarung kam, gar nicht überzubewerten. Es war dabei weit weniger als noch 2007 deutscher Einfluss, der die Kompromissfindung prägte. An wesentlichen Punkten waren es jedoch Entscheidungen der Bundeskanzlerin oder der Bundesregierung, die eine Vereinbarung erst möglich machten. Die Übertragung der Verantwortung an den ständigen Präsidenten des Europäischen Rates war von enormer Bedeutung, ließ sich doch frühzeitig erkennen, dass dieser eher zu den Positionen Deutschlands neigte. Auch die Rekalibrierung der eigenen Positionierung, so etwa die Abkehr von einem Beharren auf nationalen Erneuerbare-Energien-Zielen und die Fokussierung auf die Festlegung quantitativer Zielsetzung überhaupt, sollte sich als hilfreich für den erfolgreichen Abschluss des Prozesses erweisen. In der Außenwirkung war es dem Europäischen Rat im Oktober 2014 einmal mehr gelungen, ein komplexes Problem gemeinschaftlich zu lösen und eine Fortsetzung gemeinsamer Anstrengungen in einem Politikfeld zu demonstrieren. Die neue Kommission, die letztlich 2015 ihre Arbeit aufnahm, konnte auf diesen Ergebnissen aufbauen und die Fortentwicklung des 2030-Rahmens unter dem neuen Schlagwort der „Energieunion" betreiben.

Kapitel VII: Von der „integrierten Energie- und Klimapolitik" zur europäisierten Energiewende

Der Zeitraum zwischen den Jahren 2007 und 2015 stellt vor dem Hintergrund der in dieser Studie dargestellten Policy-Prozesse in Deutschland und der EU eine Phase intensiver Bearbeitung des Politikfelds Energie und Klima dar. Mit den Beschlüssen des Europäischen Rates vom März 2007 und den erfolgreich abgeschlossenen Verhandlungen über das Klima-Energie- und das Dritte Energiebinnenmarktpaket ging ein bemerkenswerter Integrationsprozess einher. So wurden neue institutionelle Strukturen und Instrumente geschaffen, die bis zum Jahr 2020 und darüber hinaus Ziele und einen Politikrahmen für das Handeln der Europäischen Union festlegten, der schließlich sogar bis 2030 erweitert wurde. Die europäische Dimension des Politikfelds spielt seitdem energiewirtschatlich, politisch und rechtlich eine entscheidende Rolle, wenn es um die Gestaltung einer umweltverträglichen, sicheren und wettbewerbsfähigen Energiepolitik in Deutschland geht. Deutsche Akteure waren an der Formulierung und Aushandlung der Politikentscheidungen maßgeblich beteiligt. Gleichzeitig veränderten die Entwicklungen auf EU-Ebene auch die Spielräume und Steuerungsstrukturen der deutschen Energie- und Klimapolitik auf unterschiedlichste Weise. Beide Aspekte, die Rolle deutscher Akteure und die Verarbeitung europäischer Entscheidungen waren Gegenstand dieser Untersuchung und werden im folgenden Abschnitt noch einmal zusammenfassend betrachtet. Dies geht mit einem Vergleich der Entwicklungen in unterschiedlichen Teilbereichen des Politikfelds einher. Abschließend soll der Blick auf mögliche Entwicklungsperspektiven für die weitere Bearbeitung von Energie- und Klimafragen im Spannungsfeld nationaler und europäischer Politikgestaltung gerichtet werden.

1 Zusammenfassung der Ergebnisse

Ausgangspunkt der vorliegenden Untersuchung war eine zyklische Betrachtung der Europäisierung deutscher Energie- und Klimapolitik, in der deutsche Akteure im Sinne einer Bottom-up-Perspektive die Strukturen und Inhalte des Politikfelds in der EU beeinflussten und diese Entscheidungen später aus dem Blickwinkel einer Top-down-Perspektive wiederum in nationalen Politikgestaltungsprozessen verarbeiten mussten.

Bei der Betrachtung der Rolle deutscher Akteure in der EU-Energie- und Klimapolitik fiel insbesondere die aktive Bearbeitung des Politikfelds während der deutschen EU-Ratspräsidentschaft im ersten Halbjahr 2007 ins Auge. Besonders förderlich für diesen Prozess waren die Rahmenbedingungen, durch die sich ein Gelegenheitsfenster für Integrationsschritte in der EU bot. Die deutsche Bundesregierung nutzte diesen Umstand strategisch, um ihre nationalen Präferenzen in EU-Entscheidungen zu verankern. Im Mittelpunkt standen dabei die Festlegung eines Emissionsminderungsziels und eines Erneuerbare-Energien-Ziels für das Jahr 2020. Der Verhandlungsprozess im Vorfeld des Europäischen Rates vom März 2007 wurde ganz wesentlich durch eine Kooperation zwischen der EU-Kommission und der Bundesregierung strukturiert. Innerhalb der Bundesregierung wiederum war festzustellen, dass sich das Bundesumweltministerium zwar im Vorfeld als aktiver Partner der Kommission präsentiert hatte und die Nachhaltigkeitsziele der deutschen Bundesregierung in Brüssel vertrat, letztlich aber das Bundeskanzleramt und schließlich die Bundeskanzlerin selbst maßgeblich für eine erfolgreiche Einbringung deutscher Positionen verantwortlich war. Die komplizierte Beschlussfassung über ein verbindliches Erneuerbare-Energien-Ziel steht symbolisch für diesen Prozess. Gleichzeitig wurde die Kommission in ihrem Gestaltungselan mit Blick auf das Energiebinnenmarktprogramm auch durch die Überbetonung der Nachhaltigkeitsagenda auf deutscher Seite bewusst ausgebremst. Ohne das diplomatische Engagement der Bundeskanzlerin und die Übernahme der inhaltlichen Verantwortung für das Dossier gegenüber BMU und BMWi wäre es wohl kaum zu den weitreichenden Beschlüssen des Märzgipfels gekommen. Die Bundesregierung, vertreten durch das Bundeskanzleramt, trat im Verlauf des Jahres 2007 als entscheidender *„policy entrepreneur"* in den EU-Verhandlungen auf und verknüpfte, gemeinsam mit der Kommission, die unterschiedlichen Probleme und Lösungsansätze mit der generell positiven Stimmung unter den Regierungen bezüglich neuer energie- und klimapolitischer Initiativen auf EU-Ebene. Als Merkmal der Beschlussfassungen des Europäischen Rates fällt jedoch auch das hohe Maß an Ambiguität der Schlussfolgerungen auf. War ein verstärktes Handeln der EU in der Energiepolitik für die mittel- und osteuropäischen Staaten vor allem mit einem Mehr an Energiesicherheit verbunden, hatte die deutsche Bundesregierung in erster Linie eine Übertragung nationaler Zielsetzungen auf die EU-Ebene im Sinn. Letzteres gelang ihr ohne wesentliche Abstriche.

Bereits mit deutlich weniger Engagement und einer vorrangig industriepolitisch motivierten Agenda beteiligte sich die Bundesregierung an der Implementierung der Beschlüsse des Märzgipfels im Rahmen des EU-Klima-Energie-Pakets im Jahr 2008. Hier blieb die Kommission der zentrale Akteur und wurde durch die französische Ratspräsidentschaft unterstützt. Auffällig waren Form und Inhalte der Beteiligung deutscher Akteure. Das BMU konnte aufgrund der Ressortzuständigkeit die Erneuerbare-Energien-Richtlinie weitgehend autonom gegenüber anderen Ministerien verhandeln. Dabei wurde die bereits im März 2007 festgelegte verbindliche Ausgestaltung des Erneuerbare-Energien-Ziels für 2020 forciert. Gleichzeitig verhinderte die Bundesregierung auf Druck des BMU aber eine von der Kommission favorisierte stärkere Harmonisierung der Förderstrukturen, unter anderem durch eine aktive Bündnispolitik unter Einbeziehung der britischen und polnischen Regierungen. Dass es auch innerhalb der Bundesregierung nicht zu größeren Kontroversen kam, war der zeitgleichen Verhandlung über die Emissionshandelsrichtlinie geschuldet, die deutlich mehr Aufmerksamkeit erfuhr. Auch hier schaltete sich gegen Ende des Aushandlungsprozesses das Bundeskanzleramt ein und gestaltete insbesondere die Regelungen zur Vermeidung von „*carbon leakage*" und der freien Zuteilung von Zertifikaten weitgehend eigenständig. Die Verhandlungen zum Dritten Energiebinnenmarktpaket, dem zweiten großen energiepolitischen Dossier der vergangenen Jahre, wurden auf deutscher Seite alleine vom Bundeswirtschaftsministerium bestritten. Dieses setzte frühzeitig auf eine abwartende und verteidigende Strategie gegenüber den Vorhaben der Kommission. Auch wenn diese Strategie mit Blick auf die Entflechtungsfragen formal erfolgreich war, präsentierte sich die Kommission mit Blick auf die Festlegung einer neuen – wenn auch letztlich unverbindlichen – Norm der eigentumsrechtlichen Entflechtung von Erzeugung und Netzbetrieb als die strukturprägende Gestalterin in diesem Verfahren. Der inhaltlich umfangreiche nationale Verarbeitungsprozess des Dritten Binnenmarktpakets bestätigte die Annahme, dass es hier nur zu einer begrenzten Übertragung deutscher Policy-Ansätze auf die EU-Ebene kam.

Das Engagement in der EU diente im Verlauf des Untersuchungszeitraums aus Sicht der deutschen Bundesregierung im Wesentlichen dazu, nationale Zielsetzungen über Europa abzusichern und eigenes Handeln in den Bereichen Klimaschutz und Ausbau erneuerbarer Energien innenpolitisch zu legitimieren und außenpolitisch für andere Staaten attraktiv zu machen. Dabei konnte auch festgestellt werden, dass seit dem Agenda-Setting im Jahr 2007 von einem abnehmenden deutschen Interesse an den energie- und klimapolitischen Entwicklungen in der EU gesprochen werden muss. Der Rückzug des Bundeskanzleramts aus der Rolle des europapolitischen Gestalters ging spätestens seit den Beschlüssen zur Energiewende mit einer gegenseitigen Blockade der beiden federführenden Ministerien BMU und BMWi einher, die sich gerade bei den Dossiers Klimaschutz und Energieeffizienz durch die Verzögerung bei der Formulierung einer deutschen Positionierung schließlich auch als bremsend auf die Weiterentwicklung des Politikfelds in der EU auswirkte. Erst mit dem Regierungswechsel 2013 und der Notwendigkeit einer neuen Zielfassung für 2030 auf EU-Ebene wurde auch die Bundesregierung wieder aktiver.

Der zweite, deutlich umfangreichere, Untersuchungsgegenstand der vorliegenden Studie betraf den Einfluss und die Verarbeitung von EU-Normen im nationalen Kontext, also die Top-down-Perspektive der Europäisierungsprozesse. Auf der Ebene der strategischen Ausrichtung des Politikfelds kann in diesem Zusammenhang von einer affirmativen Nutzung der EU für innenpolitische Zwecke gesprochen werden. Die Gestaltung des „Integrierten Energie- und Klimaprogramms" (IEKP) im Jahr 2007 bediente sich der Zielsetzungen auf EU-Ebene und nutze diese als bestätigendes Argument für die eigenen Vorhaben der Bundesregierung. Dabei kam insbesondere dem BMU eine zentrale Rolle als vermittelnder *„norm entrepreneur"* zu. Vor allem Umweltminister Gabriel nutzte explizite Referenzen auf die Beschlüsse der EU als Argument für die an Klimaschutznormen orientierte Aufstellung des Programms. Im Jahr 2007 konnte auf der Ebene der strategischen Ausgestaltung des Politikfelds jedoch zunächst bestenfalls von einem niedrigen *„misfit"* und entsprechend geringem Anpassungsbedarf an ohnehin unverbindliche Normen gesprochen werden.

In der Betrachtung der drei Fallstudien – Strombinnenmarkt, erneuerbare Energien und Klimaschutz – wurde zunächst deutlich, wie komplex sich die Interaktion zwischen den beiden Untersuchungsebenen bereits im Vorfeld des Jahres 2007 gestaltete. Während sich Deutschland im Bereich der Binnenmarktagenda stets als zurückhaltender Akteur präsentiert hatte und erst durch EU-Gesetzgebung zur Anpassung seiner nationalen Strukturen genötigt wurde, waren deutsche Akteure in der Vergangenheit intensiv an der Ausarbeitung einer Erneuerbare-Energien-Politik in der EU beteiligt. Im Gegensatz dazu hatte sich die Haltung deutscher Bundesregierungen im Bereich des Emissionshandels über die Jahre verändert. Stand man dem Instrument anfangs zurückhaltend gegenüber, unterstützte die Bundesregierung die Weiterentwicklung über die Jahre und identifizierte die EU als zentrale Steuerungsebene im Klimaschutz.

Die EU-Entscheidungen in den Jahren 2007 bis 2009 führten zur Schaffung neuer Steuerungsmuster und machten eine Verarbeitung in der deutschen Energie- und Klimapolitik notwendig. Der Anpassungsdruck, bemessen am Vorliegen eines „*misfits*", unterschied sich zwischen den Teilbereichen des Politikfelds ganz erheblich. Wie seit Einleitung des EU-Liberalisierungsprogramms 1996 ergab sich im Bereich der Binnenmarktgesetzgebung der höchste Änderungsbedarf. Zentraler Konfliktpunkt hier war die eigentumsrechtliche Trennung von Übertragungsnetzen und Erzeugung. Doch auch die Ausgestaltung der Rolle von Netzbetreibern, der Umgang mit Wettbewerbs- und Kartellfragen, die Entwicklung der Infrastrukturplanung und der Verbraucherschutz erforderten Anpassungsmaßnahmen. Ein kaum wahrnehmbarer „*misfit*" konnte hingegen im Bereich der Erneuerbare-Energien-Politik festgestellt werden, der sich vorrangig auf den Bereich der Biokraftstoffpolitik beschränkte und überwiegend mit einer Perspektiven- und Interessenverschiebung innerhalb des Themenbereichs auf der Zeitachse begründet werden muss. Aus Sicht der Europäisierungsforschung besonders interessant, mit dem „*misfit*"-Modell aber nur ansatzweise fassbar, stellt sich die Fallstudie rund um die veränderten Steuerungsstrukturen im Bereich der Klimapolitik dar. Die Neuregelungen auf EU-Ebene wurden in der deutschen Klimapolitik kaum wahrgenommen. Erst mit der unilateralen Anhebung des deutschen Emissionsminderungsziel ohne Veränderung der Beschlussfassung auf EU-Ebene entwickelte sich ein Phänomen, das sich am treffendsten mit dem Begriff des verzögerten und selbst geschaffenen „*misfits*" beschreiben lässt. Eine Bearbeitung dieses Wirkungszusammenhangs steht im deutschen System bisher noch aus. Auch eine Anpassung des nationalen Instrumentariums im Bereich der nicht vom Emissionshandel betroffenen Sektoren wurde noch nicht vollzogen. Dies wurde einmal mehr anhand der Debatte über die Erreichung des deutschen Klimaziels im Jahr 2015 deutlich. Eine stärkere Einbeziehung der zeitlichen Perspektive und der Veränderung nationaler Präferenzen in das „*misfit*"-Modell könnte hier für die Weiterentwicklung der Europäisierungsliteratur fruchtbar sein.

Ein zweiter Themenkomplex im Bereich der Verarbeitung von EU-Politik im nationalen Rahmen betrifft die neu entwickelten Steuerungsstrukturen. Die einleitend vorgestellte Kategorisierung von *Governance-Typen* – „*hard laws*" und „*soft norms*" – fanden in unterschiedlichsten Formen Anwendung in der EU-Energie- und Klimapolitik. Klassische Instrumente der Regulierung durch Beschlüsse oder Verordnungen über „*hard laws*" ließen sich vor allem im Bereich des Binnenmarkts beobachten. Die Entflechtungsvorgaben, die Neuzuweisung von Aufgaben an die Bundesnetzagentur oder der erweiterte Katalog von Verbraucherschutzmaßnahmen fallen in diese Kategorie, die einleitend auch als Regulierung im Bereich der „positiven Integration" beschrieben wurde. Auch aus der Kategorie der Instrumente „negativer Integration" über die Auflösung nationaler Regelungen lassen sich Beispiele nennen. Am deutlichsten wurde die Verwendung dieses Integrationsmodus im Zusammenhang mit der Neuregelung des Emissionshandels, die mit einer Zentralisierung und Harmonisierung des Systems einherging. Die zuvor künstlich geschaffene Festlegung eines nationalen Emissionsbudgets mit Regeln für die Zuteilung von Emissionszertifikaten wurde aufgelöst. Zentrale Entscheidungsbefugnisse wurden nach Brüssel transferiert. Bemerkenswert ist die Vielzahl der Mischformen aus rechtlichen Vorgaben und eigenständiger Planungshoheit der Nationalstaaten. Diese Instrumente, etwa das „*mandated participatory planning*", ließen sich bei der Infrastrukturplanung („Netzentwicklungsplan"), beim Ausbau der erneuerbaren Energien („Nationaler Aktionsplan Erneuerbare Energien") und im Bereich der Klimapolitik bei der Entscheidung über die Lastenteilung für die Sektoren außerhalb des Emissionshandels identifizieren. In den ersten beiden Fällen wurde auf Grundlage der EU-Entscheidung ein nationaler Politikplanungsprozess eingeleitet, der insbesondere auf Seiten von „*norm entrepreneurs*" für eigene Ziele und Zwecke genutzt werden konnte. In der Erneuerbare-Energien-Politik bediente sich das BMU dieses Instruments, um den Diskurs über die weitere Entwicklung des Strommarkts und die Potenziale für den Ausbau der erneuerbaren Energien zu beeinflussen.

Die formal schwächste Form der EU-Steuerung, die Entwicklung von unverbindlichen „*soft norms*", ließ sich im Untersuchungszeitraum ebenfalls in allen drei Fallstudien beobachten. In diesem Zusammenhang wurden in der EU unverbindliche Normen oder Policy-Ideen entwickelt, die zwar nicht in Rechtsform gegossen und in den Mitgliedstaat hineingetragen wurden, gleichsam aber dennoch von nationalen Akteuren aufgenommen, als nutzbar erachtet und in der Folge propagiert wurden. Im Bereich der Binnenmarktplanung ist hier insbesondere der in der Öffentlichkeit heftig umstrittene Fall der eigentumsrechtlichen Entflechtung zu nennen. Ohne dass es der Kommission gelang, eine Rechtsnorm zum „*ownership unbundling*" durchzusetzen, veränderte bereits die Androhung einer Umsetzung des Modells die Strukturen der deutschen Stromwirtschaft ganz erheblich und führte zur Einleitung einer nationalen Debatte über die Gestaltung einer „Deutschen Netz AG". Es konnte nachgezeichnet werden, wie die Konzerne, auch verursacht durch das E.ON-Koppelgeschäft, unter Druck gerieten und mehr oder weniger freiwillig dem von der Kommission propagierten Modell folgten. Widerstehen konnte die deutsche Energiepolitik hingegen den Vorschlägen wirtschaftsnaher Akteure zur Einführung einer binnenmarktkompatiblen Quotenregelung für die Erzeugung von Strom aus erneuerbaren Quellen. Im Gegensatz zum Stromsektor wurde eine Quote allerdings im Bereich der Biokraftstoffpolitik eingeführt, so dass sich das deutsche Instrumentarium vom ursprünglichen Ansatz der Steuerbefreiungen hin zu Beimischungsquoten veränderte. In beiden Bereichen der Erneuerbare-Energien-Politik ist die unverbindliche EU-Norm jedoch lediglich als ein Einflussfaktor unter vielen anzusehen. Im

Mittelpunkt standen nationale Gestaltungsfragen, die durch die hohe Bedeutung des Politikfelds im nationalen Kontext und die geringe Eingriffstiefe der EU-Politik erklärt werden können. In der Klimapolitik waren schließlich nur wenige „soft norms" zu identifizieren, die in die nationale Politik übernommen wurden. Der vielleicht bedeutsamste Einflussfaktor dürfte die Nennung eines langfristigen Zielhorizonts mit Blick auf das Jahr 2050 gewesen sein, der vom Europäischen Rat 2009 – wenn auch konditioniert – beschlossen und in die Gestaltung des Energiekonzepts und die Energiewende-Konzeption einbezogen wurde, seinen Ursprung aber im Vierten Sachstandsbericht des IPCC findet.

Gerade im Bereich der „soft norms" erschien die Anwendung des „misfit"-Modells in der Untersuchung durchaus problembehaftet. Von den vielen auf EU-Ebene entwickelten Normen und Ideen konnten tatsächlich nur diejenigen untersucht werden, die letztlich auch Eingang in das deutsche System gefunden hatten. Insofern fielen zahlreiche andere Policy-Konzepte, etwa Initiativen zur Verwendung von Kooperationsmechanismen bei der Erneuerbare-Energien-Förderung, die zwar von Akteuren propagiert wurden, letztlich aber keinen Eingang in die Gestaltung des Politikfelds auf nationaler Ebene fanden, durch das Raster der Untersuchung. Die Bearbeitung dieses Problems im Rahmen der Fallselektion könnte Gegenstand weiterer Arbeiten in der Europäisierungsforschung sein.

Im Analysekonzept der vorliegenden Untersuchung wurde den *vermittelnden Faktoren* eine große Bedeutung bei der Verarbeitung europäischer Normen in nationale Strukturen zugemessen. Drei Faktoren wurden im Vorfeld als relevant identifiziert: Vetospieler, „norm entrepreneurs" und die Relevanz des Themenbereichs im nationalen Kontext bzw. der Policy-Reform-Status. In der Analyse zeigte sich der Einfluss dieser Faktoren in unterschiedlicher Intensität. In nur wenigen Fällen traten institutionelle Vetospieler auffällig in Erscheinung. Lediglich in der Biokraftstoffpolitik wurde ein Gesetzgebungsverfahren durch den Bundestag gestoppt. Bei der Umsetzung des Dritten Binnenmarktpakets äußerte sich zwar eine Mehrheit der Bundesländer kritisch zu den Vorhaben von Bundesregierung und Bundestag. Diese konnten aber im Zuge der Energiewende-Beschlüsse vom Bundeskanzleramt mit Verweis auf die Dringlichkeit der Entscheidungen zu einer Zustimmung bewegt werden.

Ganz im Gegensatz dazu erschienen „norm entrepreneurs" für die Europäisierung deutscher Energie- und Klimapolitik von entscheidender Bedeutung. Insbesondere das BMU erwies sich als dankbarer Kunde europäischer Normen, die mit Verweis auf europäische Verpflichtungen in nationales Recht übernommen wurden. Umweltminister Gabriel verwendete EU-Ziele offensiv als Begründungsmotiv für die Zielsetzungen im Rahmen des IEKP. Auch in der deutschen Erneuerbare-Energien-Politik wurde vom BMU mit Verweisen auf die – teilweise selbst aktiv vorangetriebene – Erneuerbare-Energien-Richtlinie argumentiert. Interessanterweise konnte auch in der Klimapolitik eine breite Koalition von Unterstützern einer Harmonisierung und Zentralisierung des EU-ETS dafür sorgen, dass im nationalen Kontext keine Debatte über die Verankerung der klimapolitischen Steuerung in der EU aufkam. Die Harmonisierung im ETS wurde gleichermaßen von BMU, BMWi sowie Umwelt- und Wirtschaftsverbänden gestützt.

Schließlich erwies sich auch die Betrachtung von policy-spezifischen Faktoren als wichtiges Kriterium bei der Betrachtung von nationaler Politikverarbeitung. Die Tatsache, dass die Bundesregierung mit dem IEKP ein nationales Energie- und Klimaprogramm im Jahr 2007 aufstellte, muss rückblickend auch als Folge eines noch offenen Arbeitsauftrags aus dem Koalitionsvertrag angesehen werden. Ergänzt um europäische Normen und gestützt durch die auch international gewachsene Bedeutung der Klimapolitik, konnte eine nationale Strategieformulierung mit EU-Einflüssen entwickelt werden. Auch im EEG war eine Reform angekündigt worden, die durch die Festlegung eines Ziels auf EU-Ebene begünstigt wurde. Im Gegensatz dazu wurde bei der Biokraftstoffpolitik deutlich, dass durch die bereits kurz zuvor verabschiedet Instrumentenreform das Interesse der Akteure an einer weiteren Reform deutlich nachgelassen hatte. Insofern ist in diesem Teilbereich festzustellen, dass der Policy-Reform-Status auch als negativer Faktor auf die Vermittlung europäischer Normen im Nationalstaat wirksam werden kann. Am deutlichsten wurde die Bedeutung des vermittelnden Faktors „Policy-Relevanz und Policy-Reform-Status" im Zusammenhang mit der Verarbeitung des Dritten Energiebinnenmarktpakets und der Energiewende. Erst durch die im Frühjahr 2011 deutlich angewachsene Bedeutung des Politikfelds und dabei insbesondere durch Transformationspläne der Bundesregierung im Zuge der Energiewende konnten die EU-Vorgaben problemlos und zügig als vermeintlich eigene Reform durch das Gesetzgebungsverfahren geschleust werden, ohne dass in allen Bereichen ein inhaltlicher Zusammenhang bestanden hätte. Über diesen Weg wurden auch potenzielle institutionelle Vetopunkte wie Bundestag oder Bundesrat beinahe problemlos überwunden.

Ein abschließender Blick auf die *Ergebnisse der Europäisierung* der deutschen Energie- und Klimapolitik macht wiederum die großen Unterschiede in den einzelnen Themenbereichen deutlich. Während die größte Verarbeitungsleistung im Bereich des Binnenmarkts vollzogen wurde, kann bislang dennoch nicht von einer vollständigen Angleichung der Strommarkt- und Infrastrukturpolitik auf beiden Ebenen gesprochen werden. In diesem Zusammenhang lässt sich also am ehesten von einer *„accomodation"* sprechen. Wichtige Ergänzungen wurden von der EU-Ebene übernommen, ohne aber einen grundlegende Transformation der nationalen Steuerungsmuster herbeizuführen. So bleibt etwa die Aufspaltung in vier Netzgebiete mit hohem Koordinierungsbedarf als deutsches Phänomen erhalten. Auch im Bereich des Verbraucherschutzes wurde keine spezifische Schutznorm für Energiekunden geschaffen. Bei der Infrastrukturplanung hingegen wurden europäische Ansätze mit nationale Planungskonzepte aus anderen Infrastrukturbereichen kombiniert und wurden für den Strommarkt nutzbar gemacht.

Von einer *„absorption"* europäischer Normen kann bei der Erneuerbare-Energien-Politik gesprochen werden. Hier wurden lediglich neue Zielsetzungen übernommen. Die Biokraftstoffe stellen in diesem Zusammenhang einen Spezialfall dar. Entscheidend war an dieser Stelle, wie bereits erwähnt, die Veränderung in der Wahrnehmung des Politikbereichs auf der Zeitachse. Im Jahr 2009, als der zweite Anlauf zur deutschen Reform der Biokraftstoffgesetzgebung genommen wurde, wäre eine Festlegung in Höhe von 10 Prozent auch in der EU wohl nicht mehr denkbar gewesen. Insofern ist es kaum vorstellbar, dass sich in naher Zukunft eine weitere Anpassung der deutschen Normen mit Blick auf eine Zielerreichung realisieren lassen wird. Ähnlich wie in der Biokraftstoffpolitik, ist auch das Ergebnis der Europäisierung deutscher Klimapolitik abschließend schwer zu bemessen. Die Verlagerung der zentralen Steuerungsebene im Bereich der emissionshandelspflichtigen Sektoren auf die EU und die Existenz nationaler Ziele für die nicht vom Emissionshandel betroffenen Sektoren wurden in der nationalen Politik bislang nicht reflektiert. Zu erklären ist dies vor allem durch die ausgebliebende kritische Beschäftigung mit der Thematik im deutschen System. Die Zentralisierung des EU-ETS war nicht Gegenstand eines deutschen Gesetzgebungsverfahrens. Die Zielsetzung im Nicht-ETS-Bereich ist hingegen *noch* nicht Gegenstand nationaler Politikformulierung geworden. Die Tatsache, dass weiterhin an einem nationalen und sektorumfassenden Emissionsminderungsziel festgehalten wird, spricht dafür, dass wir in diesem Bereich von einem Aufschub der Europäisierung im Sinne einer *„inertia"* auf politischer Ebene sprechen können.

Zusammenfassend lässt sich festhalten, dass eine inkrementelle, aber dauerhafte Verschiebung der Steuerung von der nationalen auf die EU-Ebene zu beobachten ist, die sich innerhalb des Untersuchungsfelds jedoch sehr unterschiedlich manifestiert. In der Binnenmarktpolitik wurden die rechtlichen Voraussetzungen für eine immer weitergehende realwirtschaftliche Marktintegration geschaffen. Zwar bleiben der deutschen Politik weiterhin Spielräume für die Beeinflussung des Marktgeschehens. Gleichzeitig orientierten sich die Marktakteure immer stärker an EU-Normen. Die zunehmende reale Interdependenz der Märkte hat zur Folge, dass die Kommission nicht nur über ihren Gestaltungsauftrag für den Binnenmarkt, sondern zukünftig auch über das Wettbewerbsrecht immer häufiger Zugriff auf den rechtlichen Rahmen des deutschen Strommarktes üben wird. Konflikte dürften hier insbesondere bei der Wahrnehmung dessen entstehen, was nationale Akteure als notwendige Maßnahmen zur Gewährleistung von Versorgungssicherheit verstehen. Die wachsende Kooperation von Netzwerken wie ENTSO-E oder ACER dürfte den Einfluss nationaler Akteure zudem weiter schmälern. Das Konzept bi- und multilateraler Kooperation in der Region, wie es durch die Bundesregierung im Zuge des „Baake-Prozesses" vorgenommen wird, könnte hier ein temporärer Zwischenschritt sein.

Völlig anders sieht die Situation im Bereich der Erneuerbare-Energien-Politik aus. Hier dient die Erneuerbare-Energien-Richtlinie bislang als Absicherung nationaler Steuerungshoheit gegenüber einem Zugriff durch die Kommission. Dies erscheint aus der Perspektive deutscher Energiepolitik insbesondere im Stromsektor relevant. Die Auseinandersetzung mit der Kommission in den Jahren 2013/14 verdeutlicht jedoch, dass der Schutz nationaler Fördersysteme sich langfristig kaum halten lassen wird. Sollten die nationalen Zielsetzungen der Richtlinie im Jahr 2020 ein Ende finden, und davon ist nach dem Oktobergipfel 2014 auszugehen, droht der deutschen Energiepolitik die Gefahr, dass sich das EEG noch stärkerem EU-Einfluss über das Wettbewerbsrecht und den Strombinnenmarkt ausgesetzt sieht.

Die Verlagerung der Steuerungsebene der Klimapolitik innerhalb des ETS auf EU-Ebene findet erst langsam Eingang in die Wahrnehmung des Politikfelds Klima im nationalen Kontext. Die Initiative „Klimaschutz 2020" des BMUB, die im April 2014 vorgestellt wurde, beschäftigte sich nun erstmals intensiv mit der Steuerung von Klimapolitik und Emissionsminderung im Verhältnis zwischen Deutschland und der EU (vgl. BMUBa 2014). Hier steht eine echte Verarbeitung also noch aus, die aber absehbar mit einer Zuweisung der Verantwortung für die Klimapolitik an Brüssel enden dürfte. Denn die Einleitung ineffektiver nationaler Maßnahmen im ETS oder aus politischer Sicht kostspieliger Übererfüllungen der Verpflichtungen im Nicht-ETS-Bereich über das Jahr 2020 hinaus, erscheinen unwahrscheinlich.

Die zahlreichen Interdependenzen und die ineinandergreifenden Steuerungsmechanismen nationaler und europäischer Energie- und Klimapolitik machen deutlich, dass mit dieser Untersuchung keinesfalls eine abschließende Statusbeschreibung angefertigt wurde. Vielmehr handelt es sich um das Zwischenfazit eines dynamischen Prozesses. Aus den vorgelegten Ergebnissen lassen sich jedoch einige Beobachtungen anstellen, die auch als Anregungen für zukünftige Forschungsarbeiten dienen können.

2 Zwischen europäisierter und europäischer Energiewende: Neue Themen auf der Forschungsagenda

Die Untersuchung der Europäisierungsprozesse in der deutschen Energie- und Klimapolitik hat die Relevanz der Thematik über den Verlauf der Jahre einmal mehr untermauert. So ist es Deutschland gelungen, einige wichtige Themen in der EU zu verankern, also eine europäische Form der deutschen Energiewende zu lancieren. Dazu gehörte insbesondere die Fokussierung auf Themen wie Klimaschutz, erneuerbare Energien und Energieeffizienz in der Energiepolitik. Ebenso wurde aber auch die deutsche Energie- und Klimapolitik europäisiert, etwa mit Blick auf die Gestaltung des Strommarktes oder die Weiterentwicklung des Emissionshandelssystems. Auch in Zukunft wird Deutschland durch die EU-Energie- und Klimapolitik herausgefordert sein. Einerseits bei der Ausgestaltung des neuen 2030-Rahmens, der bislang nur in Grundzügen durch den Europäischen Rat vorformuliert wurde. Andererseits durch die Anpassung nationaler Steuerungsmuster an die sich weiterentwickelnde Governance auf EU-Ebene (vgl. Geden/Fischer 2014). Aus der vorgelegten Untersuchung können einige Schlussfolgerungen gezogen werden, die praktische Relevanz für die Bearbeitung des Politikfelds im Mehrebenensystem besitzen und gleichzeitig als Anstoß für weitere Forschungsarbeiten dienen können.

1. Die Bundesregierung als gestaltender Akteur in der EU Energie- und Klimapolitik

Im Untersuchungszeitraum zwischen den Jahren 2007 und 2015 konnte die Bundesregierung zwar viele Akzente setzen. Eine Rolle als öffentlichkeitswirksame Gestalterin europäischer Energie- und Klimapolitik wurde jedoch meist nur dann eingenommen, wenn sich das Bundeskanzleramt aktiv in den Prozess einschaltete. Zwar trat das BMU als treibende Kraft in Erscheinung, wurde jedoch häufig durch das BMWi ausgebremst. Lediglich in Fällen, in denen das Bundeskanzleramt die Fäden in die Hand nahm (März-Gipfel 2007, Klima-Energie-Paket 2008), beteiligte sich Deutschland gestaltend an Verhandlungsprozessen. Insofern ließen sich die von Beichelt (2009) und Sturm/Pehle (2005) monierten Defizite in der deutschen Europapolitik, vor allem hervorgerufen durch die starke Stellung der Ressorts, auch in der Energie- und Klimapolitik feststellen. Die mit dem Regierungswechsel 2013 initiierte Aufgabenausweitung des BMWi in Kombination mit der Konzentration der beiden Ressorts in den Händen einer der Koalitionspartner könnte dazu beitragen, dieses strukturelle Defizit zu überwinden. Die „Europafähigkeit" des neuen BMWi stellt sich als interessanter Gegenstand weiterer Forschungsarbeiten dar, die sich der Untersuchung deutscher Energiewende-Europapolitik widmen wollen. Die inhaltliche Vorbereitung des Oktobergipfels 2014 und die strategische Ausrichtung der Bundesregierung in der Ausgestaltung des 2030-Rahmens deuten auf eine veränderte Stellung des BMWi in der Energiewende-Europapolitik hin.

2.   Mehrebenenkonflikte vorrangig im Stromsektor

Obwohl der Stromsektor nur rund ein Drittel des Energieverbrauchs in Deutschland darstellt, wird der Fokus deutscher Energiepolitik überproportional stark auf diesen Bereich gelenkt. Atomausstieg, EEG und Netzausbau beziehen sich einseitig auf die Transformation der Elektrizitätserzeugung, Verkehr und Wärmesektor sind nur selten Gegenstand des Energiewende-Diskurses. Damit ist ein Konflikt mit der Steuerung auf EU-Ebene vorprogrammiert, die sich ebenfalls stark an der Gestaltung des Strommarktes ausrichtet. Denn auch die EU hat über die Zuständigkeit für den Binnenmarkt einen verstärkten Zugriff auf diesen Sektor, während Maßnahmen in den Bereichen Verkehr und Wärme – dem Subsidiaritätsprinzip folgend – stärker den Mitgliedstaaten überlassen bleiben. Absehbare Auseinandersetzungen zwischen Deutschland und der Kommission sind jedoch nicht nur wegen der Konzentration auf diesen Bereich vorprogrammiert, sondern auch, weil sich die zentralen Akteure beider Ebenen dem Stromsektor aus unterschiedlichen Richtungen und mit unterschiedlichen Zielen nähern. Während für die Kommission die Binnenmarktagenda im Vordergrund steht, geht die Bundesregierung spätestens seit den Beschlüssen zur Energiewende vom Ausbau der erneuerbaren Energien als Grundannahme aus und passt den Strommarkt entsprechend an. Die integrierte Betrachtung beider Entwicklungen – Binnenmarkt und erneuerbare Energien – ist bislang lediglich auf deklaratorischer Ebene gelungen. In der Praxis besteht insbesondere eine Diskrepanz zwischen dem EEG und dem europäischen Wettbewerbsrecht, wie die Auseinandersetzung über die EEG-Reform zwischen Energieminister Sigmar Gabriel und Wettbewerbskommissar Joaquin Almunia Ende 2013 und Anfang 2014 deutlich belegte. Der Konflikt um die Steuerung im Stromsektor ist in der politikwissenschaftlichen Forschung bislang noch weitgehend unbearbeitet und stellt sich als ein höchst relevantes Thema für die zukünftige Arbeit mit dem Politikfeld Energie im Mehrebenensystem dar.

3. Regionalisierung und horizontale Europäisierung als Zukunftsthemen

Die vorgelegte Untersuchung konzentrierte sich vorrangig auf das Verhältnis zwischen deutscher und EU-Steuerung in der Energie- und Klimapolitik. Im Mittelpunkt stand dabei die gegenseitige Beeinflussung in einem vertikalen Verhältnis supranationaler und nationaler Zielsetzungen und Instrumente. Während die Top-down- und Bottom-up-Prozesse im Rahmen der Europäisierungsforschung eine zentrale Rolle einnehmen, sollte die Bedeutung von bi- und multilateralen Prozessen jenseits der EU nicht unterschätzt werden. Aufgrund der notwendigen Einschränkung im Forschungsdesign wurden horizontale Effekte, etwa die Diffusion von Politikmodellen und Strategien, ausgeblendet. Ebenso wurden regionale Kooperationsmodelle zwischen Mitgliedstaaten nicht ausreichend gewürdigt. Hier findet sich jedoch ein breites Untersuchungsfeld, das zukünftig erheblich mehr Beachtung verdient. Zum einen, weil die Übernahme von deutschen Politikinstrumenten in anderen Mitgliedstaaten, etwa die Nutzung von garantierten Einspeisetarifen (ähnlich dem deutschen EEG), auch ohne einen Transfer über die EU-Ebene gelingen konnte. Wie in anderen Politikfeldern werden in der Energie- und Klimapolitik in Zukunft Europäisierungsprozesse in horizontaler Richtung über Formen des politischen Lernens immer häufiger anzutreffen sein. Dies erscheint zum anderen plausibel, da die Entwicklung des Politikfelds derzeit keineswegs einer linearen Pfadabhängigkeit folgt, sondern stattdessen zunehmend Konflikte unter den Regierungen der Mitgliedstaaten über den zukünftigen Kurs der EU auftreten, die durch regionale Kooperationsmodelle und funktionale Lösungen jenseits der EU bearbeitet werden könnten. Die Fortsetzung der EU-Energie- und Klimapolitik in regionalen Modellen und die horizontale Europäisierung von Instrumenten erscheinen vor diesem Hintergrund als vielversprechende Forschungsthemen.

Die Energie- und Klimapolitik der EU hat in den vergangenen Jahren einen großen Integrationsschritt vollzogen, der auch am bevölkerungsreichsten Mitgliedstaat nicht spurlos vorbeigezogen ist. Teilweise wurden institutionelle Strukturen an die Erfordernisse eines funktionsfähigen Binnenmarkts angepasst, teilweise wurde die Kontrolle über Steuerungsinstrumente wie den Emissionshandel nach Brüssel gegeben, um eine höhere Effizienz des Systems zu gewährleisten und innenpolitische Konflikte zu vermeiden. Auch die Festlegung europäischer Regelungen zur Verhinderung eines Eingriffs der EU in nationale Steuerungshoheit, wie bei der Förderung erneuerbarer Energien im Stromsektor, war

Gegenstand und Ergebnis der Untersuchung. Obwohl zahlreiche Steuerungsmuster und Veränderungsprozesse in der deutschen Energie- und Klimapolitik untersucht wurden, blieben dennoch ganze Teilbereiche des Politikfelds außerhalb des Untersuchungsrahmens, die in Zukunft im Kontext der „Energieunion" durchaus wieder stärkeres Interesse hervorrufen könnten. Dazu gehören Fragen der Energieeffizienzregulierung, spezifische Entwicklungen im europäischen Gasmarkt oder die Energieaußenpolitik. In allen genannten Bereichen verspricht die EU einen Mehrwert für die Erfüllung gemeinsamer Zielsetzungen zu liefern und bietet ein Forum zur Differenzbereinigung unter den Mitgliedstaaten. Wo die Schwerpunkte der Politikgestaltung in den kommenden Jahren jedoch tatsächlich liegen werden und ob es zu einer weiteren Integration oder lediglich einer Bewahrung des Status Quo kommt, lässt sich heute kaum prognostizieren. In jedem Fall wird die hohe Aufmerksamkeit, die dem Thema Energiepolitik in Deutschland entgegengebracht wird, dazu führen, dass sowohl Integrations- als auch Europäisierungsprozesse in Zukunft weiterhin mit einem kritischen Blick verfolgt werden sollten.

Literaturverzeichnis

Agricola, Annegret-Claudine und Hannes Seidl (2011): „dena-Netzstudie II – Integration erneuerbarer Energien in die deutsche Stromversorgung bis 2020", *Energiewirtschaftliche Tagesfragen* 61/1-2, S. 100–105.

Bache, Ian (2007): Europeanization and Multilevel Governance: Cohesion Policy in the European Union and Britain, Lanham: Rowman & Littlefield Publishers.

Bache, Ian, Simon Bulmer und Define Gunay (2012): „Europeanization: A Critical Realist Perspective", in: Exadaktylos, Theofanis und Claudio M. Radaelli (Hrsg.): Research Design in European Studies. Establishing Causality in Europeanization, Houndmills, Basingstoke: Palgrave Macmillan, S. 64–84.

Bauchmüller, Michael (2007): „Verblüffung der Manager; Energiegipfel nimmt ungeahntes Ende: Die Regierung weist die Wirtschaft in die Schranken", *Süddeutsche Zeitung*, 04.07.2007, S.7.

--- (2008): „Wer das Netz hat, hat die Macht. Bei Strom und Gas überlässt die Politik den Konzernen die Infrastruktur – zu Lasten der Bürger", *Süddeutsche Zeitung*, 30.04./ 01.05.2008 S. 23.

Bauchmüller, Michael und Cerstin Gammelin (2008): „Regulierer Gnadenlos. Die Bunnesnetzagentur bereitet den nächsten Preisschnitt bei Strom- und Gasnetzen vor – und vergrätzt Netzbetreiber", *Süddeutsche Zeitung*, 21./22.05.2008, S. 19.

Baumgartner, Frank und Bryan D. Jones (2002): Policy Dynamics, Chicago: University of Chicago Press.

Baumgartner, Frank R., Christoffer Green-Pedersen und Bryan D. Jones (2006): „Comparative studies of policy agendas", *Journal of European Public Policy* 13/7, S. 959–974.

Baumgartner, Frank R. und Bryan D. Jones (1991): „Agenda Dynamics and Policy Subsystems", *The Journal of Politics* 53/4, S. 1044–1074.

BDEW (2012): „Competition in 2012. Where is the position of the German energy market?" Analyse des Bundesverbands der deutschen Energie- und Wasserwirtschaft (BDEW), Berlin.

--- (2013): „BDEW-Energiemonitor 2013: Das Meinungsbild der Bevölkerung", Bundesverband der deutschen Energie- und Wasserwirtschaft (BDEW), Berlin.

Becker, Peter (2010): Politisierte Routine – Die deutsche Europapolitik im Wandel. Das Beispiel der EU-Osterweiterung und der EU-Finanzverhandlungen, Berlin: unveröffentlichtes Manuskript zur Erlangung der Doktorwürde an der Universität Trier.

Becker, Peter (2011): Aufstieg und Krise der deutschen Stromkonzerne. Zugleich ein Beitrag zur Entwicklung des Energierechts, Bochum: Ponte Press.

Beichelt, Timm (2009): Deutschland und Europa. Die Europäisierung des politischen Systems, Wiesbaden: VS Verlag.

--- (2013): „Germany: In Search for a New Balance", in: Bulmer, Simon und Christian Lequesne (Hrsg.): The Member States of the European Union, The New European Union Series, Second Edition Aufl., Oxford: Oxford University Press, S. 85–107.

Bein, Hans-Willy (2010): „Im Wechselfieber", *Energiewirtschaftliche Tagesfragen* 60/1-2, S. 4.

Bendel, Petra (2007): Die Migrations- und Integrationspolitik der Europäischen Union – von Tampere bis Den Haag. Analyse der Entscheidungsprozesse und ihrer Ergebnisse, Erlangen: unveröffentlichtes Manuskript der Habilitationsschrift.

Beneking, Andreas (2011): „Genese und Wandel der deutschen Biokraftstoffpolitik. Eine akteurzentrierte Policy-Analyse der Förderung biogener Kraftstoffe in Deutschland", online verfügbar: http://www.fair-fuels.de/data/user/Download/Ver%C3%B6ffent lichungen/FairFuels-Working_Paper_3.pdf (zugegriffen am 1.12.2013).

Benz, Arthur (Hrsg.) (2004): Governance – Regieren in komplexen Regelsystemen. Eine Einführung, Wiesbaden: VS Verlag.

--- (2007): „Entwicklung von Governance im Mehrebenensystem der EU", in: Tömmel, Ingeborg (Hrsg.): Die Europäische Union. Governance und Policy Making, PVS-Sonderheft 40, Wiesbaden: VS-Verlag, S. 36–57.

van den Bergh, Kenneth, Erik Delarue und William D'haeseleer (2013): „Impact of renewables deployment on the CO2 price and the CO2 emissions in the European electricity sector", *Energy Policy* 63, S. 1021–1031.

Bieling, Hans-Jürgen und Marika Lerch (2006): „Theorien der europäischen Integration: ein Systematisierungsversuch", in: (dies.): Theorien der europäischen Integration, 2. Auflage Aufl., Wiesbaden, S. 9–35.

Blauberger, Michael und Moritz Weiss (2013): „‚If you can't beat me, join me!' How the Commission pushed and pulled member states into legislating defence procurement", *Journal of European Public Policy* 20/8, S. 1120–1138.

Blom-Hansen, Jens (2011): „The EU comitology system: Taking stock before the new Lisbon regime", *Journal of European Public Policy* 18/4, S. 607–617.

BMU (2006): „‚Der Klimawandel betrifft uns alle'. Bundesumweltminister Sigmar Gabriel zum Al-Gore-Film ‚Eine unbequeme Wahrheit'", Pressemitteilung Nr. 230/06, Berlin.

--- (2007): „Roadmap Biokraftstoffe. Seehofer und Gabriel stellen Strategie zur Klima- und Energiepolitik vor", Pressemitteilung Nr. 311/07, Berlin.

--- (2008a): „Umweltpolitische Bilanz der deutschen EU- und G8-Präsidentschaft 2007", Januar 2008.

--- (2008b): „Bundesumweltminister stoppt Biosprit-Verordnung. Biokraftstoffstrategie wird fortgesetzt", Pressemitteilung Nr. 52/08, Berlin.

--- (2008c): „Gabriel: Europa hält auch bei den Erneuerbaren Kurs", Pressemitteilung Nr. 304/08, Berlin.

--- (2009): „Machnig: Netzgesellschaft mit Bundesbeteiligung wirtschaftlich und klimapolitisch sinnvoll", Pressemitteilung Nr. 277/09, Berlin.

--- (2010a): „Röttgen und Meyer: Mehr Bio im Benzin", Pressemitteilung Nr. 162/10, Berlin.

--- (2010b): „Röttgen: Knapp 20 Prozent erneuerbare Energien bis 2020 sind erreichbar. Nationaler Aktionsplan für erneuerbare Energien beschlossen", Pressemitteilung Nr. 116/10, Berlin.

--- (2010c): „Entwurf eines Gesetzes zur Umsetzung der Richtlinie 2009/28/EG zur Förderung der Nutzung von Energie aus erneuerbaren Quellen", Vorlage vom 20.05.2010, Berlin.

BMUB (2014a): „Aktionsprogramm Klimaschutz 2020. Eckpunkte des BMUB", online verfügbar: http://www.bmub.bund.de/fileadmin/Daten_BMU/Download_PDF/Klimaschutz/kli maschutz_2020_aktionsprogramm_eckpunkte_bf.pdf (zugegriffen am 23.5.2014).

BMUB (2014b): „Aktionsprogramm Klimaschutz 2020. Kabinettbeschluss vom 03.12.2014", Berlin, online verfügbar: http://www.bmub.bund.de/fileadmin/Daten_ BMU/Download_PDF/Aktionsprogramm_Klimaschutz/aktionsprogramm_klimasch utz_2020_broschuere_bf.pdf (zugegriffen am 12.12.2015).

BMWi (2010): „Eckpunkte zur EnWG-Novelle 2011", Vorlage vom 27.10.2010, Berlin.

BMWi/BMU (2010): „Energiekonzept für eine umweltschonende, zuverlässige und bezahlbare Energieversorgung", Vorlage vom 28.09.2010, Berlin.

BMWi (2015a): „Gabriel: Zeitenwende bei der Strom-Versorgungssicherheit, 12 Nachbarstaaten wollen Versorgungssicherheit künftig europäische denken", Pressemitteilung vom 08.06.2015, Berlin.

--- (2015b): „Der nationale Klimaschutzbeitrag der deutschen Stromerzeugung", Ergebnisse der Task Force CO2-Minderung, 26.03.2015, online verfügbar: http://www. bmwi.de/BMWi/Redaktion/PDF/C-D/der-nationale-klimaschutzbeitrag-der-deut schen-stromerzeugung,property=pdf,bereich=bmwi2012,sprache=de,rwb=true.pdf (zuletzt geöffnet: 12.12.2015).

--- (2015c): „Gabriel: Energiewende ist großen Schritt weiter", Pressemitteilung vom 02.07.2015, Berlin.

Bocquillon, Pierre und Mathias Dobbels (2014): „An elephant on the 13th floor of the Berlaymont? European Council and Commission relations in legislative agenda setting", *Journal of European Public Policy* 21/1, S. 20–38.

Böhling, Kathrin (2014): „Sidelined Member States: Commission-learning from experts in the face of comitology", *European Integration* 36/2, S. 117–134.

Böhnel, Gisela (2011): „Folgen der Entflechtung für betroffene Unternehmen", in: Gundel, Jörg und Knut Werner Lange (Hrsg.): Die Umsetzung des 3. Energiebinnenmarktpakets. Tagungsband der Zweiten Bayreuther Energierechtstage 2011, Tübringen: Mohr Siebeck, S. 55–76.

Borloo, Jean-Louis, Chris Huhne und Norbert Röttgen (2010): „30 Prozent weniger Emissionen bis 2020", *Frankfurter Allgemeine Zeitung* , http://www.faz.net/aktuell/ wirtschaft/europaeisches-klimaschutzziel-30-prozent-weniger-emissionen-bis-2020-11009221.html (zugegriffen am 2.3.2014).

Börzel, Tanja A. und Thomas Risse (2003): „Conceptualizing the Domestic Impact of Europe", in: Featherstone, Kevin und Claudio M. Radaelli (Hrsg.): The Politics of Europeanization, Oxford: Oxford University Press, S. 57–80.

Brand-Schock, Ruth (2010): Grüner Strom und Biokraftstoffe in Deutschland und Frankreich. Ein Vergleich der Policy-Netzwerke, Berlin: Dissertationsschrift an der Freien Universität Berlin.

Brunekreeft, Gert und Roland Meyer (2011): „Netzinvestitionen im Strommarkt: Anreiz- oder Hemmniswirkungen der deutschen Anreizregulierung?", *Energiewirtschaftliche Tagesfragen* 61/1-2, S. 40–43.

Brunnengräber, Achim (2009): Die politische Ökonomie des Klimawandels, München.

Buchan, David (2009): Energy and Climate Change: Europe at the Cross Roads, Oxford: Oxford University Press.

Bulmer, Simon und Christian Lequesne (2013): „The European Union and its Member States: An Overview", in: (dies.) (Hrsg.): The Member States of the European Union, The New European Union Series, Second Edition Aufl., Oxford: Oxford University Press, S. 1–30.

Bulmer, Simon und Claudio M. Radaelli (2013): „The Europeanization of Member State Policy", in: Bulmer, Simon und Christian Lequesne (Hrsg.): The Member States of the European Union, The New European Union Series, Second Edition Aufl., Oxford: Oxford University Press, S. 357–383.

Bundeskanzlerin (2005): „Organisationserlass der Bundeskanzlerin vom 22. November 2005 (BKOrgErl 2005)", http://www.gesetze-im-internet.de/bundesrecht/bkorgerl_2005/gesamt.pdf (zugegriffen am 8.4.2014).

Bundesnetzagentur (2011): „Bericht der Bundesnetzagentur gemäß § 63 Abs. 4a EnWG zur Auswertung der Netzzustands- und Netzausbauberichte der deutschen Elektrizitätsübertragungsnetzbetreiber", Vorlage vom 13.03.2011, Bonn.

--- (2012): „Pressemitteilung: Bundesnetzagentur trifft erste Zertifizierungsentscheidungen", http://www.bundesnetzagentur.de/SharedDocs/Downloads/DE/Allgemeines/Presse/Pressemitteilungen/2012/121109_Zertifizierungsentscheidungen_pdf.pdf; jsessionid=66CE8FE450A3F4904453314349124A95?__blob=publicationFile&v=3 (zugegriffen am 14.4.2014).

--- (2013): „Jahresbericht 2012. Energie, Kommunikation, Mobilität: Gemeinsam den Ausbau gestalten", Bonn.

Bundesrat (2006): „Beschluss des Bundesrates: Stellungnahme zum Grünbuch der Kommission der Europäischen Gemeinschaften: Eine europäische Strategie für nachhaltige, wettbewerbsfähige und sichere Energie, Drucksache 207/06", 16.06.2006, Berlin.

--- (2010): „Stellungnahme des Bundesrats zum Europarechtsanpassungsgesetz Erneuerbare Energien, 877. Sitzung", 26.11.2010, Berlin.

--- (2011a): „Gesetzesbeschluss des Deutschen Bundestages. Gesetz zur Umsetzung der Richtlinie 2009/28/EG zur Förderung der Nutzung von Energie aus erneuerbaren Quellen (Europarechtsanpassungsgesetz Erneuerbare Energien – EAG EE); Drucksache 105/11", 25.02.2011, Berlin.

--- (2011b): „Beschluss des Bundesrates. Gesetz zur Umsetzung der Richtlinie 2009/28/EG zur Förderung der Nutzung von Energie aus erneuerbaren Quellen (Europarechtsanpassungsgesetz Erneuerbare Energien – EAG EE); 105/11 (Beschluss)", 18.03.2011, Berlin.

--- (2011c): „Protokoll der 882. Sitzung", 15.04.2011, Berlin.

Bundesregierung (2006a): „‚Energiepoitik für Europa' während der deutschen EU-Ratspräsidentschaft im 1. Hj. 2007 – Positionspapier der Bundesregierung", 15.09.2006, Berlin.

--- (2006b): „‚Europa gelingt gemeinsam' – Präsidentschaftsprogramm, 1. Januar – 30. Juni 2007", online verfügbar: http://www.eu2007.de/includes/Downloads/Praesidentschaftsprogramm/EU-P-AProgr-d-2911.pdf (zugegriffen am 12.02.2012).

--- (2006c): „Wir müssen dem Klimawandel entschlossenes Handeln entgegensetzen. Rede des Bundesumweltministers Sigmar Gabriel zu Beginn der Ministerberatungen in Nairobi am 15.11.2006", Berlin.

--- (2007a): „Rede der Bundeskanzlerin der Bundesrepublik Deutschland Angela Merkel am Mittwoch, 17. Januar 2007, im Europäischen Parlament in Straßburg", http://www.eu2007.de/de/News/Speeches_Interviews/January/Rede_Bundeskanzlerin2.html (zugegriffen am 25.6.2013).

--- (2007b): „Rede von Bundeskanzlerin Angela Merkel vor dem Europäischen Parlament", 13.02.2007, Berlin.

--- (2007c): „Ergebnisse des dritten Energiegipfels. Grundlagen für ein integriertes Energie- und Klimaprogramm", Veröffentlichung vom 03.07.2007, Berlin.

--- (2007d): „Eckpunkte für ein integriertes Energie- und Klimaprogramm", online verfügbar: http://www.bmu.de/fileadmin/bmu-import/files/pdfs/allgemein/application/pdf/klimapaket_aug2007.pdf (zugegriffen am 12.02.2012).

--- (2007e): „Energierat erörtert Fragen des Strom- und Gasbinnenmarktes", http://www.eu2007.de/de/News/Press_Releases/June/0606BMWiEnergierat.html (zugegriffen am 15.7.2013).

--- (2010): „Nationaler Aktionsplan für erneuerbare Energie gemäß der Richtlinie 2009/28/EG zur Förderung der Nutzung von Energie aus erneuerbaren Quellen", Veröffentlichung Juli 2010, Berlin.

--- (2011): „Gesetzentwurf der Bundesregierung. Entwurf eines Gesetzes zur Neuregelung energiewirtschaftlicher Vorschriften", Vorlage vom 06.06.2011, Berlin.

Calliess, Christian und Christian Hey (2013): „Multilevel Energy Policy in the EU: Paving the Way for Renewables?", *Journal for European Environmental & Planning Law* 10/2, S. 87–131.

Calvin, Katherine u. a. (2014): „EU 20-20-20 energy policy as a model for global climate mitigation", *Climate Policy*, S. 1–18.

CDU, CSU und FDP (2009): „Wachstum. Bildung. Zusammenhalt. Der Koalitionsvertrag zwischen CDU, CSU und FDP", Beschluss vom 26.10.2009, Berlin.

CDU, CSU und SPD (2005): „Gemeinsam für Deutschland. Mit Mut und Menschlichkeit. Koalitionsvertrag von CDU, CSU und SPD", online verfügbar: http://www.cducsu.de/upload/koavertrag0509.pdf (zugegriffen am 12.02.2012).

CDU, CSU und SPD (2013): „Deutschlands Zukunft gestalten. Koalitionsvertrag zwischen CDU, CSU und SPD", Beschluss vom 14.12.2013, Berlin.

Chakrabortty, Aditya (2008): „Secret report: biofuel caused food crisis", *The Guardian*, http://www.theguardian.com/environment/2008/jul/03/biofuels.renewableenergy (zugegriffen am 10.11.2013).

Clemens, Clay (2011): „Explaining Merkel's Autonomy in the Grand Coalition: Personalisation or Party Organisation?", *German Politics* 20/4, S. 469–485.

Cló, Stefano, Susan Battles und Pietro Zoppoli (2013): „Policy Options to Improve the Effectiveness of the EU Emissions Trading System: A Multi-Criteria Analysis", *Energy Policy* 57, S. 477–490.

Coen, David und Alexander Katsiatis (2013): „Chameleon pluralism in the EU: an empirical study of the European Commission interest group density and diversity across policy domains", *Journal of European Public Policy* 20/8, S. 1104–1119.

Colli, Andrea, Sergio Mariotti und Lucia Piscitello (2014): „Governments as strategists in designing global players: the case of European utilities", *Journal of European Public Policy* 21/4, S. 487–508.

Corbach, Matthias (2007): Die deutsche Stromwirtschaft und der Emissionshandel, Ecological Energy Policy – EEP, Nr. 5, Stuttgart: ibidem-Verlag.

Council (2007): „Press Release, 2782nd Council Meeting, Transport, Telecommunications and Energy, 6271/07", 15.02.2007, Brüssel.

Cruce, Frederika (2011): „How Did We End Up With This Deal? Examining the Role of Environmental NGOs in EU Climate Policymaking", Bruges Political Research Papers Nr. 19, Brügge.

Dagger, Steffen B. (2009): Energiepolitik & Lobbying. Die Novellierung des Erneuerbare-Energien-Gesetzes (EEG) 2009., Ecological Energy Policy, Band 12, Stuttgart: ibidem-Verlag.

Dehmer, Dagmar und Albrecht Meier (2008): „Kanzlerin und Gipfel: Merkel mal so, mal so", *Tagesspiegel online* , http://www.tagesspiegel.de/politik/deutschland/kanzlerin-und-gipfel-merkel-mal-so-mal-so/1392988.html (zugegriffen am 12.12.2013).

dena (Deutsche Energieagentur) (2010): „dena-Netzstudie II. Integration erneuerbarer Energien in die deutsche Stromversorgung im Zeitraum 2015 – 2020 mit Ausblick 2015", online verfügbar: http://www.dena.de/fileadmin/user_upload/Presse/studien_umfragen/Netzstudie_II/Endbericht_dena-Netzstudie_II.pdf (zugegriffen am 12.02. 2012).

Depenbrock, Gerd (2010): „Kettenreaktion in der Union", *Energiewirtschaftliche Tagesfragen* 60/3, S. 6.

Deutscher Bundestag (2006): „Die Zeit nach dem Kyoto-Protokoll gestalten – entschieden dem Klimawandel entgegentreten; Drucksache 16/3293, 16. Wahlperiode", 08.11. 2006, Berlin.

--- (2007a): „Protokoll der Plenarsitzung, 16. Wahlperiode, 82. Sitzung", 01.03.2007, Berlin.

--- (2007b): „Protokoll der Plenarsitzung, 16. Wahlperiode, 103. Sitzung", 14.06.2007, Berlin.

--- (2007c): „Protokoll der Plenarsitzung, 16. Wahlperiode, 94. Sitzung", 26.04.2007, Berlin.

--- (2007d): „Protokoll der Plenarsitzung, 16. Wahlperiode, 83. Sitzung", 02.03.2007, Berlin.

--- (2007e): „Protokoll der Plenarsitzung, 16. Wahlperiode, 92. Sitzung", 30.03.2007, Berlin.

--- (2007f): „Protokoll der Plenarsitzung, 16. Wahlperiode, 110. Sitzung", 11.09.2007, Berlin.

--- (2008a): „Protokoll der Plenarsitzung, 16. Wahlperiode, 145. Sitzung", 21.02.2008, Berlin.

--- (2008b): „Antwort der Bundesregierung auf die Kleine Anfrage der Abgeordneten Bärbel Höhn, Hans-Josef Fell, Cornelia Behm, weiterer Abgeordneter und der Fraktion BÜNDNIS 90/DIE GRÜNEN (Drucksache 16/10956), 16. Wahlperiode", 02.12.2008, Berlin.

--- (2008c): „Protokoll der Plenarsitzung, 16. Wahlperiode, 196. Sitzung", 18.12.2008, Berlin.

--- (2009): „Protokoll der Plenarsitzung, 17. Wahlperiode, 4. Sitzung", 11.11.2009, Berlin.

--- (2010): „Drucksache 17/3172; Antrag Fraktion der SPD: Ein nationales Klimaschutzgesetz – Verbindlichkeit stärken, Verlässlichkeit schaffen, der Vorreiterrolle gerecht werden", 05.10.2009, Berlin.

--- (2011a): „Protokoll der Plenarsitzung, 17. Wahlperiode, 114. Sitzung", 09.06.2011, Berlin.

--- (2011b): „Protokoll der 48. Sitzung des Ausschusses für Wirtschaft und Technologie am 27.06.2011", Berlin.

--- (2011c): „Protokoll der Plenarsitzung, 17. Wahlperiode, 102. Sitzung", 07.04.2011, Berlin.

--- (2011d): „Korrigiertes Wortprotokoll, Ausschuss für Umwelt, Naturschutz und Reaktorsicherheit, 38. Sitzung, Protokoll Nr. 17/38", 11.04.2011, Berlin.

--- (2012a): „Antwort der Bundesregierung auf die Kleine Anfrage der Abgeordneten Bärbel Höhn, Markus Kurth, Daniela Wagner, weiterer Abgeordneter und der Fraktion BÜNDNIS 90/DIE GRÜNEN (Drucksache 17/10475), 17. Wahlperiode", 30.08.2012, Berlin.

--- (2012b): „Drucksache 17/11651; Antrag der Fraktion der SPD und der Fraktion BÜNDNIS 90/DIE GRÜNEN – Klimakonferenz Doha – Kein internationaler Erfolg ohne nationale Vorreiter", 27.11.2012, Berlin.

Dohmen, Frank u. a. (2011): „Das war's!", *Der Spiegel* , http://www.spiegel.de/spiegel/print/d-77855753.html (zugegriffen am 2.4.2014).

Donat, Lena u. a. (2013): „Assessment of climate change policies in the context of the European Semester. Country Report: Germany", Report von Ecologic Institute und Eclareon, Berlin.

Dröge, Susanne und Oliver Geden (2007): „Weitreichende Grundsatzentscheidungen für eine integrierte Energie- und Klimapolitik", in: Kietz, Daniela und Volker Perthes (Hrsg.): Handlungsspielräume einer EU-Ratspräsidentschaft. Eine Funktionsanalyse des deutschen Vorsitzes im ersten Halbjahr 2007, SWP-Studie, S 24, Berlin, S. 48–52.

Dudley, Geoff (2013): „Why do ideas succeed and fail over time? The role of narratives in policy windows and the case of the London congestion charge", *Journal of European Public Policy* 20/8, S. 1139–1156.

Dye, Thomas R. (1978): Policy Analysis: What governments do, why they do it, and what difference it makes, Alabama.

Ehrlich, Paul (2007): „Mama Europa", *Financial Times Deutschland* vom 08.03.2007.

Eikeland, Per Ove (2011): „The Third Internal Energy Market Package: New Power Relations among Member States, EU Institutions and Non-state Actors?", *Journal of Common Market Studies* 49/2, S. 243–263.

Ekhardt, Felix (2009): „Scheinrationale Klima-Ökonomen", *Süddeutsche Zeitung*, 17.11.2009, S. 18.

Endress, Martin (2010): The Development of Emissions Trading in Germany – A Political Economy Analysis of Stakeholders, Interests and Power Resources, Schriften des Energiewirtschaftlichen Instituts, Nr. 65, München: Oldenbourg Industrieverlag.

ENDS Europe Daily (2006): „Ministers back binding renewables targets", *Europe's environmental news and informations service,* 23.11.2006, Brüssel.

--- (2007a): „Germany in last ditch appeal for looser Nap", *Europe's environmental news and informations service*, 05.02.2007, Brüssel.

--- (2007b): „Energy/climate plan draws mixed reactions", *Europe's environmental news and informations service*, 10.01.2007, Brüssel.

--- (2007c): „Europe's lights spark for low-carbon revolution", *Europe's environmental news and informations service*, 10.01.2007, Brüssel.

--- (2007d): „Ministers to reject binding renewables targets", *Europe's environmental news and informations service*, 07.02.2007, Brüssel.

--- (2007e): „Ministers support binding EU biofuel target", *Europe's environmental news and informations service*, 15.02.2007, Brüssel.

--- (2007f): „EU leaders pass climate commitment test", *Europe's environmental news and informations service*, 09.03.2007, Brüssel.

Ethik-Kommission (2011): „Deutschlands Energiewende – Ein Gemeinschaftswerk für die Zukunft, vorgelegt von der Ethikkommission Sichere Energieversorgung", veröffentlicht am 30.05.2011, online verfügbar: http://www.bmbf.de/pubRD/2011_05_30_abschlussbericht_ethikkommission_property_publicationFile.pdf (zugegriffen am 3.5.2013).

EuGH (2014): „Urteil in der Rechtssache C-573/12 'Alands Vindkraft AB / Energimindygheten' vom 01.07.2014", Gerichtshof der Europäischen Union, Luxemburg.

EurActiv.com (2008): „Energieminister einigen sich bei Liberalisierung des Energiesektors", online verfügbar: http://www.euractiv.com/de/energie/energieminister-einigen-sich-bei-liberalisierung-des-energiesektors.html (zugegriffen am 20.10.2008).

Europäische Kommission (2006a): „Grünbuch: Eine europäische Strategie für nachhaltige, wettbewerbsfähige und sichere Energie", KOM(2006) 105.

--- (2006b): „Aktionsplan für Energieeffizienz: das Potenzial ausschöpfen", KOM(2006) 545, 19.10.2006.

--- (2007): „Mitteilung der Kommission an den Europäischen Rat und das Europäische Parlament: Eine Energiepolitik für Europa", KOM(2007) 1, 10.01.2007.

--- (2008a): „Vorschlag für eine Richtlinie des Europäischen Parlaments und des Rates zur Änderung der Richtlinie 2003/87/EG zwecks Verbesserung und Ausweitung des EU-Systems für den Handel mit Treibhausgasemissionszertifikaten", KOM(2008) 16, 23.01.2008.

--- (2008b): „Vorschlag für eine Entscheidung des Europäischen Parlaments und des Rates über die Anstrengungen der Mitgliedstaaten zur Reduktion ihrer Treibhausgasemissionen mit Blick auf die Erfüllung der Verpflichtungen der Gemeinschaft zur Reduktion der Treibhausgasemissionen bis 2020", KOM(2008) 17, 23.01.2008.

--- (2010a): „Mitteilung der Kommission: Energie 2020. Eine Strategie für wettbewerbsfähige, nachhaltige und sichere Energie", KOM(2010) 639, 10.11.2010,.

--- (2010b): „Mitteilung der Kommission: Analyse der Optionen zur Verringerung der Treibhausgasemissionen um mehr als 20 % und Bewertung der Verlagerung von CO2-Emissionen", KOM(2010) 265, 26.05.2010.

--- (2013): „Mitteilung der Kommission: Grünbuch: Ein Rahmen für die Klima- und Energiepolitik bis 2030", KOM(2013) 169, 27.03.2013.

--- (2014a): „Mitteilung der Kommission: Ein Rahmen für die Klima- und Energiepolitik im Zeitraum 2020-2030", KOM(2014) 15, 22.01.2014.

--- (2014b): „Mitteilung der Kommission: Strategie für eine sichere europäische Energieversorgung", KOM(2014) 330, 28.05.2014.

--- (2014c): „Mitteilung der Kommission: Energieeffizienz und ihr Beitrag zur Energieversorgungssicherheit und zum Rahmen für die Klima- und Energiepolitik bis 2030", KOM(2014) 520, 23.07.2014.

--- (2015): „Mitteilung der Kommission: Einleitung des Prozesses der Konsultation zur Umgestaltung des Energiemarkts", KOM(2015) 340, 15.07.2015.

European Commission (2006a): „European citizens in favour of a European Energy policy, says Eurobarometer survey", IP 06/66.

--- (2006b): „Commission Staff Working Document: Summary Report on the analysis of the debate on the green paper ‚A European Strategy for Sustainable, Competitive and Secure Energy‘", SEC(2006) 1500, .

--- (2007): „DG Competition Report on Energy Sector Inquiry", SEC(2006) 1724, 10.01.2007.

European Environment Agency (2015): „Trends and Projections in the EU ETS in 2015", EEA Technical Report No 14/2015, Copenhagen.

EWI, Prognos AG (2007): „Endbericht. Energieszenarien für den Energiegipfel 2007", Studie für das Bundesministerium für Wirtschaft und Technologie, Juli 2007, Basel/Köln.

Exadaktylos, Theofanis und Claudio M. Radaelli (Hrsg.) (2012a): Research Design in European Studies. Establishing Causality in Europeanization, Houndmills/Basingstoke: Palgrave Macmillan.

--- (2012b): „Looking for Causality in the Literature on Europeanization", in: Exadaktylos, Theofanis und Claudio M. Radaelli (Hrsg.): Research Design in European Studies. Establishing Causality in Europeanization, Houndmills, Basingstoke: Palgrave Macmillan, S. 17–43.

Expertenkommission (2012): „Stellungnahme zum ersten Monitoring-Bericht der Bundesregierung für das Berichtsjahr 2011. Expertenkommission zum Monitoring-Prozess ‚Energie der Zukunft‘", Berlin/Mannheim/Stuttgart.

Featherstone, Kevin (2003): „Introduction: In the Name of ‚Europe‘", in: Featherstone, Kevin und Claudio M. Radaelli (Hrsg.): The Politics of Europeanization, Oxford: Oxford University Press, S. 3–26.

Fischer, Severin (2009a): „Energie- und Klimapolitik im Vertrag von Lissabon: Legitimationserweiterung für wachsende Herausforderungen", integration 1/2009, 32. Jahrgang, S. 49–62.

--- (2009b): „Die Neugestaltung der EU-Klimapolitik: Systemreform mit Vorbildcharakter?", Ineternationale Politik und Gesellschaft, 2, S. 108–126.

--- (2011a): „Außenseiter oder Spitzenreiter? Das ‚Modell Deutschland‘ und die europäische Energiepolitik", Aus Politik und Zeitgeschichte (APuZ) 46–47, S. 15–22.

--- (2011b): Auf dem Weg zur gemeinsamen Energiepolitik. Strategien, Instrumente und Politikgestaltung in der Europäischen Union, Europäische Schriften, Nr. 92, Baden-Baden: Nomos.

--- (2012): „Die letzte Runde in der Atomdebatte? Der Parteienwettbewerb nach Fukushima", in: Jesse, Eckhard und Roland Sturm (Hrsg.): „Superwahljahr" 2011 und die Folgen, Bd. 2, Parteien und Wahlen, Baden-Baden: Nomos, S. 365–383.

Fischer, Severin und Oliver Geden (2011): „Die deutsche Energiewende europäisch denken", SWP-Aktuell 47/2011, Berlin.

--- (2012): „Die ‚Energy Roadmap 2050' der EU: Ziele ohne Steuerung", SWP-Aktuell 8/2012, Berlin.

Fischer, Severin und Sybille Röhrkasten (2013): „EU-Verkehrssektor: Ende der Biokraftstoffpolitik", SWP-Aktuell 61/2013, Berlin.

Forum für Zukunftsenergien (2014): „Wie kann die Energiewende im europäischen Kontext gelingen?", Bd. 7, Schriftenreihe des Kuratoriums, Berlin.

Fouquet, Dörte (2007): „Legal Evaluation of an Introduction of a Trade Mechanism in Certificates, both Mandatory and Voluntary, in EU-27 for Renewable Energy in relation to European Rules on Internal Market for Electricity and European Principles of Free Movement of Goods, Proportionality and Subsidiarity", BMU-Projekt „Wissenschaftliche und fachliche Unterstützung des BMU bei der Diskussion der Fortentwicklung der EU-Politik zur Förderung der Erneuerbaren Energien", Berlin.

Frontier Economics (2009): „Optionen für die zukünftige Struktur des deutschen Stromübertragungsnetzes. Abschlussbericht für das BMWi", Berlin.

Futterlieb, Matthias und Till Mohns (2009): Erneuerbare Energien-Politik in der EU. Der Politikprozess zur Richtlinie 2009/28/EG", Juni 2009, Berlin: Freie Universität Berlin.

G8 (2007): „Chair's summary", 08.06.2007, Heiligendamm.

Gabriel, Sigmar (2007): „‚New Deal' für Wirtschaft und Umwelt. Die Ökologiepolitik des 21. Jahrhunderts muss innovationsorientiert sein, denn die Märkte der Zukunft sind grün", *Internationale Politik* 2, S. 28–36.

Gammelin, Cerstin (2008a): „Mehr Wettstreit um Kunden. EU will Preissteigerungen bei Strom und Gas bremsen", *Süddeutsche Zeitung*, Nr. 237, 11./12.10.2008, S. 7.

--- (2008b): „Kurswechsel bei Ökotreibstoffen. Biostrom statt Biosprit: EU reagiert auf Kritik wegen steigender Lebensmittelpreise", *Süddeutsche Zeitung*, Nr. 156, 07.07.2008, S. 17.

Gammelin, Cerstin und Michael Bauchmüller (2008): „EU billigt deutsches Energiekonzept. Brüssel akzeptiert den Vorschlag, mit einer Netz AG die zerschlagung der Konzerne zu verhindern", *Süddeutsche Zeitung*, Nr. 122, 28.05.2008, S. 19.

Gawel, Erik u. a. (2014): „Die Zukunft der Energiewende in Deutschland", *Energiewirtschaftliche Tagesfragen* 64/4, S. 37–44.

Gawel, Erik, Sebastian Strunz und Paul Lehmann (2014): „Wie viel Europa braucht die Energiewende?" UFZ Discussion Paper 4/2012, Leipzig.

Geden, Oliver (2012): „Die Modifikation des 2-Grad-Ziels. Klimapolitische Zielmarken im Spannungsfeld von wissenschaftlicher Beratung, politischen Präferenzen und ansteigenenden Emissionen", SWP-Studie S12/2012, Berlin.

Geden, Oliver und Severin Fischer (2008): Die Energie- und Klimapolitik der Europäischen Union. Bestandsaufnahme und Perspektiven, Denkart Europa, Baden-Baden: Nomos.

--- (2014): „Moving Targets. Die Verhandlungen über die Energie- und Klimapolitik-Ziele der EU nach 2020", SWP-Studie S 01/2014, Berlin.

Geden, Oliver und Ralf Tils (2013): „Das deutsche Klimaziel im europäischen Kontext: strategische Implikationen im Wahljahr 2013", *Zeitschrift für Politikberatung* 1, S. 24–28.

Glos, Michael (2007): „Energiepolitik während der deutschen EU-Ratspräsidentschaft", *integration* 1/30, S. 50–53.

Graziano, Paolo R. und Maarten P. Vink (2013): „Europeanization: Concept, Theory, and Methods", in: Bulmer, Simon und Christian Lequesne (Hrsg.): The Member States of the European Union, The New European Union Series, Second Edition Aufl., Oxford: Oxford University Press, S. 31–55.

Green Cowles, Maria, James Caporaso und Thomas Risse (Hrsg.) (2001): Transforming Europe. Europeanization and Domestic Change, Ithaca/London: Cornell University Press.

Gründinger, Wolfgang (2012): Lobbyismus im Klimaschutz. Die nationale Augestaltung des europäischen Emissionshandels, Wiesbaden: Springer VS-Verlag.

Hammerstein, Christian u. a. (2009): „Gutachten über die freiwillige Übertragung der Energieübertragungsnetze, die Errichtung einer bundesweiten Netzgesellschaft und die regulatorischen Rahmenbedingungen im Auftrag des Bundesministeriums für Umwelt, Naturschutz und Reaktorsicherheit", Hogan&Hartson, Raue LLP und LBD Beratungsgesellschaft mbH, Berlin.

Hartlapp, Miriam, Julia Metz und Christian Rauh (2013): „Linking Agenda Setting to Coordination Structures: Bureaucratic Politics inside the European Commission", *European Integration* 35/4, S. 425–441.

Haucap, Justus (2010): „Energiemarkt-Liberalisierung: Was bleibt zu tun?", *Energiewirtschaftliche Tagesfragen* 60/7, S. 18–21.

Haunss, Sebastian, Matthias Dietz und Frank Nullmeier (2013): „Der Ausstieg aus der Atomenergie. Diskursnetzwerkanalyse als Beitrag zur Erklärung einer radikalen Politikwende", *Beitz Juventa. Zeitschrift für Diskursforschung* 3, S. 288–315.

Hauschild, Helmut (2007): „Zweifel an EU-Zahlen für Energiegesetz", *Handelsblatt*, 27.11.2008, S. 8.

--- (2008): „Barroso düpiert Merkel im Netzstreit. EU-Kommission verschärft deutsches Gegenmodell zur zerschlagung der Energiekonzerne", *Handelsblatt*, 29.04.2008, S. 7.

Held, Helmut (2011): „Die Umsetzung des 3. Energiebinnenmarktpakets. Neue Aufgabenstellungen für die Bundesnetzagentur", in: Gundel, Jörg und Knut Werner Lange (Hrsg.): Die Umsetzung des 3. Energiebinnenmarktpakets. Tagungsband der Zweiten Bayreuther Energierechtstage 2011, Tübringen: Mohr Siebeck, S. 91–106.

Héritier, Adrienne (2001): „Differential Europe: National Administrative Responses to Community Policy", in: Risse, Thomas, Maria Green Cowles und James Caporaso (Hrsg.): Transforming Europe. Europeanization and Domestic Change, Ithaca/London: Cornell University Press, S. 44–59.

Héritier, Adrienne und Christoph Knill (2001): „Differential Responses to European Policies: A Comparison", in: Héritier, Adrienne u. a. (Hrsg.): Differential Europe: The European Union Impact on National Policymaking, Lanham, Boulder, New York, Oxford: Rowman & Littlefield Publishers, S. 257–294.

Herweg, Nicole (2013): „Der Multiple-Streams-Ansatz – ein Ansatz, dessen Zeit gekommen ist", *Zeitschrift für Vergleichende Politikwissenschaft* 7, S. 321–345.

Hierl, Julia Katharina (2011): Das Integrierte Energie- und Klimaprogramm der Großen Koalition. Das parlamentarische Verfahren zum Erneuerbare-Energien-Wärmegesetz und zum Gesetz zur Änderung der Förderung von Biokraftstoffen, Frankfurt a. M. u.a.: Peter Lang.

Hirsbrunner, Simon (2010): „Die EU-Regeln zur Förderung von Investitionen in die Netze – eine kritische Bestandsaufnahme", *Energiewirtschaftliche Tagesfragen* 60/6, S. 64–68.

Hirschl, Bernd (2008): Erneuerbare Energien-Politik. Eine Multi-Level Policy-Analyse mit Fokus auf den deutschen Strommarkt, Wiesbaden: VS Verlag.

Hommels, Anique, Tinieke M. Egyedi und Eefje Cleophas (2013): „Policy Change and Policy Incoherence: The Case of Competition Versus Public Safety in Standardization Policies", *European Integration* 35/4, S. 443–458.

Hooghe, Liesbet und Gary Marks (2001): Multi-Level Governance and European Integration, Lanham: ML: Rowman and Littlefield.

Howes, Tom (2010): „The EU's New Renewable Energy Directive (2009/28/EC)", in: Oberthür, Sebastian und Marc Pallemaerts (Hrsg.): The New Climate Policies of the European Union, Brüssel: VUB Press, S. 117–150.

Illing, Falk (2012): Energiepolitik in Deutschland. Die energiepolitischen Maßnahmen der Bundesregierung 1949-2013, Baden-Baden: Nomos.

IEA (2006): „World Energy Outlook 2006", Paris.

--- (2009): „World Energy Outlook 2009", Paris.

Jänicke, Martin (2011): „German climate change policy. Political and economic leadership", in: Wurzel, Rüdiger K. W. und James Connelly (Hrsg.): The European Union as a Leader in International Climate change Policies, London/New York: Routledge, S. 129–146.

Jegen, Maya und Frédéric Mérand (2014): „Construcitve Ambiguity: Comparing the EU's Energy and Defence Policies", *West European Politics* 37/1, S. 182–203.

De Jong, Jacques (2008): „The 2007 Energy Package: the start of a new era?", in: Roggenkamp, Martha und Ulf Hammer (Hrsg.): European Energy Law Report V, Antwerpen: Intersentia, S. 95–108.

Jung, Alexander, Roland Nelles, Alexander Neubacher, u. a. (2007): „Energiepolitik – Der Klimahandel", *Der Spiegel*, 02.07.2007, o.S..

Karapin, Roger (2012): „Climate Policy Outcomes in Germany. Environmental Performance and Environmental Damage in Eleven Policy Areas", *German Politics and Society* 30/3, S. 1–34.

Kaup, Felix und Kirsten Selbmann (2013): „The seesaw of Germany's biofuel policy – Tracing the evolvement to its current state", *Energy Policy* 62, S. 513–521.

Kemfert, Claudia (2013): Kampf um Strom. Mythen, Macht und Monopole, Hamburg: Murmann.

Kietz, Daniela (2007): „Funktionen, Handlungsbedingungen und Stellschrauben der Präsidentschaft im System des EU-Ministerrats", in: Kietz, Daniela und Volker Perthes (Hrsg.): Handlungsspielräume einer EU-Ratspräsidentschaft. Eine Funktionsanalyse des deutschen Vorsitzes im ersten Halbjahr 2007, SWP-Studie, S 24/2007, Berlin: Stiftung Wissenschaft und Politik, S. 7–19.

Kingdon, John W. (2003): Agendas, Alternatives, and Public Policies, 2. Auflage Aufl., New York u.a.: Longman.

Knill, Christoph (2008): Europäische Umweltpolitik. Steuerungsprobleme und Regulierungsmuster im Mehrebenensystem, 2., überarbeitete Auflage Aufl., Wiesbaden: VS-Verlag.

Kohler-Koch, Beate (2000): „Europäisierung: Plädoyer für eine Horizonterweiterung", in: Knodt, Michèle und Beate Kohler-Koch (Hrsg.): Deutschland zwischen Europäisierung und Selbstbehauptung, Frankfurt/New York: Campus, S. 11–31.

Kreppel, Amie (2012): „The normalization of the European Union", *Journal of European Public Policy* 19/5, S. 635–645.

Kroes, Neelie (2007): „More competitive energy markets: building on the findings of the sector inquiry to shape the right policy solutions. Speech at the European Energy Institute", online verfügbar: http://europa.eu/rapid/press-release_SPEECH-07-547_en.htm?locale=en (zugegriffen am 12.7.2013).

Kühling, Jürgen und Ruben Pisal (2012): „Die Umetzung der EU-Entflechtungsvorgaben im EnWG 2011", *Energiewirtschaftliche Tagesfragen* 62/1-2, S. 127–134.

Ladrech, Robert (2010): Europeanization and national politics, Houndmills/Basingstoke: Palgrave Macmillan.

Lascoumes, Pierre und Patrick Le Galès (2007): „Introduction: Understanding Public Policy through Its Instruments – From the Nature of Instruments to the Sociology of Public Policy Instrumentation", *Governance* 20/1, S. 1–21.

Lehnert, Wieland und Jens Vollprecht (2009): „Neue Impulse von Europa: Die Erneuerbare-Energien-Richtlinie der EU", *Zeitschrift für Umweltrecht (ZUR)* Heft 6, S. 307–317.

Liebrich, Silvia (2008): „Die Mär vom Biosprit. Nachwachsende Rohstoffe verursachen nur einen Teil der Preissprünge", *Süddeutsche Zeitung*, Nr. 159, 10.07.2008, S. 25.

Lindenberger, Dietmar, Christian Lutz und Michael Schlesinger (2010): „Szenarien für ein Energiekonzept der Bundesregierung", *Energiewirtschaftliche Tagesfragen* 60/11, S. 32–35.

Lobo, Kai Roger (2011): Die Elektrizitätspolitik und ihre Akteure von 1998 bis 2009 – Eine strategische Politikfeldanalyse, Berlin: Dissertationsschrift an der Freien Universität Berlin.

Ludlow, Peter (2006): „The Spring European Council. The Lisbon Agenda and an Energy Policy for Europe", Eurocomment, Briefing Note, No. 4.4, Brüssel.

--- (2007): „A View on Brussels. March 2007: A Tale of Two Councils. Angela Merkel's master classes", Eurocomment, Briefing Note Vol. 5, No. 1/2, Brüssel.

--- (2009): „A View on Brussels. The December 2008 European Council. Nicolas Sarkozy's flawed triumph", Eurocomment, Briefing Note No. 6, Vol. 6, Brüssel.

Luhmann, Hans-Jochen (2012): „Deutschlands Energiewenden: Motive und Auswirkungen für den europäischen Elektrizitätsmarkt", in: Bundeszentrale für politische Bildung (Hrsg.): Ende des Atomzeitalters? Von Fukushima in die Energiewende, Bd. 1247, Schriftenreihe, Bonn, S. 97–108.

Lynggaard, Kenneth (2012): „Discursive Institutional Analytical Strategies", in: Exadaktylos, Theofanis und Claudio M. Radaelli (Hrsg.): Research Design in European Studies. Establishing Causality in Europeanization, Houndmills, Basingstoke: Palgrave Macmillan, S. 85–104.

Matthes, Felix Christian (2010): „Der Instrumenten-Mix einer ambitionierten Klimapolitik im Spannungsfeld von Emissionshandel und anderen Instrumenten", Bericht für das Bundesministerium für Umwelt, Naturschutz und Reaktorsicherheit, Berlin.

Mendez, Carlos, Fiona Wishlade und Douglas Yuill (2008): „Made to Measure? Europeanization, Goodness of Fit and Adaptation Pressures in EU Competition Policy and Regional Aid", *Journal of Comparative Policy Analysis* 10/3, S. 279–298.

Meuser, Michael und Ulrike Nagel (2009): „Experteninterviews und der Wandel der Wissensproduktion", in: Bogner, Alexander, Beate Littig und Wolfgang Menz (Hrsg.): Experteninterviews. Theorien, Methoden, Anwendungsfelder, 3., grundlegend überarbeitete Auflage Aufl., Wiesbaden: VS Verlag, S. 35–60.

Michaeli, Wolf-Dieter (2010a): „Schwieriger Spagat", *Energiewirtschaftliche Tagesfragen* 61/1-2, S. 6.

--- (2010b): „Unklare Terminlage", *Energiewirtschaftliche Tagesfragen* 60/8, S. 6.

Mihm, Andreas (2011a): „Husch-Husch zum Atomausstieg", *Energiewirtschaftliche Tagesfragen* 61/5, S. 6.

--- (2011b): „Energiewende: eisern eingehaltene Marschroute", *Energiewirtschaftliche Tagesfragen* 61/8, S. 6.

Mitchell, Donald (2008): „A Note on Rising Food Prices", online verfügbar: http://www-wds.worldbank.org/external/default/WDSContentServer/IW3P/IB/2008/07/28/0000 20439_20080728103002/Rendered/PDF/WP4682.pdf (zugegriffen am 14.05.2013).

Monopolkommission (2007): „Sondergutachten: Strom und Gas 2007: Wettbewerbsdefizite und zögerliche Regulierung", Bonn.

--- (2009): „Strom und Gas 2009: Energiemärkte im Spannungsfeld von Politik und Wettbewerb. Sondergutachten gemäß § 62 Abs. 1 EnWG", Bonn.

Moravcsik, Andrew (1993): „Preferences and Power in the European Community: A Liberal Intergovernmentalist Approach", *Journal of Common Market Studies* 31/4, S. 473–524.

Müller, Patrick und Peter Slominski (2013): „Agree now – pay later: escaping the joint decision trap in the evolution of the EU emissions trading scheme", *Journal of European Public Policy* 20/10, S. 1425–1442.

Müller, Thorsten und Hartmut Kahl (2015) (Hrsg.): "Erneuerbare Energien in Europa", Schriften zum Umweltenergierecht, Baden-Baden: Nomos.

Newig, Jens und Tomas M. Koontz (2014): „Multi-level governance, policy implementation and participation: the EU's mandated participatory planning approach to implementing environmental policy", *Journal of European Public Policy* 21/2, S. 248–267.

Nitsche, Rainer u. a. (2011): „Großhandelsmärkte für Strom – Marktintegration und Wettbewerb aus deutscher Perspektive", *Energiewirtschaftliche Tagesfragen* 60/3, S. 29–38.

Oberthür, Sebastian und Marc Pallemaerts (2010): „The EU's Internal and External Climate Policies: An Histroic Overview", in: Oberthür, Sebastian und Marc Pallemaerts (Hrsg.): The New Climate Policies of the European Union, Brüssel: VUB Press, S. 27–64.

Oels, Angela und Ana Carvalho (2012): „Wer hat Angst vor ‚Klimaflüchtlingen'? Wie die mediale und politische Konstruktion des Klimawandels den politischen Handlungsspielraum strukturiert", in: Neverla, Irene und Mike S. Schäfer (Hrsg.): Das Medien-Klima. Fragen und Befunde der kommunikationswissenschaftlichen Klimaforschung, Wiesbaden: Springer VS-Verlag, S. 253–276.

Olsen, Johan P. (2002): „The Many Faces of Europeanization", *Journal of Common Market Studies* 40/5, S. 921–952.

Panke, Diana und Tanja A. Börzel (2008): „Policy-Forschung und Europäisierung", in: Janning, Frank und Katrin Toens (Hrsg.): Die Zukunft der Policy-Forschung. Theorien, Methoden, Anwendungen, Wiesbaden: VS Verlag, S. 138–156.

Peterson, John und Elizabeth Bomberg (1999): Decision-Making in the European Union, The European Union Series, Houndmills/Basingstoke/London: Macmillian Press.

Pollack, Johannes und Peter Slominski (2011): „Liberalizing the EU's Energy Market: Hard and Soft Power Combined", in: Falkner, Gerda (Hrsg.): The EU's Decision Traps. Comparing Policies, Oxford: Oxford University Press, S. 92–109.

Pollak, Johannes, Samuel Schubert und Peter Slominski (2010): Die Energiepolitik der Europäischen Union, Europa kompakt, Wien: facultas wuv.

Princen, Sebastiaan (2007): „Agenda-setting in the European Union: a theoretical exploration and agenda for research", *Journal of European Public Policy* 14/1, S. 21–38.

--- (2009): Agenda-Setting in the European Union, Houndmills, Basingstoke: Palgrave Macmillan.

--- (2011): „Agenda-setting strategies in EU policy processes", *Journal of European Public Policy* 18/7, S. 927–943.

Proissl, Wolfgang, Christine Mai und Nils Kreimeier (2007): „Wirtschaft stützt Merkels EU-Klimaziele", *Financial Times Deutschland*, 08.03.2007, o.S..

Puetter, Uwe (2012): „Europe's deliberative intergovernementalism: the role of the Council and European council in EU economic governance", *Journal of European Public Policy* 19/2, S. 161–178.

Rabensteiner, Günther (2010): „Aktuelle Herausforderungen im europäischen Stromhandel", *Energiewirtschaftliche Tagesfragen* 60/1-2, S. 60–63.

Radaelli, Claudio M. (2003): „The Europeanization of Public Policy", in: Featherstone, Kevin und Claudio M. Radaelli (Hrsg.): The Politics of Europeanization, Oxford: Oxford University Press, S. 27–56.

--- (2012): „Europeanization: The Challenge of Establishing Causality", in: Exadaktylos, Theofanis und Claudio M. Radaelli (Hrsg.): Research Design in European Studies. Establishing Causality in Europeanization, Houndmills, Basingstoke: Palgrave Macmillan, S. 1–16.

Radkau, Joachim (2011): Die Ära der Ökologie. Eine Weltgeschichte, Schriftenreihe, Band 1090, Bonn: Bundeszentrale für Politische Bildung.

Rat der Europäischen Union (2007a): „Europäischer Rat (Brüssel) 8./9. März 2007, Schlussfolgerungen des Vorsitzes", 7224/1/07, 02.05.2007, Brüssel.

--- (2007b): „Ziele der EU für die Weiterentwicklung der internationalen Klimaschutzregelung über das Jahr 2012 hinaus – Schlussfolgerungen des Rates (Umwelt)", 6621/07, 21.07.2007, Brüssel.

--- (2008): „Tagung des Europäischen Rates vom 13./14. März 2008 in Brüssel. Schluss-folgerungen des Vorsitzes", 7652/1/08, 20.05.2008, Brüssel.

--- (2009): „Tagung des Europäischen Rates vom 29./30. Oktober 2009, Schlussfolgerun-gen des Vorsitzes", 15265/1/09, 01.12.2009, Brüssel.

Reich, Dietmar O. (2011): „Regulierungsrechtliche Aufsicht gegenüber kartellrechtlichen Instrumenten. Entflechtungsvorschriften gemäß Energie- und Kartellrecht", in: Gun-del, Jörg und Knut Werner Lange (Hrsg.): Die Umsetzung des 3. Energiebinnen-marktpakets. Tagungsband der Zweiten Bayreuther Energierechtstage 2011, Tübrin-gen: Mohr Siebeck, S. 39–54.

Rhomberg, Mike S. (2012): „Wissenschaftliche und politische Akteure in der Klimadebat-te", in: Neverla, Irene und Mike S. Schäfer (Hrsg.): Das Medien-Klima. Fragen und Befunde der kommunikationswissenschaftlichen Klimaforschung, Wiesbaden: Springer VS-Verlag, S. 29–45.

Rinke, Andreas (2007): „Regierung warnt die Strombranche. Steinmeier: Preiserhöhungen gefährden Erfolg im Kampf gegen EU-Netzpläne", *Handelsblatt*, 24.10.2007, S. 5.

Risse, Thomas, Maria Green Cowles und James Caporaso (2001): „Europeanization and Domestic Change: Introduction", in: Risse, Thomas, Maria Green Cowles und James Caporaso (Hrsg.): Transforming Europe. Europeanization and Domestic Change, Ithaca/London: Cornell University Press, S. 1–20.

Rodi, Michael (2009): „Die Fortentwicklung des EU-Emissionshandels vor dem Hinter-grund der Kyoto-Nachfolge-Diskussion", in: Schulze-Fielitz, Helmuth und Thorsten Müller (Hrsg.): Europäisches Klimaschutzrecht, Ius Europaeum 44, Baden-Baden: Nomos, S. 189–203.

Rosamond, Ben (2010): „New Theories of European Integration", in: Cini, Michelle und Nieves Pérez-Solórzano Borragán (Hrsg.): European Union Politics, Third Edition Aufl., Oxford: Oxford University Press, S. 104–122.

Rüb, Friedbert (2006): „Die Zeit der Entscheidung. Kontingenz, Ambiguität und die Politisierung der Politik – Ein Versuch", *hamburg review of social sciences* 1/1, Hamburg.

--- (2009): „Multiple-Streams-Ansatz: Grundlagen, Probleme, Kritik", in: Schubert, Klaus und Nils C. Bandelow (Hrsg.): Lehrbuch der Politikfeldanalyse 2.0, 2., vollständig überarbeitete und erweiterte Auflage Aufl., München: Oldenbourg Verlag, S. 348–378.

Säcker, Franz Jürge (2011): „Merktabgrenzung, Marktbeherrschung und Markttranspa-renz auf dem Stromgroßhandelsmarkt", *Energiewirtschaftliche Tagesfragen* 61/4, S. 74–87.

Salje, Peter (2011): „Die Umsetzung des 3. Energiebinnenmarktpakets", in: Gundel, Jörg und Knut Werner Lange (Hrsg.): Die Umsetzung des 3. Energiebinnenmarktpakets. Tagungsband der Zweiten Bayreuther Energierechtstage 2011, Tübringen: Mohr Siebeck, S. 1–24.

Saurugger, Sabine (2012): „Beyond Non-Compliance with Legal Norms", in: Ex-adaktylos, Theofanis und Claudio M. Radaelli (Hrsg.): Research Design in European Studies. Establishing Causality in Europeanization, Houndmills, Basingstoke: Pal-grave Macmillan, S. 105–124.

Sauter, Raphael und Katherina Grashof (2007): „Ein neuer Impuls für eine europäische Energiepolitik? Ergebnisse des EU-Frühjahrsgipfels 2007", *integration* 3, S. 264–280.

Schäfer, Mike S., Ana Ivanova und Andreas Schmidt (2012): „Issue-Attention: Mediale Aufmerksamkeit für den Klimawandel in 26 Ländern", in: Neverla, Irene und Mike S. Schäfer (Hrsg.): Das Medien-Klima. Fragen und Befunde der kommunikationswissenschaftlichen Klimaforschung, Wiesbaden: Springer VS-Verlag, S. 121–142.

Scharpf, Fritz W. (2010a): „Negative and Positive Integration in the Political Economy of the European Welfare State (1996)", in: Scharpf, Fritz W. (Hrsg.): Community and Autonomy. Insitutions, Policies and Multilevel Europe, Publication Series of the Max Planck Institute for the Studies of Society 68, Frankfurt/New York: Campus, S. 91–126.

--- (2010b): „The Joint-decision Trap: Lessons from German Federalism and European Integration (1988)", in: Scharpf, Fritz W. (Hrsg.): Community and Autonomy. Insitutions, Policies and Multilevel Europe, Publication Series of the Max Planck Institute for the Studies of Society 68, Frankfurt/New York: Campus, S. 21–66.

--- (2010c): „Notes Toward a Theory of Multilevel Governing in Europe (2001)", in: Scharpf, Fritz W. (Hrsg.): Community and Autonomy. Insitutions, Policies and Multilevel Europe, Publication Series of the Max Planck Institute for the Studies of Society 68, Frankfurt/New York: Campus, S. 193–219.

Scheer, Hermann (2010): Der energethische Imperativ. 100% jetzt: Wie der vollständige Wechsel zu erneuerbaren Energien zu realisieren ist, München: A. Kunstmann.

Schellberg, Margret und Markus Böhme (2011): „Das novellierte Energiewirtschaftsgesetz – die wichtigsten Änderungen", *Energiewirtschaftliche Tagesfragen* 61/12, S. 93–98.

Schmidt, Susanne K. (1998): Liberalisierung in Europa: die Rolle der Europäischen Kommission, Schriften des Max-Planck-Instituts für Gesellschaftsforschung Köln, Band 33, Frankfurt/New York: Campus.

--- (2008): „Europäische Integration zwischen judikativer und legislativer Politik", in: Höpner, Martin und Armin Schäfer (Hrsg.): Die Politische Ökonomie der europäischen Integration, Schriften aus dem Max-planck-Insitut für Gesellschaftsforschung, Band 61, Frankfurt/New York: Campus, S. 101–128.

Schneider, Almut Madlen (2009): EU-Kompetenzen einer Europäischen Energiepolitik, Veröffentlichungen des Instituts für Energierecht an der Universität zu Köln 155, Baden-Baden: Nomos.

Schneider, Volker (2001): „Institutional Reform in the Telecommunications: The European Union in Transnational Policy Diffusion", in: Risse, Thomas, Maria Green Cowles und James Caporaso (Hrsg.): Transforming Europe. Europeanization and Domestic Change, Ithaca/London: Cornell University Press, S. 60–78.

Schneider, Volker und Frank Janning (2006): Politikfeldanalyse. Akteure, Diskurse und Netzwerke in der öffentlichen Politik, Wiesbaden: VS Verlag.

Schneller, Christian (2011): „Aufgaben und Funktionen des ENTSO-E aus Sicht der Übertragunsnetzbetreiber", in: Gundel, Jörg und Knut Werner Lange (Hrsg.): Die Umsetzung des 3. Energiebinnenmarktpakets. Tagungsband der Zweiten Bayreuther Energierechtstage 2011, Tübringen: Mohr Siebeck, S. 25–38.

Schönenbroicher, Klaus (2011): „Rechtsabenteuer NABEG. Übereiltes Gesetzgebungsverfahren zum Ausbau der Hochspannungsnetze", *Publicus* 10, S. 8–10.

Sindbjerg Martinsen, Dorte (2012): „The Europeanization of Health Care: Processes and Factors", in: Exadaktylos, Theofanis und Claudio M. Radaelli (Hrsg.): Research Design in European Studies. Establishing Causality in Europeanization, Houndmills, Basingstoke: Palgrave Macmillan, S. 141–159.

Sinn, Hans-Werner (2012): „Zu viele unrealistische Hoffnungen und zu wenig Pragmatismus", *Energiewirtschaftliche Tagesfragen* 62/1-2, S. 54–56.

Skjaerseth, Jon Birger und Jorgen Wettestad (2008): EU Emissions Trading: Initiation, Decision-Making and Implementation, Aldershot: Ashgate.

--- (2010): „The EU Emissions Trading System Revised (Directive 2009/29/EC)", in: Oberthür, Sebastian und Marc Pallemaerts (Hrsg.): The New Climate Policies of the European Union, Brüssel: VUB Press, S. 65–91.

Smith, Andy (2014): „How the European Commission's Policies Are Made: Problematization, Instrumentation and Legitimation", *European Integration* 36/1, S. 55–72.

SPD-Bundestagsfraktion (2007): „Klimaschutz und nachhaltige Energiepolitik. Eckpunkte für die Umsetzung der europäischen Ziele in der Klimaschutz- und Energiepolitik in Deutschland. Beschluss der SPD-Bundestagsfraktion", online verfügbar: http://www.cducsu.de/upload/koavertrag0509.pdf (zugegriffen am 14.05.2013).

Sprungk, Carina (2012): „Legislative Transposition of Directives: Exploring the Other Role of National Parliaments in the European Union", *Journal of Common Market Studies* 51/2, S. 298–315.

Stern, Nicholas (2006): „Stern Review: The Economics of Climate Change", London.

Stratmann, Klaus (2008): „Powerplay der Stromkonzerne. Unternehmen investieren Milliarden in die Stromnetze und heizen so die politische Debatte um eine Netz AG an", *Handelsblatt*, 03.07.2008, S. 1.

--- (2010): „Herkulesaufgabe Netzausbau", *Energiewirtschaftliche Tagesfragen* 60/11, S. 4.

Sturm, Roland und Heinrich Pehle (2005): Das neue deutsche Regierungssystem. Die Europäisierung von Institutionen, Entscheidungsprozessen und Politikfeldern in der Bundesrepublik Deutschland, 2., aktualisierte und erweiterte Auflage Aufl., Wiesbaden: VS Verlag.

Süddeutsche Zeitung (2008): „Glos greift Kommission an. Brüsseler Entscheidung über Energienetze ‚zu intransparent'", Nr. 128, 04.06.2008, S. 21.

Tallberg, Jonas (2006): Leadership and Negotiation in the European Union: The Power of the Presidency, Cambridge: Cambridge University Press.

Taylor, Simon (2007): „Will the energy gambit work?", *European Voice*, Nr. 35, 27.09.2007, o.S..

Thelen, Peter (2007): „Kartellamt sieht ‚starke Indizien' für Preisabsprachen im Energiemarkt. Monopolkommission warnt gleichwohl vor verschärfung des Kartellrechts", *Handelsblatt*, 06.11.2007, S. 4.

Tömmel, Ingeborg (2007): „Governance und Policy-Making im Mehrebenensystem der EU", in: Tömmel, Ingeborg (Hrsg.): Die Europäische Union. Governance und Policy Making, PVS-Sonderheft 40, Wiesbaden: VS-Verlag, S. 13–35.

Tresch, Anke, Pascal Sciarini und Frédéric Varone (2013): „The relationship between Media and Political Agendas: Variations across Decision-Making Phases", *West European Politics* 36/5, S. 897–918.

Tsebelis, George (2013): „Bridging qualified majority and unanimity decisionmaking in the EU", *Journal of European Public Policy* 20/8, S. 1083–1103.

Umpfenbach, Katharina und Stephan Sina (2010): „Analyse des Nationalen Aktionsplans für erneuerbare Energien der deutschen Bundesregierung. Kurzstudie des Ecologic Instituts für die Green European Foundation", Heinrich-Böll-Stiftung, Berlin.

Umweltbundesamt (2007): „Wirkung der Meseberger Beschlüsse vom 23.08.2007 auf die Treibhausgasemission in Deutschland im Jahr 2020", Oktober 2007, Dessau.

--- (2009): „Konzeption des Umweltbundesamtes zur Klimapolitik. Notwendige Weichenstellungen 2009", Studie 14/2009, Dessau.

--- (2011): „Statusbericht zur Umsetzung des Integrierten Energie- und Klimaschutzprogramms der Bundesregierung", Juni 2011, Dessau.

Volkery, Carsten (2007): „Merkel in Brüssel – Die Gipfelkönigin", *Spiegel online*, online verfügbar: http://www.spiegel.de/politik/deutschland/0.1518.470691.00.html (zugegriffen am 6.3.2013).

Wissenschaftlicher Beirat BMWi (2006): „Brief an Bundeswirtschaftsminister Michael Glos: Wettbewerbsverhältnisse und Preise der deutschen Energiewirtschaft", 20.11.2006, Berlin.

Weimann, Jochen (2012): „Atomausstieg und Energiewende: Wie sinnvoll ist der deutsche Alleingang?", *Energiewirtschaftliche Tagesfragen* 62/12, S. 34–38.

Welt online (2008): „Verkauf des Stromnetzes : Glos wirft E.on faulen Deal mit Brüssel vor", DIE WELT online, online verfügbar: http://www.welt.de/wirtschaft/article 1767752/Glos-wirft-E-on-faulen-Deal-mit-Bruessel-vor.html (zugegriffen am 16.7.2013).

Wendler, Frank (2011): „Contesting Europe, or Germany's Place in Europe? European Integration and the EU Policies of the Grand Coalition Government in the Mirror of Parliamentary Debates in the Bundestag", *German Politics* 20/4, S. 486–505.

Westphal, Kirsten (2009): „Russisches Erdgas, ukrainische Röhren, europäische Versorgungssicherheit. Lehren und Konsequenzen aus dem Gasstreit 2009", SWP-Studie S 18/2009, Berlin.

Wetendorf Norgaard, Rikke, Peter Nedergaard und Jens Blom-Hansen (2014): „Lobbying in the EU comitology System", *Journal of European Integration*, S. 1–17.

Weyer, Hartmut (2011): „Netzausbau in Deutschland. Rechtlicher Rahmen und Handlungsbedarf", Arbeitspapier Nr. 5/2011 des Sachverständigenrats zur Begutachtung der gesamtwirtschaftlichen Entwicklung, Berlin.

Winter, Martin (2007a): „Angela Merkel und die EU-Präsidentschaft: ‚Nichts muss so bleiben, wie es ist'. Tätscheln, taktieren und therapieren. Alles ist nur eine Frage der Verfassung – wie die Kanzlerin mit kleinen Gesten und großem geschick ihre europäischen Kollegen überzeugen will", *Süddeutsche Zeitung*, 19.06.2007, S. 3.

--- (2007b): „In der Gunst des Klimas. Wie Angela merkel in Brüssel die Wende herbeiredet", *Süddeutsche Zeitung*, 10.03.2007, S. 3.

Woll, Cornelia und Sophie Jacquot (2010): „Using Europe: Strategic Action in Multilevel Politics", *Comparative European Politics* 8/1, S. 110–126.

Wurzel, Rüdiger K. W. (2010): „Environmental, Climate and Energy Policies: Path-Dependent Incrementalism or Quantum Leap?", *German Politics* 19/3–4, S. 460–478.

Wurzel, Rüdiger K. W., Anthony R. Zito und Andrew J. Jordan (2013): Environmental Governance in Europe. A Comparative Analysis of New Policy Instruments, Cheltenham/Northampton MA: Edward Elgar.

Zahariadis, Nikolaos (2008): „Ambiguity and choice in European public policy", *Journal of European Public Policy* 15/4, S. 514–530.

--- (2013): „Building better theoretical frameworks of the European Union policy process", *Journal of European Public Policy* 20/6, S. 807–816.

Auflistung anonymisierter Interviews:

Interview A (2013): „Ehemaliger Mitarbeiter im Bundeskanzleramt", Berlin, 17.07.2013.

Interview B (2013): „Ehemaliger Mitarbeiter in der Bundesnetzagentur", Bonn, 06.09.2013.

Interview C (2013): „Wissenschaftliche Politikberatung im Umweltbereich", Berlin, 18.10.2013.

Interview D (2014): „Bundesnetzagentur", Bonn, 08.01.2014.

Interview E (2014): „Landesvertretung", Berlin, 12.02.2014.

Interview F (2014): „Dachverband Erneuerbare Energien", Brüssel, 27.02.2014.

Interview G (2014): „Ehemaliger Mitarbeiter der Ständige Vertretung der Bundesrepublik bei der EU", Brüssel, 27.02.2014.

Interview H (2014): „Europäische Kommission", Brüssel, 27.02.2014.

Interview I (2014): „Dachverband Stromwirtschaft", Brüssel, 28.02.2014.

Interview J (2014): „Europäische Kommission", Brüssel, 28.02.2014.

Interview K (2014): „Europäische Kommission", Brüssel, 03.03.2014.

Interview L (2014): „Nichtregierungsorganisation im Umweltbereich", Brüssel, 03.03.2014.

Interview M (2014): „Dachverband Energiewirtschaft", Brüssel, 03.03.2014.

Interview N (2014): „Europäische Kommission", Brüssel, 04.03.2014.

Interview O (2014): „Ehemaliger Mitarbeiter europäischer Dachverband Wirtschaft", Brüssel, 04.03.2014.

Interview P (2014): „Energieversorgungsunternehmen", Brüssel, 05.03.2014.

Interview Q (2014): „Ständige Vertretung", Brüssel, 06.03.2014.

Interview R (2014): „Energiewirtschaft", Berlin, 24.03.2014.

Interview S (2014): „Wissenschaftliche Politikberatung im Umweltbereich", Berlin, 12.05.2014.

Interview U (2013): „Verband Erneuerbare Energien", Berlin, 15.05.2014.

Interview V (2014): „Ehemaliger Mitarbeiter BMU", Berlin, 15.05.2014.